益生剂及其功效
Probiotics and Their Benefits

宋茂清　编著

科学技术文献出版社

·北京·

图书在版编目（CIP）数据

益生剂及其功效 / 宋茂清编著. —北京：科学技术文献出版社，2018.11（2019.8重印）

ISBN 978-7-5189-4925-0

Ⅰ.①益… Ⅱ.①宋… Ⅲ.①乳酸细菌 Ⅳ.① Q939.11

中国版本图书馆 CIP 数据核字（2018）第 249422 号

益生剂及其功效

| 策划编辑：周国臻 | 责任编辑：马新娟 | 责任校对：文 浩 | 责任出版：张志平 |

出 版 者　科学技术文献出版社
地　　 址　北京市复兴路15号　邮编 100038
编 务 部　（010）58882938，58882087（传真）
发 行 部　（010）58882868，58882870（传真）
邮 购 部　（010）58882873
官方网址　www.stdp.com.cn
发 行 者　科学技术文献出版社发行　全国各地新华书店经销
印 刷 者　北京虎彩文化传播有限公司
版　　 次　2018年11月第1版　2019年8月第2次印刷
开　　 本　787×1092　1/16
字　　 数　370千
印　　 张　16
书　　 号　ISBN 978-7-5189-4925-0
定　　 价　88.00元

版权所有　违法必究

购买本社图书，凡字迹不清、缺页、倒页、脱页者，本社发行部负责调换

前　言

在欧美等国家，以乳酸菌发酵的乳制品发展已有上百年的历史，其在乳制品市场中占有相当大的比例。如今在欧美等发达国家婴幼儿食品中添加益生剂已成为一种潮流，在芬兰、德国和瑞典食用人数占97%~99%。美国有50%的产妇补充益生菌、维生素和无机盐，婴儿补充维生素D和益生剂的人数高于80%，且超过1年以上。10个英国家庭里有6个常常会购买益生菌饮料或补充品，这些产品被称为富含对健康有益的"友好微生物"。益生菌的功效已经得到了各国科学家和消费者的认同和青睐。

在国外已开发出数以百计的益生菌保健产品，其中包括含益生菌的酸牛奶、酸乳酪、酸豆奶及含有多种益生菌的口服液、片剂、胶囊、粉末剂、抑菌喷剂等。我国对益生菌的研究和认知度相对较晚，自20世纪80年代后才逐步开始研究和应用。

由于医学科技和微生态学科的发展，微生态学和益生剂应用已经与医学基础及临床各科形成了一门交叉学科，对发病机制和防治疾病提出了新的理念，了解微生态学和益生剂防治学已经成为医护工作者刻不容缓的大事。随着全球对益生菌的研究，益生剂对维护健康的能力越来越得到国际的认可。从提高免疫功能到防治各种感染性疾病、从肝硬化到胰腺炎、从肠易激综合征到便秘；从减肥到防治"三高症"、从细菌性阴道炎到神经精神性疾病；从抗肿瘤到糖尿病康复、从婴幼儿便秘到冠心病；从防治湿疹到过敏性鼻炎；从防治龋齿到咽喉炎；从防治乳糖不耐症到感冒、从婴幼儿腹泻到阿尔茨海默病；从尿路感染到食物过敏，几乎益生剂都能发挥重要作用。益生剂是一种新型的"药食同源"食品，虽不是药，却胜于药。

肠道益生菌在国外被誉为"人类的第二套基因库"。国外认为，益生菌将成为21世纪的抗生素。美国益生菌协会（AFAP）指出，肠道菌群是人体内仅次于肝脏的第二大器官，双歧杆菌发挥人体70%~80%的免疫反应作用，肠道菌群可视为人体的一个代谢器官。Carrico等提出"肠道是多器官功能衰竭的启动器官"的观点。1996年，Wilmore提出"肠道是应激患者中心器官之一""21世纪将是益生菌大显威力的世纪""正常菌群是人体的第十大系统——微生态系统"。美国凯斯西储大学杜玮南博士称："肠道菌群可以被称为人体的第二大脑。"我国各大医院也相继将益生剂用于各种疾病的防治与康复，并获得了肯定的效果。

2002 年郭兴华教授等主编的《益生菌基础与应用》及 2008 年熊德鑫教授等编写的《肠道微生态制剂与消化道疾病的防治》，均系统地总结了益生菌的微生物学、微生态学、免疫学、临床医学及植物、动物和人体内益生菌的提纯、分离、培养、生产工艺、成品检定、产品审批等生物技术学方面的理论与实践知识，为广泛开展益生菌的研究和益生剂的应用提供了良好的理论依据。

本书从医学的角度重点讨论 21 世纪以来关于益生剂有助于人类健康、增强体质及对各种疾病的防治与康复的科学成果，适合广大中老年读者及家庭存阅，也可作为广大医护工作者的参考读物，以开阔思路，保证诊疗疾病的先进性和科学性。

本书共 3 章：第 1 章重点介绍益生菌的基本概况，包括分类、命名、分布、生态、功能及常用菌株等；第 2 章主要叙述益生剂对各种疾病的辅助防治与康复效果，包括感染性疾病、消化系统疾病、心血管系统疾病、神经精神性疾病、泌尿生殖系统感染、糖尿病、肿瘤、过敏性疾病、口腔疾病等；第 3 章重点讨论益生剂的选择及适用人群和服用方法。本书在编写时参阅了近年来国内外相关资料，其中重要的参考文献均列于本书之后，以便查阅。

为了适合广大读者尤其是中老年读者的阅读，书中英文缩写前面都有中文解释，力求做到图文并茂、老少皆宜、雅俗共赏。书中部分插图未注明出处者均下载自"Google"和"百度"网络图片，未能一一加以注明，敬请读者海涵。

诚挚感谢美国加州大学王蓉博士查阅并引用部分国外相关文献。本书撰写过程蒙左砚苓高级工程师、曾建华主任鼎力相助，特致谢忱。本书蒙医学界长辈王坤教授指导、协编和审阅，特致衷心感谢和崇高敬意！

鉴于笔者才疏学浅，参考文献有限，书中难免存在缺点与不足，欢迎广大同仁、读者、专家、教授批评、赐教、雅正。

宋茂清

目 录

第1章 益生剂（菌）概述 ... 1

- 第1节 益生菌群的概述 ... 2
- 第2节 益生菌的种类 ... 16
- 第3节 益生菌群的体内分布 ... 19
- 第4节 益生菌群的生态环境 ... 25
- 第5节 益生剂菌群功效的作用机制 ... 28
- 第6节 中草药与益生剂 ... 34
- 第7节 常用的益生菌群菌株 ... 40
- 第8节 益生剂的保存方法 ... 48

第2章 益生剂辅助疾病的防治与康复 ... 49

- 第1节 益生菌与人体免疫系统功能 ... 52
- 第2节 益生剂辅助感染性疾病防治与康复 ... 61
- 第3节 益生剂辅助消化系统疾病防治与康复 ... 69
- 第4节 益生剂辅助肝胆胰疾病防治与康复 ... 91
- 第5节 益生剂辅助肥胖、心血管疾病防治与康复 ... 101
- 第6节 益生菌与神经精神性疾病 ... 117
- 第7节 益生剂辅助泌尿生殖系统感染防治与康复 ... 129
- 第8节 益生剂辅助糖尿病防治与康复 ... 139
- 第9节 益生剂辅助肿瘤防治与康复 ... 149
- 第10节 益生剂辅助过敏性疾病防治与康复 ... 179
- 第11节 益生菌辅助防治龋齿 ... 189
- 第12节 益生剂防治其他疾病与康复 ... 196

第3章 益生剂的选择及适用人群 ... 211

- 第1节 益生剂的选择 ... 211

第 2 节　益生剂产品的选择 ·· 219

第 3 节　婴幼儿补充益生剂 ·· 220

第 4 节　中老年人补充益生剂 ·· 224

第 5 节　女性补充益生剂 ··· 228

第 6 节　益生剂辅助外科手术后康复 ·· 233

参考文献 ·· 245

第1章 益生剂（菌）概述

在古代，人们就很重视养生，提出"药食同源""药补不如食补"等。中国人的饮食结构是很合理的。注重荤素搭配，食物中富含纤维和益生原。古老的中药有很多就是通过调理肠道菌群而发挥作用的，在某种程度上说，益生剂产品与中药观念"不谋而合、异曲同工"，能起到"患病治病，未病防病，无病保健""虽不是药，却胜似药"之功效。

然而，现代社会发生了巨大变化，许多城市里的人喜欢快节奏、高效率的生活。高能量、高脂肪和高蛋白的膳食取代了以前荤素搭配、富含纤维和益生原的膳食习惯。患了病就滥用药物，最突出的就是抗生素的使用，使正常肠道菌群受到破坏。很多人都不是很注重调理和养生，造成各种"富贵病"（如心血管疾病、糖尿病、肿瘤等）的蔓延，且"富贵病"呈现年轻化的趋势。

益生剂在欧洲和日本受到了极高的关注，尤其以长寿著称的日本，益生剂与人们的生活密不可分。在芬兰、德国和瑞典食用益生剂人数占97%～99%，美国有50%的产妇补充益生剂、维生素和无机盐，婴儿补充维生素D和益生剂的人数高于80%，且超过1年以上。10个英国家庭里有6个常常会购买益生剂饮料或补充品。近20年，益生剂在泰国和中国台湾获得巨大发展，也受到中国大陆居民的重视和青睐。

大量的研究充分证明，益生菌及益生剂具有"五效作用"，即医疗效果、保健效果、经济效益、社会效益和生态效益。益生剂不仅仅是普通食品，还是具有预防甚至治疗效果的一类符合"药食同源"的崭新食品。

现代研究证实，肠道菌群失调参与肠道感染性疾病、溃疡性结肠炎、肥胖、糖尿病、高血压、冠心病、过敏性疾病（包括变应性鼻炎、过敏性结膜炎、过敏性紫癜、支气管哮喘、特应性皮炎、荨麻疹、变应性胃肠炎等）等诸多肠内外疾病的发生及发展。究其原因主要是菌群失调、菌群易位、外籍菌入侵导致微生态失衡。

益生剂应用于人体主要有保护肝脏、抗疲劳、抗辐射、润肠通便、生物拮抗、免疫等保健作用，并可为婴幼儿提供丰富营养，促进其生长发育。

根据微生物学和微生态领域权威专家魏曦教授、刘秉阳教授和中国微生态学会副主任委员熊德鑫教授等的建议，本书将"Probiotics"译为"益生菌"，而将以益生菌制成的各种制剂译为"益生剂"。

第1节 益生菌群的概述

一、微生物与细菌

微生物是存在于自然界的一大群体型微小，结构简单，肉眼看不见，必须借助光学显微镜或电子显微镜放大数百倍、数千倍甚至数万倍才能观察到的微小生物。

（一）微生物的分类

微生物的种类繁多，达数十万种以上。按其大小、结构、组成大致可分为以下3类。

1. 病毒类

它是最小的一类，没有典型的细胞结构，只含携带遗传信息的脱氧核糖核酸（DNA）或核糖核酸（RNA），需借助于生活在其他生物的细胞内。

2. 细菌类

虽含有携带遗传信息的脱氧核糖核酸和核糖核酸，但无细胞核膜和核仁，其种类繁多，包括细菌、支原体、衣原体、立克氏体、螺旋体和放线菌等。

3. 真菌类

细胞分化程度高，有核膜和核仁，细胞器完整，如酵母菌类。

微生物在自然界的分布极其广泛，江河、湖泊、土壤、矿层、空气等都有数量不等、种类不同的微生物存在，其中以土壤中的微生物最多，1 g 肥沃土壤可有几亿到几十亿个细菌。在人类、动物和植物的体表，以及和外界相通的人类和动物的呼吸道、消化道等腔道中，亦含有大量的微生物，尤其以粪便中含量最多。

总之，微生物的范围甚广、种类更多；而细菌则仅是微生物中的一大类群体，种类相对少，与人的关系也较密切。

用显微镜观察细菌的大小，一般以微米（μm）为单位。按其外形区分主要有球菌、杆菌和螺形菌三大类（图1-1）。在自然界及人和动物体内，绝大多数细菌黏附在无生命或有生命的物体表面，以生物被膜的形式存在。

球菌呈球状，直径多在 1 μm 左右，可以是双球菌（如肺炎双球菌）、链球菌（如乙型溶血性链球菌）、葡萄球菌（如金黄色葡萄球菌）、四链球菌（如四联加夫基菌）、八叠球菌（如藤黄八叠球菌）等。

杆菌大小、长短差别较大，最常见的大肠埃希菌长 2~3 μm，多数呈直或稍弯形杆状，分散存在，呈链状排列者为链杆菌（如乳杆菌）；菌体两端大多呈钝圆形，少数两端平齐（如炭疽芽孢杆菌）或两端尖细（如梭杆菌）；有的菌体短小近乎椭圆形，称为球杆菌；有的常呈分枝生长趋势，称为分枝杆菌；有的末端常呈分枝状（如双歧杆菌，为最重要的益生菌之一）。

螺形菌的菌体弯曲，有的长 2~3 μm，只有 1 个弯曲，呈弧形或逗点状者为弧菌（如霍乱弧菌）；有的菌体长 3~6 μm，有数个弯曲，称为螺菌（如鼠咬热螺菌）；也有的菌体细

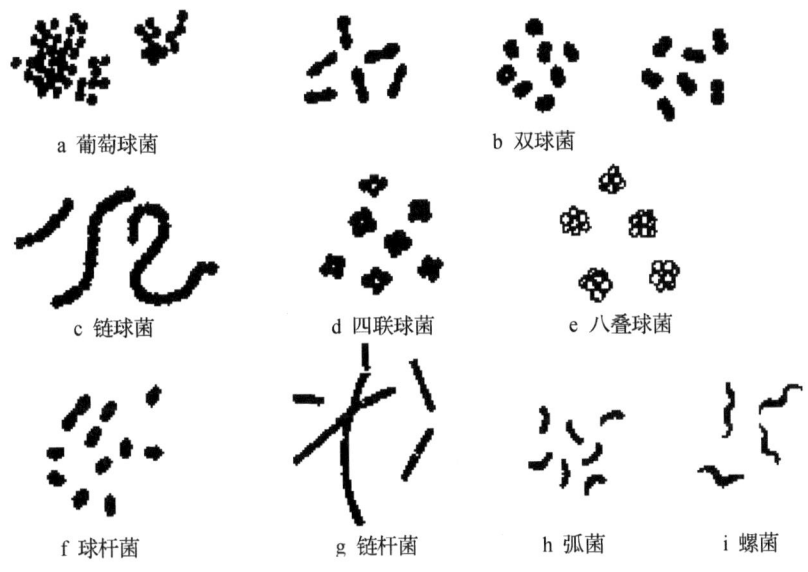

图 1-1 细菌的基本形态

长、弯曲形成螺旋形，称为螺杆菌（如幽门螺杆菌）。

细菌具有典型的原核细胞的结构（图 1-2）和功能，其中细胞壁、细胞膜、细胞质和核质等，是每个细菌都具有的，故称为细菌的基本结构；而荚膜、鞭毛、菌毛、芽孢仅某些细菌具有，为细菌的特殊结构。

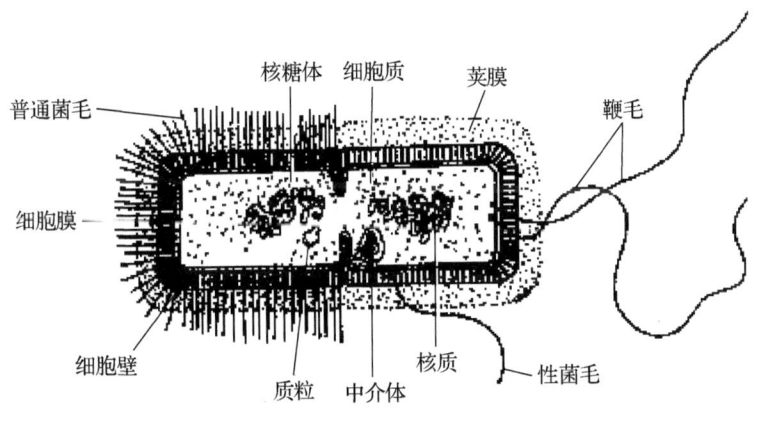

图 1-2 细菌体结构模式

繁殖快、生长快、突变快是细菌的重要特点。细菌一般以简单的二分裂方式繁殖。在适宜条件下，多数细菌繁殖速度很快。细菌分裂数量倍增所需要的时间称为"代时"，即 1 个细菌分裂成 2 个细菌所需要的时间，多数为 20~30 分钟。个别细菌繁殖时间较慢，如结核杆菌的代时为 18~20 小时。

细菌生长速度很快，如按细菌约 20 分钟分裂一次，1 个细菌经 7 小时繁殖可达 200 万个，10 小时可达 10 亿个以上，随着时间的延长细菌群体将会庞大到难以想象的程度。但事实并非如此，由于细菌繁殖中营养物质逐渐耗竭，有害代谢产物逐渐积累，细菌不可能始终保持高速度无限繁殖。经过一段时间后，细菌繁殖速度逐渐减慢，死亡的菌数增多，活菌增长率随之下降并趋于停滞。

人工培养细菌，要选择合适的能补充充足营养物质的培养基，用火焰灭菌的白金丝冷却后轻轻粘在待测的样品中，然后在培养基平板上划痕，一般经过18～24小时培养后，单个细菌分裂繁殖成一堆肉眼可见的细菌群体集团，称为菌落（图1-3）。菌落形成单位（Colony-Forming Units，CFU）指单位体积中的细菌群落总数。这是经常用于细菌计数的最简单的表示方法。

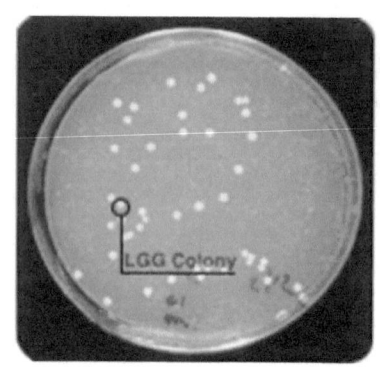 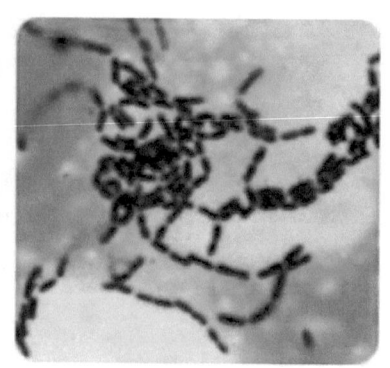

a 细菌培养基繁殖的菌落　　　　　　b 显微镜下观察的细菌

图1-3　菌落

细菌体型小、半透明，经染色后才能观察得比较清楚。染色法是利用染色剂与细菌细胞质结合，最常用的染色剂是盐类。其中，碱性染色剂由有色的阳离子和无色的阴离子组成；酸性染色剂则相反。细菌体内富含核酸，可以与带正电荷的碱性染色剂结合；酸性染剂则不能使细菌染色。

（二）细菌的分类与命名

1. 细菌的分类

细菌的分类既是一个古老的、传统的学科，又是一个现代化的、发展的学科，非常复杂，不属于笔者详细叙述的范畴，本书只简要根据染色法将其分为两大类。染色法有多种，最常用和最重要的分类鉴别染色法是革兰氏染色法（Gram stain）。该法是丹麦细菌学家革兰于1884年创建，至今仍广泛应用。此法可将细菌分为两大类，凡染色后菌体呈紫色的，称"革兰氏阳性菌"，菌体呈伊红色的，称"革兰氏阴性菌"。无论阳性细菌还是阴性细菌都有杆菌和球菌。葡萄球菌、大肠杆菌（大肠埃希菌）、绿脓杆菌（铜绿假单胞菌）是临床最为常见的病原菌，葡萄球菌属于革兰氏阳性球菌（图1-4a）；大肠杆菌属于革兰氏阴性菌中的肠杆菌科，除大肠杆菌以外，临床较常见的肠杆菌科细菌还有变形杆菌、沙门氏菌、克雷白杆菌；绿脓杆菌属于假单胞菌，为非发酵菌，是临床常见的较耐药革兰氏阴性杆菌（图1-4b）。革兰氏染色法在鉴别细菌、选择抗菌药物、研究细菌致病性等方面有重要作用。

2. 细菌的命名法

细菌的命名采用拉丁双名法，每个菌名由两个拉丁字母组成。前一个为属名，用名词，

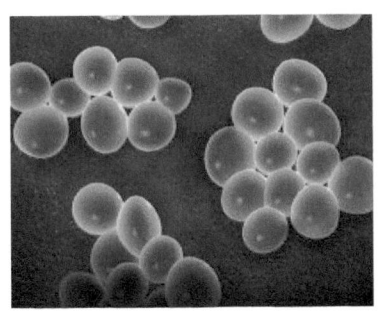
a 阳性葡萄球菌

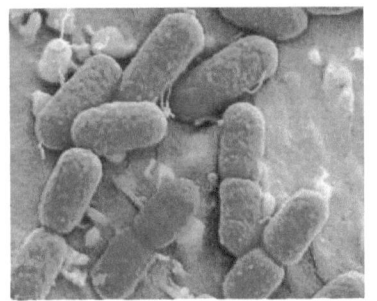
b 阴性大肠杆菌

图1-4 革兰氏染色法

大写；后一字为种名，用形容词小写。属名表示细菌的形态或发现者或有贡献者，种名表示细菌的形状特征、寄居部位或所致疾病等。中文的命名与拉丁文名相反，是种名在前，属名在后，如 *Staphylococcus aureus*（金黄色葡萄球菌）、*Escherichia coli* 或 *E. coli*（大肠埃希菌）、*Neisseria meningitidis*（脑膜炎奈瑟菌）等。属名亦可不将全文写出，只用第一个大写字母代表，如 *M. tubercle bacillus*（结核杆菌）等。有些常见菌有其习惯命名，如 *tubercle bacillus*（结核杆菌）、*typhoid bacillus*（伤寒杆菌）、*meningococcus*（脑膜炎球菌）等。有时泛指某一属细菌，不特指其中某个细菌，可在属名后加 *sp.*（单数）或 *spp.*（复数），如 *Salmonella sp.* 表示沙门菌属中的细菌。

二、微生物、微生态、微生态学与微生态制剂

前已述及，微生物是包括病毒、细菌、真菌等一大类微小的生物群体。

（一）微生态

微生态是指微生物数量及其所需的生命环境。关于微生物的物种数量，据新近的估计，其生物量约占整个地球生物量的60%。而对微生物的了解，在中国，我们已知的微生物物种数距离地球上实际存在的数量还不到5‰；即便在全球范围内，现在已知的微生物物种数距离地球上实际存在的数量也不到5%（表1-1、表1-2）。

表1-1 中国微生物已知物种数与世界已知物种数的比较

类群	中国的物种数	世界的物种数	中国/世界
病毒	400	5000	8.0%
细菌	500	4760	10.5%
真菌	8000	72 000	11.1%

表1-2 微生物的已知种数和估计总种数

类群	已知种数	估计总种数	已知种数/估计总种数
病毒	5000	130 000	3.8%
细菌	4760	40 000	11.9%
真菌	72 000	500 000	14.4%

人类的食品均直接或间接来源于植物，而植物的生长主要依靠其根系从土壤中吸取水分和简单的元素与化合物，靠叶片吸收二氧化碳。土壤中的诸多元素和化合物有赖于微生物的活动。通常，在 1 g 土壤中就有 6400～38 000 种的数亿个微生物，（一般都藏在 10～20 cm 处），而每吨土壤中则含有 400 万种微生物。它们的种类之多和数量之众是我们难以想象的。然而它们并不是碌碌无为，而是不知疲倦地悄悄地做着惊人的贡献。在大自然的物质循环这一重要环节中，它们分解动物的尸体、排泄物和植物的枯枝烂叶，用以制成简单的元素与化合物供植物的根系吸收，形成了大片的庄稼、草原和森林，供养着我们整个人类和其他各种动物；同时，它们的活动还可产生大量的二氧化碳，其数量之大竟达到整个地球二氧化碳总量的 90%，为地表植物提供了取之不尽、用之不竭的口粮。更为重要的一点，也是目前科学界没能引起足够重视的一面，就是植物的光合作用产物有 50% 左右通过其根系输送到地下，各种微生物会在一种动态的平衡中，分工协作，积极地将这些光合产物与其他物质化合产生种类繁多的营养物质，再由植物的根系吸收并输送到其果实中，赋予人类食物营养丰富的内容。

从进化的角度，微生物是一切生物的老前辈。自从地球上形成了最早的细胞——生命起源开始，经过 35 亿～38 亿年的演化成现代人，我们人体的每一个器官都恰到好处地发挥着相应的生理功能，没有一个是形同虚设的。而且，我们体内的众多微生物也绝不是可有可无的，而是我们生命密不可分的一部分。

在生物进化过程中，微生物与其宿主（人、动物、植物及微生物）、微生物与微生物及它们与环境之间，由于长期相互适应的结果，在正常情况下，生物宿主的体表与体内分布着一定种类和数量的，形成一个生态系统并保持生态平衡的特定微生物群，称之为正常菌群。正常菌群分布于人体体表及与外界相通的腔道，分布部位有皮肤、呼吸道、外耳道、消化道（口腔、胃、空肠、回肠、结肠）、鼻腔、泌尿生殖道等，其中以肠道最多。这些微生物在长期的进化过程中和人形成共生关系。许多微生物对人不仅无害，而且有益。正常菌群中以肠道菌群最具有代表性，研究最有成效。肠道菌群总数可达为 10^{14} 个细菌，为人体细胞总数的 10～20 倍，其中至少包括 14 个菌属（类杆菌、双歧杆菌、乳杆菌、消化球菌、消化链球菌、肠球菌、肠杆菌等），400～500 种细菌，90.0%～99.9% 是厌氧菌（双歧杆菌、乳杆菌等），肠杆菌、肠球菌等需氧菌数量极少。

正常菌群有许多重要的生理功能。①拮抗作用。正常菌群在人体某一特定部位黏附、定植和繁殖，形成一层菌膜屏障。通过拮抗作用，抑制并排斥过路菌群或致病菌群的入侵和群集，调整人体与微生物之间的平衡状态。②免疫作用。正常菌群能刺激宿主产生免疫及清除功能。③排毒作用。如双歧杆菌能使肠道过多的革兰氏阴性杆菌下降到正常水平，减少内毒素的吸收。④抗肿瘤作用。正常菌群能降解、清除体内的致癌因子，激活体内的抗肿瘤细胞因子等。⑤抗衰老作用。肠道菌群除了上述功能之外，对人体还有营养作用，人体肠道的正常微生物，如双歧杆菌、乳酸杆菌等，能合成多种人体生长发育必需的维生素，如 B 族维生素（维生素 B_1、B_2、B_6、B_{12}），维生素 K、烟酸、泛酸等，还能利用蛋白质残渣合成各种氨基酸，如天门冬氨酸、丙氨酸、缬氨酸和苏氨酸等，并参与糖类和蛋白质的代谢，同时还能促进铁、镁、锌等矿物元素的吸收。

（二）微生态学

生态学是指描述生物与生物、生物与环境所构成的相互依赖、相互作用的客观规律的科学。微生态学是 1977 年由德国 Volker Rush 博士提出来的："研究正常微生物群与宿主相互关系的生命科学分支，是微观层次的生态学，即细胞或分子水平的生态学。"它涉及生物体与其内环境（包括微生物、生物化学和生物物理环境）相适应的问题，与人类健康密切相关。

具体地说，微生态学是研究正常微生物群的结构、功能及其与宿主相互依赖和相互制约关系的一门新兴学科。微生态疗法是补充对人体有益的活菌制剂，恢复肠道正常菌群的生态平衡，以抵御病原菌的定植侵袭。肠道微生态学是胃肠生态学微观层次的研究领域，是多科学的一个边缘交叉学科。其研究的主要内容是肠道正常微生物与宿主和环境构成的相互作用、相互制约的微生态系客观规律，其侧重微生物生态系统对宿主的生态效应。其研究手段既包括细胞学及分子生物学技术，也包括悉生生物和无菌生物技术。近几年来的研究成果证明，离开肠道微生态学，消化生理、病理学的研究结论是不完整的，也是不科学或不准确的。

从肠道正常菌群数而言，它们不仅有数量或重量的优势，而且在生理作用方面也左右着宿主的身体健康。以大肠为例，既往只认为是"藏污纳垢"之处，是吸收水分使粪渣转化为并储存粪块的场所；但肠道微生态学研究证明，它是正常微生物菌群滋生繁衍最重要的场所，是人体内一片"生机盎然"的绿洲，相当于地球上的"肺"——重要的"湿地"生境。庞大的肠道内菌群可以充分利用人体经过消化吸收后的食物残渣，进行十分复杂的发酵工程等生化活动，促进人体的代谢、营养、免疫功能的发育和成熟、定植抗力，以及在延缓衰老、抗癌、抗感染等诸多方面都发挥了巨大的作用。可见对消化道功能的认识，尤其是消化道疾病乃至全身性疾病的防治，前提就应该是了解肠道的微生态学知识。肠道菌群与人体健康休戚相关，不仅表现在参与人体代谢方面，而且对人体肠内毒素的处理也具有重要意义。肠道内毒素大致来自两方面：一类是肠内腐败菌利用蛋白质及脂肪类腐败、酵解后产生的代谢物，如酚、吲哚、吡咯等；另一类是肠道菌群革兰氏阴性菌自溶的细胞壁成分——内毒素（即脂多糖），一旦肠道的通透性增加，上述毒素便进入血液或侵入淋巴管中，而至全身细胞或组织，造成全身中毒、机体老化，进而引起重要器官衰竭，引发多脏器功能衰竭或者引发各种慢性病甚至癌症。

肠道正常菌群在生态平衡时维护宿主健康，生态失调时则患病。肠道微生态系统是正常微生物群与胃肠环境及宿主构成相互制约、相互作用的统一体，可见肠道微生态系统与宿主胃肠道及全身患病或健康密切相关。因此，只有了解肠道微生态学才能更好地防治消化道和全身的疾病。

（三）微生态制剂

微生态制剂（Probiotics），也叫微生态调节剂、活菌制剂、益生菌制剂、生态制品、活菌制剂或益生素，本书根据微生态学家魏曦、刘秉阳和熊德鑫教授的建议一律称之为"益生剂"。益生剂是指运用微生态学原理，利用对宿主有益无害的益生菌或益生菌的促生长物质，是利用正常微生物或促进微生物生长的物质制成的活的微生物制剂。也就是说，一切能促进正常微生物群生长繁殖及抑制致病菌生长繁殖的制剂都称为益生剂。因其调节肠道的功效快速，并构建肠道微生态平衡，无论是婴儿、老人，还是新生畜禽，都可防止和治疗腹泻、便秘。现常用的人用益生剂有生态活菌素、妈咪爱、棻灵水苏糖、整肠生、米雅、优菌80 等。益生剂可分为益生菌、益生原和合生原制剂。其中益生菌是指摄入后通过改善宿主肠道菌群生态平衡而发挥有益作用，达到提高宿主健康水平和健康状态的活菌制剂及其代谢产物。

益生剂有其他药物不可替代的优点，即"患病治病，未病防病，无病保健"的效果。即使健康人也可以服用，以提高健康水平，而且腹泻患者可以服用，便秘患者也可以服用。

1. 活菌制剂

活菌制剂主要是活性细菌，同时也含有死菌及其代谢产物。所以见效快，效果更显著。①对人体有益的生理性细菌，进入人体后可黏附在肠壁（也称定植），这样占了"位子"也排斥了有害菌的生存空间；②有益菌通过生长繁殖，产生的乳酸和乙酸，降低了肠道的 pH 及 Eh 值（氧化还原电位值），改善内部微环境，能抑制有害菌的生长；③其代谢产物对人体有营养作用；有益菌有促进人体免疫功能的作用。因此，活菌的功效是显而易见的。要发挥上述作用，重要的是能在人体内"定植"，否则活菌一过性的从人体排出，其功效将大打折扣。解决这个问题的方法就是经常补充活菌。

2. 死菌（包括死菌尸体成分）

有资料证明，从电镜也能直接观察到死菌体也可黏附在肠壁排斥有害菌，促使微生态平衡；死菌体及其酶同样对人体有营养作用；菌体的细胞壁成分，如脂磷壁酸（LTA）及胞壁肽聚糖（PG）。前者对肠壁有黏附作用，两种物质都能抑制腐败菌的致癌作用，并有很强的免疫赋活（复活之意）作用，能抗病、抗肿瘤、防衰老。死菌体的特点是质量较稳定，比活菌更安全，并可以与抗生素同时使用。

3. 代谢产物

这是细菌培养后除去菌体的培养液，内含细菌生长繁殖过程丰富的代谢产物及一部分菌体碎片（成分），细菌分泌的酸性物质及细菌素对有害菌有拮抗、杀灭作用；细菌分解食物后的氨基酸及合成的维生素都在培养液内，还包括细菌分泌的对人体可用的酶；而部分的菌体成分对人体也有免疫促进作用。代谢产物的特点是对人体作用较快。

4. 基本成分

①活性乳酸菌、酵母菌、芽孢杆菌、双歧杆菌。国际上认可的、作用最显著的是活性乳酸菌。②水苏糖、壳聚糖、寡聚糖、植物多糖。它们是益生菌的营养成分，且与人体的营养合成和吸收关系密切（促进合成 B 族维生素，提高蛋白质的吸收利用率，促进矿物质吸收）。通过增殖双歧杆菌，抑制有害菌，增强人体肠道的定植抗力和免疫力，同时也使体内的氨、硫化氢、胺、酚、靛基质、细菌毒素、致癌物（亚硝基化合物、环氧化物、次级胆汁酸）等有害物质的量减少。

三、细菌与益生菌

(一) 细菌的利与害

一提到细菌,许多人就会与致病菌等同起来,尽可能"灭菌"。然而细菌并非都是有害的,对人体健康有益的细菌等微生物也相当多,一般分为两个范畴:一种是以细菌、霉菌等微生物发酵生产有用的物质产品,如抗生素、味精、酒、酱油、醋等,此时我们吃的是微生物的代谢产物而非微生物本身;另一种是有益的细菌、酵母菌、蘑菇等微生物,我们吃的是菌体本身,如乳酸菌、香菇、灵芝、冬虫夏草、酵母菌等,其中乳酸菌和部分酵母菌则常以活的微生物状态进入人体,这类微生物对人体健康有正面功效。而益生菌主要指的是筛选出的一部分具有功能性的乳杆菌和酵母菌等。

正常情况下,寄生在人类和动物口、鼻、咽部和消化道中的微生物是无害的,有的还能对抗病原微生物的入侵。定植(居)在肠道中的大肠杆菌能向人类提供必需的维生素 B_1、B_2、B_3(烟酸)、B_5(泛酸)、B_{12} 及多种氨基酸等营养物质;又如牛、羊等反刍动物由于胃中有能分解纤维素的微生物定植,故可将草料中的纤维素分解为葡萄糖而获得营养。

少数微生物具有致病性,能引起人类和动物的病害,这些微生物称为"病原微生物"或致病菌。例如,可引起人类的伤寒、痢疾、结核、破伤风的致病菌;可引起麻疹、脊髓灰质炎、肝炎、艾滋病的病毒等;引起禽畜的鸡霍乱、禽流感、牛炭疽、猪气喘等;以及引起农作物水稻白叶枯病、小麦赤霉病、大豆病毒等。有些微生物生长正常情况下可不致病,但在特定情况下则可致病,这类微生物称为"机会致病性微生物""条件致病菌"或"共生菌"。例如,大肠埃希菌属(*Escherichia*)有6个种,只有大肠埃希菌(*E. coli*)是肠道内数量最多的、最重要的、临床最常见的正常菌群,在肠道内不会致病,但在人体免疫功能下降或侵入到肠道外的组织器官(如泌尿道)时则可引起化脓性疾病或泌尿道感染(尿道炎、膀胱炎等)而致病,入侵血清则可导致胃肠炎等。它是一种典型的共生菌或机会致病性微生物或条件性致病菌。此类菌群在环境卫生和食品卫生学中,常被用作粪便污染的卫生学检测指标。此外,有些微生物的破坏性还表现在使工业产品、农副产品和生活用品发生腐蚀和霉烂等。

故细菌并非都是有害的,凡对人体有害的是致病菌,而对人体无害的称为非致病菌,凡对人体有益的称为益生菌,所以益生菌是细菌中的一大类。

(二) 细菌的繁殖与重组

1. 细菌的繁殖

益生菌和其他细菌一样会不断进行繁殖分裂。前已述及,细菌是以简单的二分裂方式繁殖,其繁殖生长期大致可分为四期。

①迟缓期:是细菌进入新环境的短暂适应阶段,该期菌体增大,代谢活跃,为细菌的分裂、繁殖,合成并积累重组的酶(主要为核酸和蛋白质合成酶体系)、辅酶和中间代谢物;但分裂迟缓,繁殖极少。迟缓期的长短因菌种、接种的菌龄和菌量及营养物质等的不同而异,一般为4~6小时。

②对数期:又称指数期,该期细菌生长迅速,活菌生长呈直线上升,达到顶峰状态。此

期的细菌的形态、染色性、生理性等都比较典型，对外界环境因素的作用敏感，为培养期，需 8~18 小时。

③稳定期：随着培养基的营养素消耗，有害代谢产物积聚，该期细菌繁殖速度渐慢，死亡就会逐渐增加，两者大致处于平衡，此期活菌大致恒定。一些细菌的芽孢、外毒素和抗生素等代谢产物多在此期产生。

④衰亡期：稳定期后细菌繁殖越来越慢，死亡菌数越来越多，并超过活菌数，该期细菌形态呈显著改变，出现衰退型活菌体自溶，难以辨认，生理代谢活动趋于停滞，此时的菌体难以鉴定。

在自然界或在人类、动物体内繁殖时，受环境因素和机体免疫因素的多方面影响，不可能像在培养基中那样发生典型分期。

2. 细菌的重组

根据细菌的生长期，掌握细菌的生长规律，可以人为地改变培养条件，调整细菌的生长繁殖阶段，更为有效地利用对人类有益的细菌。例如，在培养基中，不断更新培养液和对需氧菌进行通气，使细菌长时间地处于生长旺盛期，借此改变细菌的某些生理特性。

又如，利用太空多种射线及失重等环境，已为动植物和微生物在空间诱变育种找到一条新的途径，找到了很多优良性状的新菌种，获得了可观的经济效益。

（三）野生益生菌和重组益生菌

1. 野生益生菌

野生益生菌是指自然情况下生长繁殖并对人类健康有益的细菌，如乳杆菌、双歧杆菌、嗜热链球菌等。

2. 重组益生菌

细菌体内的脱氧核糖核酸或核糖核酸分子中含有特定遗传信息的分子节段（生物学上称为遗传基因），可以通过分子生物学和生物化学高新技术手段进行插入或转移，称为基因重组。细菌间基因的转移或重组是发生遗传变异的重要原因之一。重组有两种方式：①同源重组发生在核酸分子序列相同或相近的供菌和受菌脱氧核糖核酸片断之间的重组，因此同源重组发生在具有共同起源的基因之间。同源重组可在受菌基因和供菌基因之间交换核酸分子片段双向交换，也可以单向转移核酸片段，后者称为基因转换。②非同源重组不需要脱氧核糖核酸的同源性，在位点专一转移重组酶的催化下，将缺失或插入的脱氧核糖核酸重新连接。根据脱氧核糖核酸来源及交换方式等不同，将基因转移和重组分为转化、转导、接合和溶原性转换等方式。脱氧核糖核酸可以从一种生物体转递至另一种生物体，整合至染色体，改变其遗传信息的组成，这类基因转移的方式称为水平基因转移或侧向基因转移。这类遗传物质的交流可以发生在亲缘、远缘甚至无亲缘关系的生物之间。水平基因转移是相对于垂直基因转移而言，打破了亲缘关系的界限，可以获得更多的遗传多样性。

应用重组合成生物学的益生菌称为重组益生菌、工程益生菌、修饰益生菌或改造益生菌，为免混淆，本书一律采用"重组益生菌"一词。

现已有大量的研究表明重组益生菌在肿瘤、传染源或其他代谢性疾病方面获得了重大的进展。重组益生菌具有多功能、高效能和适应性强等特点，可用于治疗遗传性和后天获得性代谢紊乱疾病，治疗和预防各种传染病及过敏和自身免疫性疾病，靶向治疗肿瘤等。

最典型的实例是重组植物乳杆菌能促进血管内皮细胞分泌一种小分子的短肽，即血管紧张素转换酶抑制肽，能抑制血管紧张素 I 转化为血管紧张素 II，能有效降低血压。

（四）益生菌与益生原

1. 益生菌

自然界中存在着数不清的微生物，它们是地球上最古老的居民。根据其作用，如前所述，大致可分为两大类：一类是以细菌、霉菌等微生物发酵生产有用的物质；另一类是有益的细菌、酵母菌等微生物，我们吃的是菌体本身，其中乳酸菌和部分酵母菌则常以活的微生物状态进入人体，这类微生物对人体健康有正面功效。而益生菌主要所指的即是筛选出一部分具有功能性的乳酸菌和酵母菌等。

食用益生菌优于食用维生素，事实已证明，益生菌产生大量的维生素，如维生素 A，维生素 K，维生素 B_1、B_2、B_3（烟酸）、B_5（泛酸）、B_7（生物素）、B_9（叶酸）、B_{12}，必需脂肪酸。此外，益生菌群还含有大量的各种酶类，可增加消化率、代谢率，促进生物利用度和处理大量的营养物质，包括铜、钙、镁、铁、锰、钾、锌、蛋白质、脂肪、碳水化合物、糖、牛奶、植物营养素、胆固醇等。

益生剂最早由诺贝尔奖得主——俄国著名的微生物专家伊力亚·梅杰尼科夫（Elie Metchnikoff）于 1906 年提出的"肠道菌有益论"的理论发展而来。1965 年首先由勒利（Lilly）和斯迪威尔（Stillwell）提出，益生菌是一种微生物物质，能够刺激另一种微生物生长，其反义词为抗生素；到 1971 年，Spirit 提出了益生菌（Probiotics）这一名称，它源于拉丁文，"pro"与英文中"fro"类似，即"有助于"或"有益于"；"bio"与英文中"life"类似，即"生命的"或"生物的"；"tics"有制剂的含义，但这一描述未被普遍接受。直到 1989 年由著名的微生态学家 Fuller 首次给益生菌下定义："益生菌是通过改善肠道菌群平衡而对宿主健康产生有益作用的活菌添加剂"，益生菌这一名词才被普遍认可。这一定义被 Havenaar 和 HuisIn 于 1992 年扩展为"通过改善内源性微生物，对动物或人类施加有益影响的单一或混合的活微生物"。1994 年在德国召开的一次会议上，对益生菌的定义作了再次修订："益生菌是含活菌和（或）死菌包括其组分和产物的细菌制品，经口或其他黏膜途径投放，旨在改善黏膜表面微生物或酶的平衡，或者刺激特异性或非特异性免疫机制。"目前对该定义还存在争议。欧洲权威机构"欧洲食品与饲料菌种协会"（EFFCA）于 2002 年给出最新定义：益生菌是活的微生物，摄入充足的数量后，对宿主产生一种或多种特殊且经论证的健康益处。将来也许会证明这一定义太局限，因为益生菌可能会包括死菌或菌体成分，也可能不仅局限于人源性的，可以是经遗传改造或是其他方式改造的菌株。Marteau 等则将其定义为"摄入后能对宿主的健康或生理施加有益影响的非病原性微生物"。2013 年世界卫生组织及食品和粮农组织的专家规定益生菌的定义为"长期适量食用对人健康有益的活性微生物"，这是现今具有说服力度、恳切的、充分的、随和的说法。

巨量的人类共生微生物，性状多种多样，它们中只有极少部分对人类有害，而大部分很温顺，一些则对人类甚为有益，例如，帮助消化（人类无法自己利用植物纤维），以及合成维生素、吸收矿物质、抑制致病微生物等（图 1-5）。

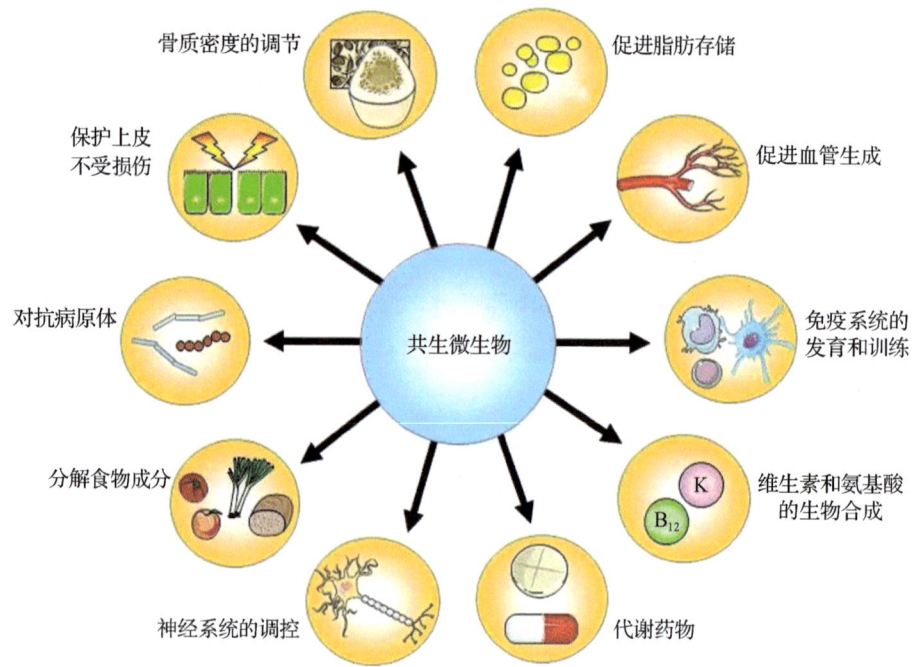

图 1-5　肠道微生物的重要作用
(译自：Laukens D. FEMS Microbiol Rev. 2016，40（1）：117-132.)

益生剂从发现至今已近一个世纪，期间各国科学家对各类益生剂进行了深入的研究，并发表了大量科学专著，益生剂的功效已经得到了各国科学家和消费者的认同。随着现代科学技术的发展和电镜技术、色谱分析技术、厌氧培养技术等的出现，使益生剂的研究和开发得到了迅速的发展。对益生剂的研究也取得了重要成果，例如，用功能基因组学方法鉴定了在细菌宿主相互作用中起作用的细胞膜分子，单独检测每一株菌，益生剂可能通过特定的细胞成分来发挥作用等。甚至有关某些益生菌分子和基因组学方面的研究也有报道，并在市场上找到立足之地。然而，由于益生菌进入人或动物肠道内，在其复杂的微生态环境中与近400种正常菌群会合，表现出栖生、互生、偏生、竞争或吞噬等复杂关系，因此，依靠目前的技术方法来研究益生菌的难度仍很大，尤其是作用的分子机制还知之甚少。

图 1-6 更是展现了现如今人们对微生物参与人体生理功能的充分认识。

益生剂能合成抗氧化物质，能抑制和杀死病原微生物和腐败菌。就人体而言，益生剂可以消除氧自由基（游离基），杜绝病源，延缓细胞衰老，激活 T 细胞，分解亚硝基化合物及其他有机致癌物质，抑制病菌、病毒及癌细胞生长，调节人体血脂水平。

早在远古年代，人类的平常饮食中就已有富含乳酸发酵类的食物了。而益生剂是指促进宿主微生态平衡而发挥有利效果，达到提升宿主健康水平的活菌制剂及其代谢物商品。

这项工作表明，设法改变肠内微生物的组成，可能是改变体重的一个办法。"有一天，人们能利用益生剂或者其他控制微生物的战略，来降低肠内微生物提供能量的效率，帮助人们调节肥胖。"类似的研究还可以帮助全球千百万每天吃不饱的人或者因癌症、心脏病而体

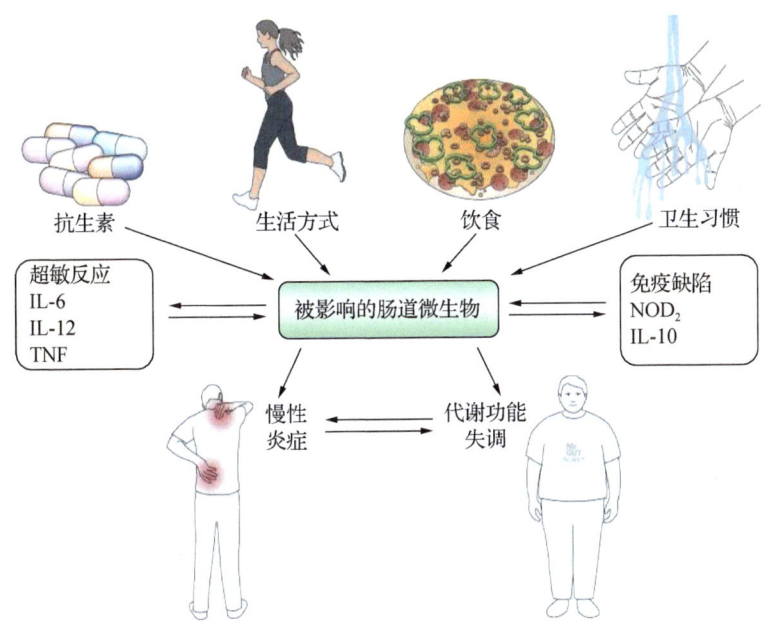

图 1-6　肠道微生物受各种因素所影响

（译自：Sommer F. Nat Rev Microbiol. 2013，11（4）：227-238.）

重减少的人。

成为益生剂还必须符合下述条件：能够耐受胃液的酸性及胆汁的腐蚀；以存活的状态到达肠内；能够在肠内增殖；被科学实验证明能够改善肠内菌群；能确保安全性；原来就是肠道菌群的一种；存活在食品中并能保持有效的菌数；价廉且容易处理。只有满足了以上条件才称得上是益生剂。

益生剂的功效研究目前已涉及改善高血压、高血脂、高血糖，降低癌症发生率，提高免疫和控制体重方面。

抗生素就是指在非常低浓度下有抑制和杀灭病原体作用的药物。例如，我们使用的抵抗细菌、病毒、寄生虫的各种药剂，还有抗肿瘤的药物，都属于抗生素的范畴，都能杀死益生菌或肿瘤细胞。但抗生素进入人体以后发挥治疗效果的同时也会引起很多的不良反应。最明显的是细菌耐药性增强，而抗肿瘤药物则好坏不分的损伤包括人体的正常细胞，造成巨大的伤害。摄入益生剂则不需考虑耐药性的问题，基本不会有不良反应。但益生剂也不是万能的，目前来说，益生菌酸奶等食品属于一种保健食品，具有食疗作用，长期食用会对身体产生益处，但不像药品一样具有很快的药效。若将益生菌制成益生剂，就成为保健药品（我国目前对保健品和药品的界限较模糊），国内已被批准药准字的单一菌种的产品就有丽珠肠乐（金双歧）、回春生（双歧杆菌）、金双歧（双歧杆菌）、促菌生（蜡样芽孢杆菌）、整肠生（地衣芽孢杆菌）、降脂生（肠球菌）、抑菌生（枯草杆菌）、乐腹康（蜡样芽孢杆菌）、酪酸芽孢杆菌制剂、益力康优菌 80 及思连康等，可明显降低抗生素相关腹泻的发生率，并有效治疗真菌感染及小儿腹泻和慢性腹泻。其作用机制有定植、生态占位、生物夺氧、免疫调节、降低肠腔 pH、代谢产物抗菌等。多菌联合制剂有培菲康（双歧杆菌、嗜酸乳杆菌、粪链球菌）、益力康优菌 80（酵母菌、乳杆菌、双歧杆菌、鼠李糖杆菌）和乳康生（蜡样芽孢杆菌和干酪乳杆菌）等。虽然益生剂的功能很多，但还是有一定范围的，不能乱用于其他病的治疗而耽误病情。

虽然目前的益生剂基本上是从传统发酵食品和人体微生态系的菌株中筛选，但也不可能完全保证其安全性，主要原因有两点：①致病菌和安全使用菌株之间的界限并不清晰；②某些菌株在遗传上不稳定，基因易发生改变。据报道，极少的几例乳酸菌从受感染的组织中分离出来，其中一例鼠李糖乳杆菌被认为引起了中年男性的心内膜炎，可实验证明 LGG 鼠李糖乳杆菌不会引起感染。这说明尽管益生剂产品被大量安全消费了好多年，偶然的严重感染，尤其是对于免疫力低下的患者，还是会可能发生。但是这种感染只发生在免疫力较低的人身上，而且发生的概率少之又少。还有一些重症胰腺炎患者食用某些益生剂导致肠道局部缺血。乳杆菌天生显示出广泛的抗生素抗性，如万古霉素，但在多数情况下这种抗生素抗性不属于可传递型。具有非传递型抗生素抗性的乳杆菌通常不需为安全性考虑。

2. 益生原

（1）益生原概述

随着益生剂研究的深入，出现了含有所谓益生原（Gibson，1995）的功能性食品。益生原就是供给益生菌的"食物"，是内源性益生菌的营养物质，是指不易被消化的食品成分，但能够被肠道内有益细菌分解吸收，能促进有益细菌生长繁殖。益生原主要包括各种寡糖类物质（Oligosaccharides）或称低聚糖（由 2～10 个分子单糖组成），更概括的说法是功能性低聚糖。功能性低聚糖包括低聚异麦芽糖、低聚半乳糖、低聚果糖、低聚乳果糖、乳酮糖、大豆低聚糖、低聚木糖、帕拉金糖、耦合果糖、低聚龙胆糖等，其中，除了低聚龙胆糖无甜味反而具有柔和的提神苦味外，其余的均带有程度不一的甜味，可作为功能性甜味剂替代或部分替代食品中的蔗糖。双歧因子就是促进肠内双歧杆菌生长的益生原。

迄今为止，已知的功能性低聚糖有 1000 多种，自然界中只有少数食品中含有天然的功能性低聚糖，例如，洋葱、大蒜、芒壳、天门冬、菊芋根和洋蓟块茎等含有低聚果糖，大豆中含有大豆低聚糖（由水苏糖、棉籽糖和蔗糖组成的混合物）。市面上的应用比较广泛的益生原有异麦芽低聚糖、低聚果糖、低聚木糖等。

益生原还包括非碳水化合物物质。理论上称，任何可以减少有害菌种而有益于促进健康的菌种增殖或增加有益代谢的物质都可以叫作益生原。

所以有一些有机酸及其盐类，如葡萄糖酸和葡萄糖酸钙及某些如人参、枸杞、黄芪等或茶叶提取物的中草药类，也能起到益生原的作用。

（2）益生原的作用

低聚糖难被人体消化，同时蛀牙、肥胖症、高血脂、糖尿病等都同食糖过多有着密切关系，这种益生原的作用主要体现在有助于改善肠道菌群和替代蔗糖作用上。低聚糖主要的不良反应是对寡糖敏感的人会发生肠胃胀气和膨胀感。

①促使双歧杆菌和乳杆菌增殖，充分发挥益生菌作用：双歧杆菌和乳杆菌发酵益生原产生短链有机酸（主要是乙酸和乳酸）和一些抗菌物质，从而降低肠 pH 和抑制致病菌。

②抑制病原菌和腹泻，防止或减轻便秘：通过有益菌的繁殖增多，肠 pH 的降低，抑制有害细菌生长，从而达到调整肠道菌群、促进机体健康的目的。酸性物质能刺激肠道蠕动，增加粪便湿润度并保持一定的渗透压，从而防止便秘的发生。

③减少有毒发酵产物及有害细菌酶的产生，保护肝脏：碳水化合物的酵解一般产生无害或有益的终产物，然而蛋白质腐败则导致潜在的有害物质的生成。加强碳水化合物发酵可以抑制蛋白质腐败，减少有毒物质的生成，进而保护解毒器官——肝脏。

④降低血清胆固醇和血压：这是通过对益生菌的增殖而发挥间接作用。

⑤增强机体免疫力，抗癌：益生原本身对免疫系统无任何作用，但是通过改变肠菌落从而可能影响免疫系统。双歧杆菌在肠道内大量繁殖能够起抗癌作用。这种抗癌作用归功于双歧杆菌的细胞、细胞壁成分和胞外分泌物。蛋白质腐败产物会提高患直肠癌的风险，碳水化合物发酵增加和蛋白质腐败受抑制，降低了直肠癌发病的可能。

⑥生成营养物质，即低能量或无能量而且不会引起牙齿龋变：促进有益菌生长，产生的营养物质增多（维生素 B_1、维生素 B_2、维生素 B_4、维生素 B_{12}、烟酸和叶酸）。功能性低聚糖很难或不被人体消化吸收，所提供的能量值很低或根本没有，故可在低能量食品中发挥作用。龋齿是由于口腔微生物特别是突变链球菌侵蚀而引起的，功能性低聚糖不是这些口腔微生物的合适作用物，因此不会引起牙齿龋变。

（五）益生菌与益生原的区别

益生原与益生菌都会影响肠道菌群的平衡，但影响的方式完全不同，关键区别在于：益生原作用于肠道原来已经存在于肠内的菌群，而益生菌是外部添加于肠道的细菌。除了这点区别，还应该注意以下几点：①益生原作为模拟母乳中的低聚糖，以未经消化的形式进入胃肠道，通过降低 pH 促进双歧杆菌等有益菌的生长，间接地促进胃肠道健康和营养素的吸收。②益生菌是外源细菌，作用更直接。但是，它较明显的针对性，即针对不同的病因及体质添加不同的菌种，例如，双歧杆菌对胃肠道疾病有显著功效等。③在胃部强酸性的环境下，外来细菌的存活性会受到考验，因为只有活着进入胃肠道的有益菌才能发挥功效，有的益生菌株不能经受胃酸（强酸环境）和肠液（碱性环境）中胆汁酸盐的腐蚀，而益生原不是有生命的生物，不存在存活率的问题。④免疫系统对于由外部而来的益生菌有识别的过程，当外部直接添加益生菌时，不同体质的人体可能会产生不同的反应。

双歧因子或益菌因子分别是促进双歧杆菌或益生菌在肠道增殖的物质，属于益生原的范畴。

（六）益生原与合生原的区别

益生原主要是低聚半乳糖和低聚果糖等一大类物质，促进双歧杆菌和肠道益生菌生长。合生原制剂是益生菌与益生原相结合的制剂，也是益生菌与益生原进一步开发而来的新型制剂。合生原既能直接补充生理性活菌以调节和促进人体微生态学的平衡，并赋活人体的免疫机制，又能提高人体的定植抗力，并且更进一步补充扩展了益生菌增殖或定植益生原物质，后者可选择性促进一种或数种生理性细菌生长和增殖，并提高人体胃肠道有益细菌的存活力、增殖力和定植力，从而较全面提高人体的健康（表1-3）。

表 1-3 益生菌与合生原的区别

	益生菌	益生原
本质	肠道中原有的有益菌的总称	从体外添加的有益菌的营养物质
作用原理	从体外添加的对人体有益的外来菌，直接增加肠道内一种或数种益生菌的数量，从而调节肠道菌群平衡	像益生菌的食物，促进肠道有益菌的生长，调节肠道菌群平衡
生物活性	活性菌才能发挥作用	非活性物质，以未消化形式到达肠道

（七）益生菌与益生素的区别

益生菌是活菌，如乳酸杆菌、芽孢杆菌、双歧杆菌及其制剂；益生素一般指一些功能性低聚糖、酸化剂和中草药制剂，是促进肠道内有益菌生长、繁殖或激活代谢功能的。这两者的混合物叫作合生素。

益生菌是通过与有害细菌竞争氧、营养和定植位点，抑制有害细菌增殖，从而改变肠内菌群平衡，使肠内环境得到净化。通过抗氧化作用、抗变异作用、生理活性作用、免疫刺激等方式对宿主发挥机体调节、机体防御、预防疾病、治疗疾病等功效。

益生素是通过选择性促进肠道内某些有益菌的活性或生长、繁殖，从而增进宿主健康。一般在胃肠道上部既不能被水解，也不能被宿主吸收，但能选择性刺激肠内有益菌生长、繁殖或激活代谢功能，调节肠内有益于健康的优势菌群的构成和数量，从而直到增强宿主机体健康的作用。

第 2 节 益生菌的种类

近几年，益生菌对人体的作用被越来越多的微生态医学家研究证实，美国自然医学科学家马克·A. 布鲁奈克著作了《益生菌是最好的药》；全球知名科学家，微生物、免疫学领域领军人物加里·赫夫纳格尔博士著作了《益生菌健康宝典》；美国凯西亚博士著作了《益生菌》等医学经典，科学阐述了益生菌对人体的作用多达 100 项以上，人类离开益生菌，将很快病倒和衰老。

龚淑萍博士于 2014 年将益生菌的种类进行了简要的归纳和分类：根据联合国粮食及农业组织、世界卫生组织在 2002 年发布的《食品中益生菌评估指导》，指出益生菌的功效具有菌株特定性。常用益生菌有以下种类。

一、乳酸杆菌属

嗜乳酸杆菌，属名是乳酸菌。这种益生菌自然存在于乳制品中，并且可以添加进饮食中获得最佳效果。

嗜酸乳杆菌，属于乳杆菌属，是一种喜酸细菌。可以在牛奶、酸奶、酸奶油及冰冻甜点中发现它们，由于能够转化糖和碳水化合物成乳酸，因此也称为乳酸菌。在降低 pH 和减少食物中其他微生物的生长过程中，它会产生发酵味。这一过程对人类很有好处，因为它有预防胃肠道感染的作用。这种细菌在帮助消化过程中能产生维生素 B_{12}。这种益生菌负责整体消化健康，它们分解食物复杂成分，以便于更容易被血液吸收。

（一）胚芽乳杆菌、植物乳杆菌

胚芽乳杆菌、植物乳杆菌主要存在于各种发酵蔬菜中，可促进消化吸收，减轻肠道激躁症（由于肠道功能异常所表现出来的症候群，其症状可包含腹痛、排便习惯改变、胀气、腹胀、解便不完全的感觉，或粪便中出现黏液），抑制肠内致病菌生长，预防癌症。

（二）瑞士乳杆菌

瑞士乳杆菌具有降低血压、促进钙铁吸收、抑制肿瘤、调整肠内菌落平衡、增强睡眠、增加免疫力、延年益寿等功效。国外最近几年的研究发现其对阴道念珠菌有很好的抑制作用（如 Tavemiti V 和 Guglielmetti A，2012）。瑞士乳杆菌在一些国家作为酵母样真菌感染的治疗剂用来清理和预防霉菌性阴道炎。瑞士乳杆菌还被证实有抗炎症的作用，在治疗霉菌性阴道炎方面比其他益生菌见效更快。加拿大的 Nova 益生剂里含有这一菌株。

（三）嗜酸乳杆菌

嗜酸乳杆菌，简称 L.A 菌。主要定居在小肠，是小肠内数量最多的细菌，在阴道壁、子宫颈和尿道都有它的踪迹。能免疫调节、降低胆固醇及念珠菌属阴道炎的感染等。

（四）短乳杆菌

人口腔、老鼠尾巴及肠道可发现其存在，亦存在牛奶与芝士中。能抑制肠道致病菌、维持消化道机能、促进食欲及免疫调节。

（五）干酪乳杆菌

干酪乳杆菌，简称 C 菌。相当耐酸，能有效地通过胃酸、胆盐的考验，能大量进入肠道定植。可预防肠道不适，提升免疫力，使肠道菌丛正常化，抑制过敏物质释放及改善儿童轮状病毒造成的腹泻症状。

（六）保加利亚乳杆菌

保加利亚乳杆菌是德式乳酸杆菌的一个亚种，被广泛应用在酸奶制作的过程中。具有调节胃肠道健康、促进消化吸收、增加免疫功能及抗癌抗肿瘤等功效。

（七）约氏乳杆菌

约氏乳杆菌，简称 LJ 菌。能借由调整人类免疫激素的分泌，进而有效缓解过敏症状与改善过敏体质。

（八）副干酪乳杆菌

副干酪乳杆菌，简称 LP 菌。耐胃酸及胆盐，在肠道中定植效果良好。能促进体内 Th1 细胞（主要为对抗细胞内细菌及原虫的免疫反应）激素分泌，抑制 Th2 细胞（主要为对抗细胞外多细胞寄生虫的免疫反应）所造成的敏感免疫反应，达到免疫系统平衡。对于过敏性鼻炎、过敏性结膜炎、过敏性气喘及异位性皮肤炎等过敏症状有良好的疗效。

（九）洛德乳杆菌

洛德乳杆菌，简称 R 菌。是少数在成人与婴儿体内皆可发现的乳酸菌之一，可帮助孩子肠道细胞的生长,促进益生菌繁殖;也能降低会引起异位性皮肤炎之过敏源的致敏性。

(十)鼠李糖乳杆菌

鼠李糖乳杆菌能够有效提高人体免疫 T 细胞的活性,提高人体对抗外来微生物和抗癌细胞的能力。

(十一)鼠李糖乳杆菌 GG 株

鼠李糖乳杆菌 GG 株是当前世界上研究最多的益生菌,也是首批被证实能够在人体肠道存活并定植的益生菌之一。可在血清中增加足够的白介素 – 10,降低引起局部性敏感免疫反应的细胞激素。能促进益生菌生长,降低对乳品或食物的过敏,治疗不明原因或急性腹泻功能等。

(十二)唾液乳杆菌

唾液乳杆菌产乳酸,具耐酸性特性,亦耐胆盐。有助于调整过敏体质,降低过敏免疫反应。

(十三)动物乳杆菌

因是非人体致病菌,故不赘述。

二、双歧杆菌属

(一)比菲德氏菌

比菲德氏菌,简称 B 菌。它能帮助保持肠道的酸性环境,减少有害菌的繁殖;还能增强免疫力,降低胆固醇,改善便秘及调节肠道生理机能。

(二)婴儿型比菲德氏菌

因为它是在婴儿的肠道内发现的,故被称为婴儿型比菲德氏菌(亦称婴儿型双歧杆菌)。能减缓人体免疫系统过度反应所导致的发炎性伤害。

(三)雷特氏 B 菌

从健康婴儿的粪便中分离获得,是人体肠道最常见的菌群之一。耐胃酸及胆盐,并在肠道中定植,能增加体内有益菌,可缓解胃炎及改善乳糖不耐症。

(四)龙根菌

肠道内的益生菌以龙根菌为主,也是真正的人体原生菌种。能有效调节 Th2 细胞免疫反应,降低过敏患者血液中分泌型免疫球蛋白 E 含量,进而有效改善因花粉引起的过敏症状,也能改善抗生素及食物病原菌造成的腹泻。

(五)短双歧杆菌

大人和小孩体内都有,可降低致癌危险,减少有害菌(如大肠杆菌)的危害。

三、链球菌属

链球菌属包括嗜热链球菌、粪链球菌、乳球菌、中介链球菌等,其中嗜热链球菌常用于制作酸奶。链球菌属对胃酸及胆盐的耐受性强,可帮助乳糖的消化,增强肠道屏障。

四、酵母菌属

酵母菌属于真菌类,在有氧和缺氧的条件下都能有效分解糖类,大量繁殖的酵母菌可作为鱼虾的饲料蛋白利用；酵母菌在体内大量繁殖可有效地改善胃肠内环境和菌群的结构，促进其他有益菌群的繁殖和活力，加强整个胃肠对饵料营养物质的分解、合成、吸收和利用。从而加强了摄食率，提高饵料的利用率和生产性能。此外，酵母菌可有效地抑制病原微生物的繁殖。

布拉酵母菌用于治疗成人或儿童感染性或非特异性腹泻。预防和治疗由抗生素诱发的结肠炎和腹泻。与万古霉素或甲硝唑联合治疗可预防梭状芽孢杆菌所致顽固性疾病的复发。预防由管饲（经由鼻腔插至胃的软管饲喂营养素）等引起的腹泻。治疗肠易激综合征。

益生菌虽包括酵母，但是它们不是人和动物体内的伴生菌，一般情况下，人和动物体内是不能定植活酵母的，否则会患病。另外，由于酵母菌对人和动物的胃酸和胆汁没有抗性，绝大多数酵母都不能在消化道定植下来。

第3节 益生菌群的体内分布

人体内的微生物以细菌为主，种类繁多，总量达到几十万亿到百万亿，重量 1.5～2.0 kg。益生菌活在人体内，以结肠含量最大，但也有数十亿寄生在口腔、鼻腔、食管、牙龈的周围，以及胃、肠、阴道、直肠周围、关节、腋窝下、脚趾甲、脚趾间等处（图1-7）。美国益生菌协会《21 Amazing Facts About Probiotics》形象地根据重量比喻：人体内益生菌的总重量超过人类大脑平均重量约3磅，心脏平均重量只有0.7磅，肝脏平均重量约4磅，一个健康的人体将有超过3.5磅的益生菌。换算成克重，益生菌量为1587 g，心、脑和肝分别为400 g、1400 g和1860 g，益生菌和肠道组成的免疫系统成为人体最大的免疫系统（图1-8）。

人体内的益生菌总数量超过人体细胞数的10倍。一个健康的人，有1兆个细胞，但有超过10～30兆益生菌。据玛丽·艾伦·桑德斯计算，如果将人体内的细菌按首尾相连，它们将环绕地球的2.5圈。据最新研究数据，人体自身约有 3×10^{13} 个细胞，而共生微生物的数量达到 4×10^{13} 个。

人自身约有25 000个基因，每种微生物一般有几千个基因，成百上千种微生物累加起来，有几百万个基因，总数超过人自身基因的数百倍。微生物的数量和基因数巨大无比，它们强烈影响甚至主宰着人的健康。

一、人和动物体内主要益生菌

本节只讨论人体内主要益生菌的归属、外形和一些主要特性，关于对人体的生理作用和保健功能详见本章"第7节 常用的益生菌群菌株"。

（一）双歧杆菌属

双歧杆菌是一个细菌属名，双歧杆菌属现有46个种和亚种。与人类密切有关的有青春双歧杆菌、短双歧杆菌、长双歧杆菌、两歧双歧杆菌、婴儿双歧杆菌、蜜蜂双歧杆菌、小链双歧杆菌、齿双歧杆菌8个种。代表种为两歧双歧杆菌。

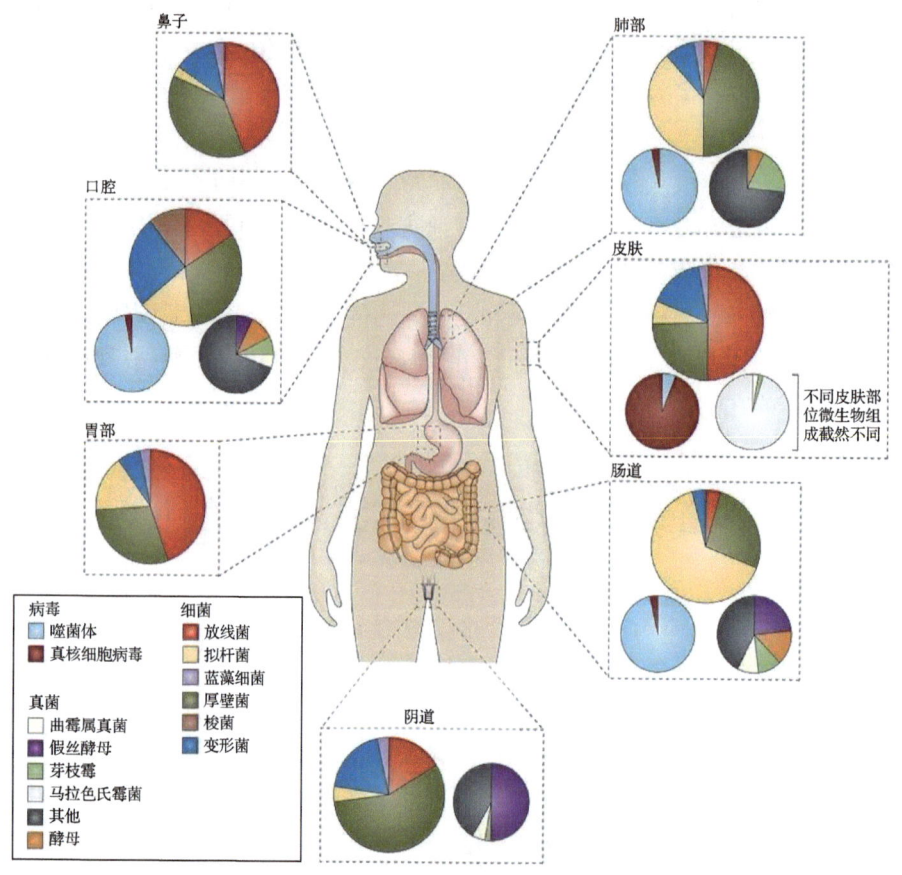

图1-7 人体内微生物的分布

(译自:Marsland B J. Nat Rev Immunol. 2014, 14 (12): 827-835.)

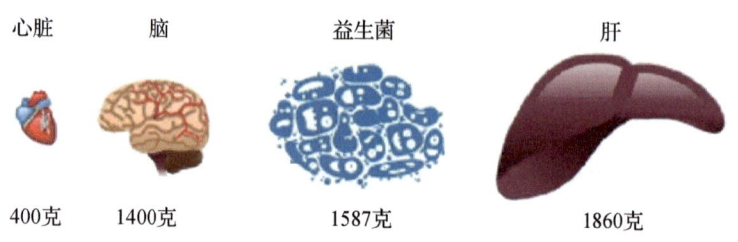

图1-8 人体内益生菌的重量与人体器官比例示意

(译自:21 Amazing Facts About Probiotics)

双歧杆菌为革兰氏染色阳性,细菌形态多样,包括短杆状、近球状、长弯杆状、分叉杆状、棍棒状或匙状。细胞单个或排列成V形、栅栏状、星状。不抗酸,不形成芽孢,不运动。专性厌氧。菌落较小、光滑、凸圆、边缘完整,呈乳脂色至白色。最适生长温度为37~41℃,最低生长温度为25~28℃,最高为43~45℃。初始生长最适pH为6.5~7.0,生长pH范围一般为4.5~8.5。糖代谢经独特异型乳酸发酵的双歧杆菌途径进行,特点是利用葡萄糖产生乙酸和乳酸（摩尔比为3:2），不产生二氧化碳，其中果糖-6-磷酸盐磷酸转酮基酶是关键酶，在分类鉴定中，可用以区分与双歧杆菌近似的几个属。过氧化氢酶阴性（少数例外）；不还原硝酸盐。氮源（用于合成蛋白质的成分）通常为铵盐，少数为有机氮。对氯霉素、林可霉素、四环素、青霉素、万古霉素、红霉素和杆菌肽等抗生素敏感，对多黏菌素B、卡那霉素、庆大霉素、链霉素和新霉素不敏感。

（二）乳杆菌属

形态较规则，(0.5~1.2) μm×(1.0~10.0) μm。通常呈长杆状，但有时呈短链，革兰氏阳性。细菌罕见鞭毛运动。兼性厌氧，有时些微好氧，在有氧时生长差；有的菌在刚分离时为厌氧菌。需要营养丰富的培养基；发酵分解糖代谢，终产物中50%以上是乳酸。不还原硝酸盐，不能液化明胶，接触酶和氧化酶皆阴性。乳杆菌耐酸，适宜于在酸性条件（pH 5.5~6.2）下启动生长，且常常降低乳的pH到4.0以下。当以纯培养物接种到乳中时，乳杆菌在乳中生长缓慢。乳杆菌由一类遗传和生理特性多样的杆状乳酸菌构成。

人类常用的乳杆菌主要有嗜酸乳杆菌、干酪乳杆菌、鼠李糖乳杆菌、植物乳杆菌、发酵乳杆菌、罗伊氏乳杆菌、瑞士乳杆菌、德氏乳杆菌保加利亚种等。

鼠李糖乳杆菌（LGG）是目前国际上公认的好的菌种之一（L代表原始编号，GG是指分离该菌种的两个人的姓，与老鼠无关），其作用和生理功能、保健效用详见本章"第7节 常用的益生菌群菌株"。

（三）芽孢杆菌

呈直杆状，(0.5~2.5) μm×(1.2~10.0) μm，染色大多数在幼龄培养时呈现革兰氏阳性，以周生鞭毛运动。芽孢椭圆、卵圆、柱状、圆形，能抗许多不良环境。每个细胞产一个芽孢，生孢不被氧所抑制。好氧或兼性厌氧，具有对热、pH和盐等各种多样性的生理特性，具有发酵或不同的呼吸代谢类型。通常接触酶阳性。发现于不同的生长环境，少数种对脊椎动物和非脊椎动物致病。

本属包括对人和动物致病的炭疽芽孢杆菌，可引起食物中毒的蜡状芽孢杆菌，非致病性的枯草芽孢杆菌、蕈状芽孢杆菌、多黏芽孢杆菌等近50种。其中有几个种的菌能产生多肽、类抗生素或细菌素或毒蛋白，这些都对医药卫生和动植物防治病虫害很有好处。

（四）丁酸梭菌

丁酸梭菌，属于芽孢杆菌科，梭菌属，革兰氏阳性，有芽孢，孢子卵圆，偏心或次端生。可抵抗不良环境。

丁酸梭菌是一种专性厌氧的革兰氏阳性芽孢杆菌，其直径为(0.6~1.2) μm×(3.0~7.0) μm，两端钝圆，细菌呈直杆状或稍有弯曲，单个或成对，短链，偶见有丝状菌体，周身鞭毛，能运动，孢子卵圆。革兰氏染色培养初时为阳性，菌稍长可变为阴性。一个显著的特征是产生淀粉酶，水解淀粉但不水解纤维素。水解淀粉和糖类的最终代谢产物为丁酸、乙酸和乳酸，还发现有少量的丙酸、甲酸，硝酸盐还原实验均为阴性。根据梭菌孢子的位置和特殊的生长要求和对明胶的水解与否可分为5个群，140多种。

二、人体内的益生菌分布（主要部位）

肠道内是细菌及益生菌含量最多的场所，将在以后章节详细讨论，本节主要介绍皮肤、口腔、鼻腔和阴道内的菌群概况。

（一）人体胃肠道菌群（详见第2章第3节）
（二）人体皮肤菌群

皮肤被覆于人体表面，是人体最大的器官，约占成人体重16%；总面积为1.2～2.0 m²；组成人体与外界接触最大的部位，易受环境污染，表面角质层形成无数高低不平的皱褶，加上皮脂腺、毛囊、汗腺，皮脂腺分泌的皮脂、汗腺分泌的汗液都是细菌极易藏身和黏附之处；指甲是真菌（即霉菌）最易感染部位，故皮肤表面的菌群种类繁多，与生活环境密切相关，且以过路菌为主。常见的有葡萄球菌、链球菌、绿脓杆菌、白色念珠菌、丙酸杆菌、类白喉杆菌、非致病分枝杆菌等。

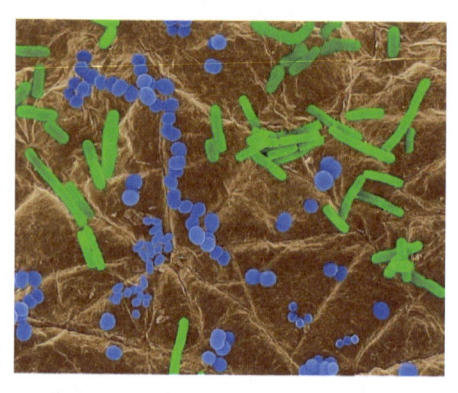

图1-9 电子显微镜下皮肤细菌的画面

人体的皮肤群居着大量的细菌，大约有1000种之多，而绝大多数生存在我们的表皮细胞表面（图1-9）。身体比较潮湿的部分，如耳后、脖根、鼻孔、肚脐、腋下、外阴部和肛周，这些位置的细菌密度是最大的；而比较干燥的部分，如前臂、手掌也会有细菌生存，美国《预防》杂志刊文指出，头皮每平方厘米的头皮上约有100万个微生物，其中最多的是毛囊脂螨；腋窝皮肤每平方厘米的微生物高达10亿～100亿个。汗水本身并没有异味，都是腋窝"常客"的棒状菌群被皮肤分泌的脂肪酸滋养，从而繁殖滋生大量细菌，由此产生难闻的腋臭；一双未洗过的手上最多有80万个细菌，1 g指甲垢里藏有38亿个细菌；此外，肛门周围及外阴每平方厘米皮肤均含有数亿以上的细菌。

皮肤是人体最大的器官，益生菌通过促进胰腺的消化酶分泌，使部分通过皮肤进入的毒素转化为可溶性的毒素，再进入循环的血液中，以尿液或汗液的形式排出体外。在人体皮肤的表面和组织中，均可找到有益菌和有害菌、常驻菌和暂住菌。

皮肤给人体器官提供了一个屏障，保护着器官并隔绝其与病原微生物的接触。免疫细胞在这些边界旁高度活动着，如同一支时刻在边境线上驻守的军队，随时防御着有害细菌的突然袭击和侵占。胃肠道中的益生菌有助于营养成分的吸收，并抑制过敏物质的吸收。在保证皮肤免疫力正常和抗氧化能力较强的前提下，人体皮肤细胞才能正常工作，保持其表面的健康和光滑。

年轻人因性激素分泌旺盛，产生过多皮脂，容易导致毛囊堵塞。这使得病原微生物开始繁殖，进而引起发炎，即称为痤疮。早在20世纪60年代，欧洲的研究者和医生发现，大部分患有面部痤疮的受测验人群在服用益生菌两周后，痤疮基本上得以消除。这同时也表明，益生菌在平衡人体内肠道菌群的同时，对痤疮起到治疗作用。

在人体表面形成益生菌保护膜，占据皮肤表面的附着点，使外袭致病菌无法立足于机体的表面。益生菌膜可产生抗菌、抗病毒甚至抗癌的物质，能够抵抗病原微生物及外界污染对皮肤带来的定植、生长和繁殖，起到肌肤自净作用。人类的皮肤细胞可以提供给益生菌膜内细菌生长繁殖所需营养，同样益生菌膜内有益菌在代谢过程中亦会产生脂类、固醇类、角质蛋白等，为皮肤基底细胞提供营养，延缓皮肤老化和皱纹的产生。弱酸性益菌膜内益生菌产生乳酸等酸性物质，使益菌膜形成酸罩，它可以中和沾染皮肤的碱性物质，抑制致病微生物的生长。同时它还与角质层一起防止水分过度蒸发，对皮肤体温调节有重要作用；皮肤益生菌膜能够与皮肤内的免疫系统进行互动，进而引起相应的免疫应答，能够在不引起炎症的情况下增强机体对特定病原体的免疫力。不同类型益菌膜能引起不同的免疫应答，这说明皮肤中驻留的免疫细胞能够快速感知和应对皮肤菌群发生的改变。

（三）人体口腔菌群

口腔是由口唇至咽峡部位空隙，含牙龈和齿列、舌和舌根，后壁由腭垂、腭帆、左右腭舌弓及舌根围成咽峡与咽分界。小唾液腺数很多，如唇腺、颊腺、腭腺，还有腮腺、下颌下腺和舌下腺3对大唾液腺，牙缝、齿龈间、舌面的味蕾间都是细菌的藏身之处，各种唾液腺分泌的唾液黏性也是黏附细菌的附加因素（图1-10）。有人估计，口腔中生活着约700种细菌，大部分细菌是人体的朋友。口腔里的细菌种类是因人、因地而不同，身体的疾病如糖尿病等，也会改变细菌的种类，令人意想不到的是，肥胖妇女的口腔细菌和正常妇女的不一样。

口腔是细菌、病毒、真菌和其他外来抗原进入人体的主要途径之一，除了这一外源性负担外，还有大量的内源性微生物菌群寄生在口腔、牙齿和黏膜表面，因此，为宿主提供了大量的抗原刺激作用。关于微生物菌落集群，可以分为两大类：第1类由游离形式的细菌组成，主要存在于唾液中；第2类由菌落形式的细菌组成，主要存在于牙斑或黏膜表面。

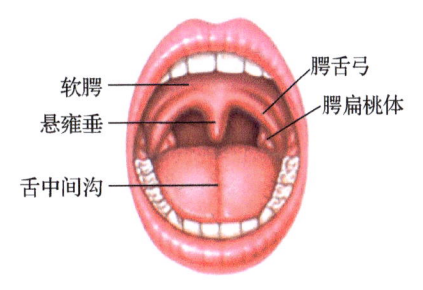

图1-10　口腔结构

唾液细菌像指纹一样独特，据美国《连线》杂志报道，《基因组研究》（*Genome Research*）杂志发表文章称：在人的唾液中有600多种不同的微生物细菌，并且这些细菌因人而异。不论人们是否生活在一起还是分别生活在地球的两侧，他们的唾液细菌可能都是不同的。

口腔中有弱碱性唾液、食物残渣等，为正常菌群的繁衍提供了合适条件。最常见的菌群是甲型链球菌和厌氧链球菌，其次是表皮葡萄球菌、奈瑟氏菌、乳杆菌、螺旋体、假丝酵母等。

人类唾液中的主要抗菌因子和生长因子：非免疫球蛋白，内生因子；溶菌酶；乳铁蛋白；唾液过氧化物酶等抗菌因素。

（四）人体鼻腔菌群

鼻是呼吸道的起始部，也是嗅觉器官，由外鼻、鼻腔和鼻旁窦所组成，其外侧壁由上鼻甲、中鼻甲和下鼻甲及各鼻甲下方分别形成的上鼻道、中鼻道和下鼻道，左右两侧鼻腔之间是鼻中隔，各鼻甲、鼻道和鼻中隔表面均覆盖密集血管的鼻黏膜，因而扩大了和气体的接触面积，利于嗅觉发挥，对吸入的气体有加温、加湿与除尘作用。这些结构也增加了鼻腔和吸入有害气体的接触面，同时也形成了利于细菌黏附的有利条件（图1-11）。当前，我国的空

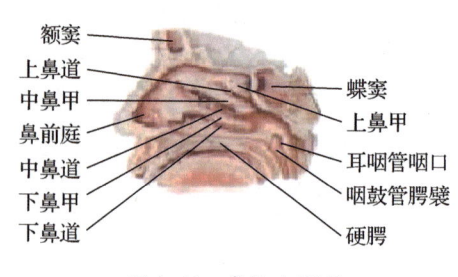

图1-11 鼻腔右侧面

气污染情况十分严重,雾霾、浊尘天气增多,易引起空气污染的各种细菌黏附于鼻腔。

国际权威医学机构实验显示,人类的鼻腔内细菌群有10 000多种,比马桶上的细菌还要多400多倍,生活在城市里的人则更多,这些细菌主要积聚在鼻腔鼻前庭的黏膜上,所以人体最脏的器官之一是鼻腔,排名第二的是口腔(口腔内的细菌群有700多种)。

鼻腔一天24小时不停呼吸空气达15 000 L之多,空气中大量的粉尘和细菌就附着在鼻前庭和鼻腔内,从而堵塞鼻腔的自洁功能,造成大量细菌滋生,成为名副其实的垃圾桶,对人体的健康危害极大。

鼻腔的脏和干不但使鼻腔丧失过滤清洁空气的功能,而且成为细菌滋生的天堂。并直接引发鼻炎、咽喉炎、气管炎、肺炎、尘肺、菌肺等呼吸道疾病,还会引发嗅觉减退、脑部供氧不足、记忆力下降、反应能力下降等,严重影响人的生活质量。

国际卫生组织呼吁,鼻腔卫生应该像口腔通过刷牙一样得到清洁,成为日常生活保健的一部分。国际权威医学临床试验结果显示,坚持每天洗鼻一次的人较没有洗鼻习惯的人发病率流感降低80.5%,鼻炎降低92.3%,咽喉炎降低89.6%,肺炎降低75.0%,尘肺降低68.1%。

(五)女性阴道菌群

阴道是富有伸缩性的肌肉性管道,是女性性交器官,也是月经排出和胎儿娩出通道。阴道黏膜形成许多横行皱襞,形成了细菌藏身之地(图1-12);加上雌激素促进阴道上皮增厚,并使细胞合成大量糖原,为各种细菌的生长繁殖提供了充足的营养成分。

阴道细菌多达40余个菌属,100多个菌种,重达20 g,约 7×10^8 个微生物(包括需氧菌与厌氧菌),也是一个微生态。其中需氧菌包括阴道杆菌(占优势)、

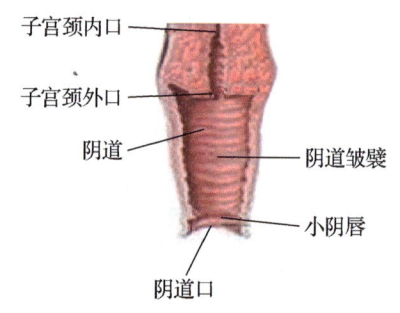

图1-12 阴道剖面皱襞

棒杆菌、非溶血性链球菌、肠球菌、表皮葡萄球菌、大肠杆菌和加德纳尔菌。厌氧菌包括消化球菌、消化链球菌、类杆菌、梭杆菌等。此外还有支原体及念珠菌。阴道内的微生物以乳杆菌为主,占总微生物量的90%~95%。健康女性阴道中常见分离的乳杆菌有脆弱乳杆菌、詹氏乳杆菌、格氏乳杆菌、发酵乳杆菌和阴道乳杆菌等。其中"乳酸杆菌、双歧杆菌、优杆菌"等是"有益菌","滴虫、霉菌、大肠杆菌、白色念珠菌、金黄色葡萄球菌、阴道加德纳菌、绿脓杆菌、淋球菌、淋病奈瑟菌、梅毒螺旋体"等是引起各种妇科疾病的"有害菌"和致病微生物。

随着年龄的推移,女性身体机能或免疫力的下降,很快阴道的"有益菌"就会逐步下降。加之性生活、月经、妊娠、哺乳、妇科手术、不当的洁阴方式及其女性特殊的生理结构、外阴损伤、情绪波动等都会影响到阴道微生态系统的菌群平衡,使"有害菌"过度繁

殖，从而引起各种妇科疾病感染。

阴道炎是阴道菌群失调的局部表现，常见炎症有4种：葡萄球菌比例增加导致细菌性阴道炎；衣原体比例增加导致衣原体性阴道炎；阴道内出现滴虫会导致滴虫性阴道炎；阴道内还可发生霉菌性阴道炎。同时也存在多重感染（详见第2章第7节）。

近年来流行一种阴道菌群置换术疗法，是采用消毒杀菌剂把阴道内包括正常菌群在内的所有微生物杀死后，换上分离自阴道经纯培养的乳杆菌，使阴道pH维持在3~4，抑制其他微生物的繁殖，以维持阴道正常环境。

第4节 益生菌群的生态环境

在生物长期进化过程中，人体和肠道菌群之间形成了一个相互影响、相互作用的生态系统。稳定的肠道菌群可以竞争排除侵入的病原微生物，参与营养物质代谢、维护人体健康。菌群的稳定平衡可以被抗生素（即使是低浓度）破坏，大量繁殖。

在大量的食物进入肠道后，各类细菌都参与了其分解过程：一些参与降解复杂大分子物质，形成的相关产物可能又是另一些细菌的营养物质，由此产生的食物链交叉连接，互相影响，构成了肠道中蓬勃不息的代谢活动。

一、益生菌群的代谢特点

（一）糖分（酵）解

人类大肠中的细菌群大多数不能依赖现成的单糖，但几乎都能在大肠极端缺氧的条件下将人体不能消化的食糜残渣及复杂的纤维素酵解成乙酸、丙酸、丁酸、乳酸、琥珀酸、乙醇等，借以提供能量。

黏蛋白是肠黏膜杯状细胞（即黏液颈细胞）分泌的糖蛋白，由肽类和寡聚糖侧链组成，结构复杂，经多种菌、多种酶的协同作用，酵解成单糖，不仅可作为供能物质，还能促进不能降解糖蛋白的肠道细菌的生长。

未完全消化和未吸收的部分淀粉多糖、组成食物细胞壁的纤维素、半纤维素、木聚糖、果胶等及植物种子多糖、葡聚糖等，都可经脆弱拟杆菌类群、双歧杆菌、瘤胃球菌和真杆菌分解。

抗性淀粉又称对抗酶水解的淀粉或难消化淀粉，在小肠中不能被淀粉酶水解，存在于某些天然食品中，如马铃薯、香蕉、大米等都含有抗性淀粉，特别是含高直链淀粉的玉米淀粉含抗性淀粉高达60%。这种淀粉较其他淀粉难降解，在体内消化缓慢，吸收和进入血液都较缓慢。还有一些在洋葱、蒜和菊芋中的小分子的寡聚糖，如水苏糖、棉籽糖，都可受乳杆菌、双歧杆菌、链球菌等益生菌的分解，以提供所需的能量。

（二）蛋白质腐败分解

未完全消化的蛋白质和未被吸收的氨基酸在大肠中受细菌的作用生成氨、酚、硫化氢、硫醇、吲哚和胺类（腐胺、尸胺）等，称为蛋白质的腐败作用。估计每天有1~25 g的蛋白质和肽类由小肠进入大肠,主要受脆弱拟杆菌类菌群、产气荚膜梭菌、双酶梭菌(一种腐败性厌氧菌)等分解,其作用与人类胃肠道内的分解过程相似,分解成氨基酸后生成乙酸、丙酸、丁酸、异丁酸、乳酸等,分解以供给能量;氨可以作为细菌合成氨基酸的原料,或经肠道吸收后在肝中合成尿素从肾脏排出,肝功能严重损伤时,合成尿素能力下降,血氨升高可导致脑功能不足导致肝性昏迷。胺类可经肠道吸收后在肠黏膜和肝脏的单氨氧化酶或二胺氧化酶的作用解毒;腐胺、尸胺等经氧化脱氨生成杂环物质哌啶和吡咯啶,再运输至肾经尿中排出。酚和吲哚主要由拟杆菌、乳杆菌、双歧杆菌等分解、吸收后经尿中排出。

(三)脂类的分解代谢

脂肪进入十二指肠后受胆汁中胆汁酸盐(主要的甘氨胆酸钠和牛磺胆酸钠)乳化作用,使块状脂肪乳化成分散的小乳糜微滴,受胰腺分泌的胰脂肪酶消化成甘油和脂肪酸吸收;胆汁酸的降解只有在益生菌的作用下,才能经脱羟作用生成脱氧胆酸和鹅脱氧胆酸后再转变为石胆酸,经粪便排出。

由脂肪酸降解而成或由氨基酸脱氨后生成的短链脂肪酸主要是乙酸、丙酸和丁酸,尤其是丁酸可作为能量的来源、组成细胞膜成分、促进消化道细胞生长、诱导细胞分化、影响基因表达、构建细胞骨架、增加组蛋白乙酰化、诱导细胞凋亡等作用。

胆固醇属于类脂,是组成细胞膜、细胞核膜等生物膜的重要成分,可在人体内转化为肾上腺皮质激素、性激素、7-脱氢胆固醇进而转化为维生素D_3,少量以游离胆固醇重新排入十二指肠,经肠菌转化为粪固醇,随粪便排出。

(四)大肠内气体代谢

肠道细菌主要产生氢、甲烷和二氧化碳,氢和甲烷只来自细菌的作用,人体不会生此两种气体。健康人每天排出肠道气体为400~2000 mL,其中氢浓度占1%~40%,甲烷为1%~20%,二氧化碳为5%~50%。

甲烷是一种惰性气体,对人体无害,也可能和结直肠癌发病有关。硫化氢可抑制线粒体内细胞色素氧化酶,引起细胞缺氧,因而不能产生能量;也可以诱发发育异常和结肠腺癌。

二、益生菌存活的环境因素

保持体内正常的益生菌环境所需要注意的是,并非所有益生剂都适合所有人,每个人的肠道微生物组成不同,微生物的数量也不一样,适宜的益生菌菌株可能也不一样。

动物肠道内大约存在着30个属500多种微生物,它们可分为专性厌氧菌、兼性厌氧菌和需氧菌3部分。肠道中益生菌以厌氧菌组成为主,主要是乳酸菌和双歧杆菌,它们中的许多种对宿主有利。肠道细菌和肠上皮细胞等生物成分与食源性非生物成分(未被消化的食物)及来自胃、肠、胰和肝的分泌物(如激素、酶、黏液和胆盐等)共同构成肠道微生态系统。当人和动物处于健康状态时,其肠道内微生物按一定的种群比例定植在肠壁上,处于一种稳定的平衡状态,它们是动物内环境中不可缺少的组成部分。

最近科学家在小鼠及人体实验都观察到,人体进行充分运动就足以使肠道有益菌明显增加,提升肠道抵抗力。

华盛顿大学医学院的研究人员在《科学》杂志发表了一项研究,指出广泛存在于天然植物中的黄酮类化合物，经过肠道微生物的降解，产生的代谢物被吸收后，能够上调Ⅰ型干扰素信号通路，进而增强机体抗病毒免疫反应。

根据益生剂应用效果的一般概念，只有活的生物才能产生益生功能。因此，益生菌在被摄入时必须是活的，并且在胃肠道中保持活性。针对食品中的益生剂要达到这种活性所需要的最低活细胞数，有各种各样的建议和标准。一般认为，在销售时，益生菌的活细胞数量需要达到 10^6 CFU/g。但是在某些情况下，只要益生菌的活细胞数在食品保质期内不低于 10^5 CFU/g 也被认为能达到益生效果。几个世界食品组织提出的官方标准是最低 10^6 ~ 10^7 CFU/g，例如，FIL/IDF（The Federation Internationale de Laiterie /International Dairy Federation）的标准是在销售期间，酸奶一类的食品中最低要含有嗜酸乳杆菌 10^7 CFU/g，而发酵牛奶中要含有双歧杆菌 10^6 CFU/g。

（一）保护益生剂的措施

益生剂的食品是功能性食品中发展极快的一个领域，对含有诸如嗜酸乳杆菌和双歧杆菌等种类益生菌的乳制品及非乳制食品的开发已成为一大研究热点。如果以含益生菌的食品种类来划分益生菌的应用，那么酸奶无疑是应用最广泛的益生剂食品载体。

1. 应用保护剂

添加保护性化合物能够降低细胞在冷冻和干燥过程中的死亡，添加剂包括一系列简单或是复杂的化合物。目前国内外研究比较多的益生剂冷冻干燥保护剂，冷冻保护化合物可以分为两大类：①渗透性冷冻保护剂，如二甲基亚砜、甘油，它们能够穿越细胞膜；②非渗透性冷冻保护剂，如羟乙基淀粉、各种糖，它们不能进入细胞。

干燥也是被广泛应用的一种保护细菌细胞的方法，尽管这个过程本身及随后的储存会造成菌体大量死亡。与冷冻细菌相比，干燥细菌不需要低温保存。冷冻干燥的操作条件温和，损伤程度小。但是，冷冻干燥过程存在一些缺点，如加工时间长、能源消耗大。许多研究者致力于寻找替换的干燥方法。喷雾干燥是其中比较有前景的一种生产干燥的益生剂的方法，它可以提高加工速度，降低操作成本，并保持较高的益生菌存活性。

国内外对益生菌抗热保护剂研究较少。吕嘉枥等研究了在湿热环境下葡萄糖、脱脂奶粉、麦芽糊精、蔗糖、甘油、偏磷酸钠、海藻酸钠和谷氨酸钠对嗜热链球菌和保加利亚乳杆菌的存活率的影响。发现脱脂奶粉、甘油、蔗糖、葡萄糖、海藻酸钠是较好的抗湿热保护剂。江萍等以浓缩脱脂乳为保护剂生产出具有一定活菌数的乳酸菌粉。孙俊良、赵瑞香等以阿拉伯胶、β-环糊精、可溶性淀粉、明胶、脱脂奶粉为保护剂，用喷雾干燥法将嗜酸乳杆菌微胶囊化，取得较好效果。

2. 改善培养条件

培养益生菌的条件能够影响工业微生物菌种的活力，故对于改变发酵液的组成或是改善发酵条件的研究一直都在进行。据报道，在发酵液中添加 Tween 80（由失水山梨醇单油酸酯与环氧乙烷聚合而成的一种化工原料）或是 Ca（纤维素乙酸酯）对冷冻过程中的菌的存活有促进作用。此外，菌体收集时间、生长温度、发酵液的 pH 也被认为是发酵过程中的重要因素，需要适当的调整，它们也决定着冷冻及冷冻干燥过程中益生菌的活性。

(二) 益生剂的储存条件

储存条件（储存温度、湿度、包装材料等）能够极大地影响益生剂的稳定性。一般冷冻和干燥的制品更适于低温下储存以保持菌体活性。储存温度降低时，益生剂的货架期能够显著延长；低于 $-80\ ℃$ 的低温能有效保持益生菌的高活性。当干燥的益生剂长时间储存时，相对低的湿度（11%~22%）能够增强细菌的稳定性。当细菌暴露于氧气中时，细胞膜上的不饱和脂肪酸会发生氧化导致菌膜变质。据报道，氧化过程是由残留湿度增大激活的，可以通过将干燥的益生菌储存在缺氧条件下有效的抑制氧化过程。包装材料也是影响储存过程中益生菌活性的重要因素。与玻璃瓶相比，PET 瓶［指包装瓶里面含一种叫作 polyethylene terephthalate（聚对苯二甲酸乙二醇酯）或简称 PET 的塑料材质，是由对苯二甲酸（Terephthalic acid）和乙二醇（Ethylene glycol）化合后产生的聚合物］具有质轻、透明度高、耐冲击不易碎裂等特性，也可阻止二氧化碳气体释放，让汽水保持有"气"。玻璃的透氧性能相对较高，故储存在玻璃瓶中的脱脂奶包埋双歧杆菌比储存在 PET 瓶中的活性下降得慢（4 ℃下储存 42 天）。

第5节 益生剂菌群功效的作用机制

从全球广泛服用益生剂的结果表明，当人体长期补充益生剂时，益生菌就会在肠道内大量繁殖，与有害菌做斗争，能抑制有害菌的生长，维持肠道生态平衡，产生人体生物保护屏障，提高机体免疫力、抗病力，抵抗细胞突变和癌细胞生长，促进皮肤健康，祛病强身，美容保健，延年益寿。特别是乳酸菌、乙酸菌、酵母菌，在体内能产生大量的葡萄酸、氨基酸、维生素、各种酶等 160 多种有益物质，改善肠道循环，增强人体肠胃功能。具体表现为睡眠质量显著提高，改善大便气味，排便通畅，食欲明显增强，精力充沛，精神振奋，皮肤红润光泽健康。

近年来，有关益生菌的菌株特异性功能的研究报道却很多。如菌株的免疫功能、抗癌效果、防止腹泻功能及类似的功能都得到了不同程度的证实和临床验证。益生菌之所以具有如此的保健、养生、预防甚至治疗疾病的作用，其机制非常复杂，至今尚未完全阐明其真正的作用机制。根据目前国内外大量研究文献报道，其作用机制大致归纳如下（表 1-4 和图 1-13）。

表1-4 益生剂的作用机制（赵东，等，2012）

作用方式	作用机制
抗微生物活性	降低肠道内的 pH
	分泌有抗微生物活性的肽类物质
	阻止致病菌的侵入
增强屏障功能	阻断致病菌对肠上皮细胞的黏附
	增加黏液分泌
	保持屏障的完整性

第 1 章 益生剂（菌）概述

续表

作用方式	作用机制
免疫调节功能	对树突状细胞有影响 对淋巴细胞影响（B淋巴细胞、T淋巴细胞）
调节肠道神经系统	升高背根节（DRG）神经元动作电位的阈值 激活鸦片类和大麻类受体

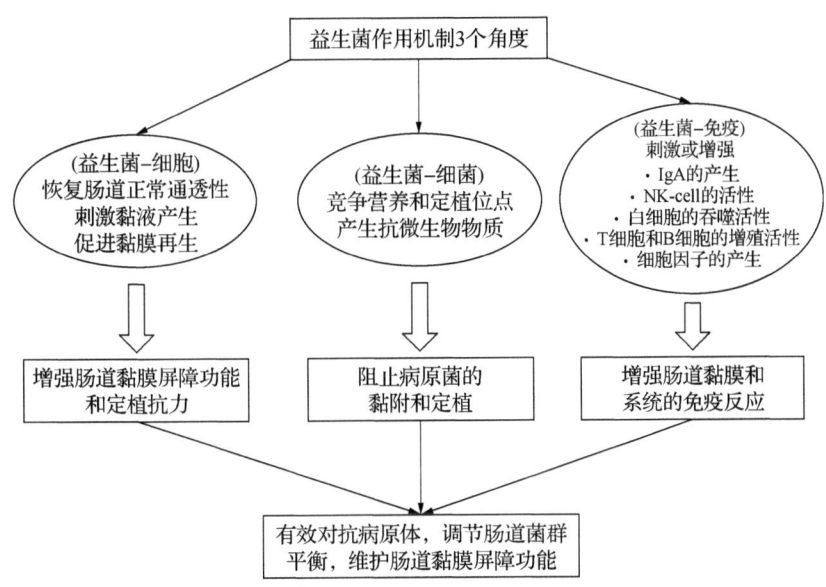

图 1-13 益生菌的作用机制

一、构筑肠黏膜屏障

益生菌是一组肠道正常菌群中的优势菌群，通过定植于人体肠道中与肠黏膜密切结合构成一道生物屏障，能抑制有害菌株的生长，从而维持肠道内的微生态的平衡，阻碍致病菌和炎性细胞因子对肠道黏膜屏障的影响。研究表明，双歧杆菌主要通过在肠道中细胞壁酸磷壁酸与肠黏膜上皮细胞相互密切结合，与其他厌氧菌一起共同占据肠黏膜表面，形成一道生物学屏障膜，在空间上构成肠道的定植抗力，并通过细胞代谢物阻止致病菌、条件致病菌定植和入侵，来达到保护宿主免受致病菌侵害的目的（图 1-14）。

国外资料证明，益生菌 GG（鼠李糖乳杆菌 GG 株）在人肠道的定植能力非常强，且能均匀定植于肠道表面，它能起到抑制沙门氏菌等致病菌的定植并可产生大量的抑菌物质，与人体有关的微生物有成百上千种，它们存在于皮肤、口腔、肠道等处，细菌总数高达 10^{14} 个，其中大量的微生物存在于人体肠道中。有研究表明，微生物的定植可产生某些具有毒性、致病性、致突变或致癌的代谢产物。而无菌动物比一般动物更易受感染，其中部分原因是缺乏益生菌，导致免疫功能的低下和定植抗力的缺乏。以上事实至少可以证明微生物的定

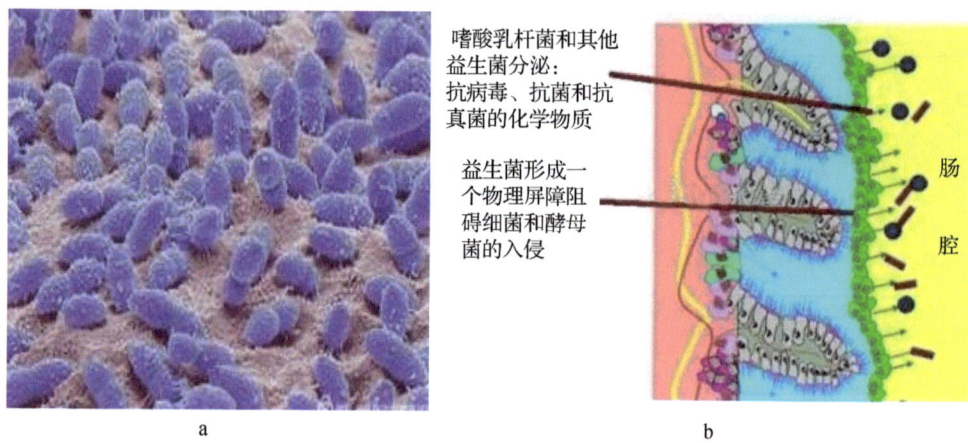

图1-14 益生菌膜屏障模式

植与宿主的机体保持健康之间有非常重要的联系。

二、提高人体免疫功能

益生剂可调节先天性免疫的抗炎反应和促炎反应，加强相应的免疫反应和促进抗体的形成。黏附也被认为是免疫调节的重要因素，只有黏附细菌才可能与免疫细胞有更近的接触。在多项临床实验中，一种名为副干酪乳杆菌DG的益生菌被认为能够促进机体健康，米兰大学等机构的研究人员通过研究发现，副干酪乳杆菌DG引发的健康效益或许源于该菌与人类宿主之间的"交流"，这种"交流"包括细菌能够分泌一种新型多糖来告知人体免疫系统释放特定的免疫刺激化合物。研究人员分离到了这种由大型糖分子聚合物组成的多糖物质，能够形成许多细菌细胞的外表面，而且细菌有时候也会分泌这种多糖物质。研究者随后利用核磁共振成像技术和化学方法来确定这种多糖分子的结构和组成，证实多糖分子的主要组成部分来源于鼠李糖，而鼠李糖在一系列益生菌分泌的多糖中都占有主要优势。

肠道菌群对宿主免疫系统的调节从一出生就开始了，肠道微生物促进免疫系统的形成，而宿主的免疫系统反过来又可影响肠道菌群的形成。肠道中的益生菌可通过激活巨噬细胞来提高非特异性及特异性免疫反应、自然杀伤细胞的活力，增强细胞因子的表达水平，促进免疫球蛋白特别是分泌型的免疫球蛋白A的表达，提高宿主的抗病能力（图1-15）。

有研究证明肠道内的双歧杆菌对免疫系统的形成起着重要的作用。有报道称，在氧化应激状态下小鼠的中枢神经系统和免疫系统均表现出明显的损伤，T细胞增殖及其细胞因子白介素-2的诱导性表达受到抑制。这表明氧化应激加剧是免疫能力下降的导火索，益生菌的抗氧化作用可能有利于维持机体免疫系统的平衡，提高免疫调控能力从而延长寿命。

关于益生菌能增强免疫功能的机制和应用，将在第2章第1节详细讨论，在此不加赘述。

三、抗氧化酶活性

自由基（主要指超氧离子、羟自由基和过氧化氢）可在体内产生能量的过程中生成，

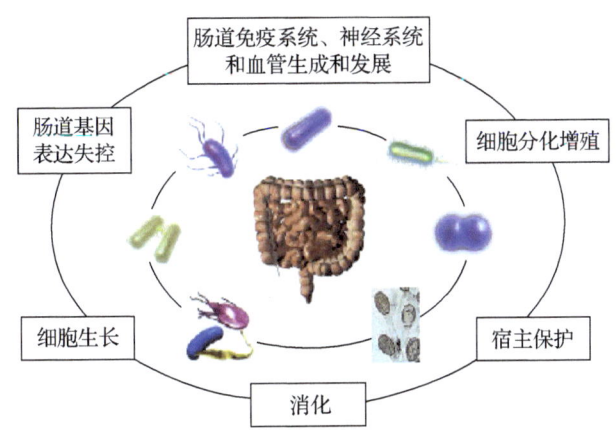

图 1-15　肠道益生菌功能

也可受外界环境、疾病或药物所引发，是一类具有极强氧化作用的氧化剂。在生理状态下，自由基的浓度很低，不仅不会损伤机体，而且还显示出独特的生理作用。但是自由基产生过多或清除过慢，它会对生物体产生一系列损害，加速机体的衰老过程并诱发各种疾病。自由基非常活泼，化学反应性极强，参与一系列的连锁反应，能引起细胞生物膜上的脂质过氧化，引起细胞损伤。

自由基最易损害细胞膜、细胞核膜和线粒体膜，会导致细胞代谢、功能和结构的改变，后者是许多疾病的病理基础，从而可引起许多病变；自由基既可直接作用于蛋白质、氨基酸过氧化，使蛋白质的多肽链断裂或与个别氨基酸发生氧化反应，或使蛋白质交联而发生聚合作用，也会使酶分子发生聚合等，影响酶活性，尤其是以巯基为活性中心的各种酶（如肌酸激酶）会丧失活性，严重影响人体新陈代谢；自由基可使脱氧核糖核酸链断裂或碱基破坏、缺失，使核酸分子的完整性和构型受到破坏；造成遗传信息改变，使生物体发生突变或产生病变；严重损伤的脱氧核糖核酸无法修复，以致细胞死亡；自由基可使脱氧核糖核酸主链断裂或碱基破坏；可破坏细胞膜上的多糖结构，影响细胞功能的发挥；老年人体内有大量过剩的自由基积累，可引发细胞膜脂质过氧化，并与生成的脂质过氧化物-蛋白质共聚物形成褐脂素，在人的手、脸部皮肤上沉积，形成老年斑（衰老的基本特征）。

自由基是科学家已发现导致各种慢性病与老化的罪魁祸首，故说它是"万病之源"，是人体健康的大敌，自由基对身体的伤害是日积月累的，尤其是糖尿病与心血管方面的疾病，林天送博士说："照顾好您的心血管，就可以活到九十岁。"养成多摄取抗氧化物的好习惯，可以让您远离慢性疾病的威胁。

活性的益生菌群具有类似超氧化物歧化酶（SOD）的作用，可以消除氧自由基，防止体内组成细胞膜卵磷脂分子中不饱和脂肪酸氧化形成过氧化脂质，杜绝病源，延缓细胞衰老，激活T细胞，分解亚硝基化合物及其他有机致癌物质，通过益菌抑菌的原理来抑制病菌、病毒及癌细胞生长，调节人体血脂水平，减少血管壁脂肪沉积，从而恢复自然自愈力，增强和提高免疫功能，使人体各种疾病奇迹般地好转或康复。同时"活性益生菌"中微生物的分泌物,如氨基酸、活性抗菌小肽、有机酸、寡聚糖类、各种维生素、抗生物质和抗病毒物质,以及各种生化酶和氧(活性氧还原成分子氧)等,既可直接调整各器官功能,又可增加营养,从而改善人体内的微生态平衡。

四、生物拮抗作用

生物抑制作用是指益生菌通过分解碳水化合物产生乳酸和短链脂肪酸,从而降低肠道pH;通过与病原菌竞争结合部位受体和营养物质、抑制病原菌在肠道上皮细胞的黏附、防止肠腔中的细菌移位等机制抑制肠道中致病菌的生长。

益生菌的代谢产物可产生生物拮抗,增强人体免疫力。益生菌可产生有机酸、游离脂肪酸、过氧化氢、细菌素、亲脂分子、二乙酰、二氧化碳和乙醛等,对肠道内的大肠杆菌、沙门氏菌和链球菌等均有抑菌作用,或抑制其他有害菌的生长;通过"生物夺氧"使需氧型致病菌大幅下降,益生菌能够定植于黏膜、皮肤等表面或细胞之间形成生物屏障,这些屏障可以阻止病原微生物的定植,起着占位、争夺营养、互利共生或拮抗作用。

上述代谢产物中以细菌素最为特别,细菌素是由细菌核糖体合成的一类杀菌的蛋白或多肽,是存在于细菌生活的天然环境中的一类抗菌物质,一种细菌素也可能对其他多种细菌起到抑杀作用。

细菌素以生产菌而命名,如大肠杆菌产生的细菌素称大肠杆菌素,乳酸菌产生的称为乳酸链球菌素(乳链菌肽,Nisin),绿脓杆菌产生的称绿脓杆菌素。

细菌素的合成是在一定条件下才发生的,引起细菌素合成与分泌的机制主要有:①群体效应机制,这是大多数细菌素分泌调控的一种机制。当菌群数量达到一定数值时,胞外信息素的浓度也达到一个阈值,这时,细菌素生产菌就会启动细菌素的生物合成与分泌。②环境诱导机制,这是一种在特殊情况下才会启动细菌素分泌的一种机制。引起细菌素分泌的环境因素很多,包括缺氧、压力、分解代谢物阻遏和添加抗生素、细菌素及其他菌种等。③SOS应激机制,该分泌机制主要存在于大肠杆菌素类细菌素的分泌,它的特点是生产菌以牺牲一部分同胞菌的方式来换取分泌细菌素后所能获得的保护作用,即获得更多的营养物质和生存空间。细菌素合成后最终都要释放到周围环境中去才能实现菌群调控的作用。

细菌素作为细菌生活中的一种竞争利器,既有利于细菌素生产的细菌侵入一个原本稳定的微生物区系,也可以作为细菌素生产菌的一种防御武器,防止自身建立的稳定区系受到其他细菌的侵犯。在复杂的天然生境中(如动物肠道等),细菌素的分泌给整个细菌群落带来的影响主要是取决于细菌素生产的细菌分泌细菌素所付出的代价,从理论上来说,细菌素生产菌、敏感菌与周围其他共栖菌群是完全可以达到一种动态的平衡。分泌细菌素的肠道菌群更有利于其在肠道中的成功定植,利用分泌细菌素的细菌制成益生素来维持或恢复动物肠道菌群的稳定性也得到越来越多的应用。

细菌素通常由革兰氏阳性菌产生并可以抑制其他亲缘关系较近的革兰氏阳性菌,对大多数的革兰氏阴性菌、真菌等均没有抑制作用。细菌素可以抑制许多革兰氏阳性菌,如 Nisin 抑制葡萄球菌属、链球菌属、小球菌属和乳杆菌属的某些菌种,抑制大部分梭菌属和芽孢杆菌属的孢子;嗜酸乳杆菌和发酵乳杆菌产生的细菌素对乳杆菌、片球菌、明串球菌、乳球菌和嗜热链球菌。但有研究发现,乳杆菌分泌的乳链菌肽与螯合剂(如 EDTA)连接后,改变了细胞的渗透性,可以抑制一些革兰氏阴性菌,如大肠杆菌等;或将 Na_3PO_4 与乳链菌肽结合使用,可以提高革兰氏阴性菌对乳链菌肽的敏感性。

由于一种细菌素并不是对各种细菌都有抑制作用,在其对特殊菌株的亲和力实验中发现,膜通道的形成与细菌膜表面的"耦合分子基团"有关,耦合分子基团使得细菌素与细胞的相互作用更易于进行,从而提高细菌素的抑菌有效性。目前认为,一些细胞壁的生物合成是乳链菌肽作用的靶点。其他的细菌素也是靶细胞膜上的特殊位点相互作用,这些位点可能是蛋白质。这种作用可以提高细菌素的有效性。

由于抗生素产生的耐药问题越来越严重,人们不断寻找可以对抗耐药菌代替抗生素的药物,其中细菌素被认为具有很大的潜力。与抗生素的广谱抗菌特性相比,细菌素的抑菌谱较窄,具有一定的专一性和靶向性,不容易产生耐药性。同时细菌素的种类很多,通常能找到针对某种病原菌相对的细菌素。如蜡状菌素(Cerein 7)对万古霉素耐药的鸟链球菌及对替考拉丁耐药的马链球菌具有较强的抑制作用。目前,细菌素对细菌感染疾病治疗一般都是应用产细菌素的菌株进行细菌干预治疗,至今还没有一种纯细菌素直接作为药物用于临床,仅仅还停留在实验室阶段。

细菌素与抗生素的区别在于:二者都由微生物产生,用量都很小,都具有一定的抗菌谱,能较强地抑制甚至杀死其他微生物。如在食品中加入十万分之几到万分之几的乳链球菌肽,就足以抑制许多革兰氏阳性菌的生长和繁殖。抗生素是某些微生物通过酶促反应将初级代谢物转变为结构性的次级代谢物,如短杆菌肽 S 等,通过酶促反应把氨基酸转变为结构复杂的化合物,而细菌素(如乳链球菌肽等)则需要通过核糖体来合成,从而是真正的蛋白类物质。由于大部分细菌素只对近缘关系的细菌有损害作用,且具有无毒、无不良反应、无残留、无抗药性、不污染环境等优点。因此,细菌素的使用可以在部分情况下减少甚至取代抗生素的使用。

五、分泌消化酶、代谢酶及生物因子

正常的肠道菌可分解日常饮食中摄取的不能被消化的纤维素、半纤维素、果胶、木质素、树胶和植物黏胶、藻类多糖等,以及低聚异麦芽糖、低聚半乳糖、低聚果糖、低聚乳果糖、乳酮糖、大豆低聚糖、低聚木糖、帕拉金糖、耦合果糖、低聚龙胆糖等许多植物多糖。益生菌是活的细菌,分泌大量消化酶将这些人体不能消化、吸收、利用的食物残渣消化为益生菌群的营养成分,借以供给能量合成各种菌体成分或有机酸等营养物质,改善机体营养水平,利于增强体质,促进健康。而这些酶是人体所没有的。双歧杆菌等益生菌产生的酶中有些还能合成益生元。

益生菌的酶类能分解腐败菌和致病菌所产生的有害的代谢物质,如致病物质、致癌物、致突变物、胆固醇、自由基等,使之无害化;有些益生菌还能产生谷氨酰胺、精氨酸和维生素,这些物质既是肠上皮细胞生长所需,也是黏液颈细胞等的重要组分。

很多植物性食物及中草药等需在特定代谢酶的作用下才能将细胞壁消化,使包裹在细胞内的众多有效成分释放至肠腔中,才能转化为具有生理或药理作用的活性成分发挥作用。通过益生菌的作用，方能使相关有效成分充分发挥其作用。例如，中药成分糖苷类只有经益生菌具有的糖苷酶水解才更加有效（详见本章第6节"中草药与益生剂"）。

前已述及，益生菌繁殖快、生长快、倍增所需要的时间即1个细菌分裂成2个细菌所需要的时间，多数为20~30分钟。1个细菌经7小时繁殖可达200万个，10小时可达10亿个以上。这表明益生菌具有非常活跃的合成代谢和分解代谢，既能大量合成脱氧核糖核酸、核糖核酸和蛋白质及其合成酶系，也含有大量的相关分解酶系。据统计，最简单的单细胞草履虫体内至少含有数百种代谢酶，人体内天文数字的各种细菌所含的众多酶系在终老或凋亡后会是释放至肠腔，从而可影响宿主或其他共生菌和致病菌，也有助于人体的健康。例如，双歧杆菌等益生菌产生的酶中有些也能合成益生原。血管紧张素转换酶抑制剂、抗血栓肽、抗菌肽、类吗啡活性肽、矿物质元素结合肽、其他活性肽等，均有助于保护人体健康。

乳酸菌细胞壁成分肽聚糖、脂磷壁酸和有关的酶都有促进巨噬细胞和天然杀伤细胞的功能及增强细胞因子、干扰素和肿瘤坏死因子的作用。

益生菌含有能合成细菌素的全部酶系，可合成能够杀灭致病菌的细菌素，也是保护人体健康的重要因素。

能产生高活性酶的益生菌主要有芽孢杆菌、乳酸菌、酵母菌、酪酸菌等，有益菌及其代谢产物还有氨基酸、维生素（如维生素B_{12}、维生素K）及生长因子等，还对肽和蛋白质进行厌氧代谢；对结合胆汁酸盐进行生物转化也具有重要的生理作用。

六、其他作用

肠道菌群在维持组织的内环境稳定方面也发挥着重要作用。最近的研究表明，肠道菌群对宿主组织的形成和内环境稳定发挥着重要作用，包括骨骼。正常的肠道菌群还可调节大脑发育和行为。有研究表明，无菌鼠对应激的反应发生了改变，下丘脑－垂体－肾上腺皮质轴调节异常，对炎症所产生的痛觉减弱等。

第6节 中草药与益生剂

中草药是中华民族的瑰宝，传统中草药治病已有几千年历史，人们对中草药的需求也在日益增加。中草药的成分众多，除含具有直接医疗价值的有效成分外，还含有多种营养成分，这使得中草药具有多种药理作用。中草药一般以口服的形式进入体内，在小肠内就不可避免地与肠道菌群相互作用，中草药的很多成分必须经过肠道菌的作用才能被吸收。人体内的肠道菌群对口服中草药的药理作用发挥起着重要作用，同时中草药有助于维持人体肠道菌群的平衡。

一、中草药与肠道菌群的相互作用

（一）中草药对肠道菌群的调节作用

中草药与肠道细菌之间的作用是双向的，是相辅相成的。中草药经口服进入胃肠道后，与胃肠道菌群发生物质交换，并互相调节与影响。

1. 促进益生菌增殖

中草药中的有机酸、多糖和黄酮类化合物等成分及其代谢产物都可以被益生菌利用，但大多不能被条件致病菌利用，从而选择性地促进益生菌增殖，改善机体健康状况。中草药普遍含有糖类化合物，该类物质恰是肠菌的重要"碳源"（主要指能源），中草药多糖在动物小肠内不能被消化酶降解成单糖，因此不易被小肠消化吸收，进入小肠后部、盲肠、结肠和直肠后，由于双歧杆菌、乳酸杆菌、拟杆菌等益生菌的多糖酶消化活性明显高于有害菌，因此，中草药多糖可以被益生菌作为营养物质吸收利用，从而促进益生菌增殖，而真杆菌、大肠埃希菌、梭状芽孢杆菌等有害细菌却对多糖的利用率较低。

2. 调节肠道菌群的组成

中草药中的有机酸通过降低肠道环境 pH，为益生菌的生存提供适宜环境，从而改变胃肠道微生物区系，抑制有害微生物繁殖，减少营养物质消耗和毒素产生。

3. 调节肠道菌群平衡

微生态平衡是在长期进化过程中形成的正常微生物群与其宿主在不同发育阶段的动态生理性组合，中草药能够调节患病机体胃肠道的微生态失调状态。马淑霞等研究了黄芪复方制剂对实验性糖尿病大鼠肠道菌群的影响，结果发现糖尿病大鼠菌群失调状态得到明显改善。石学魁等用黄连水煎剂调节药源性小鼠肠道菌群失调症，结果小鼠肠道中肠球菌、肠杆菌、乳杆菌和双歧杆菌4种有益菌数量明显增多，并恢复正常。

随着微生态学和现代中医药学的发展，人们逐渐认识到肠道菌群对口服中草药吸收代谢的重要作用，并已在肠道菌群与中草药吸收代谢关系研究方面取得了可喜的成绩。由于肠道菌群庞大，中草药成分复杂，许多肠道菌与中草药有效成分代谢的作用机制尚不明了，因此，加大相关领域技术的深入研究，将有利于开发新型中草药制剂，提升中草药制剂疗效，扩大中草药应用范围。

近年研究表明，许多中草药对益生菌和肠道有益菌具有益生原相类似的作用，特别是补中益气类中草药，如黄芪、甘草等，促进益生菌生长。中草药的成分复杂且众多，除含有大量具有药理作用的活性成分外，还含有蛋白质、脂类、微量元素和维生素等营养成分，为益生菌的生长提供多种营养素，增加肠道益生菌（如乳酸菌、双歧杆菌等）的数量和种类，在维持人体微生态环境的平衡中起到了关键作用。中草药类似于益生原的作用机制与其他益生原（寡糖、果胶等）有很大不同，其他益生原不但对肠道益生菌有促进生长作用，也对有害菌有促进作用，而中草药作为益生原的作用要优于其他的益生原，中草药活性成分为益生菌的增殖扫清障碍，抑制有害菌的生长和增殖，蛋白质、脂类、微量元素和维生素等营养成分促进肠道有益菌的快速增殖。因此，中草药各种成分不仅不能被有害细菌利用，而且还能抑制或杀灭它们，促进肠道有益菌生长，具有药理和类似于益生原的双重作用。

含有多糖成分的补益类中草药对益生菌和致病菌均具有扶植效应，但对益生菌的扶植效果明显优于致病菌。因此，长势良好的益生微生物所产的代谢产物又间接抑制了致病微生物的生长。例如，党参多糖在体外可促进双歧杆菌的生长，从而增加乙酸的代谢，增强双歧杆菌的定植抗力。用党参、茯苓、白术等补气类中草药制成的复方合剂灌服小鼠发现，与灌服前比较，乳杆菌、双歧杆菌数量明显增加，肠球菌数量明显减少。补中益气汤主要由黄芪、人参、白术、炙甘草等益气健脾药组成，配以当归、陈皮、柴胡、升麻。方药中含有大量糖苷类和糖类物质及多种微量元素能增加乳酸杆菌、双歧杆菌、枯草芽孢杆菌的数量。而苦寒泻下类中草药因含有刺激性成分，对肠道内的益生菌则具有抑制作用，这些中草药很多在体外具有抑菌、杀菌的作用。例如，在体外厌氧条件下，小檗碱可显著抑制乳酸菌的生长。黄连解毒汤在低剂量时无菌群失调现象，但在长期应用时，可使肠道益生菌乳酸杆菌、双歧杆菌等数量减少。

（二）肠道菌群对中草药的代谢作用

从生态学角度而言，小肠绒毛和隐窝是正常微生物生存的环境，即生态环境。生态环境一旦遭到破坏，不再适宜生理性细菌生长繁殖，生理性细菌便减少，菌群间的平衡失调，造成正常菌群的营养作用、免疫功能和对致病菌的拮抗作用下降。中草药制剂能够通过改善生理性细菌的生态环境，维护正常菌群的平衡与稳定，从而对致病菌起到拮抗作用。

中草药大多数有效成分均包裹在植物细胞内，由于植物细胞壁的阻碍作用，大量有效成分难以释放，因而导致中草药见效慢，使用剂量大。中草药成分发挥药效首先应突破植物细胞壁的阻碍，这就需要在纤维素、木质素等降解酶的酶解作用下才能实现。在中草药活性成分中仅有较小部分可以原形直接被吸收利用，由于大多数成分均为前体活性成分，并不能被机体直接吸收进入血液循环发挥药效，因此，需要在特定代谢酶，如水解酶、氧化还原酶、裂解酶、转移酶等的作用下，才能转化为具有药理作用的活性成分，发挥药理作用。肠道菌群是一个庞大的生物群体，在其生长繁殖过程中产生强大的酶系，这为中草药的代谢吸收提供了条件。

肠道细菌在生长繁殖过程中能产生水解酶、氧化还原酶、裂解酶和转移酶等多种酶类，且不同细菌产生的酶系也不尽相同，如双歧杆菌能产生 α - 或 β - 半乳糖苷酶、α - 或 β - 葡萄糖苷酶、β - 呋喃果糖苷酶、甘露糖苷酶、D - 木聚糖苷酶、D - 木糖异构酶等多种糖酶。嗜热链球菌能产生 β - 半乳糖苷酶。肠道细菌强大的酶系不仅能分解代谢肠内容物，其中，许多酶如 β - 葡萄糖醛酸酶、β - 葡萄糖苷酶、硝基还原酶、蛋白酶和碳水化合物酶等，还能代谢降解中草药的多种成分，并对中草药成分进行生物转化。

肠道菌群对中草药成分的代谢转化主要以水解为主，以还原和氧化反应为辅，许多中草药有效成分经相应细菌代谢转化后相对分子量减小，极性减弱，脂溶性增强，易于被机体吸收而达到治疗作用。研究表明，肠内细菌的糖苷键水解酶系具有水解药物、化合物中苷键的能力，多种含苷键的中草药有效成分，如京尼平苷、葛根黄素、大豆黄苷、槲皮苷等，均能被肠道菌群代谢分解，并转化为具有较强药理活性的产物。J. Akao 等研究证实，在肠道益生菌产生的 β - 葡糖苷酶催化作用下，京尼平苷可水解生成苷元，但却很难被肝脏中的 β - 葡糖苷酶及胃肠道中的消化酶直接水解，这说明肠道菌群对京尼平苷的代谢至关重要。在中草药成分中葡糖苷不易被机体吸收，生物利用度低，药理活性小，需经肠菌 α - 糖苷酶、β - 糖苷酶催化水解为苷元后才能发挥其药理作用，而芽孢杆菌可产生 α - 糖苷酶和 β - 糖苷酶，因此，芽孢杆菌可以降解多种糖苷类化合物。

益生菌对中草药代谢起促进作用，不仅使益生菌能加强消化道运动，加快药物吸收，更主要是中草药内许多成分经肠道菌群反应、代谢后由无活性的前体物质转化为具治疗作用的有效成分，增强药效，降低毒性成分，减轻对人体的损伤，最终抑制清除病原微生物，提高人体免疫水平，避免药物对人体产生不利影响，达到预防和治疗疾病的目的。

例如，甘草酸是中草药甘草中重要的活性成分，它是由甘草次酸与两分子的葡萄糖醛酸结合而成，通过与体内外代谢相结合的研究，甘草酸在体内主要是经大肠细菌代谢生成甘草次酸，然后被人体吸收而显现其药理活性。人参总皂苷类化合物在口服后的生物利用度仅在1%左右，并且原有的近50种皂苷只有3~5种能够进入血液中，其中还包括人参本身没有的2种代谢后的皂苷化合物。还有些中草药必须经消化酶或肠道菌群代谢才发挥作用。例如，麦冬皂苷D在消化道经肠道菌群转化后以苷元形式吸收进入血液。芍药、当归中的糖苷化合物均不能被肠道消化酶所分解，而是在肠道益生菌所具有的β-糖苷酶作用后，水解转变为苷元，然后由后者发挥作用。芍药苷经短乳杆菌作用后产生了手性对映体7S-和7R-PM-I，其药效强于芍药苷。肠道菌群的β-糖苷酶可以水解苦杏仁苷并释放氢氰酸（HCN）而发挥止咳平喘作用。柴胡皂苷A经过益生菌产生的β-D-葡萄糖苷酶及β-D-岩藻糖苷酶作用下可转化为柴胡皂苷B1和柴胡皂苷G的二烯皂苷而发挥药理作用。

临床很多中草药的有效成分只有经过肠内菌群的代谢，产生药效成分，才能达到治疗的效果。黄芩、葛根和豆豉中所含的黄芩苷、葛根素、异黄酮苷等普遍存在于中草药方剂和营养品中。体外研究表明，葛根素和异黄酮苷能被肠道菌群代谢为比前体物更加有效的大豆黄素和毛蕊异黄酮。黄芩苷在肠道内难以被直接吸收，只有被肠道菌群水解为黄芩素后才能被吸收入血液而发挥作用，而口服黄芩苷的无菌小鼠与常规小鼠相比，肠道内的黄芩苷则几乎没有被代谢。左风等报道，人的肠道菌群能将很多中草药的苷元物质转化为苷配基。采用LC-MS及HPLC法分析了口服虎杖苷后大鼠胃肠道新生成的化合物，检测到新生成了白藜芦醇，说明虎杖苷被大鼠肠道细菌代谢为白藜芦醇。人参的主要活性成分是人参皂苷，在体外实验中人参皂苷的原始成分的生物活性很低，在血浆中的浓度未能达到药效浓度。其在肝脏内基本不被代谢，主要是在肠道菌群的作用下降解。研究表明，肠道中的双歧杆菌、拟杆菌、梭菌等能够代谢人参皂苷。

二、中草药与益生剂的研究

目前，研究的中草药对益生菌的促生长作用主要是将中草药药液添加到常见益生菌培养基中，这虽然使益生菌活菌数有所提高，但使得培养基配制过程复杂，培养成本大大提高，而有关直接用中草药药液培养益生菌的报道比较少。直接用中草药药液培养益生菌，不但活菌数达到甚至超过常见的益生菌培养基，而且培养基配制简单，成本大大降低。喷雾干燥与冷冻干燥相比，不但操作简单，而且适用于工业化生产。

中草药是我国传统防治疾病的武器，是几千年来我国劳动人民集体智慧的结晶。中草药大多数是以动植物为来源的，每一种中草药含有复杂的成分，但其普遍含有糖类（单糖、低聚糖、淀粉、树胶、果胶等）、鞣质、树脂、色素（叶绿素、叶黄素、胡萝卜素等）、氨基酸类及蛋白质、挥发油、油脂类、苷类（皂苷、强心苷、酸苷、氰苷等）、生物碱类和无机成分，对益生菌增殖有促进作用。目前研究比较多，田碧文、胡宏选用15种传统抗衰老中草药对双歧杆菌进行体外生长促进实验，结果发现刺五加、五味子、宁夏枸杞子及阿胶对婴儿双歧杆菌有明显的促进作用。曹国文等选用党参、黄芪、枸杞、山楂、女贞子和杜仲叶的煎煮液进行乳酸杆菌体外增殖实验。实验结果显示，除枸杞外，其余5味中草药均对乳酸杆菌有增殖作用。刘阳等采用黄芪提取液对三种混合菌（保加利亚乳杆菌、双歧杆菌和嗜热链球菌）进行体外实验。结果表明，三种混合菌在不同黄芪浓度的MRS（是一种用发明者的名字命名的乳杆菌培养基）液体培养基中的光密度（OD）值随着添加黄芪浓度的增加而增大，到达8 μg/mL以后，光密度值基本不发生变化。说明一定浓度的黄芪提取液对乳酸菌的生长能起到促生作用。魏林等测定了21种不同浓度的中草药合剂对双歧杆菌增殖的影响，发现其中猪苓、马勃、阿胶、黄芪、芦根、党参、茯苓等11种中草药对双歧杆菌具有不同程度的促增殖作用；某些药物对各个浓度虽均有一定的促双歧作用，但在其中某一个浓度下作用最强；有些药物在不同浓度，对双歧杆菌增殖的影响截然不同，分别表现出促进、无影响或抑制。李平兰、时向东等研究发现枸杞子、地黄、五味子的浸提液对实验细菌均有明显的促进生长作用（其中对双歧杆菌 $P < 0.05$），且随着浓度增加，促进效果增强。朱晓慧、唐宝英、刘佳选用23种常用中草药对双歧杆菌进行了体外生长促进实验，结果发现12.5%的黄芪、芦根、桠葫芦分别对双歧杆菌有明显的促进生长作用。同一中草药不同浓度对双歧杆菌的增殖效果亦存在差异。张火云、孙启玲等采用比浊法确定枸杞和山药浸提物对青春双歧杆菌生长具有显著的促进作用。张帆等对菊粉促进嗜酸乳杆菌的生长作用进行了初步研究，用菊粉代替培养基中部分葡萄糖，嗜酸乳杆菌的生长得到明显的促进，当MRS培养基中葡萄糖与菊粉的质量比为1∶1时，嗜酸乳杆菌的生物量及酸度得到提高，在37℃下培养48小时，活菌的数量及酸度比对照组分别提高 10^{10} CFU/mL和10℃。王成涛、籍保平等体外研究金银花、鱼腥草、青蒿、板蓝根、黄连5味常用的清热解毒的中草药，对植物乳杆菌、嗜酸乳杆菌及嗜热链球菌3种常见乳酸菌的生长和保存活性的影响。发现1%和2%的金银花、青蒿对植物乳杆菌及嗜酸乳杆菌的生长和保存活性表现出明显的促进作用。益生菌培养基应适合菌体生长，繁殖速度快，在较短时间内获得大量高活力的菌体细胞；菌体与培养基易分离；制作简便，成本低廉，最好能反复使用。

三、中草药-益生剂的药理疗效

近年来，中草药调节和维持人体或动物肠道菌群的研究已有较多报道，例如，白术、党参、茯苓、金银花及中草药提取的低聚糖和多糖等对小鼠的肠道菌群均有调节作用，能有效改善肠道内菌群状况。马丽琼等的研究表明，烫伤所致脓毒症大鼠的肠道细菌总数肠球菌数量增加，肠杆菌中出现了铜绿假单胞菌、肺炎克雷伯菌、变形杆菌等多种病原菌，而中草药大黄能使肠道细菌总数下降、大肠埃希菌比例增加，胃肠道细菌和真菌数量及种类降低，可有效保护肠道正常菌群，减少肠源性感染的发生。田碧文等研究了中草药复方制剂对肠道菌群体外生长的影响。他们通过在添加有中草药制剂的培养基上培养人体肠道菌群的主要菌种时发现，添加中草药的培养基具有促进双歧杆菌等益生菌生长和抑制大肠杆菌、肠球菌等机会致病菌的作用。曹俊敏等用茯苓等 4 种中草药来扶植小鼠肠道正常菌群，发现中草药治疗的各组与自然恢复组相比，各种细菌数量上均有显著性的差异，其中一些中草药还能使肠道的 pH 发生改变。杨景云等的研究显示，中草药 903 及 931 对由抗生素引起的菌群失调具有恢复作用，其中中草药可能促进正常菌群的代谢产物中挥发性脂肪酸增多，从而起到扶植肠道正常菌群的作用。

中草药疗效与正常菌群的相关性多项研究结果表明，无论在体外还是在体内，中草药对肠道菌群都有着很明显的调节作用。然而，中草药是否通过调节肠道菌群的变化来影响人体或者动物的生理功能甚至发挥防病治病的作用仍有待深入研究。目前仅少数研究者同时关注了治疗过程中中草药的疗效和肠道菌群变化的相关性。王力宁等应用四君子汤和玉屏风散合成的抗复感合剂临床防治小儿反复呼吸道感染及脾虚厌食症取得了满意的疗效后，在进一步探讨其作用机制时发现，该抗复感中草药制剂对于肠道菌群失调模型小鼠的肠道菌群失调有迅速而明确的纠正作用，可通过激发体内双歧杆菌等的增殖活力来调整微生态平衡，其效果甚至超过了微生态的活菌调节剂，提示该中草药制剂对小儿反复呼吸道感染及脾虚厌食症的疗效可能与其调节肠道菌群的作用有关。王笑颜等用中草药治疗 S180 荷瘤小鼠的过程中同时发现了肠道菌群的变化，实验中的中草药组比模型组小鼠在反映肿瘤的相关性指标方面有明显的减轻，而且肠道菌群的益生菌数量也有明显的增高。张磊艺等利用银杏叶提取物对高脂血症患者调节血脂过程中发现，银杏叶提取物不仅降血脂作用显著，同时肠道菌群的改变也得到了调整，表明银杏叶可能通过扶植肠道有益菌生长繁殖而对脂质代谢发挥作用，达到其调节血脂的目的。这些研究均表明中草药的疗效和肠道菌群的变化有相关性，提示中医药理论的诠释与肠道微生态平衡理论可能存在着一定的联系。吴承堂等比较了清胰汤及双歧杆菌合剂对急性坏死性胰腺炎患者肠道内细菌移位的影响，结果发现，清胰汤不但能显著抑制大肠埃希菌和条件性致病类杆菌的增殖，保护双歧杆菌等有益菌，还能降低肠黏膜通透性，减少肠道细菌总位移率，具有和双歧杆菌合剂类似的效果。

关于中草药疗效、肠道正常菌群与免疫系统三者的相关性，部分中草药的免疫调节作用已有实验和临床疗效的证明，因此中草药完全有可能通过结合或调节肠道菌群的免疫调节功能而发挥疾病防治的作用。肠黏膜屏障功能是肠道的一个重要特征，能够有效阻止肠道内细菌的转位及脓毒血症的发生。作为肠黏膜屏障的一个重要的部分，肠道正常菌群在防止消化系统疾病和非消化系统疾病方面发挥着重要的作用，而多种中草药方剂、单味中草药和中草药制剂对肠黏膜屏障具有明显的保护作用。鞠宝玲等的研究表明，中草药四君子汤对于由急性肝功能衰竭引起的肠道菌群失调和肠黏膜免疫功能下降均有一定的调整作用，对缓解重症肝炎病情及降低死亡率等具有重要的意义。在对实验性大肠癌的抑制活性研究中，李丽秋等的研究显示，白花蛇舌草和仙鹤草的用药组可通过调节小鼠的免疫力、刺激机体免疫系统而抑制肿瘤生长，发挥抗肿瘤作用；而在采用这两种中草药与双歧杆菌混合的微生态调节组中，其抑制肿瘤效果及免疫调节作用均明显优于单纯用药组，表明中草药与双歧杆菌在抗肿瘤治疗中可能发挥了相互促进或协调的作用，但其作用机制尚有待研究。

第7节 常用的益生菌群菌株

一、人和动物可用的益生菌

"益生菌"类食品严格来说是都是益生剂。现在保健剂型有胶囊、微胶囊型的冻干活菌粉及片剂、水剂（口服液）、酸奶或冷饮等形式。"益生剂"类通常有益生菌的酸牛奶、酸乳酪、酸豆奶及含有多种益生菌的口服液、片剂、胶囊、粉末剂等。

根据美国食品药物管理局认为，安全的益生菌有40种，其中包括：黑曲霉、米曲霉、凝固芽孢杆菌、粘连芽孢杆菌、地衣芽孢杆菌、短小芽孢杆菌、枯草芽孢杆菌、厌氧性拟杆菌、发酵乳杆菌、纤维二糖乳杆菌、弯曲乳杆菌、载耳布吕克氏乳杆菌、乳酸乳杆菌、胚牙乳杆菌、罗特氏乳杆菌、肠系膜明串球菌、乳酸片球菌、毛状拟杆菌、瘤胃拟杆菌、猪拟杆菌、青春双歧杆菌、动物双歧杆菌、婴儿双歧杆菌、长双歧杆菌、嗜酸乳酸杆菌、嗜热性双歧杆菌、短乳杆菌、保加利亚乳杆菌、干酪乳杆菌、啤酒片球菌、戊糖片球菌、费氏丙酸菌、谢曼氏丙酸杆菌、酿酒酵母、乳酸链球菌、二乙酰乳酸链球菌、屎链球菌、中（间）链球菌、乳链球菌、嗜热链球菌。

我国常见的益生菌种类有：

①乳杆菌类（如嗜酸乳杆菌、干酪乳杆菌、益生菌的类别氏乳杆菌、拉曼乳杆菌等）；

②双歧杆菌类（如长双歧杆菌、短双歧杆菌、卵形双歧杆菌、嗜热双歧杆菌等）；

③革兰氏阳性球菌（如粪链球菌、乳球菌、中介链球菌等）。此外，某些酵母菌与酶亦可归入益生菌的范畴。

目前作为兽药和饲料添加剂的益生菌菌种主要有芽孢杆菌属、乳酸杆菌属和酵母等。

可用于保健食品的益生菌菌种名单，根据我国（卫法监发〔2001〕84号）规定为：两歧双歧杆菌、婴儿双歧杆菌、长双歧杆菌、短双歧杆菌、青春双歧杆菌、保加利亚乳杆菌、德氏乳杆菌保加利亚亚种、嗜酸乳杆菌、干酪乳杆菌干酪亚种、嗜热链球菌、罗伊氏乳杆菌。

2010年5月，中国食品药品监督管理局发布的《可用于保健食品的益生菌菌种名单》中，只规定使用嗜酸乳杆菌、长双歧杆菌等10种菌。嗜酸乳杆菌、长双歧杆菌等是人体内天然活菌，已使用了几个世纪，并已经得到大量科学研究认证。2010年4月，卫生部发布了《可用于食品的菌种名单》，其中包含嗜酸乳杆菌、长双歧杆菌等20余种菌。2011年10月卫生部进一步规定，婴幼儿食品中只批准使用六株菌。佰亿优佳复合益生菌由六人菌种组成：乳双歧杆菌、长双歧杆菌、鼠李糖乳杆菌、嗜酸乳杆菌、罗伊氏乳杆菌和植物乳杆菌等。

最近卫生部公布可用于婴幼儿食品的益生菌有：动物双歧杆菌、乳双歧杆菌、鼠李糖乳杆菌和嗜酸乳杆菌。其中嗜酸乳杆菌是限于1岁以上的幼儿食品中添加。建议首选双歧杆菌作为主要或唯一原料的益生剂给婴幼儿，因为双歧杆菌在婴儿肠道中占据90%的分量。

二、常用的益生菌

迄今为止,科学家已发现的常用的益生菌大体上可分成三大类,即乳杆菌类(如嗜酸乳杆菌、干酪乳杆菌、鼠李糖杆菌、詹氏乳杆菌、拉曼乳杆菌等);双歧杆菌类(如长双歧杆菌、短双歧杆菌、两歧双歧杆菌、卵形双歧杆菌、嗜热双歧杆菌等);革兰氏阳性球菌(如嗜热链球菌、粪链球菌、乳球菌、中介链球菌等)。此外,还有一些酵母菌与酶亦可归入益生菌的范畴(图1-16)。

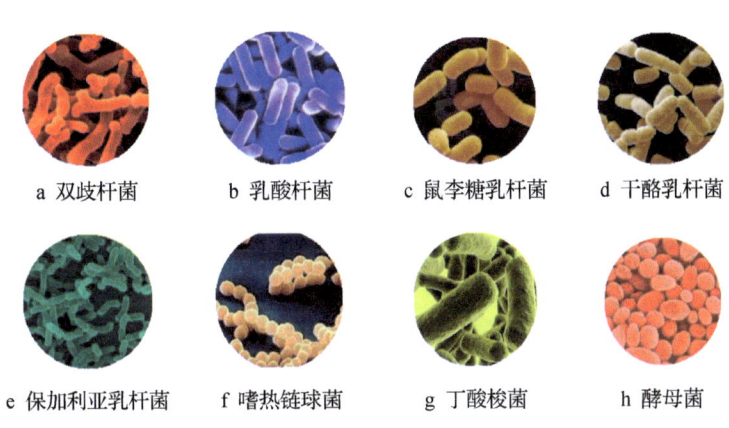

a 双歧杆菌　　b 乳酸杆菌　　c 鼠李糖乳杆菌　　d 干酪乳杆菌

e 保加利亚乳杆菌　　f 嗜热链球菌　　g 丁酸梭菌　　h 酵母菌

图1-16　电子显微镜下所见常用益生菌

(一)双歧杆菌

双歧杆菌是1899年由法国学者Tissier从母乳营养儿的粪便中分离出的一种厌氧的革兰氏阳性杆菌,末端常常分叉,故名双歧杆菌(图1-16a)。双歧杆菌定居于回肠($10^3 \sim 10^7$ CFU/g)和结肠($10^8 \sim 10^{12}$ CFU/g),无毒无害,伴随宿主终生,对其他菌群起着扶优去劣、扶正压邪的作用。双歧杆菌分布在胃肠的数量随年龄、饮食、内外环境的改变、病情、服药等而改变,可发生阶段的增长而减少,分布最多的是母乳营养儿。已经发现,双歧杆菌有32个亚型,含有双歧杆菌的益生剂多达70种。婴儿双歧杆菌占总肠道菌的60%,60岁以上老人双歧杆菌只占7.9%。

双歧杆菌的功能大致有以下几种。

1. 双歧杆菌可治疗慢性腹泻

通过用双歧杆菌对慢性腹泻患者临床观察研究表明,在服药两周以后,患者大便次数减少、形状异常恢复,临床症状消失,总有效率为90.3%,复发率低。国内许多医院已将双歧杆菌制剂作为治疗慢性腹泻的首选药物。抗生素相关性肠炎实际上是抗生素的使用,使原来过路菌或外籍菌(如肠杆菌)成为优势种群,它们大量增殖或分泌相关毒素与肠黏膜上皮细胞受体结合后使腺苷酸环化酶(cAMPase)活性升高,大量水盐电解质丢失,而造成腹泻症状。增殖双歧杆菌,扶植了肠道中的原籍菌,使人体定植抗力升高,有利于拮抗致病菌和条件致病菌的定植。双歧杆菌可治疗因大量使用抗生素而导致的伪膜性肠炎。有人采用双歧杆菌制剂治疗伪膜性肠炎380例,临床总治愈率与药物治疗无明显差异,但临床不良反应和复发率均明显降低。

2. 治疗便秘

便秘是指排便次数减少或粪便干燥难解（一般2天以上无排便）而言，根据病因其大致上可分为器质性便秘和功能性便秘两大类。双歧杆菌主要用于治疗功能性便秘这一类症状。引起功能性便秘一般来说与肠道菌群失调密切相关，多半互为因果。成因是肠道外籍菌（或过路菌）等腐败菌增加，其产生相应有毒代谢产物如胺、酚、吲哚类等物质。通过调整肠道正常菌群，恢复肠道正常菌群平衡，使腐败菌的数量大大减少，而其有毒代谢产物吸收也减少，从而使便秘症状得以缓解。尤其补充双歧杆菌等原籍菌，其产生乙酸和乳酸pH为2.8~3.1，使肠道呈酸性，其结果能控制由有害菌引起的异常发酵，并且刺激肠蠕动，从而减少水分的过度吸收而缓解便秘症状，还可以复活人体免疫功能，有利于调整内分泌——免疫功能恢复，恢复肠道蠕动功能从而缓解便秘等症状。

3. 肿瘤防治

黄曲霉素是经常污染食品的真菌类毒素，其可诱发肝癌。实验结果证实，双歧杆菌体内有结合黄曲霉素能力。此外，双歧杆菌可以与亚硝酸胺或亚硝基胍等癌诱导剂相结合，掩盖诱变剂的活性基团，或使诱变剂活性基团降解，致其消失活性。实验证明，双歧杆菌与烟熏肉或油炸食品诱变原具有高吸附性，从而保护人体细胞免受这些致癌物质损害。双歧杆菌可通过调整肠道正常菌群，抑制肠道许多腐败菌生长，从而减少一些致癌物质产生，从而大大降低了消化道癌症的发生率。国内外学者报告双歧杆菌具有激活人体巨噬细胞或淋巴因子激活的杀伤细胞（LAK）的吞噬活性，并产生一定量的细胞因子如肿瘤坏死因子（TNF）-α、肿瘤坏死因子-V等可直接杀死肿瘤细胞。抑制肿瘤内血管形成，破坏肿瘤组织微血管，最终导致肿瘤组织出血、坏死。双歧杆菌等生理性细菌可通过肿瘤细胞凋亡的表达的相关基因，诱导肿瘤细胞的凋亡而达到抑制肿瘤生长的作用。诱导肿瘤细胞的老化和异质化，以便促使机体内杀伤细胞和巨噬细胞的识别和捕杀，达到清除肿瘤细胞的目的，可以增加人体对放疗的放射线的耐受性，改善放化疗患者的恶心、呕吐等胃肠道不良反应。

4. 保护肝脏

人体肠道的有害菌产生并释放毒素进入血液中，对于肝脏会产生很严重的损伤。双歧杆菌制剂可以抑制产生毒素的有害菌数量，从而对肝病患者起到良好的保护治疗作用。国内8家大医院采用双歧杆菌制剂对365例慢性肝炎患者进行8周治疗，发现患者肝功能明显改善。双歧杆菌还可以用于治疗肝昏迷，并可以抑制乙肝病毒，促进大、小三阳转阴。

5. 防治心血管疾病

人体血液中胆固醇含量会导致动脉硬化和高血压的发生，双歧杆菌等有益菌可以影响胆固醇的代谢，将其转化为人体不吸收的类固醇，降低血液中胆固醇的浓度，因而对高血压和动脉硬化有一定的防治作用。

6. 改善乳糖消化

牛奶具有丰富的营养，是老年人和婴儿的良好食品。但是中国人中有相当一部分缺乏乳糖酶，不能分解牛奶中的乳糖，这些人饮用牛奶后，常常会出现胃肠道紊乱，导致胃肠痉挛、胀气或腹泻，迫使这一人群不能饮用牛奶，从而放弃了牛奶中的其他重要营养成分，双歧杆菌在乳制品发酵过程中可以产生乳糖酶，帮助患者消化乳糖生成葡萄糖与半乳糖。乳糖酶缺乏者，饮用经双杆菌发酵的乳制品，就既可以获得牛奶中丰富的营养，又免受胃肠道病痛之苦。

（二）嗜酸乳杆菌

乳酸杆菌是最大的一个属，其全称为杆形乳酸杆菌，通常把嗜酸乳杆菌简称为乳杆菌。乳酸菌包括乳酸杆菌属、肉食杆菌属、双歧杆菌属、链球菌属、肠球菌属、乳球菌属、明串珠球菌属、片球菌属、气球菌属、奇异菌属、漫游球菌属、利斯特氏菌属、芽孢乳杆菌属、芽孢杆菌属中的少数种、环丝菌属、丹毒丝菌属、孪生菌属和糖球菌属等。较为常见的乳酸菌主要是常见的球形乳酸菌，主要包括片球菌属、链球菌属及明串珠菌属。每个属中又有很多菌种，每个菌种包括数个亚种，乳酸菌主要归属于乳链球菌及乳酸杆菌两大家族，而仅乳酸杆菌就有 44 个种，连同亚种共 51 个种。因此，乳酸菌在自然界中具有非常多的分类，分布也十分广泛。乳杆菌是一群杆状或球状的革兰氏阳性菌，可在无氧条件下分解（酵解）碳水化合物（主要指葡萄糖组成的纤维素）并产生大量乳酸，属乳酸杆菌科，因能酵解糖而产生大量乳酸而命名。在自然界分布广泛，是动物和人肠道等处中重要的生理性菌群之一。该类群细菌绝大多数对动物和人无毒、无害，负担着动物体内重要的生理功能。嗜酸乳杆菌不仅在胃中，它还是人体小肠内的主要益生菌。由于胃液具有很强的酸性，在胃中能存活的致病菌极微。嗜酸乳杆菌属于乳杆菌属，革兰氏阳性杆菌，杆的末端呈圆形（图 1-16b）主要存在小肠中，分解膳食纤维生成乳酸、乙酸和一些对有害菌起杀伤作用的细菌素，如嗜酸乳菌素（acidolin）、嗜酸杆菌素（acidophilin）、乳酸菌素（1aetocidon），对肠道致病菌产生的拮抗作用，但是抑菌作用比较弱。

嗜酸乳杆菌在人体整个胃肠道中，"从上而下"调节微生态环境。"下"是指在大肠中，它们也可以释放有益双歧杆菌等其他益生菌生长的物质，增加大肠内的益生菌的数量，增强它们的生命力。

酸牛奶中有乳杆菌，是一群生活在机体内益于宿主健康的微生物，它维护人体健康和调节免疫功能的作用已被广泛认可。嗜酸性，生存最适 pH 为 5.5~6.0，在 pH 为 3.0~4.5 的环境中仍然能生存。它在无芽孢杆菌中是耐酸力最强的一种。

乳杆菌属与动物关系最密切，它是动物和人类肠道和阴道中占优势的菌群之一。尤其是鼠李糖乳杆菌（LGG，图 1-16c）是目前国际上公认的好的菌种之一，属于乳杆菌的代表菌，其生理功能如下。

1. 黏附、定植性能强

鼠李糖乳杆菌 GG 耐酸、耐胆汁酸的能力优于普通酸奶菌种。能黏附于肠道上皮细胞，并分泌黏附素形成菌膜屏障，抑制大肠杆菌、沙门氏菌等微生物黏附于肠黏膜上皮细胞。阻止病原菌对肠道的入侵和定植，抑制病原菌，抗感染，维持肠道的微生态平衡；促进消化，合成氨基酸和维生素，降低胆固醇，抑制内毒素的生产，延缓衰老和抗辐射等。大量事实证明，只要肠道中乳杆菌的数量减少或丢失，出现菌群失调，就可能导致某种疾病的发生；只要肠道中乳酸杆菌的数量增加，菌群区系得到平衡，就可以促进人体健康和治疗某种疾病。可见，增加人体肠道中乳酸杆菌的数量是预防和治疗某些疾病的一种重要措施。

2. 减少内毒素和致癌物

肠道内腐败菌和致病菌分泌某些酶类可将食物中的致癌物前体转化为致癌物，如硝酸盐转化为强致癌物亚硝胺。革兰氏阴性菌产生的内毒素可引起顽固性的休克和多器官功能衰竭和缺血，葡萄球菌产生的葡萄球菌毒素、食物中的黄曲霉毒素等，鼠李糖杆菌都能直接或间接地加以处理，从而达到预防和抑制肿瘤的发生。

3. 保护胃黏膜

当发生肠炎或微生物菌群平衡被打破时，胃黏膜的通透性就会增加，大的抗原分子和肠道微生物就可以穿过黏膜进入体内。临床实验证明，鼠李糖杆菌GG可以增强分泌型免疫球蛋A对食物抗原的抵抗力，增强人体免疫功能；一些消炎药或止痛药（如吲哚美辛）导致的胃肠黏膜通透性增加甚至出血等，鼠李杆菌GG能促使胃肠黏膜通透性保持正常。

4. 预防便秘

鼠李糖杆菌GG发酵酸奶可以显著增加粪便中双歧杆菌和乳酸杆菌的数量比例，减少卵磷脂酶阴性的梭状杆菌的数量；食用鼠李糖杆菌GG发酵酸奶后可以增加粪便中的水分含量，降低其pH和氨的含量，便后会感到浑身舒畅；鼠李糖杆菌GG还可以增加黑麦纤维的有效利用，减轻黑麦纤维引起的肠道不适。

5. 防治腹泻

鼠李糖乳杆菌GG对于儿童因腺病毒引起的腹泻具有明显的预防效果；对于预防非母乳喂养的儿童腹泻发病的效果更好。国外学者还证明，每天服用鼠李糖杆菌GG胶囊一颗，可以预防旅游腹泻的发生。

鼠李糖杆菌GG对于滥用抗生素引起的腹泻、腹痛有明显的疗效，且无任何不良反应。它还能加速水泻性腹泻的康复。

最常见的酸奶及我们传统的醪糟、泡菜中都含有乳酸菌，它们的酸味就是来源于乳酸。这在我们国家很早也有记载。

（三）干酪乳杆菌

干酪乳杆菌（图1-16d）是革兰氏阳性菌，不产芽孢，无鞭毛，不运动，兼性异型发酵乳糖，不会液化明胶；最适生长温度为37℃，菌体长短不一，两端呈方形，常成链；菌落粗糙，灰白色，有时呈微黄色，能酵解多种糖。干酪乳杆菌存在于人的口腔、肠道内含物和大便及阴道中，也常常出现在牛奶和干酪、乳制品、饲料、面团和垃圾中。

干酪乳杆菌作为益生菌的一种，能够耐受有机体的防御机制，其中包括口腔中的酶、胃液中低pH和小肠的胆汁酸等。所以干酪乳杆菌进入人体后可以在肠道内大量存活，起到调节肠内菌群平衡、促进人体消化吸收等作用。同时，干酪乳杆菌具有高效降血压、降胆固醇，促进细胞分裂，产生抗体免疫，增强人体免疫及预防癌症和抑制肿瘤生长等功能；还具有缓解乳糖不耐症、过敏等益生保健作用。由于干酪乳杆菌对其宿主营养、免疫、防病等具有显著的益生功效，越来越成为人们研究、开发、生产的焦点。随着高血压人群的增加，对干酪乳杆菌的研究及用其开发功能性乳制品具有重要意义。干酪乳杆菌能够抑制和杀死食品中的许多腐败菌及致病菌，并且不影响食物性状，甚至能够改善食品特性，因此将其作为发酵剂添加到食品中能使产品更加优质，且对食品储藏过程中的防腐保鲜也起到积极作用。

(四) 保加利亚乳杆菌

乳酸菌是一组菌的总称，保加利亚乳杆菌是其代表菌种（图 1-16e），是我国酸奶中最常用的菌种之一。

保加利亚乳杆菌是一种被冠以国名的细菌，1905 年，保加利亚科学家斯塔门·戈里戈罗夫第一次发现并从酸奶中分离了"保加利亚乳酸杆菌"，同时向世界宣传保加利亚酸奶。俄国科学家诺贝尔奖获得者伊力亚·梅契尼科夫发现长寿人群有着经常饮用含有益生菌的发酵牛奶的传统，并于 1908 年正式提出了"酸奶长寿"理论。保加利亚乳杆菌属于乳杆菌属热乳酸杆菌亚属，是典型的来自乳的乳酸菌，是革兰氏阳性菌，微厌氧，最适的生长温度为 40~43 ℃，能发酵葡萄糖、果糖和乳糖，但不能利用蔗糖。菌体长 2~9 μm，宽 0.15~0.18 μm，单个体呈长杆状或成链，两端钝圆，呈细杆状，单个或成链，频繁传代会变形。不具运动性，也不会产生孢子，对热的耐受性差，个别菌株在 75 ℃ 条件下能耐受 20 分钟。对蛋白质分解能力弱，对抗生素不如嗜热链球菌敏感。

由于保加利亚乳杆菌具有调节胃肠道健康、促进消化吸收、增加免疫功能、抗癌抗肿瘤等重要的生理功能，因此被规定为可用于保健食品的益生菌菌种之一，在食品发酵、工业乳酸发酵、饲料行业和医疗保健领域均有比较广泛的应用。

保加利亚乳杆菌在发酵过程中产生的乙醛、双乙酰（丁二酮）、丙酮、3-羟基丁酮和挥发性酸能形成特殊的香气，使酸奶等独具风味。因其具有这种特殊的生理功能和营养功效，与其他乳酸菌一起被广泛应用在传统的发酵的乳制品中，提高了食品的功能性特点和附加值。发酵乳制品包括酸奶、干酪、奶油。市面上一些大品牌的酸奶都是以保加利亚乳杆菌加其他乳酸菌发酵而成的。也因为发酵所产生的香味，故又被称为生产饲料奶油香精。

国内外均有大量饲养和临床实验证明，保加利亚乳杆菌作为饲料添加剂具有增强质量、提高饲料转化率、预防疾病及降低死亡率等效果。

科学家已经指出，保加利亚人长寿的原因在于他们长期大量地喝酸奶。因酸奶含有最常用的保加利亚乳杆菌等乳酸菌群。

保加利亚乳杆菌能把乳糖分解成葡萄糖和半乳糖，最后把它变成乳酸。中国除婴儿期外很少有继续喝奶的习惯，因此有许多人的肠道中消化乳糖的乳糖酶低，难以分解和吸收奶中的乳糖，所以喝牛奶后容易引起腹胀、腹泻。而经乳酸菌群发酵后产生的半乳糖、葡萄糖，不但容易吸收，而且还是人脑和神经发育所需，尤对婴儿脑发育有益；所产生的乳酸，能促进胃内容物清空，减少胃酸过多分泌，提高钙、磷、铁的利用率，抑制胃肠中的有害细菌。

牛奶中的游离氨基酸（组成蛋白质的成分）很少，而牛奶中乳蛋白的颗粒较大，属酪蛋白（人乳中的乳清蛋白为乳化微滴，故易消化），较难吸收。乳酸菌为了生存就必须分解蛋白，以得到所需的氨基酸。在乳酸菌的细胞壁上就存在着蛋白酶，能将蛋白质分解成肽，然后把肽吞噬到细胞内，用细胞内肽酶把小分子的肽进一步分解成各种氨基酸。这时乳蛋白就成为细微的凝固奶酪；肽和氨基酸易于消化、吸收，提高了蛋白的利用率。奶中的脂肪由于发酵，脂质被分解，因而脂肪酸增加，可比原奶中的脂肪酸多 2 倍，在成熟奶酪中其脂肪酸增加6倍。奶中脂肪本来就是易消化的细微脂肪滴，还含有不饱和脂肪酸和卵磷脂，是心血管内皮细胞的重要组成成分，均对心血管有益，再加上乳酸菌的作用，其营养价值更佳。牛奶中的微量元素含量在发酵过程中没有变化，但发酵提高了钙、磷的吸收率。

含保加利亚乳杆菌的酸奶能抑制肠道中的致病菌和腐败菌的繁殖，饮用酸奶后，粪便中的大肠杆菌、产气荚膜梭形细菌数量减少，产生寡糖，改善通便，缩短粪便在大肠中的时间。乳酸菌发酵产生的乳酸和乙酸，有杀菌作用，而且有些菌种如保加利亚乳杆菌、嗜酸乳杆菌、乳酸乳杆菌还能产生过氧化氢（H_2O_2），有抑菌作用。有些菌种如保加利亚乳杆菌等还能产生多种细菌素，这些细菌素对沙门氏菌、志贺氏菌、葡萄球菌、需氧芽孢杆菌、梭形菌、假单胞菌等致病菌有拮抗作用。因此，酸奶能调整肠道中菌群之间的平衡，抑制有害细菌生长，有预防条件致病菌在人体免疫力低时发生感染的作用，从而对人体起到保护作用。大量服用抗生素的患者饮用酸奶，可以预防或减轻肠道菌群紊乱。

此外，酸奶有降低血中胆固醇的作用。据调研证明，在进食高胆固醇食物但同时大量饮用酸奶的民族中，其血中胆固醇水平并不高。还有，酸奶具有抗癌作用，主要是由于肠道菌群状况改善，抑制了致癌物质产生，降低肠中靛基质和酚类的含量，活化了免疫功能，抑制癌细胞增殖。另外，自保加利亚科学家博格达诺夫报告酸奶有直接抑制癌细胞的作用后，不断有人进行研究，在实验中发现，保加利亚乳杆菌、嗜酸乳杆菌、嗜热链球菌发酵的酸奶对实验动物体内的癌细胞均有抑制作用。

（五）嗜热链球菌

嗜热链球菌（图1-16f）个体中多有2球体连接、3~4球体连接、5~6球体连接的，8球体以上连接的和单球体的少见。所以个体大小差距较大，多在0.4~0.7 μm至1.0~6 μm范围内。嗜热链球菌可在含有下列糖类包括半乳糖、葡萄糖、果糖、乳糖、蔗糖的培养基上生长。乳糖的降解需要一种特殊的酶——β-半乳糖苷酶（即乳糖酶）。乳糖不耐受的人身体内就是缺乏了这种酶，故喝了牛奶后会出现消化道异常反应。

嗜热链球菌被认为是"公认安全性（GRAS）"成分，广泛用于生产一些重要的发酵乳制品，包括酸奶和奶酪（如瑞士、林堡干酪）。嗜热链球菌也具有一些功能活性，如生产胞外多糖、细菌素和维生素。另外，嗜热链球菌也可以作为潜在的有益菌，实验证明了其具有健康效果、转运活性和一定的胃肠道黏附性。因此，需要我们探索不同嗜热链球菌产生不同代谢物的能力，不只是其发酵产生乳酸的量。

由于嗜热链球菌能降低肠道pH，促进肠蠕动防止病原菌定植，分泌细菌素抑制病原菌的生长，而可改善肠道功能；能抑制胆固醇合成酶活性，降低血清中胆固醇含量，其菌发酵产物可以调节、控制血压；能生成的多糖、细菌素、乳酸等具有抗肿瘤活性的作用，通过激活人体免疫系统，抑制细胞的突变来抵抗肿瘤的发生；能产生超氧化物歧化酶（SOD）可以清除体内代谢过程中产生的过量超氧阴离子即自由基，故有延缓衰老的作用；嗜热链球菌是一种能产生β-半乳糖苷酶的细菌，所以可以帮助乳糖的消化；嗜热链球菌在pH为6.8的酸性溶液中的存活率为100%，在pH为4.0的酸性溶液中的存活率约是75%，在pH为3.0的酸性溶液中的存活率约是70%。嗜热链球菌能够在较高浓度的胆汁中生存，所以应该可以在体内免受胆汁的损害而到达小肠的远端；嗜热链球菌应用于发酵酸奶中可以大大缩短酸奶的凝乳时间，凝乳时间可以控制在 5 小时之内（一般糖酵解菌需要 6~8 小时），有利于工业化生产。嗜热链球菌在发酵过程中可以大量产生胞外多糖，胞外多糖多聚物作为增稠剂、胶凝剂增加了发酵乳的黏度并改善了酸奶的品质。此外，根据我国规定，嗜热链球菌不能添加到婴儿食品当中。

（六）丁酸梭菌

丁酸梭菌（图 1-16g）是一种专性厌氧的革兰氏阳性芽孢杆菌，其直径为（0.6~1.2）$\mu m \times$（3.0~7.0）μm，两端钝圆，中间部分轻度膨胀，细菌呈直杆状或稍有弯曲，单个或成对，短链，偶见有丝状菌体，周身鞭毛，能运动。丁酸梭菌细胞壁含 DL-二氨基庚二酸，葡萄糖是唯一的细胞壁糖。

丁酸梭菌对外界环境有较强的抵抗力，据报道，经 80℃、30 分钟和 90℃、10 分钟热处理后全部存活；加热 90℃、20 分钟后 95% 存活；加热 100℃、5 分钟后 30% 存活。耐热、耐酸，pH 为 1.0~5.0 时仍能存活；pH 为 4.0~9.8 时能适合其生长。

丁酸梭菌在发酵过程中能产生葡萄糖、麦芽糖等 6 种糖及维生素 E。这些物质直接为动物提供营养元素，维生素 E 能强化血管，增强抗病性，激活细胞，对机体非常重要。

丁酸梭菌在肠道内能产生淀粉酶、蛋白酶、糖苷酶、纤维素酶。能够酵解葡萄糖、蔗糖、果糖、乳糖等碳水化合物产酸，水解淀粉和糖类的最终代谢产物为丁酸、乙酸和乳酸，还发现有少量的丙酸、甲酸，硝酸盐还原实验均为阴性。

丁酸梭菌能调整肠道菌落平衡，促进肠道有益菌群增殖。国内的很多报道已证实，丁酸梭菌能促进有益的双歧杆菌、乳酸菌、拟杆菌的生长并且有效抑制有害细菌如葡萄球菌、念珠菌、克雷伯菌、弯曲杆菌、绿脓杆菌、大肠杆菌、痢疾杆菌和伤寒杆菌及腐败菌的繁殖，从而减少了胺类和硫化氢等有害物质的产生，防止了肠道菌群失衡，进而避免了其所导致各种疾病的发生。

陆俭把丁酸梭菌 LCL166 与婴儿双歧杆菌及霍乱弧菌混合培养 24 小时，发现霍乱弧菌的菌数与单独培养相比减少 6 个数量级，表明丁酸梭菌对霍乱弧菌有拮抗作用。

口服丁酸梭菌能增加人和动物体内血清中免疫球蛋白 A（IgA）和免疫球蛋白 M（IgM）的含量。丁酸梭菌的细胞壁成分和它产生的胞外多糖（半乳糖∶葡萄糖 = 13.5∶86.5）能抑制肿瘤细胞的生长。用热灭活丁酸梭菌制成的疫苗有激活天然杀伤细胞（NK 细胞）和巨噬细胞的作用。丁酸梭菌之所以具备此种功能取决于其体内存在的蛋白酶 1 和蛋白酶 2 及脂肪酶，能促进动物对脂肪和蛋白质的消化吸收。同时，丁酸梭菌还具有作为氨基酸载体的作用，它能转运所有的氨基酸，但不分解氨基酸。所以它有利于氨基酸的吸收从而促进动物生长。

（七）酵母菌类

酵母菌仅零星地存在于动物胃肠道微生物群落中（图 1-16h）。酵母菌在胃肠道内大量繁殖可以有效改善胃肠内环境和菌种结构，促进乳酸菌等有益菌群繁殖及活力保持，提高胃肠对食物营养物质的分解和利用，从而提高食物利用率和动物生产机能。同时能有效抑制病原微生物繁殖，参与病原微生物生存性竞争，增强人体免疫力和抗病力，对防止消化系统疾病发挥有益作用。主要应用的酵母菌有酿酒酵母和石油酵母等。

动物实验和临床均证实服用由多种益生菌组成的复合菌群的效果远高于一种益生菌的益生剂。邓志斌对160例婴幼儿腹泻进行研究，探讨双歧杆菌、乳杆菌、嗜热链球菌三联活菌片对婴儿腹泻病的疗效。结果显示，双歧杆菌、乳杆菌、嗜热链球菌三联活菌片能有效提高腹泻治疗的有效率。

第8节 益生剂的保存方法

益生剂必须低温冷藏保存。这样才能最大限度地保持其中所含活性的益生菌的数量。一般保质期在1个月内，冷藏温度控制在2~10 ℃。建议放入冰箱保鲜层，避免在温度太高或者直射光下保存，这样会引起里面活菌过度发酵，口味变酸，效果受影响。

一般微生物在低温条件下更易存活，不过，近年来通过技术创新益生剂在常温条件下保存时仍可以保证活菌稳定。有良好信誉公司生产的含有益生剂产品均标识有保质期内的活菌数量和保存条件，只要产品质量稳定，不管益生菌为何种干燥形式，如胶囊、颗粒和片剂等，其中的益生菌虽然处于休眠状态，但仍然是活的，一旦它们到达体内环境就会开始繁殖生长。当然，这三种形态中，粉状是最好的，而且放阴凉避光处保存就可以了。

提高菌株在人体内存活力的方法主要有将培养物冷冻干燥，选择合适的冷冻干燥保护剂或使用胶囊、微胶囊、肠溶胶囊等包埋技术。其中微胶囊包埋是将菌体包埋在凝胶（海藻酸钙、卡拉胶、明胶、果胶、壳聚糖或肠溶性材料）中微胶囊化，创造有益于菌体存活的微环境，而使保质期能得以延长，并可免受胃酸胆汁的杀伤。因此它是最有效的方法，许多大公司的制品基本上属于微胶囊化的冻干品。此外，还可选用两步发酵法，先使益生菌发酵2小时后，再加入酸奶酪中的菌种进行发酵，使益生菌成为产品中的优势菌；还可在发酵培养基中加入微量营养素，如半胱氨酸、多肽等，以缩短发酵时间，提高益生菌存活率；也可添加维生素C作为氧清除剂，以提高嗜酸乳杆菌的存活率。然而最佳方法是选用耐酸、耐碱性的菌株或选用产胞外多糖的菌株，以提高对酸及胆汁的抵抗力和对肠道的黏附力。利用基因工程技术在益生菌中转入异源基因，可增加菌株对不良环境的抗性。将嗜热链球菌AO54中编码Mn_2SOD的 *sodA* 基因克隆于穿梭载体pTRK563中，在4株肠道乳酸菌中表达，通过清除超氧阴离子和阻止铁的氧化还原，提高了菌株对H_2O_2氧化应激的抗性。将编码瘤胃微生物木聚糖酶的 *xynCDBFV* 基因、编码葡聚糖酶的$EC3.2.1.73$基因和编码纤维素酶的 *eglA* 基因克隆于1株由肉鸡胃肠道分离的罗伊氏乳杆菌中，在乳酸乳球菌lacA启动子及其分泌信号的控制下表达和分泌。该菌株不但获得了降解可溶性羧甲基纤维素、β-葡聚糖、木聚糖的能力，也对黏蛋白和黏液显示出高的黏附效率，对胆盐和酸性的抗性也增强。

第 2 章　益生剂辅助疾病的防治与康复

在过去近半个世纪以来，对人体肠道菌群的研究、对益生菌的大量科学实验和临床验证，阐明了肠道益生菌群对人体的健康和疾病所起的重要作用，同时对含有益生剂制造业的开发与改良也都取得了重大的突破。大量事实充分地证明了含有益生菌的食品不仅具有一般保健品有的特定保健功能，而且对人体的健康、疾病的预防和治疗均起着十分重要的作用，扮演着"药食同源"的确切典范。

K. J. Chua 等人综合国际最权威的《科学》（Science）、《癌症研究》（Cancer Res）、《胃肠道病学》（Gastroenterology）、《营养学》（Nutrients）和《国际医学微生物学杂志》（Int J Med Microbiol）等众多种权威杂志发表的 66 篇论文，指出益生菌和重组益生菌对各种疾病的预防和治疗作用，对高血压、肥胖、高氨血症、苯丙酮症、糖尿病、泌尿道受到肠球菌属感染、肺结核菌感染、铜绿假单胞菌感染、尘螨过敏症、胃幽门螺杆菌感染、人体免疫缺陷病毒（艾滋病毒）、过敏性疾病、各种炎症、肿瘤、肠道艰难梭菌感染、痢疾杆菌感染及霍乱弧菌感染等均发挥重要作用（图 2-1）。

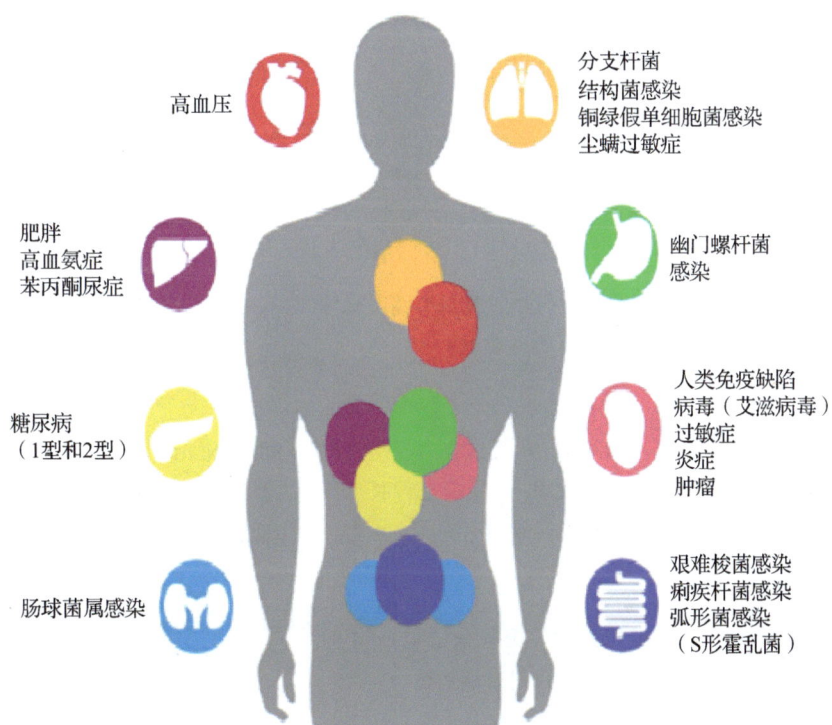

图 2-1　重组益生菌对人体全身各种疾病的治疗作用

（译自：Chua K J. Current opinion in Chemical Biology. 2017，40（8）：16.）

同时他们对益生菌和重组益生菌对预防和治疗人体疾病的机理与效果进行了精辟的归纳（表2-1）。此外益生剂还对炎症性肠炎、胃肠道癌症及自身免疫性疾病等也都有一定的相关性。有研究证明了肠道微生物群在人类大脑发育、行为和情绪方面起着重要作用，"肠道微生物群将会为抑郁和焦虑等精神疾病提供预防和治疗的新方法"。

表2-1 益生菌与重组益生菌预防和治疗疾病的机制与结果

疾病	赋形剂	机制	结果
1型糖尿病	格氏乳杆菌	由重组格氏乳杆菌表达的肠黏膜上皮的肠促胰素GLP-1进入含有分泌胰岛素β-细胞的胰岛	经格氏乳杆菌处理的大鼠血糖及胰岛素和没有糖尿病的对照鼠无异；而糖尿病鼠经饲喂野生格氏乳杆菌后血糖明显高于对照组，而胰岛素明显低于对照组
高血压	植物乳杆菌NC8	血管紧张素转换酶抑制肽抑制血管紧张素Ⅰ转化为血管紧张素Ⅱ	饲喂10天后大鼠收缩压下降，血浆、心、肾内皮缩血管肽、血管紧张素Ⅱ、一氧化氮等抗高血压因子减少
肥胖	重组乳杆菌	在重组乳杆菌表达磷脂酰乙醇胺类	饲喂重组乳杆菌表达磷脂酰乙醇胺类后的大鼠体重下降，堆积脂肪块减少，血浆瘦蛋白和胰岛素维持较低水平
脂肪肝	重组乳杆菌	表达果糖脱氢酶或麦露醇脱氢酶	饲喂鼠血清过氧化脂质减少，血清和肝抗氧化酶活性增强及肝损伤修复酶活性上升
沙门菌病及霍乱	沙门氏菌	表达费氏霍乱毒性抗原亚基-B同种抗原（CtxB）鼠伤寒沙门氏菌z234 vaccine应变	发现处理鼠黏膜应答、促炎症反应细胞活素增加及V.霍乱菌拓殖减少
幽门螺杆菌感染	B.枯草芽孢杆菌	在枯草杆菌外被显示幽门螺杆菌尿素酶B蛋白	幽门螺杆菌感染大鼠口服重组B.枯草芽孢杆菌被动免疫后胃黏膜细菌负荷量减少84%
炎症性肠道疾病群	格氏乳酸杆菌	应用IL-10蛋白应力控制表达系统及IL-10蛋白进行脱氧核糖核酸转录物引进宿主体内	应用重组格氏乳杆菌携带二次表达处理大鼠发生体重明显下降，损伤程度明显降低及抗炎因子大量合成
癌	鼠伤寒沙门氏菌	用含沙门氏菌分泌物SipB的干扰γ蛋白末端表达	用这种沙门氏菌重组物可杀灭50%以上的黑色素瘤细胞，处理后皮下携带B16F10黑色素瘤的大鼠80%均能存活
癌	鼠伤寒沙门氏菌	群体感应细菌控制的细胞造成抗癌因素的释放	携带肿瘤的大鼠接受重组沙门氏菌结合传统的化疗药5-氟尿嘧啶后80%存活

第2章 益生剂辅助疾病的防治与康复

续表

疾病	赋形剂	机制	结果
癌	鼠伤寒沙门氏菌	重组一个 sifA 突变的黑色瘤造成对四环素治疗的应答并释放细胞循环的阻止因素	黑色素瘤感染 MGF-7 乳腺癌细胞在 subG1 组有 60% 存活，而 G0/G1 组只只存活 26%
癌	格氏乳杆菌	表达葡萄糖、核糖糖类受体 Trz1，能起激活、启动 GRP	每个细菌表达 GFP 受体量的多少与肿瘤细胞的生存能力相关

（译自：Chua K J. Current opinion in Chemical Biology. 2017，40（8）：16.）

注：肠促胰素 GLP-1 是人体内一种肠源性激素，由胰高血糖素原基因表达，在胰岛 α 细胞中，胰高血糖素原基因的主要表达产物是胰高血糖素，故可导致血糖升高。

不仅如此，Chua 等还对重组益生菌和传统治疗方法的治疗费用、患者依从度、治疗效果与持续时间、对人体损伤和不良反应等进行了系列的比较（表2-2）。

表 2-2 权威的重组益生菌优于传统的结果

弊端（传统疗法）	参数、决定因素	传统疗法	重组益生菌
代谢性疾病（如糖尿病，服药、手术改善生活方式）	治疗费用	高，如减肥手术	低，取决于使用方法
	治疗的服从度	低	高
	治疗效果的持续时间	短	长
	损害程度	高	短，仅需口服
	其他	效果时短	有预防作用
感染性疾病	不良反应	腹泻、毒性肾损伤	无
	目标病原体	只限细菌	细菌、病毒
	其他	耐药性抗生素较少	有针对性并具调节作用
过敏性疾病（药物过敏、治疗过敏）	不良反应	嗜睡、恶心、腹泻	无或极少
	治疗服从性	低	高
肿瘤（化疗、免疫治疗、放疗）	不良反应	嗜睡、血细胞计数低；易感染	无
	特异性	无，正常组织也受损	有
	其他	缓解不全、低效，发生继发性癌	具有预防和调理作用

（译自：Chua K J. Current opinion in Chemical Biology. 2017，40（8）：16.）

从图2-1、表2-1和表2-2可以明显看出，益生菌和重组益生菌对人体疾病的预防、治疗及治疗费用比传统的治疗方法具有肯定的优势，正如国外学者认为，21世纪将是益生菌大显威力的世纪。

第1节　益生菌与人体免疫系统功能

一、免疫系统概述

免疫系统是人体保护自身的防御系统，主要由淋巴器官（胸腺、淋巴结、脾、扁桃体等）、其他器官内的淋巴组织和免疫细胞组成。免疫细胞包括淋巴细胞、抗原呈递细胞、浆细胞、粒细胞和肥大细胞等。构成免疫系统的核心成分是淋巴细胞，它使免疫系统具备识别能力和记忆能力。免疫系统的主要功能有：识别和清除侵入人体内的微生物、异体细胞或大分子物质（如抗原等）；监护人体内部的稳定性，清除表面抗原发生变化的细胞（如肿瘤细胞和病毒感染的细胞等）。

最近国内外学者发现，人体最大的免疫系统是消化道。外界的细菌、病毒和毒素，很容易入侵肠道，再加上肠道内本来就栖息了100兆以上的细菌。肠道一方面要吸收营养成分，一方面又必须能够阻挡细菌、病毒和各种病原微生物和毒素。人体70%～80%的免疫细胞位于肠道，以对抗不断入侵的细菌、病毒和各种毒物，加上大量益生菌的免疫功能，因此，肠道不仅是人体消化和吸收的部位，而且随时都要抵御经口进入的大量致病菌、病毒和有害毒素的侵袭。

现将造血干细胞分化产生淋巴细胞干细胞系和髓性造血干细胞系并衍生成各种免疫细胞及红细胞归纳如图2-2所示。

（一）淋巴细胞系

1. 淋巴细胞

淋巴细胞是构成体内免疫系统的主要细胞群体，是执行免疫功能的主要成员。成年人体内约有10^{12}个淋巴细胞，淋巴细胞是体内分布广泛、种类繁多、功能各异并有不同分化阶段的细胞群体。

淋巴细胞的干细胞最初定位于骨髓，部分经胸腺加工、培养而成T细胞，再进入血液循环，是淋巴细胞中数量最多、功能最复杂的一类，血流中的T细胞占淋巴细胞总数的60%～75%，可分为T细胞、B细胞及大颗粒淋巴细胞（图2-3）。

淋巴细胞系的干细胞最初定居于骨髓，是骨髓成为出生后干细胞增殖的唯一部位，经胸腺加工的淋巴细胞即T细胞，再进入血液循环，并迁移到周围淋巴组织。T细胞是细胞免疫的主要细胞。其免疫源一般为寄生原生动物、真菌、外来的细胞团块（如移植器官或被病毒感染的自身细胞）。细胞免疫也有记忆功能。细胞免疫又称细胞介导免疫，即T细胞受到抗原刺激后，分化、增殖、转化为致敏T细胞，当相同的抗原再次进入机体，致敏T细胞对抗原的直接杀伤作用及致敏T细胞所释放的细胞因子的协同杀伤作用。T细胞介导的免疫应答的特征是出现以单核细胞浸润为主的炎症反应和（或）特异性的细胞毒性。

第 2 章 益生剂辅助疾病的防治与康复

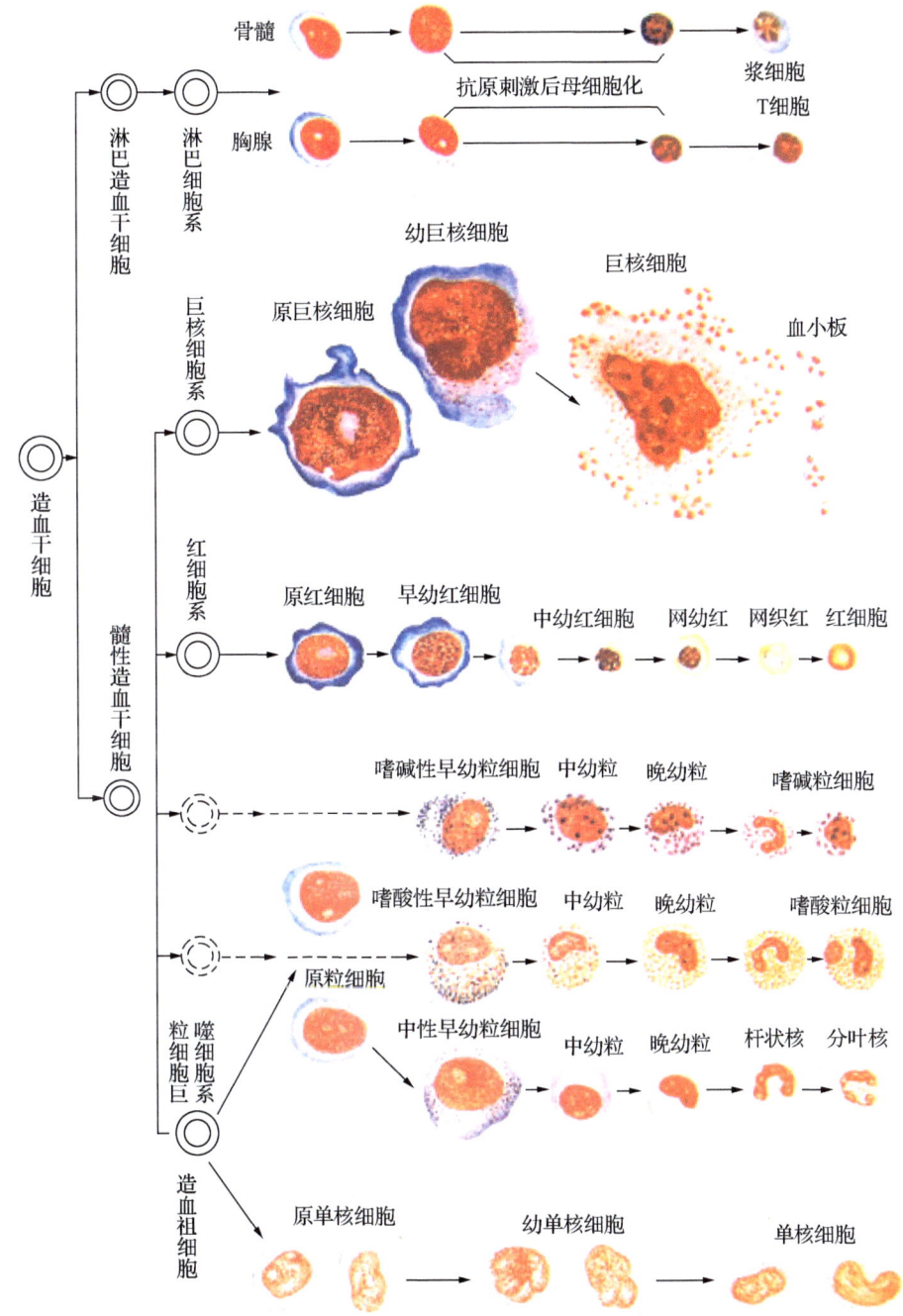

图 2-2 各种免疫细胞和红细胞的发生、发育和成熟

B 细胞的祖细胞不进入胸腺,直接由骨髓的淋巴干细胞增殖、分化而成,然后离开骨髓,迁移到周围淋巴组织,占血流中淋巴细胞的 10%~15%。它可迁移到周围淋巴组织,受抗原刺激后增殖分化形成大量浆细胞,分泌抗体,如各型免疫球蛋白,从而可清除相应的抗原,此为体液免疫。体液免疫的抗原多为相对分子质量在 10 000 以上的蛋白质和多糖大分

子，病毒颗粒和细菌表面都带有不同的抗原，所以都能引起体液免疫，负责体液免疫的细胞是 B 细胞，是以效应 B 细胞产生抗体来达到保护目的的免疫机制。

大颗粒淋巴细胞约占血流中淋巴细胞的 10%，在脾内和腹膜渗出液中较多，淋巴结和骨髓内较少，较 T 细胞、B 细胞大，又称自然杀伤细胞（NK 细胞）。

T 细胞、B 细胞和大颗粒淋巴细胞的作用：首先是直接对抗外源性抗原，或者来自这些抗原的有害代谢产物，如毒素；其次是清除体内内源性的有害或异常的物质，例如，异体的或已经转化的蛋白质及衰老的肿瘤化细胞，即自体抗原。

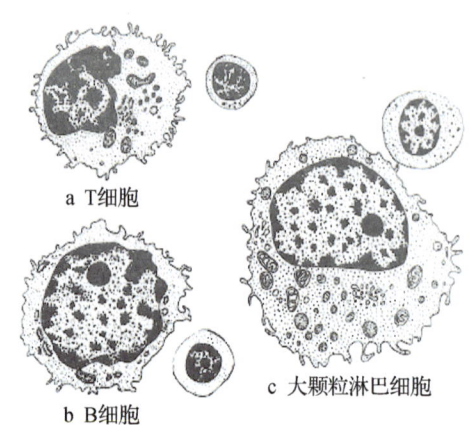

图 2-3　T 细胞、B 细胞及大颗粒淋巴细胞
（小细胞是光学显微镜图，大细胞是电子显微镜图）

2. 巨噬细胞

巨噬细胞有多种功能，属不繁殖细胞群，起源于骨髓中的造血干细胞，血液中的单核细胞是巨噬细胞的前体。单核细胞在不同部位穿出血管进入组织器官内，分化为巨噬细胞。在炎症或其他因子的刺激下，受 T 细胞分泌的细胞因子等作用，进一步分化，促进免疫活动（图 2-4）。

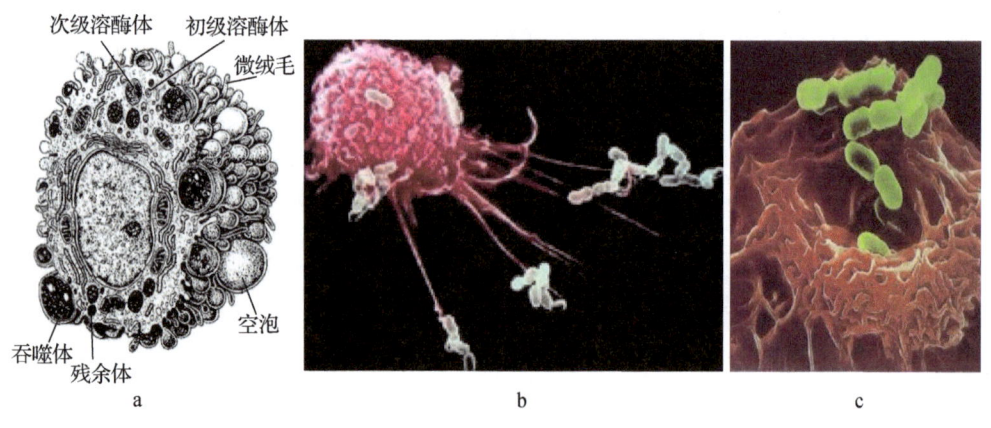

图 2-4　巨噬细胞吞噬示意

现将单核细胞和由其分化而来的巨噬细胞和其他具有吞噬能力的细胞归为一类，称单核吞噬细胞系统，其具有重要的作用。

（1）修复作用

当人体受到创伤时，巨噬细胞就能大量分泌多种生物活性物质及多种酶类物质，直接引导着人体组织修复的整体进程。

（2）清除作用

巨噬细胞作为炎症阶段的主要吞噬细胞，负责清除人体损伤处组织和细胞的坏死碎片及病原体等，这些物质对创伤愈合过程都有重要的调控作用。

（二）淋巴器官

淋巴器官分为中枢淋巴器官和周围淋巴器官两类。中枢淋巴器官包括胸腺和骨髓，是原淋巴细胞分化发育成 T 细胞或 B 细胞的场所。周围淋巴器官包括淋巴结、脾和扁桃体等，接受中枢淋巴器官输入的淋巴细胞。周围淋巴器官是进行免疫应答的主要场所。

1. 胸腺主要功能

胸腺是培育和选择 T 细胞的重要器官，其培养的各种处女型 T 细胞，经血流输送至周围淋巴器官和淋巴组织进一步分化成熟。

胸腺分泌胸腺肽、胸腺素、胸腺五肽和胸腺体液因子等激素。在胸腺微环境中尚有许多其他可溶性细胞因子，如白介素系列（IL-1、IL-2、IL-3、IL-4、IL-6 和 IL-7），这些因子在胸腺细胞发育过程中都发挥着重要作用。

2. 淋巴结

淋巴结是主要的周围淋巴器官，淋巴结能滤过淋巴液，当病原体侵入皮下或黏膜后，很容易通过毛细淋巴管流至淋巴结，淋巴结内的巨噬细胞可清除其中异物。另外，病菌等抗原物质进入淋巴结后，巨噬细胞可捕捉与处理抗原，然后将抗原传递给 T 细胞、B 细胞，淋巴结中的 T 细胞和 B 细胞的母细胞受抗原刺激后大量分裂、增殖，最后分化成效应性 T 细胞和浆细胞，分别参与细胞免疫应答与体液应答。

3. 脾

脾是人体最大的周围淋巴器官，成年人脾大约长 12 cm，宽 7 cm，厚 3~4 cm，平均重量为 150 g。脾含有大量的巨噬细胞，可吞噬清除血液中的异物、病菌和衰老、死亡的血细胞；人体脾可储血 40 mL，当大出血或激烈运动时，脾内平滑肌收缩可将其中储存的血液输入血液循环。在胚胎早期，脾和其他器官一样能产生各种血细胞，当人体严重缺血或某些病理情况下，脾可以恢复造血功能。脾内的淋巴组织中 T 细胞占 40%，B 细胞占 55%，自然杀伤细胞（NK 细胞）等，都参与人体免疫应答，脾是人体内产生抗体最多的器官。

4. 扁桃体

扁桃体是经常接触抗原引起局部免疫应答的部位，属于人体第一道防线，是一个易于接受抗原刺激的周围淋巴器官，可引起局部或全身的免疫应答，对人体有重要的防御、保护作用。

（三）免疫系统分类

免疫系统的功能主要为：①识别和清除侵入机体的微生物、异体细胞或大分子的物质（抗原）；②监护机体内部的稳定性，清除表面抗原发生变化的细胞（如肿瘤细胞或病毒感染的细胞等）。免疫分为固有免疫（又称天然免疫或非特异性免疫）和适应性免疫（又称获得性免疫或特异性免疫）。

1. 固有免疫

固有免疫包括免疫屏障、免疫分子和免疫细胞。固有免疫屏障包括皮肤黏膜屏障和局部屏障结构；固有免疫分子包括补体、溶菌酶、细胞因子等；固有免疫细胞包括巨噬细胞、树突状细胞（DC）、自然杀伤细胞（NK 细胞）和中性粒细胞。固有免疫细胞是机体防御的第一道防线，这些细胞是机体的"哨兵"，能够识别"危险"，并且通过合成一些分子（如一氧化氮、细胞因子和趋化因子）杀伤病原菌，并且把信号传递给其他细胞。树突状细胞和巨噬细胞具有吞噬功能，并产生炎症趋化因子和细胞因子，调节其他细胞如中性粒细胞、多核粒细胞和嗜酸性细胞的功能，扩大炎症反应，最终影响 B 细胞和 T 细胞，建立适应性免疫应答，自然杀伤细胞主要发挥抗肿瘤活性。

2. 适应性免疫

适应性免疫由抗原特异性体液和细胞介导的免疫应答组成（体液免疫和细胞免疫），分别表现为形成抗体和细胞应答。参与适应性免疫的细胞主要有三类：APC（主要为树突状细胞和巨噬细胞）、T 细胞和 B 细胞。细胞免疫主要需 APC 和 $CD8^+$ T 细胞参与；体液免疫产生抗体形成需 $CD4^+$ T 细胞和 B 细胞参加。适应性免疫具有获得性、抗原特异性、自我限制、自我耐受和记忆性等特征。机体初次接触抗原后适应性免疫建立较慢（7~10 天），但可产生记忆，即当再次接触同一抗原后能迅速出现反应（1 天内）。诱导适应性免疫的第一步是 APC 呈递抗原，即抗原表位与主要组织相容性复合体（MHC）Ⅰ 类或 Ⅱ 类抗原分子一起形成组织相容性复合体——抗原复合物，被 T 细胞表面抗原受体（TCR）识别（第一信号），同时 APC 表达共刺激分子和 T 细胞表面的抗原特异性受体结合［CD40 和 CD40 配体，B7-1/B7-2（CD80 和 CD86）和 CD28 等］（第二信号），导致初始 T 细胞（Th0）激活和增殖，启动适应性免疫应答，决定 Th0 向 Th1、Th2 或调节性 T 细胞分化。随后大量激活细胞凋亡，存活的细胞形成记忆细胞。

树突状细胞是目前所知的在机体内功能最强的专职 APC，能够刺激 Th0 活化和增殖，在适应性免疫应答中起关键作用。正常情况下体内大多数树突状细胞以不成熟形式存在于组织中，未成熟的树突状细胞具有极强的摄取和处理抗原的能力，但仅表达低水平的组织相容复合体的 Ⅱ 类分子，并作为弱刺激分子和黏附分子，而其摄取加工抗原的能力大大降低，树突状细胞在成熟过程中同时发生迁移，由获取抗原信息的外周组织通过淋巴循环和（或）血液循环进入外周淋巴器官，并在外周淋巴器官呈递抗原，激活 T 细胞应答。作为专职的 APC，树突状细胞能够给 Th0 细胞提供信号，启动和调整免疫应答，产生不同的结果——免疫反应和免疫耐受。树突状细胞具有异质性，肠道中的树突状细胞在抗原呈递和分泌细胞因子方面有其特殊性。

Th1/Th2 平衡：初始干细胞（Th0）激活后分化为三类细胞群：辅助性 T 细胞 1（Th1）、辅助性 T 细胞 2（Th2）和调节 T 细胞。Th1 细胞主要分泌干扰素 - γ（IFN-γ，是一种前炎症因子，具有抗病毒、免疫调节及抗肿瘤特性）和白介素 - 2（主要由 T 细胞特别是 $CD4^+$ T 细胞产生，受抗原或丝裂原刺激后合成；B 细胞、NK 细胞及单核 - 巨噬细胞亦能产生白介素 - 2，IL-2），诱导 B 细胞产生抗体的能力弱，主要参与细胞免疫反应；Th2 细胞能分泌白介素系列（IL-4、IL-5、IL-6、IL-10、IL-13 等）。这些因子具有抗炎特性，能够诱导 B 细胞产生大量的同种类型的抗体及其亚类，包括免疫球蛋白 G1（IgG1）、免疫球蛋白 G2b（IgG2b）、免疫球蛋白 A（IgA）和免疫球蛋白 E（IgE）；后者参与过敏反应。Th1 和 Th2 两类细胞的激活相互抑制，如 IL-10 能够抑制 Th1 细胞，而干扰素 - γ 能够抑制 Th2 细胞。初始干细胞 Th0 向 Th1 和 Th2 的分化主要取决于初始致敏时的细胞因子环境，如巨噬细胞、树突状细胞和自然杀伤细胞合成的细胞因子。白介素-12和干扰素-γ诱导初始细胞分化成Th1细胞,而白介素-4则诱导初始细胞分化成Th2细胞。

白细胞介素(IL),简称白介素,是由多种细胞产生并作用于多种细胞的一类细胞因子。由于最初是由白细胞产生又在白细胞间发挥作用而得名,现仍一直沿用。现在是指一类分子结构和生物学功能已基本明确,具有重要调节作用而统一命名的细胞因子,它和血细胞生长因子同属细胞因子。两者相互协调,相互作用,共同完成造血和免疫调节功能。白细胞介素在传递信息,激活与调节免疫细胞,介导T细胞、B细胞活化、增殖与分化及在炎症反应中起重要作用。

调节性T细胞(Tr)不属于Th1和TH2,具有免疫调节作用的T细胞群体,是一类控制体内自身免疫反应性的T细胞亚群,多具有免疫抑制功能,参与多种免疫性疾病发生的病理过程。根据表面标志及产生的细胞因子不同可将调节性T细胞分为$CD4^+$、$CD25^+$、Treg、Tr1和Tr3细胞,$CD4^+$、$CD25^+$、Treg的主要机制是通过细胞的直接接触,发挥免疫无能和免疫抑制两大功能;Tr1也是$CD4^+$T细胞,增殖能力强,主要通过分泌IL-10发挥旁观者抑制效应;Th3型$CD4^+$Tr主要分泌转化生长因子-β(TGF-β),对Th1和TH2均有抑制作用。

(四)肠道黏膜免疫系统

肠道不仅是消化、吸收营养素的场所,而且还具有重要的免疫功能。人体肠道内的黏膜总面积约为300 m^2,是人体内环境与外环境间直接交流的主要界面。肠道黏膜不仅是营养吸收及水分、无机盐交换的主要场所,同时也是许多病原体感染或起始感染的主要位点。肠道黏膜免疫系统是人体内部一个结构独立、功能复杂的免疫成分。它的存在确保了胃肠道相关淋巴组织(GALT)在针对病原体的免疫反应与针对非病原体诱导的耐受之间、在机体的内环境与外环境之间建立一种动态的平衡,以维持机体自身的稳定。肠道是一道免疫的坚固长城,薄薄的肠黏膜就是第一道物理屏障,与肠腔内各种有害菌及有毒物质保持距离,保护着人类的健康。肠壁上的密布着井然有序的免疫细胞,益生菌可以刺激人体的免疫细胞,激活它们,再到全身发挥作用。肠道是人体免疫力的又一主要培训基地,益生菌是培训员,是免疫使者。据亚当斯凯西博士指出,益生菌发挥着人体70%~80%的免疫反应作用。益生菌刺激可从T细胞到巨噬细胞。益生菌还能激活细胞因子和吞噬细胞来协调免疫反应。肠道可接触大量的抗原、食物蛋白和肠道正常菌群,并且对其不发生免疫炎症反应,但同时又能保护人体不受到外来致病菌和毒素的侵害,这全依赖于肠道的免疫功能。肠道的防御系统由以下3种相互作用的机制组成。①天然屏障:胃酸、胆汁、黏液、运动、通透性;②固有免疫反应:抗原捕捉、分泌细胞因子、病原相关分子模式(PAMP)的Toll样受体(TLR)等;③适应性免疫反应:肠道黏膜免疫系统是由肠道相关淋巴组织组成的复杂网络,具有完善的免疫反应机制和严格的免疫调控机制。肠道黏膜免疫系统是机体抵御肠道病原体感染的第1道防线,同时,也在宿主与外环境间黏膜稳态的建立和维持上发挥重要的作用。

1. 肠道黏膜免疫系统组成

肠道内的黏膜免疫系统结构和功能上与外周免疫系统不同,主要位于小肠和结肠,据其解剖和功能分为诱导部位和效应部位:诱导部位主要包括派尔淋巴结(PP)和肠系膜淋巴结（MLN）；效应部位包括分布于绒毛固有层中大量的淋巴细胞（LPL）和上皮细胞内淋巴细胞（IEL）。

2. 肠道黏膜免疫系统的功能

肠道黏膜免疫系统具有两类重要的生理的功能：一为抑制功能，即正常肠道黏膜免疫系统不会针对食物中的可溶性蛋白和肠道中的正常菌群抗原引起局部和周围免疫应答，人体针对食物蛋白和肠道菌群耐受的免疫调节机制不完全相同；二为分泌型免疫球蛋白A（sIgA）的免疫清除作用，保护肠黏膜免受致病菌的侵入和防止肠道共生菌群的移位。肠道免疫功能发生障碍时，将发生肠道或全身感染、对食物蛋白的高敏反应和炎症性肠病。

3. 肠道黏膜免疫反应机制

中国疾病预防控制中心病毒病预防控制研究所束弋等有过系统的综述：肠道黏膜免疫系统是机体免疫系统内最大也是最为复杂的部分，这不仅仅是因为肠道的内环境非常复杂，使得肠道黏膜免疫系统持续地受到包括病原体、食物蛋白和共生菌群在内的信号刺激，同时还因为肠道黏膜免疫系统需要依靠严格的调节机制来区分这些信号中的危险信号和无害信号。对于无害信号刺激，如正常的食物蛋白，肠道黏膜免疫系统主要通过由调节性T细胞介导的主动抑制和抗原特异性T细胞，克隆无反应或缺失等机制诱导的口服耐受来防止对食物蛋白的过敏反应。

肠道相关淋巴组织对共生菌的低反应性主要是由共生菌自身的特点、小肠上皮细胞（EC）表面的特性及肠道黏膜固有层内免疫细胞的特点三方面的因素所决定。共生菌与致病菌不同，不能表达黏蛋白酶及黏附、定居和侵入因子，因此不能分解肠道内保护性的黏液层。小肠蠕动形成的黏液层流可以将共生菌冲离肠道表面，使其不能黏附小肠上皮细胞，破坏上皮屏障。另外，首先，小肠上皮细胞表面缺少识别共生菌病原相关分子模式（PAMP）的Toll样受体（TLR）；其次，这些固有免疫的传感分子被阻隔和"隐藏"起来，如受体TLR5在基底侧表达，使其不能与小肠上皮细胞顶侧的共生菌接触，因此不能有效地识别共生菌病原相关分子模式；最后，肠道黏膜固有层内含有耐受性特殊的树突状细胞、巨噬细胞和调节性T细胞，这些细胞可以产生许多抗炎症分子，从而下调针对共生菌的固有炎症反应，维持了肠道内环境的稳定。

与共生菌群相反，肠道内病原菌可被肠道相关淋巴组织识别并引起免疫保护反应，不仅包括致病的细菌、病毒等分子，也包括肠道内过量存在并侵入小肠上皮细胞的共生菌群。肠道相关淋巴组织针对病原体引发的危险信号反应起始于派尔氏结、肠系膜淋巴结或小肠内孤立的淋巴滤泡，并呈递到抗原呈递细胞（APC），后者在进一步将抗原传递到黏膜内的淋巴细胞，在归巢受体的传递下到达效应组织。在效应位点处，抗原起始的免疫球蛋白A（IgA）B细胞分化成为IgA浆细胞，并向肠腔内分泌大量的抗原特异的二聚化或多聚化的免疫球蛋白A，以捕获和清除肠腔内的抗原。黏膜组织所摄取的抗原还可以进入淋巴循环，诱导全身性免疫反应的发生。而肠道相关淋巴组织针对增生过量的共生菌群所引发的反应则是在小肠的隐窝处起始的。正常情况下，小肠隐窝处于相对无菌环境，一旦上皮表面共生的微生物体生长过量，那么隐窝处的细菌密度就会升高，这种危险信号会被隐窝处细胞表面的共生菌病原相关分子模式的Toll样受体和*NOD2/CARD*15（基因名）分子识别，继而引发固有的免疫反应，诱导潘氏细胞分泌抗菌多肽，清除过量存在的微生物体。

二、益生菌与免疫功能

益生菌是一组肠道正常菌群中的优势菌株，通过定植于宿主肠道中与肠黏膜密切结合构成生物屏障，抑制有害菌株的生长从而维持肠道内的微生态平衡；阻碍致病菌和炎性细胞因子对肠道黏膜屏障的影响；阻止由病原体引起的上皮细胞支架和紧密连接蛋白的破裂，从而提高黏膜屏障功能，防止电解质分泌作用受阻。抑制条件致病菌的过度生长及外来致病菌的入侵，维持肠道的微生态平衡。体外和体内实验表明，乳酸杆菌能通过下述作用，如分泌有机酸降低肠腔内pH、分泌细菌素、抑制细菌黏附于肠上皮细胞，减少肠腔内细菌的移位。产生抑制毒素的代谢产物、合成有抗菌活性的细菌素、黏附定植及形成膜菌群等，抑制致病菌或条件性致病菌的生长，维持肠道固有菌群，保证溶菌酶、蛋白分解酶的分泌，从而保护了肠道生物屏障。益生菌还可以促进肠隐窝产生具有抗菌效应的防御素。益生菌抗菌效应的一个重要例子是乳酸菌对幽螺杆菌感染胃黏膜的影响。肠上皮细胞与肠腔内的微生物直接接触，肠道细菌黏附于表达在上皮细胞表面的受体，触发免疫防御级联机制，如产生抗炎性细胞因子。免疫系统先天性识别细菌一系列保守分子结构，包括脂多糖、脂磷壁酸和脱氧核糖核酸未甲基化的胞嘧啶-磷酸-鸟嘌呤（CpG）基序、区别"自身"和"异体"结构。益生菌也能活化形成促炎症反应细胞因子和化学增活素的主要成分。

益生菌还可以调节先天性免疫的抗炎反应和促炎反应。此外，不同株或不同种类的益生菌诱导的细胞因子反应也有很大的差异。由8种不同的菌株（嗜酸乳杆菌、保加利亚乳杆菌、干酪乳杆菌、植物乳杆菌、长双歧杆菌、婴儿双歧杆菌、短双歧杆菌、嗜热链球菌）组成的复合益生菌的产品，可特异性地用于炎性肠疾病的治疗。

（一）益生菌与细胞免疫

在细胞免疫中，益生菌能激活巨噬细胞，吞噬和杀灭多种病原微生物，同时诱导其释放两种武器——肿瘤坏死因子（TNF-α）和白细胞介素-6（IL-6）。肿瘤坏死因子，顾名思义，就是对癌细胞有杀伤作用，引起肿瘤出血坏死的活性因子。白细胞介素也是很重要的免疫活性因子，它参与炎症反应，调节机体免疫功能。益生菌菌体胞外产物和细胞壁肽聚糖都具有一定免疫活性。完整细胞（或完整肽聚糖）可发挥免疫佐剂活性。但研究表明菌体细胞破碎液甚至双歧杆菌基因组脱氧核糖核酸（DNA）也能激活巨噬细胞。这就是为什么普通无活菌的酸奶也具有一定的免疫功能的原因。

益生菌也可以激活T细胞和NK细胞（自然杀伤细胞），两者都能起到细胞杀伤作用，阻断入侵细胞。

还有一些研究显示某些益生菌能促进脾脏细胞增殖，脾脏重量增加，使免疫功能增强；能产生其他细胞因子如白细胞介素-1（IL-1）、白细胞介素-10（IL-10）或干扰素，发挥免疫作用。

（二）益生菌与体液免疫

在体液免疫中，另一种免疫细胞B细胞受到益生菌刺激，产生的不同类型抗体免疫球蛋白A（IgA）增多，然后结合一个保护免疫球蛋白的分泌小体成为分泌型免疫球蛋白A（sIgA），再由肠黏膜的上皮细胞释放,抑制病原微生物的定植,免疫应答功能增强。益生菌能通过激活巨噬细胞活性和增加免疫球蛋白的水平等来增强非特异性免疫和特异性免疫应答。

益生菌对过敏症状的改善也是免疫系统平衡的体现。

(三) 益生菌的免疫赋活作用

双歧杆菌和乳酸菌以不同途径进入机体均能激活巨噬细胞,增强其吞噬活性,并诱导其产生细胞因子、特异性和非特异性免疫(表2-3)。

表2-3 益生菌的免疫赋活作用

菌株	实验对象	途径	免疫赋活作用
短双歧杆菌(灭活)	小鼠	口服	促进免疫球蛋白A(IgA)生成
双歧杆菌	小鼠	口服	提高巨噬细胞吞噬功能,自然杀伤细胞活性特异性抗体产生能力
长双歧杆菌	小鼠	口服	诱导产生免疫球蛋白A抗体
两歧双歧杆菌(细胞壁肽聚糖)	裸鼠	腹腔	激活巨噬细胞,增强能量代谢水平、肿瘤坏死因子-α(TNF-α)活性和环鸟苷酸均增加
两歧双歧杆菌(脂磷壁酸)	小鼠	腹腔	NK细胞、LAk细胞(淋巴因子激活的杀伤细胞)、干扰素-γ活性增强,腹腔渗出细胞产生白介素-1(IL-1)、IL-6、TNF活性增加
婴儿双歧杆菌、青春双歧杆菌	小鼠	腹腔	提高巨噬细胞活性
两歧双歧杆菌(细胞壁)	小鼠	腹腔	促进机体产生一氧化氮(NO),激活巨噬细胞产生TNF-α
青春双歧杆菌	肺癌患者	口服	提高人体细胞免疫功能
青春双歧杆菌	裸鼠	腹腔	激活巨噬细胞,提高NO合成酶生成
青春双歧杆菌	小鼠	皮下	提高TNF-α和NO的含量
青春双歧杆菌	小鼠	皮下	提高NK细胞、巨噬细胞活性及TNF-α活性
青春双歧杆菌	裸鼠	腹腔	激活巨噬细胞
青春双歧杆菌	裸鼠	腹腔	激活巨噬细胞,提高NO、IL-1、IL-6含量
短双歧杆菌	小鼠	口服	促进特异性免疫球蛋白G抗体
双歧杆菌菌体多糖	体外		增强NK细胞的杀伤活性,促进小肠上皮间淋巴细胞产生干扰素-γ(IFN-γ)和IL-2
干酪乳杆菌	小鼠	口服	促进T细胞增殖及产生IL-2
德氏乳杆菌保加利亚亚种	小鼠	口服	诱导产生免疫球蛋白A抗体
保加利亚杆菌	人	口服	诱导产生IL-1、TNF-α和IFN-γ
乳杆菌、乳酸链球菌	小鼠	口服	提高巨噬细胞活性和单核吞噬细胞水解酶活性
乳酸链球菌(细胞壁肽聚糖)	小鼠	腹腔	激活巨噬细胞

第 2 章　益生剂辅助疾病的防治与康复

第 2 节　益生剂辅助感染性疾病防治与康复

益生菌能生产出天然抗生素化学物质，凯西·阿达玛斯在益生菌医学书籍《保护免受感染》中写道："为了防止病原体，'益生菌'将产生一定数量的天然抗生素，以减少'病原菌'的数量……如果病原体产生耐药性，益生菌也会改变策略，并产生一个新的、更有效的天然抗生素化学物质。"益生菌对抗病原体的动态策略相比传统化学抗生素静态方法更有效，口服抗生素每隔数年就会因为病原体产生耐药性而淘汰，虽然人类可以继续发现新的抗生素，但细菌可以无限制地进化或耐药，细菌甚至可进化到生存在核废料里面。

益生剂将成为 21 世纪的抗生素，瓦列里五斯米尔诺夫博士指出："随着医用级益生菌不断研制成功，21 世纪益生菌将成功的对抗传统药物的医药市场，特别是那些用于预防疾病的目的。"这是因为益生菌的有效使用，将彻底改变我们以前抗生素那样对疾病方式的医学观点。

益生剂对抗感冒、腹泻、便秘、黄疸、过敏，是婴幼儿童的健康卫士、联合国生态安全科学院王厚德院士在临床实验中已经证实：100 个 2~6 岁的儿童给予活菌一号服用 6 个月，另外 100 个 2~6 岁儿童不服用任何益生菌，结果发现，服用活菌一号的儿童感冒、流感、轮状病毒、疱疹、溃疡、过敏、咳嗽、腹泻和发烧发病率显著低于对照组，大部分儿童都没有生病。在 2004 年的研究，萨维德拉等人给了婴儿（平均年龄 2.9 个月）双歧杆菌哺乳 210 天。分别给予益生菌的婴儿的肠绞痛频率较低，比对照组需要更少的抗生素。2006 年，爱沙尼亚研究员 Vendt 等给早产儿双歧杆菌哺乳直到他们 6 个月大。给予益生菌的婴儿增长超过安慰剂组。

目前，关于益生剂抗病毒作用的研究大多集中在益生剂抗病毒性感冒、轮状病毒（RV）腹泻和艾滋病及其并发症三个方面。YASU 等首次证明益生菌在小鼠呼吸道感染中的作用。他们通过实验验证明在给小鼠饲喂短双歧杆菌后可以提高抗流感免疫球蛋白 G 的产量，从而抑制流感病毒的感染。

权威杂志《细胞》（*Cell*）上刊登了一项研究：科学家们发现，在接受野生小鼠的肠道细菌后，实验室小鼠的抗病能力有了显著提高，它们不但在感染致命流感病毒后得以存活，并且能更好地抗击结直肠癌。这项研究也让火热的微生物界领域持续升温。野生小鼠的肠道炎症性肠病（IBD）是一种直肠、结肠等肠道组织中发生一种特发性炎性疾病，炎症性肠病包括我们常说的溃疡性结肠炎（UC）和克罗恩病（CD）。近年来，炎症性肠病逐渐成为全球人群必须面对的共同健康问题，而且该病在亚洲等地区的发病率呈上升趋势，鉴于克劳恩病和溃疡性结肠炎将在本章第 3 节详细介绍，故不再加赘述。

一、益生剂与艾滋病治疗

获得性免疫缺陷综合征（AIDS），简称艾滋病，是一种危害性极大的传染病，由感染艾滋病病毒（HIV 病毒）引起，该病毒是一种能攻击人体免疫系统的病毒。它把人体免疫系统中最重要的 CD4 T 淋巴细胞作为主要攻击目标,大量破坏该细胞,使人体丧失免疫功能。因此,人体易于感染各种疾病,并可发生恶性肿瘤,死亡率较高。HIV 在人体内的潜伏期为 8～9 年,患艾滋病以前,可以没有任何症状地生活和工作多年。

艾滋病毒在全球的传播和流行对人类健康构成了巨大挑战。得益于高效抗反转录病毒治疗(HAART),艾滋病的发病率和死亡率显著降低,使得艾滋病成为一种慢性可控的疾病。

抗反转录病毒药物是治疗遭受艾滋病毒感染的患者的一线药物。然而,相对于未感染的个人而言,感染上艾滋病毒的个人接受抗反转录病毒药物治疗后仍然有较高的死亡率。在感染过程中,艾滋病毒感染者产生炎症而导致被称作肠黏膜的肠道壁受损,从而允许肠道细菌逃离出来和进入血液中而导致全身感染。肠黏膜的健康显著地受到肠道中的细菌群体的影响,而且有越来越多的证据证实补充益生菌有益于患有如肠道易激综合征、艰难梭菌感染和炎症性肠病之类的肠道疾病的患者。

抗病毒治疗能够降低艾滋病的发病率和死亡率,但近年来的研究发现即便在抗病毒治疗成功抑制病毒血症的情况下,肠道的免疫失调和其引发的结构性损伤引起了微生物易位,使机体产生免疫激活并形成相关炎症,导致艾滋病的疾病进展。肠道微生物群对于保持肠道黏膜的功能、调节固有免疫、获得性免疫及保持肠道的平衡状态都非常重要。

美国过敏症与传染病研究所的 Jason Brenchley 和同事们证实,补充益生剂可能也有益于经过抗反转录病毒药物治疗的艾滋病毒感染者。Brenchley 和同事们只利用抗反转录病毒药物或者联合使用抗反转录病毒药物和多种的益生菌来治疗感染上 SIV 的猕猴(人 HIV 感染的模式动物)。相对于只接受抗反转录病毒药物治疗的猕猴而言,接受联合治疗的猕猴拥有加强的胃肠道免疫功能和降低的炎症。

动物实验证实感染了艾滋病毒的猕猴被给予了抗反转录病毒(ARV)药剂或混有多种的益生菌的 ARV 联合药剂。他们发现,与仅给予抗反转录病毒药剂的感染猕猴相比,接受益生菌和抗反转录病毒联合药剂的感染猕猴不仅在胃肠道免疫功能上有所改善,其炎症水平也有所下调。

尽管抗反转录病毒药物是人类免疫缺陷病毒艾滋病患者的一线治疗药物首选,但和未感染艾滋病毒的人相比,接受抗反转录病毒药物治疗的艾滋病患者死亡率仍然较高。

很多研究都发现,与单独的抗反转录病毒药物相比,益生菌的使用与存在艾滋病毒-1 感染后的 10～20 天内给予抗反转录病毒药物治疗的同时,黏膜和全身炎症往往完全逆转(或得到预防),这也与目前采用的"早发现、早治疗"策略及凝血和免疫激活的特异指标的减少相关。

在艾滋病毒的感染过程中,被感染者机体会产生防御性的炎症反应。该反应对感染者的肠壁(也被称为肠黏膜)可造成损伤,致使肠道内微生物失去肠壁束缚,侵入血液循环,从而引起威胁患者生命的全身系统性感染。艾滋病毒感染者产生炎症而导致被称作肠黏膜的肠道壁受损,从而使肠道细菌能进入血液中而导致全身感染。肠黏膜的健康明显地受到肠道中的细菌群体的影响。越来越多的证据证实,补充益生剂有益于患有肠道功能受损的艾滋病患者。

目前,完整而详细地阐明宿主与微生物群的相互作用,以及对艾滋病疾病进展的驱动作用是困难的,但明确的是,将肠道微生物群的生态失调与艾滋病疾病进展的重要特征相关联的研究，能够更好地指示发病机制中的相关通路，进一步启示靶向肠道微生物群可以改善艾滋病患者健康治疗策略的可能性。

二、益生剂治疗艾滋病合并伪膜性肠炎

朱惠琼等认为，伪膜性肠炎（PMC）是一种由难辨梭状芽孢杆菌引起的结肠、小肠的急性渗出坏死性炎症，并在肠黏膜表面覆有黄白色或黄绿色的伪膜等，临床上较为常见。本病常发生于腹部手术和应用广谱抗生素的患者，尤以老年人和免疫低下者多见。近年来，伪膜性肠炎发病率呈逐年上升趋势，诊断和治疗不及时极易发生中毒性巨结肠、肠梗阻及肠穿孔等严重并发症，甚至导致患者死亡。他们对26例艾滋病合并伪膜性肠炎患者采用益生剂并联合肠内营养治疗，取得较好的临床疗效。

伪膜性肠炎是一种主要发生于结肠也可累及小肠黏膜的急性渗出性、坏死性炎症，主要发生在重症、免疫力低下及外科手术后的老年患者。腹泻为本病最主要的临床症状，大多数患者为水样便，多数无鲜血便，每天腹泻数次至数十次，常伴腹痛，可见腹胀、恶心、呕吐、发热等症状，腹泻较重者短期内可发生低血容量性休克、低血压、电解质紊乱等全身症状，严重者导致死亡。艾滋病患者为免疫缺陷患者，且合并感染，有使用抗生素及联合使用史，符合伪膜性肠炎发病的特点。

益生剂并联合肠内营养改善肠屏障作用可能与以下机制有关，抑制致病菌生长，纠正肠道菌群紊乱，维持肠道微生态平衡。益生剂并联合肠内营养治疗存活19例，显效8例，有效9例，无效2例，总有效率为89.4%。

艾滋病患者是伪膜性肠炎的高危人群，一旦出现腹泻，应警惕伪膜性肠炎的可能，慎用广谱抗生素，应尽早使用益生剂。

三、益生剂与炎症性肠道疾病（IBD）

炎症性肠道疾病发病机制可概括为肠道内的益生菌生长受抑制而导致肠道内致病菌与益生菌之间的微生态平衡被打乱，出现肠道菌群的生物多样性降低，引起致病菌的优势生长。孙丽娟等对104例炎症性肠道疾病患者进行的随机对照研究证明，应用添加益生剂的低脂高蛋白肠内营养相对于普通低脂高蛋白肠内营养，更能促进炎症性肠道疾病患者肠道功能和改善患者营养状况。刘思濛等对30只雄性肠易激综合征模型小鼠进行的对照实验研究证明，婴儿双歧杆菌可抑制结肠黏膜肥大细胞促肾上腺激素释放激素受体-1的过度表达，抑制肥大细胞激活及其免疫因子的释放，从而降低结肠黏膜蛋白酶激活受体-2的表达，可减轻肠道屏障功能障碍。

益生剂预防肠内营养所致腹泻，危重症患者常因胃肠道动力不足和菌群失调，不能很好地耐受肠内营养治疗，腹泻是危重症患者进行肠内营养治疗期间最常见并发症之一，往往使患者达到满意的肠内营养治疗量的时间延长甚至中断，影响营养物质的摄入，不利于机体康复。使用益生剂干预可提高胃肠道耐受性，减少炎症性肠道疾病住院患者肠内营养性腹泻的发生，缩短达到肠内营养目标量的时间，从而提高肠内营养成功率。庞晓军等报道，应用益生剂强化肠内营养治疗能改善营养不良性慢性阻塞性肺疾病患者营养状况和肺功能，有效延

缓呼吸肌疲劳和恢复呼吸功能,降低肠内营养治疗期间腹泻发生率和死亡率,从而提高疗效。需长期鼻饲的老年患者因机体抵抗力低下,30%易出现不同胃肠道并发症,其中以腹泻较常见,应用肠内营养联合益生剂能预防和降低老年胃管饲喂患者腹泻发生率,并能明显减轻腹泻症状。

四、益生剂与耳鼻喉科疾病

俞鸿亮(1998)选取1997年7月至1998年6月门诊患者初诊或复诊者中227例,使用整肠生胶囊治疗。将整肠生0.5 g(2粒)或0.75 g(3粒)加入0.8%生理盐水500 mL或蒸馏水500 mL中成混悬液状态(以下简称混悬液)。鼻炎、鼻窦炎患者用混悬液涂布鼻中隔前区、下鼻甲前端黏膜或滴鼻,鼻腔喷雾,鼻腔鼻窦冲洗;咽喉炎患者用混悬液含漱,伴顽固性干咳者可加服整肠生;外耳炎、中耳炎患者用混悬液滴耳、耳内换药等。使用益生剂前随机为60例患者咽部、鼻腔、外耳道采样送细菌培养。结果治疗227例,随访3~6个月,应访者200例。治愈136例(68%),显效54例(27%),有效10例(5%),全部有效,无任何不良反应。结果表明,益生剂整肠生通过调整耳鼻咽生态的微生态治疗耳鼻咽喉常见病、多发病,效果独特,起效快,疗效高,长期、反复使用无任何不良反应(表2-4)。

表2-4 益生剂治疗耳鼻喉科疾病疗效观察

疾病种类	例数	给药途径	效果分级			
			治愈	显效	有效	无效
干燥性鼻炎	15	涂鼻中隔,下鼻甲前端黏膜,或滴鼻,鼻腔喷雾,鼻腔冲洗	11	4	0	0
鼻窦炎	46	冲洗鼻腔、鼻窦	22	14	10	0
咽炎	52	含漱	39	13	0	0
慢性咽喉炎(伴顽固性咳嗽)	36	含漱,口服整肠生	28	8	0	0
外耳道炎	26	药栓	24	2	0	0
化脓性中耳炎	15	药栓	12	3	0	0
变应性鼻炎(鼻腔、咽腭部奇痒)	6	滴鼻、含漱、冲洗鼻腔	0	6	0	0
放疗后鼻腔眼部干燥症	4	含漱、冲洗鼻腔	0	4	0	0

五、益生剂与呼吸系统感染性疾病

(一)呼吸道感染

作为儿科的常见病、多发病,呼吸道感染是引起世界范围内5岁以下儿童死亡的首位原因。无论是上呼吸道感染,还是下呼吸道感染,绝大部分是由病毒引起的。治疗时必须明确引起感染的病原体以选择有效的抗生素。

肠道和肺脏之间有一个很奇怪的通路——肺-肠轴。只是这些细菌一般不会致病，不过如果患者身体条件很差，免疫力低下，也难保这些细菌不会趁机兴风作浪。假如肠道不健康，那么潜伏在肠道内的致病细菌就会引发肺部疾病。中医说的"肺与肠道相表里"就是这个意思。

美国国立医学图书馆资料显示，2012 年，婴儿、儿童和成人共计 3451 人的 10 个临床实验结果分析显示：同服用安慰剂的对照组相比，益生剂可以降低急性呼吸道感染率和抗生素使用频率。结果更提示应用益生剂是一种有效的方式，可以降低 1 岁以内儿童呼吸道感染反复发作的风险；改善儿童和成人急性呼吸道感染症状。2014 年一项包括美国国立医学图书馆在内的 8 个数据库，涵盖 20 个随机对照实验的荟萃（Meta）分析数据显示，益生菌对健康儿童和成人的急性呼吸道感染有改善作用。研究对象为来自西欧国家和美国、俄罗斯及中国等不同国家，12 个月～12 岁的健康儿童和健康成人，使用益生剂的人群疾病发作期明显缩短；单独或联合使用乳酸杆菌属和双歧杆菌属菌株，服用时间 3 周至 7 个月。同时与使用安慰剂的对照组相比，使用益生剂的人群疾病发作期明显缩短（$P = 0.04$），缩短 0.5～1 天。人均患病天数减少（$P < 0.01$）。服用益生剂的由呼吸道感染而缺勤的天数比服用安慰剂组明显减少（$P = 0.02$）。

由于抗生素的普遍使用，耐药菌株也明显增多，抗生素引起的不良反应也引起普遍关注。作为一种安全有效的治本的新型手段，益生剂越来越受到各国专家的关注。

益生剂治疗呼吸系统疾病的作用机制如下。

益生菌产生抗微生物的物质以清除病原菌，阻断毒素调控的反应，干扰病原菌营养的获取和黏附，并限制病原菌的存在及致病作用。

益生剂可以通过增强细胞免疫和体液免疫来调节系统中免疫应答。研究表明肠道微生物在过敏患者中可以产生黏膜免疫反应和黏膜耐受。

口服的益生剂是非致病的活菌，服用足够量后可以改善机体健康。经消化摄入的益生剂能够预防呼吸道感染，目前研究最多的是乳酸杆菌属和双歧杆菌属。其中下呼吸道主要适用的菌株主要有鼠李糖乳杆菌、嗜热链球菌、副干酪乳杆菌等。

（二）营养不良慢性阻塞性肺疾病（COPD）

庞晓军等（2012）对的营养不良慢性阻塞性肺疾病患者采用强化肠内营养治疗的疗效方法：选择 2009 年 1 月—2011 年 11 月对经住院确诊为营养不良的慢性阻塞性肺疾病（COPD）患者 103 例，按随机区组设计随机分为两组。一组为益生剂强化治疗组，共 49 例，按热量 25～30 kcal/(kg·d)，给予肠内营养乳剂，同时给予谷氨酰胺颗粒 0.5 kg/(g·d)，以及双歧杆菌四联活菌片 6 g 强化治疗；另一组为对照组 54 例，仅按热量 25～30 kcal/(kg·d)，给予常规的肠内营养乳剂，其余治疗相同，随访 30 天。比较两组平均每天热量摄入和蛋白质摄入量、营养治疗后 5 天前后握力，营养治疗 14 天前后的淋巴细胞计数、前白蛋白、氧分压（PaO_2）和二氧化碳分压（$PaCO_2$）、急性生理和慢性健康评分（APACHE Ⅱ）评分、呼吸机使用时间、营养治疗期间腹泻发生率、28 天的死亡率。结果证实，热量摄入和蛋白质摄入量无差异的前提下，益生剂强化治疗组经治疗 5 天后握力，治疗 14 天后的淋巴细胞计数、前白蛋白、PaO_2（氧分压）和 $PaCO_2$（二氧化碳分压）、APACHE Ⅱ 评分及呼吸机使用时间、营养治疗期间腹泻发生率、28 天的死亡率都优于对照组。结果表明，采用谷氨酰胺、益生菌强化肠内营养治疗可改善营养不良慢性阻塞性肺疾病患者营养状况和肺功能，延缓呼吸肌疲劳或恢复呼吸肌功能，降低死亡率和肠内营养治疗期间的腹泻发生率，从而提高患者的治疗效果。

上海交通大学医学院附属新华医院罗勇等（2013）研究营养不良慢性阻塞性肺疾病患者肠道双歧杆菌、乳酸杆菌的变化，及其与营养不良慢性阻塞性肺疾病急性发作频度的相关性。①方法：收集 40 例稳定期营养不良慢性阻塞性肺疾病患者（A 组）和 40 例健康对照（B 组）的粪便，进行细胞脱氧核糖核酸抽提，进行实时荧光定量聚合酶链式反应，计算每克粪便中双歧杆菌和乳酸杆菌的拷贝数。②结果：A 组和 B 组每克粪便中双歧杆菌属拷贝数分别为 13.030 ± 1.185、13.418 ± 1.411（$P = 0.0243$），乳酸杆菌属拷贝数分别为 10.793 ± 1.166、11.430 ± 2.230（$P = 0.0144$）；40 例营养不良慢性阻塞性肺疾病患者近 3 年急性发作平均次数为 2.6 次/年，每克粪便中双歧杆菌拷贝数的对数与年平均急性发作次数呈负相关，$r = -0.3249$，$P = 0.0382$。结果表明，营养不良慢性阻塞性肺疾病患者肠道益生菌群明显少于正常人，且肠道微生态的失衡与营养不良慢性阻塞性肺疾病急性发作率相关。

江苏省徐州市中心医院李轲等（2017）研究胃肠功能障碍与衰竭（GIDF）是慢性阻塞性肺疾病急性加重期（AECOPD）患者常见的严重并发症，显著影响治疗效果及预后。营养不良慢性阻塞性肺疾病患者肠道益生菌群明显少于正常人，且肠道微生态失衡与营养不良慢性阻塞性肺疾病急性加重发生率相关。研究显示，益生剂辅助治疗慢性阻塞性肺疾病急性加重期有一定疗效，但是其作用机制尚未完全明确。对 36 例老年慢性阻塞性肺疾病急性加重期合并胃肠功能障碍患者，36 例对照，年龄 66～84 岁，病程 9～30 年，两组患者均予常规氧疗，控制感染，解痉、平喘、化痰、维持水电解质平衡等综合治疗，治疗组在此治疗基础上加用双歧杆菌三联活菌肠溶胶囊。规格：210 mg×36 粒，630 mg，3 次/天，饭后半小时温水服用，与抗生素及制酸剂错时分开应用。14 天后，观察两组患者治疗前后的 GIDF 评分、血清 D - 乳酸、内毒素水平变化，评价临床疗效。结果：治疗组中临床控制 19 例，显效 12 例，有效 3 例，无效 2 例；对照组临床控制 12 例，显效 11 例，有效 9 例，无效 4 例。治疗组疗效显著优于对照组（$P = 0.038$）（表 2-5）。慢性阻塞性肺疾病急性加重期的发病率及致残率、死亡率高，由此增加社会经济负担，近年来成为越来越重要的公共卫生问题，而急性加重作为患者住院和死亡的最主要原因，对 AECOPD 的控制和治疗显得尤为重要。营养不良慢性阻塞性肺疾病反复急性加重引起不同程度的低氧和二氧化碳潴留，导致肠黏膜通透性增加和屏障功能障碍，可进一步导致全身炎症反应综合征（SIRS），进而诱发多器官功能障碍综合征（MODS）的发生。因此，慢性阻塞性肺疾病急性加重期在基础治疗之上进行肠屏障功能的早期保护对改善患者的预后有重要意义。结果提示，益生剂能促进胃肠功能恢复，使血清 D - 乳酸和内毒素水平降低，减轻肠黏膜通透性及内毒素血症，对肠黏膜屏障功能起到保护作用，其辅助治疗合并胃肠功能障碍与衰竭的老年患者慢性阻塞性肺疾病急性加重期具有较好的临床疗效，并且未增加治疗不良反应。

第2章 益生剂辅助疾病的防治与康复

表2-5 治疗前后GIDF评分、D-乳酸、内毒素水平比较

指标	治疗组（$n=36$）		对照组（$n=36$）	
	治疗前	治疗后	治疗前	治疗后
GIDF评分	1.72 ± 0.74	$0.64 \pm 0.48^{**\#}$	1.47 ± 0.65	$0.88 \pm 0.39^{**}$
D-乳酸/(mg/L)	21.81 ± 1.24	$18.84 \pm 0.81^{**\#}$	21.40 ± 0.99	$19.20 \pm 0.60^{**}$
内毒素/(EU/mL)	0.32 ± 0.07	$0.22 \pm 0.06^{**\#}$	0.29 ± 0.06	$0.25 \pm 0.05^{**}$

**与治疗前比较，$P<0.01$。#与对照组比较，$P<0.05$。

（三）益生剂与小儿肺炎继发腹泻

赵树峰医师用双歧杆菌三联活菌肠溶胶囊对小儿肺炎继发腹泻的预防效果进行观察，选150例肺炎患儿，随机分成对照组和观察组，每组75例。对照组给予常规抗生素治疗，观察组在对照组的治疗基础上加用双歧杆菌三联活菌肠溶胶囊治疗，比较两组临床腹泻发生率、腹泻程度、不良反应、症状体征缓解时间及治愈时间。结果：观察组腹泻发生率为13.33%，低于对照组的77.33%，差异有统计学意义（$P=0.01$）。观察组无腹泻患儿比例高于对照组，轻度腹泻、重度腹泻发生率均显著低于对照组，差异有统计学意义（$P=0.01$）。观察组腹泻缓解时间、呕吐缓解时间、退热时间及治愈时间均显著短于对照组，差异有统计学意义（$P=0.01$）。两组患儿治疗过程中均无明显不良反应发生。结果表明，在抗生素治疗基础上联合双歧杆菌三联活菌肠溶胶囊治疗小儿肺炎可有效减少腹泻的发生，值得临床推广应用。

六、益生剂与医源性感染

为了探讨在儿科住院患者中应用益生剂预防医院感染的效果，将符合本研究入选标准的1503例住院患儿随机分为预防组和对照组，预防组在常规治疗基础上加用益生剂常规剂量口服直至出院，观察两组之间发生医院感染的差异。1503例分为预防组725例，对照组778例，预防组发生医院感染37例次（5.10%），对照组发生医院感染93例次（11.95%），两组间比较：$\chi^2=22.26$，$P<0.001$。结果表明，儿科住院患者常规加用益菌剂能显著减少医院感染的发生，其机制认为与益生剂具有的保持肠道微生态平衡、提高局部和全身免疫功能有关。

重症监护住院危重患者对各种医源性感染疾病高度易感，这些人群罹患医源性感染发病率高、死亡率高，造成住院费用增加。这类住院患者人群由于大量应用广谱抗生素而导致肠道内正常菌群被杀灭，肠道致病菌对抗生素产生耐药，同时肠道缺少了益生菌的抗定植作用，而导致致病菌大量繁殖。医源性肺炎（HAP）是医源性感染死亡的最主要原因，其发病率为0.5%~1.0%住院人次。临床上呼吸机相关性肺炎由于缺乏明确诊断标准而难以确认，估计机械通气时间超过48小时的患者其发病率在9%~27%。医源性肺炎导致患者住院时间延长7~9天，每例患儿医疗费用多出1.2万~4.0万美元。近几年美国临床患儿由艰难梭状芽孢杆菌所致腹泻（Clostridium difficile associated diarrhea，CDD）的发病率上升迅速，已经占住院患者的1.2%，占危重疾病患者的3.2%，导致美国每年医疗支出的增加超

过10亿美元，20%~40%的住院患者肠道内有艰难梭状芽孢杆菌的定植，65岁以上老年患者肠道内有艰难梭状芽孢杆菌的定植率则更高。美国一项研究发现，大量使用氟喹诺酮类药物导致抗生素相关性腹泻爆发，美国匹兹堡的253例医源性艰难梭状芽孢杆菌感染患者中出现18例死亡、26例患者行结肠切除术治疗。另一项从8个美国医疗中心爆发医源性艰难梭状芽孢杆菌感染的大样本分析揭示，致病菌普遍对氟喹诺酮耐药，并产生大量毒素A和毒素B。最新一项来自Loo等人报道的从加拿大魁北克12家医院收治的1703例艰难梭状芽孢杆菌所致腹泻患者资料分析显示，90岁以上老年患者死亡率为14%，其中6.9%是由于艰难梭状芽孢杆菌所致腹泻，这些究结果促使临床医生增强了应用益生剂预防和治疗艰难梭状芽孢杆菌所致腹泻的兴趣。目前已经对多种益生剂预防抗生素相关性腹泻的作用进行了观察研究，从随机对照临床研究（RCTs）结果看，只有布拉氏酵母菌和鼠李属乳酸杆菌在抗生素相关性腹泻的预防方面是最有效的。

表2-6共收集354例艰难梭状芽孢杆菌所致腹泻患者的临床实验结果，接受益生菌制剂的艰难梭状芽孢杆菌所致腹泻患者复发的危险比值为0.59（95% CI：0.41~0.85，$P<0.05$），表明益生剂可使艰难梭状芽孢杆菌所致腹泻复发危险性下降41%，而布拉氏酵母菌是唯一能有效控制艰难梭状芽孢杆菌所致腹泻，预防艰难梭状芽孢杆菌所致腹泻复发的益生菌制剂。

表2-6 益生剂治疗和预防艰难梭状芽孢杆菌腹泻的6项随机对照临床汇总

患者特征	益生菌制剂	抗生素	疗程	随访	治疗组CDD复发率	对照组CDD复发率	备注
初发CDD 复发CDD	布拉氏酵母菌	万古霉素或甲硝唑	4周	4周	15/57（26.3%）	30/67（44.8%）	实验设计和研究质量最高，对照组抗生素量未控制
复发CDD	布拉氏酵母菌	万古霉素	4周	4周	3/18（16.7%）	7/14（50%）	所有患者使用高剂量万古霉素（2 g/d）
初发CDD 复发CDD	LGG	万古霉素或甲硝唑	3周	不定	4/11（36.5%）	5/14（35.7%）	为观察临床疗效
复发CDD	LP-299	甲硝唑	38天	70天	4/11（36.3%）	6/9（66.7%）	样本量太少
复发CDD	LGG	由临床医生确定	抗生素治疗另外加21天	抗生素治疗后60天	3/8（37.5%）	1/7（14.3%）	治疗组复发率高，胃酸抑制
成年住院患者，任何原因均可使用抗生素	嗜酸乳杆菌、双歧杆菌	由临床医生确定	20天	不定	2/69（2.9%）	5/69（7.25%）	治疗组患者艰难梭状芽孢杆菌毒素阳性率高于对照组

注：CDD为难辨梭状芽孢杆菌性腹泻。

七、益生剂预防危重症患者感染

胃肠道在机体感染和脓血症的发生中具有双重作用,既是感染发生的起始器官,也是受感染的动力部位和靶器官,而且胃肠道的生态平衡和机体的炎性反应存在密不可分的关系。益生剂结合肠内营养能降低重型颅脑损伤患者炎性细胞因子的释放,减缓炎性反应,调节机体免疫功能,促进 Th1/Th2 免疫平衡,降低危重症患者感染发生率。机械通气患者早期在肠内营养中添加益生菌能有效维持肠道菌群平衡,保护肠黏膜生物屏障,促进和改善消化道动力和吸收,提升机体免疫能力,预防呼吸及相关性肺炎的发生,从而有效降低医院内感染发生率。Gu 等在 meta 分析中指出,早期肠内营养中添加益生剂可有效降低医院内感染的发生,从而缩短患者入住重症监护室(ICU)时间和住院时间,降低医疗费用。郝虎等对应用益生剂治疗肝硬化失代偿期患者的观察结果显示,益生剂联合复方谷氨酰胺治疗肝硬化失代偿期患者能降低自发性细菌性腹膜炎发生率。在脓血症休克患者中应用早期肠内营养添加益生剂能有效恢复肠道功能,可显著降低肿瘤坏死因子 $-\alpha$、白介素 -6 水平,降低炎性反应,减轻全身炎性反应程度,有助于减轻症状,降低多器官功能衰竭发生率及死亡率。

第 3 节 益生剂辅助消化系统疾病防治与康复

一、消化系统概述

消化系统由消化道和消化腺两部分组成(图 2-5)。消化道由口腔、咽、食管、胃、小肠(包括十二指肠、空肠和回肠)、大肠(包括盲肠、阑尾、结肠、直肠和肛管)组成。临床上通常把口腔到十二指肠称为上消化道,空肠以下称为下消化道。

消化腺主要由唾液腺、肝、胰和散在性分布于消化道壁内的腺体(如唇腺、胃腺和肠腺)。

消化系统的主要功能是消化食物、吸收营养素、排出食物残渣,咽和口腔还参与呼吸和语言功能。此外,消化系统还有重要的内分泌功能并且是人体最重要的免疫器官。

(一)消化系统的结构与功能

口腔由舌、牙、牙龈及消化腺(主要为腮腺、舌下腺和颌下腺)组成,食物在口腔中停留的时间为 15~20 秒,经咀嚼作用,即切牙切碎和磨牙碾磨食物,并会同舌的搅拌,使食物与唾液混合即机械性消化而成食团,并使食物与唾液淀粉酶充分接触而引起的化学性消化,因时间短暂,只能将淀粉分解成分子量稍小的糊精和少量的麦芽糖。

胃是消化管中最庞大的部分,上接食管,下连十二指肠,有容纳食物、分泌胃液和初步消化食物的功能,成人胃的容量约 1500 mL。上口为贲门接食管;下口为幽门连十二指肠。胃黏膜主细胞分泌胃蛋白酶原,经盐酸激活成为有活性的胃蛋白酶,可初步消化蛋白质;壁细胞分泌盐酸能激活无活性胃蛋白酶原转变为有活性的胃蛋白酶,能杀灭进入胃内的细菌,也会使多数细菌因而失活。实验证明,在 pH 为 3 时,嗜热链球菌活菌数量降低较为明显,

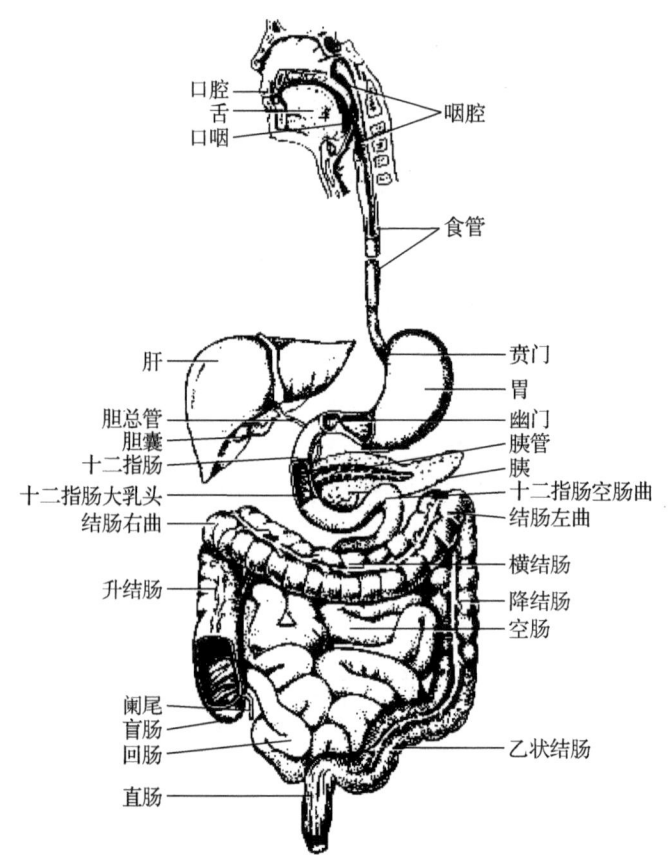

图 2-5 消化系统模式

在 pH 为 2 时,在 37 ℃、1 小时内,婴儿双歧杆菌活菌数量基本不变;嗜酸乳杆菌在 37 ℃、20 分钟后,活菌数量迅速降低;保加利亚乳杆菌数量在 37 ℃、20 分钟时几乎为零。黏液颈细胞(即杯细胞)分泌可溶性黏液,黏液凝胶形成胃黏膜的保护层。经激活的胃蛋白酶只能简单消化蛋白质;胃对淀粉和脂类无消化作用。

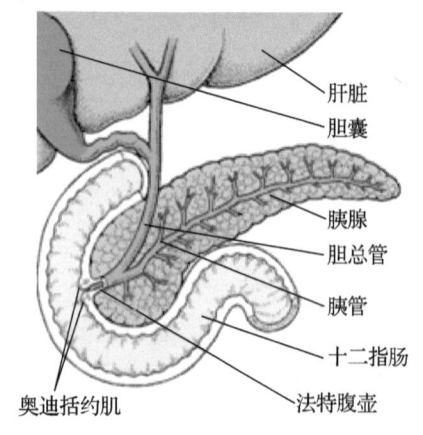

图 2-6 肝、胆、胰和十二指肠的结构关系

小肠是消化管中最长的一段,成人全长 5~7 m,是食物消化与吸收的主要部位。上起幽门,下连盲肠,分十二指肠、空肠和回肠三部分。十二指肠介于胃和空肠之间,是胆管和胰腺管的共同开口处(约有 60% 的人为同一开口,图 2-6);空肠和回肠之间无明显界限,空肠约占 2/5,回肠约占 3/5,迂曲盘旋在腹腔内。

小肠的结构特点是肠壁有密集的环形皱襞,皱襞上有较多的绒毛,绒毛长 0.5~1.5 mm,上皮细胞的游离面有发达的微绒毛,每个细胞有 2000~3000 根微绒毛,可使细胞游离面积扩大 30 倍,从而使小肠的表面积扩大约600倍，达200~250 mm²，微绒毛表面有一层较厚的细胞衣，是消化吸收的重要部位。绒毛根部是小肠腺的开口部位（图2-7）。空肠较粗，肠壁较厚，血管较多，皱襞以十二指肠和空肠相连处最发达，黏膜上皮绒毛呈叶状。回肠管径较粗，肠壁较薄，血管较少，环状襞、绒毛疏而低，呈指状，微绒毛表面质膜上有内因子受体，有助于维生素 B_{12} 的吸收。小肠皱襞、绒毛、微绒毛所形成间隙都是益生菌定植形成菌膜屏障的部位。小肠是食物消化和吸收最重要的部位，也是最重要的阶段。在小肠内食物受到胰液、胆汁和小肠液的化学性消化和小肠运动的机械性消化，基本完成食物的消化过程，并且许多物质也几乎同时被吸收。剩余的残渣经回盲括约肌进入大肠。一般食物在小肠内停留的时间为3~8小时。

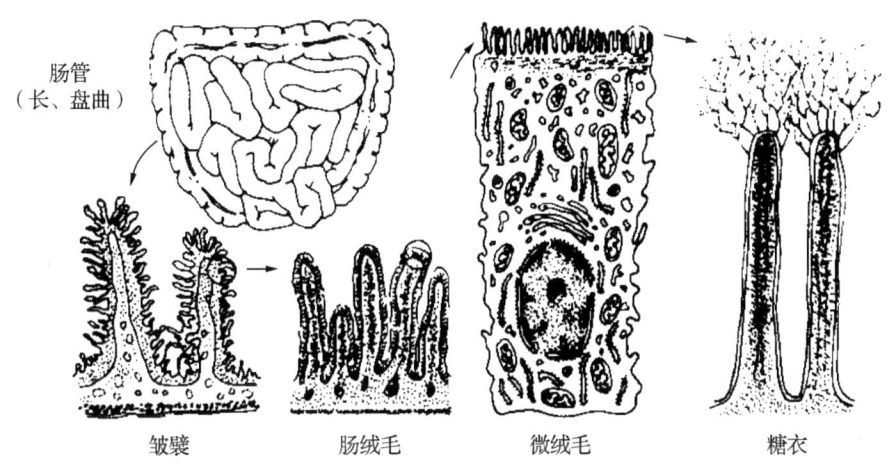

图2-7 小肠黏膜结构模式

胆汁由肝脏分泌，储存于胆囊，内含甘氨胆酸钠和牛磺胆酸钠称为胆汁酸盐，会对益生菌产生一定的抑制作用，实验证明胆酸钠对婴儿双歧杆菌的生长速率受到的抑制最小，依次为嗜酸乳杆菌、保加利亚乳杆菌和嗜热链球菌。

营养素的吸收主要在小肠，因小肠长度达4~7 m；且其面积几乎是成年人体表面积的130倍；绒毛内富含毛细血管，小肠绒毛的节律性摆动，而有助于营养素的吸收；营养物质在小肠内停留的时间长，一般为3~8小时，这些条件都十分有利于小肠的吸收。正常情况下，小肠每日可吸收数百克的糖、100 g的脂肪、30~100 g的氨基酸、50~100 g的无机盐、6~8 L的水。说明小肠的吸收潜力很大，需要时上述各营养素的吸收量还可增大。食物蛋白被分解成氨基酸和小分子寡肽（指由2~6个氨基酸组成的肽）后，主要在小肠通过耗能的吸收机制主动吸收。

食物中大部分维生素在小肠上部吸收，只有维生素 B_{12} 在回肠吸收。脂溶性维生素（包括维生素A、D、E、K）的吸收与脂类消化产物相同。

大肠全长约1.5 m，依次分为升结肠、横结肠、降结肠和乙状结肠、直肠和肛管（图2-8）。大肠各段结构基本相同，无皱襞、无绒毛，肠腺多，杯状细胞多。黏膜均为单层柱状上皮。曾认为其主要功能是吸收肠内容物中的水分和无机盐，参与人体对水和电解质平衡的调节；吸收由大肠内微生物合成的维生素 B_{12} 和维生素K；完成对食物残渣的加工，形

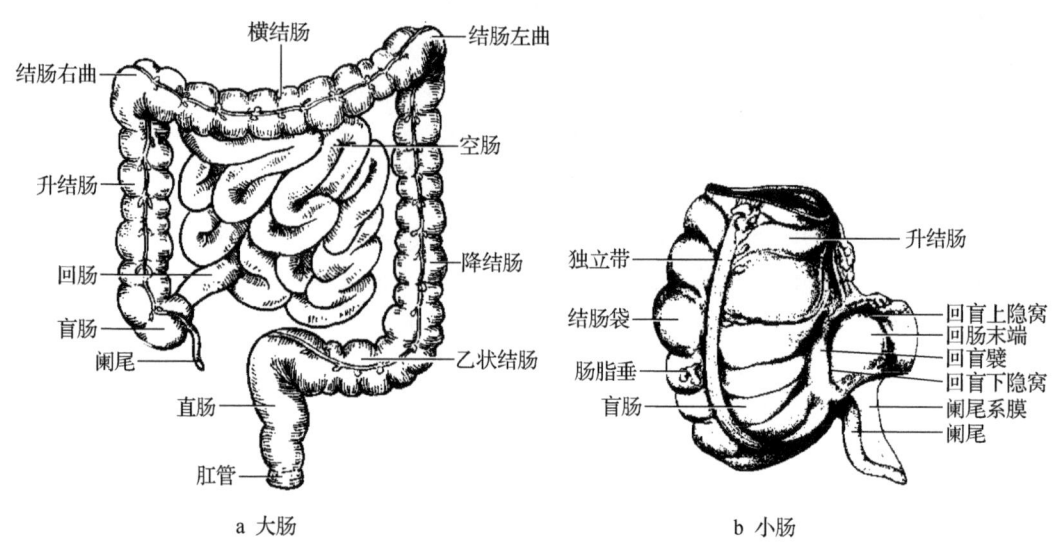

图 2-8 大肠和小肠

成和暂时储存粪便，以及将粪便排出体外。而现已证明大肠是体内益生菌主要栖息地，是人体重要的免疫器官。

未完全消化的蛋白质或未吸收的氨基酸在大肠杆菌作用下生成氨、硫化氢、尸胺和腐胺等胺类、吲哚、甲基吲哚等的过程称为蛋白质的腐败作用。部分产物吸收后经门静脉进入肝脏进行解毒。长期高蛋白、高脂肪膳食后，消化产物、腐败产物长期刺激大肠黏膜，是诱发结肠癌的重要原因。严重肝功能衰竭情况时，往往因门脉高压导致上消化道出血，大量的红细胞破坏，巨量的血红蛋白经大肠细菌腐败作用产生的各种蛋白质分解产物吸收进入血液，导致中毒现象，特别是大量的氨导致血氨升高，加重肝脏负担，不能全部经鸟氨酸循环合成尿素，致使脑氨升高，与脑组织中的 α-酮戊二酸合成谷氨酸，切断了柠檬酸循环运行，能量生成受阻，而诱发肝性昏迷，即临床上称之为肝昏迷。

（二）胃肠道菌群

正常情况下，刚出生时肠道没有细菌定植，出生后 48 小时内粪便中出现细菌，数量达 $10^8 \sim 10^9$ CFU/g（湿便），主要来自母亲的产道、皮肤和粪便及产房周围的环境，主要为大肠杆菌、链球菌等需氧菌或兼性厌氧菌。出生 1 周时，专性厌氧菌（如类杆菌、梭菌和双歧杆菌）占优势，为细菌总数的 98%，这可能是由于需氧菌或兼性厌氧菌的首先定植造成了肠腔内氧化还原电位降低为后来的厌氧菌定植提供了厌氧环境所致。此时期食物是影响菌群的最主要因素：单纯母乳喂养的婴儿，双歧杆菌占优势；配方奶喂养的婴儿，双歧杆菌的波动较大，通常类杆菌和梭菌占优势。母乳中含有寡糖能够促进双歧杆菌的生长，并且还具有类似于黏液中受体的作用，影响其他细菌在肠道中的定植。出生后 2 周末，肠道菌群趋于平衡，单纯母乳喂养的婴儿双歧杆菌和大肠杆菌占优势，而配方奶喂养的婴儿肠道菌群具有多样化，大肠杆菌和类杆菌较多，还可能含有较多的梭菌、双歧杆菌、葡萄球菌和其他肠道菌。婴儿断奶后，随着食物的多样化，肠道菌群中含有的专性厌氧菌越来越多，也越来越复杂，大约2岁时形成厌氧菌占绝对优势而需氧菌占劣势的稳定菌群，维持青年至中年。当进入老年期时，双歧杆菌数量减少，有害的腐败性细菌，如大肠杆菌、梭菌、肠球菌等增多，可能与肠道的黏液黏附力降低有关。因此，婴儿出生至2岁这一时期是肠道菌群形成并达到平衡的关键，取决于两个主要因素——出生时的细菌环境和食物的影响。近20年来婴儿肠道菌群平衡发生了某些改变，主要为葡萄球菌占优势，大肠杆菌水平降低、

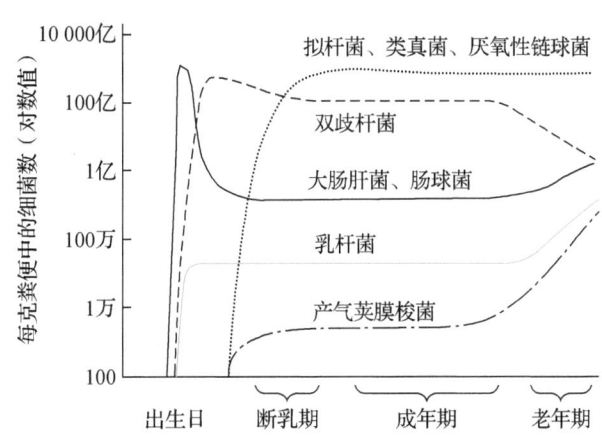

图2-9 人体肠道菌群随年龄变化关系

厌氧菌定植延迟和双歧杆菌减少或缺乏，这可能与出生时过度无菌的环境、母亲分娩前和生产过程立即使用抗生素等有关。婴儿体内的肠道菌群比较脆弱，多样性差，仅有10余种，而成人有400多种，所以婴儿肠道菌群的改变对健康尤其重要。最近系列流行病学研究支持出生后第一年内肠道菌群在保证免疫应答向正确的方向发展，这对于预防过敏性疾病发展具有重要的作用。为了能够最佳地建立和维持肠道菌群的完整性，应该考虑出生方式、婴儿喂养、婴儿期使用抗生素等所带来的问题。肠道菌群变化的规律见图2-9。

消化系统不同部位菌群的分布和定植量是不同的（图2-10）。

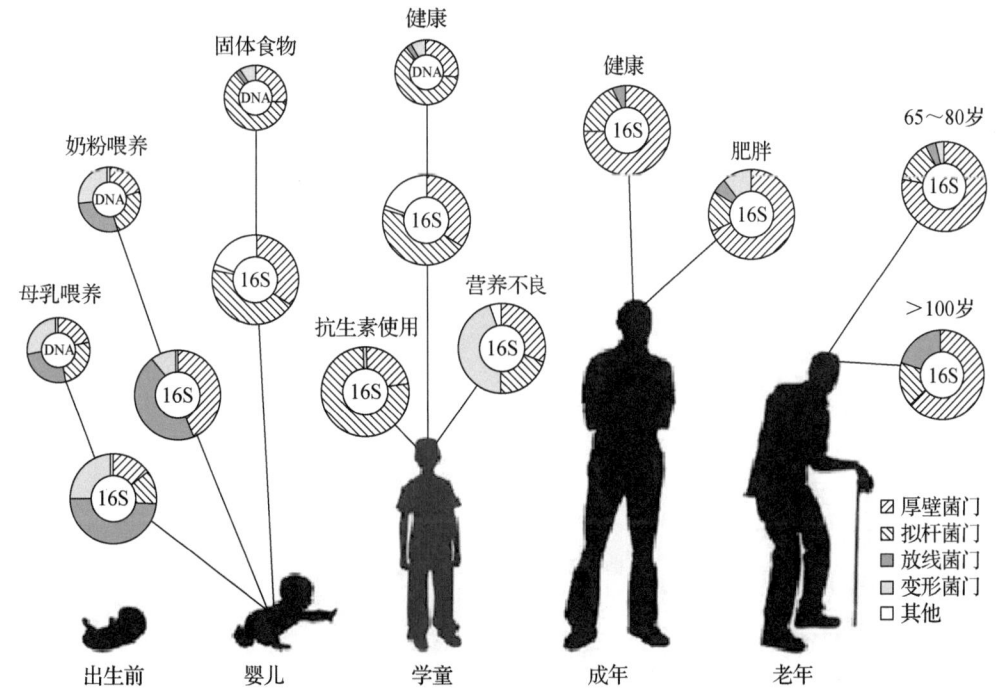

图2-10 肠道微生物的生存规律

（译自：Ottman. Cell Infect Microbiol. 2012，9（2）：104.）

1. 口腔、口咽部与食管正常菌群与过路菌

口腔中细菌主要定植在牙斑上（10^{12} CFU/g），而唾液中和食管仅有短暂的过路菌。大部分为链球菌、奈瑟氏菌、韦荣氏球菌，也存在少量的梭状杆菌、类杆菌、乳酸杆菌、葡萄球菌、酵母菌、肠杆菌等。食管腔内被覆鳞状上皮层，是混有黏液和唾液的机械屏障，其内含有能产生分泌型免疫球蛋白的细胞，共同构成了防止感染的屏障。食管内需氧菌始终存在，专性厌氧菌只占80%。过路菌群中的致病菌，仅在免疫缺陷的患者才会发生感染白色念珠菌、巨细胞病毒、单纯疱疹病毒、荚膜组织浆菌、鸟分枝杆菌及隐孢子虫病。

2. 胃十二指肠正常菌群与过路菌

由于胃腔内pH低（高酸性）使得正常胃腔内的大部分细菌被杀死，被检测到的典型数量不到10^3 CFU/mL，通常可以分离到乳酸菌；也可分离到念珠菌和其他一些酵母菌等。胃内正常寄生的微生物包括主要的革兰氏阳性需氧菌，如链球菌、葡萄球菌、乳酸杆菌。从肠内容物分离的微生物主要种群包括乳杆菌、链球菌、双歧杆菌、梭状芽孢杆菌、韦荣氏球菌、葡萄球菌、放线菌、白色念珠菌、溶组织串菌、奈瑟氏球菌和腺支原体属等。运动静止期如夜间、禁食的患者肠内容物也可分离到大量的肠球菌、假单胞菌、链球菌、葡萄球菌和罗氏菌（图2-11）。

胃中的过路菌系，幽门螺杆菌因为与胃黏膜密切黏附难以分离出来（详见本节"二、益生剂防治胃肠道系统疾病与康复"），其他菌群仅在胃酸缺乏症患者中可分离出来；长期服用抗酸药物者因胃液pH升高，将导致胃内细菌过度增殖。感染性胃炎很少由结核杆菌、鸟分枝杆菌、放线菌、梅毒螺旋体所引起。

3. 小肠正常菌群和过路菌

小肠腔内容物的流速从十二指肠、空肠、回肠依次减慢，其中所含细菌可以由口腔、食管和胃内菌群而来，也可随食物而来。小肠可分离到乳杆菌、链球菌、双歧杆菌、梭状芽孢杆菌胶性菌属、类杆菌、韦荣氏球菌和其他革兰氏阴性无芽孢厌氧菌、葡萄球菌、放线菌属、酵母菌、白色念珠菌、嗜血菌等。菌群密度由上至下依次增加：十二指肠和空肠仅含少量大致相同的菌群，为$10^3 \sim 10^5$ CFU/mL，包括乳杆菌、链球菌等；而由空肠至回肠则革兰氏阴性菌群逐渐增加并占统治地位。回盲部的菌群开始和结肠相似，数量也明显增多，为$10^7 \sim 10^8$ CFU/mL。

小肠的过路菌群常常是导致严重腹泻的菌群，能产生肠毒的大肠杆菌和霍乱弧菌，可导致肠黏膜分泌并导致腹泻，这是旅行者腹泻的常见原因。在小肠菌过度增殖时小肠上段可出现平常没有的厌氧菌，当数量达到10^5 CFU/mL时，就可以诊断为小肠细菌过度增殖，可作为弥散性小肠功能障碍的诊断依据。

4. 大肠正常菌群和过路菌

大肠包括盲肠、阑尾、结肠（升、横和降）和直肠。隐匿有超过500种菌群，主要（99.9%）是专性厌氧菌，$10^{11} \sim 10^{12}$ CFU/mL。从大肠分离的菌群包括乳杆菌、链球菌、双歧杆菌、梭状芽孢杆菌、丙酸杆菌、优杆菌、类杆菌、梭菌属、韦荣氏球菌、葡萄球菌、芽孢杆菌、酵母菌、放线菌、肠杆菌、肠球菌、微小球果螺菌、胶型菌属、粪球菌、瘤胃球菌、氨基酸球菌、琥珀酸弧菌、丁酸弧菌、巨球型菌属、芽殖菌属、链条杆菌属、消化链球

第 2 章　益生剂辅助疾病的防治与康复

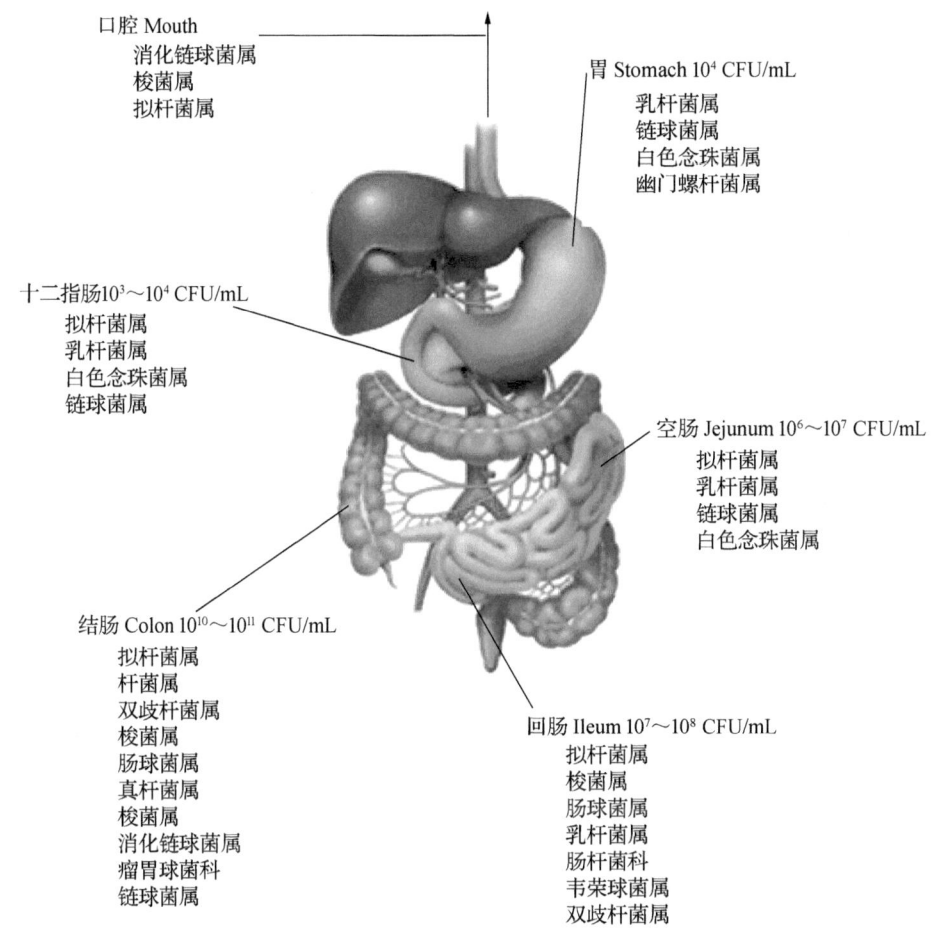

图 2-11　人体胃肠道各种定植菌（段修斌先生提供）

菌属等。在结肠主要是类杆菌、双歧杆菌、优杆菌属、梭菌和大肠杆菌等。

大肠的过路菌群包括耶尔森菌、沙门氏菌、志贺氏杆菌、弯曲杆菌、梭状芽孢杆菌、出血性大肠杆菌和致病性大肠杆菌，是导致结肠腹泻最常见的致病菌。过量难以吸收的抗生素可使正常菌群耐药菌增殖，如酵母菌、难辨梭状芽孢杆菌，会产生一种毒素造成结肠黏膜的坏死和脱落，即谓抗生素性腹泻。

慢性疾病的发生因素非常复杂，不能贸然下结论是肠道菌群这个单一因素造成了慢性病。但作为一个核心要素，肠道微生物在慢性病预防、管理和治疗中的作用已被充分认识。通过利用微生物作为生物标志物以评估慢病的进展、靶向性干预微生物以控制慢病，都是基础和转化研究的热门话题。

越来越多影响肠道健康的因素被发现和研究（图 2-12、图 2-13）。

有害菌，数量一旦失控大量生长，就会引发多种疾病，产生致癌物等有害物质，或者影响免疫系统的功能。致病性大肠杆菌分为 6 类：肠致病性大肠杆菌（EPEC）、肠产毒性大肠杆菌（ETEC）、肠侵袭性大肠杆菌（EIEC）、肠出血性大肠杆菌（EHEC）、肠黏附性大肠杆菌（EAEC）和弥散黏附性大肠杆菌（DAEC）。大肠杆菌属于革兰氏阴性细菌（G^-）。

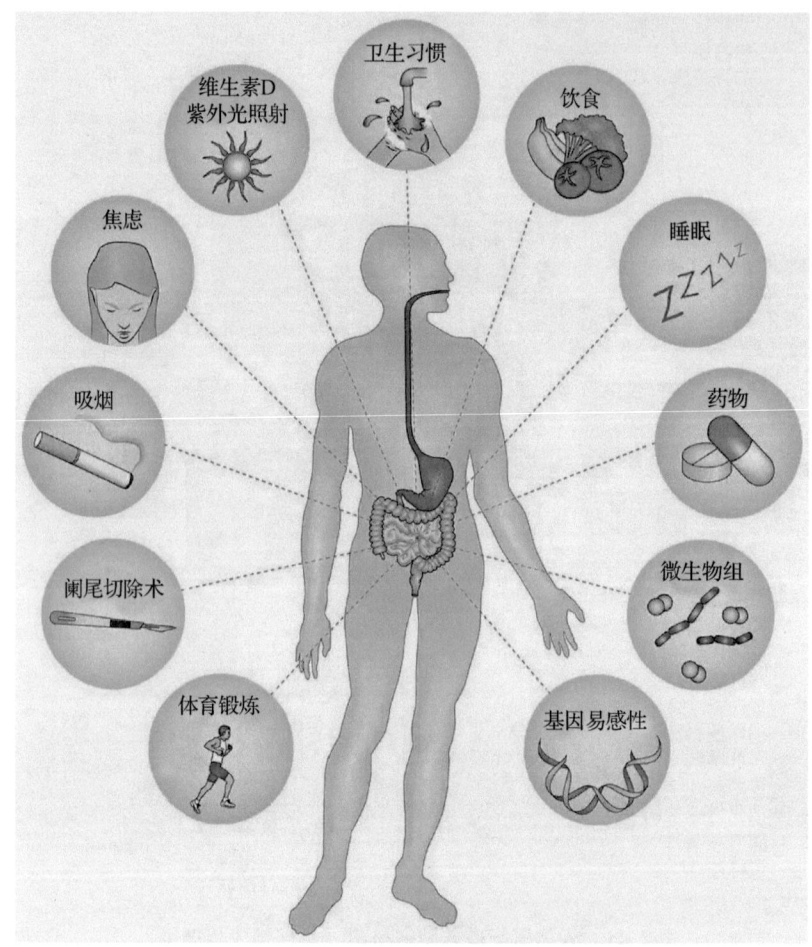

图 2-12 人体肠道菌群的影响因素

(译自：Ananthakrishnan. Nat Rev Gastroenterol Hepatol. 2015, 12 (4): 205 - 217.)

中性菌，即具有双重作用的细菌，如大肠杆菌、肠球菌等，在正常情况下对健康有益，一旦增殖失控，或从肠道转移到身体其他部位，就可能引发许多问题。大肠杆菌（$E.\ coli$）为埃希氏菌属（Escherichia）代表菌。一般多不会致病，为人和动物肠道中的常居菌，在一定条件下可引起肠道外感染。

人体的健康与肠道内的益生菌群结构息息相关。肠道菌群在长期的进化过程中，通过个体的适应和自然选择，菌群中不同种类之间，菌群与宿主之间，菌群、宿主与环境之间，始终处于动态平衡状态中，形成一个互相依存、相互制约的系统，因此，人体在正常情况下，菌群结构相对稳定，对宿主不会致病。有研究指出，体魄强健的人肠道内有益菌的比例达到70%，普通人则是25%，便秘人群减少到15%，而癌症患者肠道内益生菌的比例只有10%。

通过动物实验、流行病学分析、临床对照实验等方法，科学家明确了肠道的功能和健康非常容易受到各种各样因素的直接影响。这些因素有些是先天的，如人自身的基因组；但更

第 2 章　益生剂辅助疾病的防治与康复

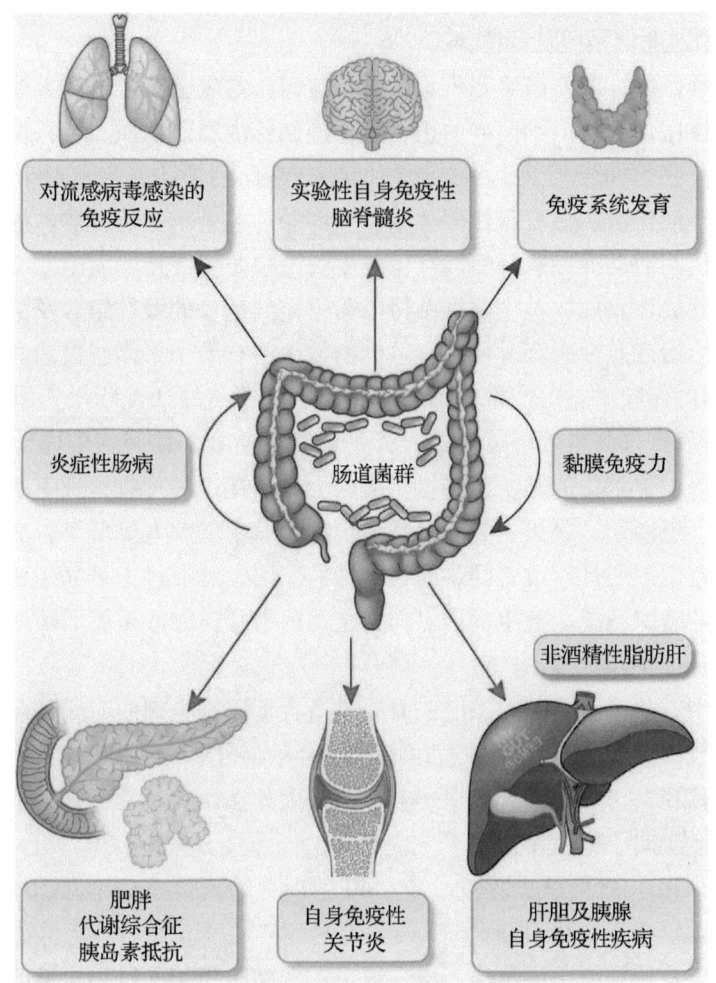

图 2-13　肠道菌群对全身疾病的影响

（译自：Goldszmid. Nat Immunol. 2013，13（10）：932 - 938.）

多是后天的，特别是饮食习惯、运动、药物（抗生素）使用、手术、睡眠、情绪、吸烟等。

通过了解影响肠道功能和健康的因素，并获知这些因素对微生物和人健康影响的程度，为精准和靶向干预肠道微生物打下了良好的基础。人类已然初步掌握肠道微生物的生存规律。如图 2-10 所示，从人类还在母亲的子宫，到婴儿、少年、成人和老年各个阶段，肠道微生物都有怎样的分布，喂养方式、药物使用、营养和饮食都会带给它们什么影响，可以了解肠道微生物生存的一般规律。

二、益生剂防治胃肠道系统疾病与康复

在"世界卫生组织微生物组"计划揭开人体共生微生物的神秘面纱后，人们对不同的慢性疾病进行研究，发现基本所有慢性疾病的进程都与肠道微生物密切相关。人体有 70% 以上的黏膜免疫发生在肠道，通过复杂的免疫机制，肠道和肠道菌群与全身各部位各器官发

生紧密的联系（图 2-12）。

（一）益生菌对消化系统功能的调节

益生菌有整肠作用，调整微生态失调，防治腹泻；益生菌活着进入人体肠道内，通过其生长及各种代谢作用促进肠内细菌群的正常化，抑制肠内腐败物质产生，保持肠道机能的正常。对病毒和细菌性急性肠炎及痢疾、便秘等都有治疗及预防作用。益生菌和很多慢性胃炎、消化道溃疡等消化道疾病有密切的关系。一部分的益生菌能抗胃酸，黏附在胃壁上皮细胞表面，通过其代谢活动抑制幽门螺旋杆菌的生长，预防胃溃疡的发生。

防治胃肠道感染性疾病：益生菌可维持与肠道菌群优势的最佳组合及稳定性，抑制病原性细菌生长繁殖。治疗急性腹泻时，补充适当的益生菌有助于平衡肠道菌群和恢复正常的肠道 pH，缓解腹泻的症状。它可产生多种可抑制病原菌繁殖的活性物质，能够起到降低肠道 pH 的作用，还可以促进肠道的屏障功能，从而有效减少由于细菌感染导致的胃肠道功能紊乱进而引起的腹泻。更重要的是，由于益生菌的大量存在，各种有害致病菌都不易繁殖，肠道的免疫力增强，患便秘、腹泻、肠癌等肠道疾病的概率就大大降低了，身体吸收的毒素也减少了。此外，益生剂还具有改善肠黏膜通透性的作用，可通过上调防卫素（小分子多肽）来刺激肠道固有的防御系统。益生剂也可作为主要的治疗药物或重要的辅助治疗药物应用于幽门螺旋杆菌（Hp）感染的防治。

益生剂的服用方法：从胃酸的角度来看，最适合食用益生剂的时间是在空腹的时候，因为此时胃酸分泌较少，益生剂中各种益生菌才不会被破坏；但在进食时胃酸虽然会大量分泌，但有食物的稀释，胃中胃酸含量也不会很高，因此在饮食时也可以服用益生剂。

（二）益生剂与幽门螺杆菌感染

幽门螺杆菌（Hp）感染呈世界性分布，40 岁以上的人群感染率在 50% 以上。我国 Hp 感染率总体上仍然较高，自然人群 Hp 感染率约 54.76%。Hp 是一种定植在胃黏膜上的革兰氏阴性微需氧菌，是诱发消化性溃疡、慢性胃炎、胃黏膜相关淋巴组织淋巴瘤及胃癌等的主要因素。1994 年国际癌症研究中心将 Hp 列进胃癌的 I 类致癌原。细菌培养及细胞培养的研究结果表明，该致病菌既能在人体内生长、繁殖，又能通过粪便及唾液向体外排菌，具备了作为传染源的条件。因此，可以确定，人是幽门螺杆菌的传染源。主要的传播方式有口－口传播、医源性传播和密切接触传播等。由于 Hp 对抗生素耐药率的增加及根除治疗过程中不良反应的出现，导致标准三联（阿莫西林、左氧氟沙星和奥美拉唑）疗法 Hp 根除率逐渐下降。

幽门螺杆菌（图 2-14）感染是急性胃炎、慢性胃炎和胃癌的致病因素。幽门螺杆菌具有鞭毛能在胃内穿过黏液保护层伸入胃黏膜，其所分泌的黏附素能使其紧贴胃黏膜上皮细胞，长期反复刺激可造成损伤；并能分泌尿素酶，分解尿素生成 CO_2 和 NH_3，后者既可降低胃液的酸性从而保持细菌周围呈中性环境利于其他微生物的生长；还促进亚硝胺的生成，诱发胃癌；幽门螺杆菌通过上述产氨作用，分泌空泡素 A（VacA）也引起胃黏膜细胞损伤；其细胞毒素相关基因（cagA）蛋白能引起强烈的炎症反应；菌体细胞壁还可作为抗原诱导免疫反应，致使胃黏膜发生慢性炎症而诱发胃癌。

幽门螺杆菌感染的症状主要是反酸、胃灼热及胃痛、口臭；幽门螺杆菌感染能够引起慢

第2章 益生剂辅助疾病的防治与康复

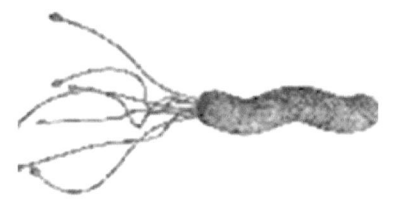
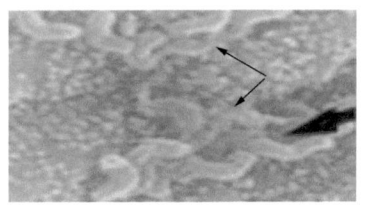

a 幽门螺杆菌　　　　　　　　b 吸附

图 2-14　幽门螺杆菌吸附于胃黏膜（箭号所指处）

性胃炎，表现为上腹部不适、隐痛，有时发生嗳气、反酸、恶心、呕吐的症状，病程较为缓慢，但是容易反复发作；感染幽门螺杆菌后因产生多种致病因子，从而引起胃黏膜损害，临床疾病的发生呈现多样性，患者多出现反酸、嗳气、饱胀感等。

2004年刊登在《美国临床营养学杂志》上的一篇研究论文指出，对感染了幽门螺旋杆菌的患者而言，益生剂是一种安全有效的药物。这项研究选取了70名幽门螺旋杆菌检测阳性且尚未患上消化性溃疡的成人作为实验对象，实验组每天喝两次添加了两种益生菌（嗜酸乳杆菌LA5和双歧杆菌Bbl2）的酸奶，对照组每天喝两次与实验组等量的普通牛奶，在实验结束两周后，所有人都接受了幽门螺旋杆菌的检测。结果：在每天喝含有益生菌酸奶的实验组成员体内，幽门螺旋杆菌的数量显著下降，而在对照组则没有观察到任何有益的改变。不过有意思的是，在停用酸奶两个多月的时候，研究者对实验组的成员再次做了检查，他们发现大部分人体内的幽门螺旋杆菌的数量开始回升。换句话说，益生菌的存在并没有完全消灭消化性溃疡的始作俑者——幽门螺旋杆菌，但它们却有效地将其数量控制在较低水平。

近年来，应用益生剂为预防和治疗幽门螺旋杆菌感染提供了新的思路，研究发现益生剂可以提高三联方案对幽门螺旋杆菌根除率，对于胃癌防治有重大的意义，成为当今研究的重点。目前用于抗幽门螺杆菌的益生剂主要有双歧杆菌、乳酸杆菌和酵母菌等，其在体外实验中抗幽门螺旋杆菌活性较好。益生剂的单独使用对幽门螺杆菌的根除率仅介于20%~30%，而益生剂和三联（阿莫西林、左氧氟沙星和奥美拉唑）、四联（奥美拉唑、胶体果胶铋、克拉霉素、甲硝唑）治疗方案的联合则可使幽门螺旋杆菌根除率提高。一项多中心、大规模的临床实验表明，三联疗法和乳酸杆菌的联合应用比三联疗法单用，幽门螺杆菌的根除率显著提高到82%以上，并可以减少味觉异常、腹胀和腹泻等不良反应。同时，另一项实验也表明，益生剂和抗生素的联合应用较单独使用抗生素，幽门螺杆菌根除的效果增强，不良反应显著减低。因此，普遍认为应用罗伊酸乳杆菌可以提高阿莫西林、左氧氟沙星和奥美拉唑三联治疗方案中的幽门螺杆菌的根除率。张丹等研究也表明，应用标准三联疗法联合益生剂更能有效根除幽门螺杆菌，效果优于单用标准三联疗法，并能显著降低药物不良反应发生率，可用于幽门螺杆菌感染的治疗和预防。

益生剂提高根除幽门螺杆菌的作用机制：益生菌之所以能提高幽门螺杆菌的根除率，其作用机制可简单概括如下。竞争性抑制幽门螺杆菌和胃黏膜上皮细胞相黏附，抑制幽门螺杆菌引起的炎性反应，抑制或直接杀死幽门螺杆菌。亦可改善胃肠道的微生态环境，降低抗生素的不良反应，进而提高患者的治疗依从性。

河北医科大学何晨熙选择2012年11月至2014年1月于河北医科大学第三医院消化内科就诊的幽门螺杆菌感染者，共240例。年龄18～70岁，快速尿素酶实验或13碳尿素呼气实验（13C-UBT）或14碳尿素呼气试验（14C-UBT）结果为幽门螺杆菌阳性者；或经电子胃镜检查及病理确诊为消化性溃疡、慢性活动性胃炎或诊断为功能性消化不良的患者；且治疗前4周内未用过抗生素及铋剂者，治疗前2周内未用过质子泵抑制剂、H_2受体拮抗剂者及既往无正规幽门螺杆菌根除治疗史者。排除严重的心、脑、肺、肝、肾功能不全及自身免疫情况低下患者；对研究药物有过敏史者；妊娠或哺乳期妇女。将所有符合入选标准的患者，随机分为A、B、C三组。A组为三联组，80例；B组为复方嗜酸乳杆菌片组，80例；C组为布拉氏酵母菌（S. Boulardii）组，80例。

A组（三联组）：埃索美拉唑-镁肠溶片（20 mg，2次/日）+阿莫西林胶囊（1000 mg，2次/日）+呋喃唑酮片（100 mg，2次/日），口服，疗程10天。

B组（复方嗜酸乳杆菌片组）：在A组三联10天基础上，同期服用复方嗜酸乳杆菌片（1000 mg，3次/日），口服14天。

C组：在A组三联10天基础上，同期加服布拉氏酵母菌（S. Boulardii 组）散（500 mg，2次/日），口服14天。

各组患者在年龄、性别、疾病分类方面差异均无统计学意义（$P>0.05$）。

疗程结束4周后复查14碳-UBT或13碳-UBT。治疗期间电话随访或门诊复诊以观察患者不良反应发生情况及对治疗药物的耐受情况。统计学分析：应用SPSS13.0统计软件进行分析，多组间比较采用单因素方差分析χ^2检验，等级资料比较采用Kruskal-Wallis H秩和检验，$P<0.05$为差异有统计学意义。

每组80例患者，按方案分析（PP）三组根除率分别为64.1%（50/78）、79.2%（61/77）、85.9%（67/78），差异有统计学意义（$P=0.005$）。按意向性分析（ITT）三组根除率分别为62.5%（50/80）、76.3%（61/80）、83.8%（67/80），差异有统计学意义（$P=0.008$）。B组PP根除率高于A组，差异有统计学意义（$P=0.037$）；ITT根除率与A组比较差异无统计学意义（$P=0.059$）；C组PP和ITT根除率均高于A组，差异有统计学意义（$P=0.002$，$P=0.002$）；B组PP和ITT根除率与C组比较差异无统计学意义（$P=0.273$，$P=0.236$）。B、C组对药物的耐受程度高于A组（$P=0.033$，$P=0.000$），C组高于B组（$P=0.027$）。

A组、B组、C组主要不良反应有腹胀、腹泻、恶心、腹痛、尿色橘红，药物不良反应发生率分别为34.6%、19.5%、7.7%，B、C组不良反应发生率低于A组（$P=0.034$，$P=0.000$），C组低于B组（$P=0.032$）。不良反应未进行特殊处理，停药后逐渐消失。

复方嗜酸乳杆菌片或布拉氏酵母菌散辅助三联疗法，可提高幽门螺杆菌根除率，降低不良反应，增加患者耐受程度。

复方嗜酸乳杆菌片或布拉氏酵母菌散辅助三联疗法根除幽门螺杆菌治疗时，以布拉氏酵母菌散不良反应更少，药物耐受性更好，值得临床进一步推广。

最近，北京 301 医院伍银桥主任对入选 2014 年 1—10 月解放军总医院消化内科 120 例老年感染幽门螺杆菌患者，根据年龄性别进行随机区组设计，分为益生剂治疗组和对照组，各 60 例。对照组给予阿莫西林 + 克拉霉素 + 雷贝拉唑 + 胶体果胶铋标准四联疗法，治疗组给予酪酸梭菌肠球菌三联活菌片 + 四联疗法，两组疗程均为 14 天，治疗结束 4 周后复查 13 碳尿素呼气实验（13C UBT），观察并比较两组患者幽门螺杆菌的根除率及不良反应发生情况。结果：117 例患者按方案完成治疗。治疗组和对照组按意向治疗（ITT）分析幽门螺杆菌根除率分别为 83.33% 和 71.67%，按方案（PP）分析 Hp 根除率分别为 86.21% 和 72.88%，治疗组 ITT 和 PP 根除率均明显高于对照组，但差异无统计学意义（$P > 0.05$），随访 1 年后复查，治疗组幽门螺杆菌的根除率仍显著高于对照组，差异有统计学意义（$P < 0.05$）；治疗组不良反应发生率为 10.34%，明显低于对照组的 27.12%，差异有统计学意义（$P < 0.05$）。治疗组对药物的耐受程度显著优于对照组（$P > 0.05$）。结果证实，益生菌并联合标准四联疗法能有效提高幽门螺杆菌的根除率，还能显著降低药物不良反应。

（三）益生剂与便秘

便秘是消化系统功能不良的一种症状，而不是一种病。便秘是指排便次数减少，同时排便困难、粪便干结。正常人每天排便 1～2 次或 2～3 天排便 1 次，便秘患者每周排便少于 2 次，并且排便费力，粪质硬结、量少。排便时间可长达 30 分钟以上，或每日排便多次，但排出困难，粪便硬结如羊粪状，且数量很少。此外，有腹胀、食欲缺乏，以及服用泻药不当引起排便前腹痛等。便秘是老年人常见的症状，约 1/3 的老年人出现便秘，严重影响老年人的生活质量。

便秘按症状分类可分成急性和慢性便秘，按病因分类可分成器质性和功能性便秘。器质性便秘是由于肠道结构异常改变所引起的（如结肠癌晚期）。功能性便秘，即所谓暂时的便秘，它主要与生活规律的改变、情绪、饮食等环境因素有关。中医认为，便秘主要由燥热内结、气机郁滞、津液不足和脾肾虚寒所引起。

便秘的早期症状一般很少出现疼痛，然而当这种便秘转变成习惯性便秘时，各种症状就会相继出现，如头痛、肩疼、食欲不振、气胀、放屁、痤疮、皮肤干燥等。严重时由于肠内高压会使肠道憩室胀开，过度用力排出硬便，还会引起痔疮，血压上升，甚至昏迷。便秘造成肠道毒物的累积，长期排不出去，毒物就会随血液进入各种器官，造成损害，还可能进入脑中，影响脑功能。长期下去，因致癌物作用发生癌变。

便秘大部分是因为缺少膳食纤维而引起的。最好的办法就是增加食物纤维的摄入量，例如，晚餐改吃地瓜、玉米等粗粮。其他如缺乏液体或机体失水也会引起便秘。应该注意，应从原因下手解决：补足液体（多喝水）会帮助患者减轻和解除便秘。一些人用泻药来对抗便秘却使得自己的病情加重，便秘越来越频繁。服用一些药物特别是止疼的处方药也会引起便秘。有时候也不能找出便秘的原因，慢性特发性便秘（CIC）是肠道功能性疾病，摄入足量的膳食纤维和液体也对便秘无济于事。

对 60 岁以上老年人的调查表明，因年老体弱极少行走者便秘的发生率占 15.4%，而坚持锻炼者便秘的发生率为 0.21%，因此鼓励患者参加力所能及的运动，如散步、走路或每日双手按摩腹部肌肉数次，以增强胃肠蠕动能力。

培养良好的排便习惯,帮助患者建立正常的排便行为。可练习每晨排便一次,即使无便意,亦可稍等,以形成条件反射。同时,要营造安静、舒适的环境及选择坐式便器;老年人应多吃含粗纤维的粮食和蔬菜、瓜果、豆类食物,多饮水,每日至少饮水 1500 mL,尤其是每日晨起或两次饭之间加饮一杯温开水,可有效预防便秘。此外,应食用一些具有润肠通便作用的食物,如黑芝麻、蜂蜜、香蕉等;防止或避免使用引起便秘的药品,不滥用泻药,积极治疗全身性及肛门周围疾病,调整心理状态,良好的心理状态有助于建立正常排便反射。

益生菌是活的细菌,是可以天然存活于人体胃肠道中的细菌。可帮助梳理消化道,当然能对便秘起作用。益生剂可以保持肠道菌群的平衡。这样胃肠道就能更加出色地完成消化任务。如果食物被更有效地消化,便秘就应该缓解。

嗜酸乳杆菌 NFCB 1748 株、干酪乳杆菌 Shirota 株等均可缓解便秘;饮用鼠李糖乳杆菌 GG 株发酵饮品后,细菌的代谢发生变化,如 β-葡萄糖醛酸酶、β-葡萄糖苷酶、甘氨胆酸水解酶、尿素酶活性下降,表明鼠李糖乳杆菌 GG 在结肠定植后抑制了因便秘而在肠道占优势的某些细菌,从而减少有毒代谢产物,显现出其缓解便秘的潜在作用。陈兴华等用青春双歧杆菌治疗 40 例急性脑血管病引起下丘脑自主神经调节中枢,导致肠功能失调,肠蠕动减弱而引起的便秘,便秘时间在 7 天以上的患者,有效率达 97.6%,疗效显著且作用温和、持久,无泻药的不良反应。

益生菌在肠道环境的综合作用下产生乳酸、乙酸等酸性物质,能刺激肠道分泌大量肠液,对粪便起到软化作用。在益生剂作用下形成的酸性环境能够增强结肠蠕动,有利于粪便排泄。

Ford 等综合了 72 篇文献计 3216 例肠易激综合征(IBS)和慢性特发性便秘(CIC)患者,证实,益生原对慢性特发性便秘是有益的,可使每周排便次数增加,益生原与益生菌合剂也有效,但单纯用益生菌的结果不明显。

(四)益生剂与成人腹泻

腹泻也是消化系统功能不良或食物不洁或肠道感染引起的一种症状,俗称"拉肚子",是指排便次数明显超过平日习惯的频率,粪质稀薄,水分增加,每日排便量超过 200 g,或含未消化食物或脓血、黏液。腹泻常伴有排便急迫感、肛门不适、失禁等症状。正常人每日大约有 3 L 液体进入胃肠道,通过肠道对水分的吸收,最终粪便中水分仅 100~200 mL。若进入结肠的液体量超过结肠的吸收能力或(和)结肠的吸收容量减少,就会导致粪便中水分排出量增加,便产生腹泻。临床上按病程长短,将腹泻分急性和慢性两类。急性腹泻发病急剧,病程在 2~3 周,大多系感染引起。慢性腹泻指病程在 2 个月以上或间歇期在 2~4 周的复发性腹泻,发病原因更为复杂,可为感染性或非感染性因素所致。

急性腹泻可以使体内的水分和电解质大量丢失,造成人体的电解质紊乱和酸碱失去平衡,可以出现低血钾、低血钠、代谢性酸中毒等,严重的病例还可由于血容量的减少而出现休克、急性肾功能衰竭,甚至昏迷。不论哪种原因引起的腹泻都会给人体带来不良后果,慢性食物中毒可损害脏器功能,细菌或病毒感染可引起发热等全身中毒症状,腹泻可引起肌体脱水及电解质失衡。有心血管疾病的中老年人还可因为腹泻引起血液黏稠度增高,有的甚至诱发心肌梗死和脑中风等疾病。

第2章　益生剂辅助疾病的防治与康复

某些益生剂可以治疗轮状病毒引起的腹泻。益生剂可以通过调节肠道微生态的平衡，创造出一个不利于有害病毒和细菌存在的环境，来预防和治疗感染性腹泻。益生菌产生乙酸、乳酸等有机酸能降低肠道 pH 和氧化还原电位；产生过氧化氢、细菌素、生物表面活性物质等抗菌物质，对病原微生物的黏附生长有抑制作用；益生菌与肠黏膜上皮细胞形成的紧密结合形成微生物膜，防止了致病菌的黏附定植。

迄今为止，世界范围内对益生菌在成人腹泻中的治疗作用尚无定论。一个双盲随机研究，应用肠球菌 SF68 治疗 78 例急性感染性腹泻，用药 7 天。结果：研究组的腹泻次数及持续时间明显少于安慰剂组。另一个对 35 例获得性免疫缺乏综合征（艾滋病，AIDS）患者伴慢性腹泻的双盲对照临床实验，治疗组给予酵母菌每天 3 g，连服 1 周，对照组服用安慰剂。结果治疗组 56% 的患者腹泻被治愈，而对照组仅 17.6% 康复。相反，Pereg 等对 541 名年轻健康男性志愿者的研究，275 名为处理组，给予富含干酪乳杆菌的奶，266 名为安慰剂对照组，给予不含益生菌的酸奶，结果两组的腹泻发生率无明显差异。

（五）益生剂与婴幼儿腹泻

婴幼儿腹泻是婴幼儿期的一种胃肠道功能紊乱，以腹泻、呕吐为主的综合征，以夏秋季节发病率最高。本病致病因素分为三方面：体质、感染及消化功能紊乱。临床主要表现为大便次数增多、排稀便和水电解质紊乱。本病如治疗得当，效果良好，但不及时治疗以至发生严重的水电解质紊乱时可危及小儿生命。

轮状病毒（RV）是一种双链核糖核酸病毒，属于呼肠孤病毒科。它是婴儿与幼儿腹泻的单一主因，几乎世界上每个大约 5 岁的小孩都曾感染过轮状病毒至少一次。然而，每一次感染后人体免疫力会逐渐增强，后续感染的影响就会减轻，因而成人就很少受到其影响。轮状病毒总共有 8 种，以英文字母编号为 A、B、C、D、E、F、G 与 H。其中，A 种是最为常见的一种，而人类轮状病毒感染超过 90% 的案例也都是该种造成的。

轮状病毒是引起婴幼儿腹泻的主要病原体之一，其主要感染小肠上皮细胞，从而造成细胞损伤，引起腹泻。轮状病毒每年在夏秋冬季流行，感染途径为粪 - 口途径，临床表现为急性胃肠炎，呈渗透性腹泻病，病程一般为 7 天，发热持续 3 天，呕吐 2~3 天，腹泻 5 天，严重出现脱水症状。

轮状病毒是经由粪 - 口途径传染的。它会感染与小肠联结的肠黏膜细胞并且产生肠毒素，肠毒素会引起肠胃炎，导致严重的腹泻，有时候甚至会因为脱水而导致死亡。虽然轮状病毒于 1973 年就被由澳洲的露丝·毕夏普（Ruth Bishop）所发现，而且造成婴儿与幼儿总计超过 50% 因为严重腹泻而住院治疗，但是在公共卫生社群中它仍然没有被广泛地重视，特别是在发展中国家更是如此。除了对人类健康的影响之外，轮状病毒也会感染动物，是家畜的病原体之一。

婴儿胃肠道发育不够成熟，酶的活性较低，但营养需要相对多，胃肠道负担重；婴儿时期神经、内分泌、循环系统及肝、肾功能发育均未成熟，调节机能较差；免疫功能也不完善，母乳喂养者因母乳中含有丰富的免疫球蛋白 A 等抗体，而人工喂养者抵抗力差，加上致病微生物可随受污染的食物或水进入小儿消化道，因而易发生消化道感染而发病；长期较大量地应用广谱抗生素，可引起肠道菌群紊乱，正常的肠道大肠杆菌消失或明显减少，导致致病菌群增加，都是婴幼儿腹泻的常见病因。婴幼儿尤其是人工喂养的孩子，应该及早预防婴幼儿腹泻的发生，及早补充。

病情轻者主要是大便次数增多，每日数次至10余次。大便稀，有时有少量水，呈黄色或黄绿色，混有少量黏液。每次量不多，常见白色或淡黄色小块，系钙、镁与脂肪酸化合的皂块。偶有小量呕吐或溢乳，食欲减退，体温正常或偶有低热。面色稍苍白，精神尚好，无其他周身症状。体重不增或稍降。体液丢失在 50 mL/kg 以下，临床脱水症状不明显。预后较好，病程 3~7 天。随着病情加重，每日大便十数次至 40 次，大便臭味减轻，粪块消失而呈水样或蛋花汤样，色变浅，主要成分是肠液和小量黏液。患儿食欲低下，常伴呕吐。多有不规则低热，重者高热。体重迅速降低，明显消瘦。如不及时补液，脱水、酸中毒会逐渐加重，出现以脱水、酸中毒为主，有时有低血钾、低血钙等严重症状。表现为精神萎靡，呼吸深长；严重者呼吸增快，甚至昏迷，危及生命。

益生剂为婴幼儿肠道迅速建立和保持正常菌群。益生剂两大家族包括乳杆菌属和双歧杆菌属。其中乳杆菌对婴儿的作用与成人基本相似，而双歧杆菌对婴幼儿有着重要的意义，因为在母乳中发现了双歧因子。母乳中的双歧因子是由含 N-已酰葡萄糖糖胺的多糖组成的。婴幼儿属于免疫力较弱的群体，如果使用化学药物可能给这些敏感的婴幼儿带来伤害。同时婴幼儿又是一个很麻烦的群体，不能较准确地表达各种不适，经常表现出全身性不适。益生剂有独特的以菌制菌的天然生态疗法，对婴儿来说显得必需而且十分重要。前已述及，如今在欧美等发达国家婴幼儿食品中添加益生剂已成为一种潮流。

幼儿需要补充益生菌可改善免疫力，预防多种疾病。婴儿的肠胃系统占到了免疫系统的 2/3，所以胃肠道中正常菌群的建立就显得至关重要。如果菌群建立过迟或不良，就会出现相应的疾病。当肠道中益生菌群达到足够的菌群时，致病菌就无"定植"立足之地；益生菌产生的乙酸和乳酸增加了肠道的酸度，进而阻止了致病菌的生长。这些益生剂还有助于蛋白质的消化和吸收，利于孩子正常生长、发育和体重增加。

另外，婴幼儿的口腔狭小，唾液分泌少，乳牙正处于萌出阶段。胃容量在不断长大的过程中，胃肠道的消化酶的分泌及蠕动能力也很低。身体发育迅猛与消化吸收功能的局限形成了很大的反差，而益生菌剂促进消化吸收功能可以很好缓和这一矛盾。有效避免了消化功能的紊乱和营养不良，使孩子健康成长。例如，在中国婴幼儿缺钙问题较突出，这种钙的缺乏关键是吸收功能弱。Rasic 博士发现当体重过轻的婴儿膳食补充婴儿双歧杆菌后，能够增加蛋白质的消化和吸收，进而帮助孩子达到正常体重。双歧杆菌还会产生 B 族维生素。这些对新生儿来说非常重要。益生剂还能分解乳糖以促进糖的吸收和提高蛋白的利用率。

1. 鼠李糖乳杆菌

鼠李糖乳杆菌 GG 株发酵的乳制品或冻干制剂，对急性腹泻、急性胃肠炎婴幼儿均可明显缩短腹泻持续时间，减少次数和减轻呕吐等症状，表明对腹泻的恢复起积极作用。

2. 屎肠球菌

屎肠球菌冻干制剂和乳酸菌冻干制剂（含嗜酸乳杆菌、保加利亚乳杆菌、乳酸链球菌）治疗婴幼儿腹泻，结果表明屎肠球菌功效优于乳酸菌：2 天有效率分别为 62.5%（35/53）和 35.2%（18/51）；4 天有效率分别为 92.5%（49/53）和 62.4%（42/51），表明屎肠球菌的作用比乳酸菌更佳。

3. 两歧双歧杆菌

张宝元医师等用双歧杆菌发酵的奶治疗急性婴幼儿腹泻患儿（48例）和对照组（用中药及抗生素，40例）比较，实验组有效率75%（36/48），平均2.1天（1～5天）止泻；对照组治愈率为32.5%（13/40），平均5天（2～7天）止泻，两者显著差异（$P<0.01$）。

4. "宫人菌"

"宫人菌"又称酪酸梭状芽孢杆菌、酪酸杆菌、酪酸菌、丁酸梭状芽孢杆菌、丁酸梭菌、丁酸杆菌、丁酸菌（*Clostridium butyricum*）。孙吉萍医师等用"宫人菌"治疗小儿感染性腹泻64例，其中细菌性痢疾42例，其他腹泻22例，治疗有效率为87.5%（56/64）；由于"宫人菌"能耐受10倍于常用剂量的卡拉霉素、氧氟沙星、头孢克洛、红霉素、氨苄西林、米诺西林，因此在治疗时41例加用抗生素，有效率95.1%（39/41）；仅用"宫人菌"治疗的23例有效率为73.9%（17/23）。表明用"宫人菌"治疗感染性腹泻时加用抗生素效果明显优于单纯使用"宫人菌"。

5. 益生剂联合使用

郝妙兰医师等对132例腹泻患儿在基础治疗相同的情况下，随即对68例加服蜡样杆菌和青春双歧杆菌胶囊，其余64例做对照，结果见表2-7。

表2-7 益生剂联合使用治疗小儿腹泻疗效观察

益生菌	组别	例数	显效		有效		总有效率
			例数	显效率	例数	显效率	
蜡样芽孢杆菌	治疗组	68	44	64.7%	18	26.5%	91.2%
加双歧杆菌	对照组	64	24	37.5%	15	23.4%	60.9%
嗜酸双歧杆菌	治疗组	63	40	63.5%	16	23.4%	88.9%
乳杆菌粪肠球菌	对照组	36	12	33.3%	11	30.6%	63.9%

（六）益生剂与抗生素相关腹泻

近1/3的抗生素相关腹泻（AAD）如假膜性肠炎（PME）是由肠道菌群失调导致对致病菌的定植能力被破坏，消化道内艰难梭菌过度生长所致。其产生毒素为致病的主要因素，一般发生于抗生素使用后数日，亦可发生于治疗结束时或随后数周内。对致病菌的定植抗力除常被抗生素破坏外，化疗药物也影响肠道艰难梭菌的抗定植能力。治疗艰难梭菌过度生长常用万古霉素、甲硝唑及乳酸菌素片等，虽有一定疗效，但不能迅速恢复肠道的定植力，故常易反复发作，而且甲硝唑本身有时也可引发抗生素相关腹泻。万古霉素虽对艰难梭菌有杀菌作用，若长期或大量使用易损伤听力和肾功能。

近年来，随着临床抗生素药物的大量使用，小儿抗生素相关腹泻疾病发病率持续上涨。报告显示，抗生素诱发腹泻的因素包括：①大量的抗生素可损坏肠道菌落，致使菌群失调。一旦肠道菌落紊乱，将降低益生菌总量，为致病菌的生长、繁殖提供条件，损伤肠胃黏膜，影响消化功能，引发腹泻。②抗生素的大量使用，可减少生理性细菌总量，导致未发酵的多糖停留于肠道内，引发腹泻；减少脱氧胆酸总量，增加游离胆酸浓度，引发继发性腹泻。③抗生素所产生的变态反应可损伤肠胃黏膜，降低细胞酶活性，最终引发腹泻。

目前，临床借助抗生素治疗小儿抗生素相关性腹泻，而长时间使用可使肠道菌群失调，导致大多数患儿出现腹泻等病症，降低生活质量。近年来，随着微生态学的进展，相应制剂受到社会各界的广泛关注，并凭借高效、不良反应少等优势被广泛用于疾病治疗中。廖莉医师等收治抗生素相关腹泻患儿80例，对照组实施蒙脱石散疗法，药物口服，服用剂量根据患儿年龄确定，1岁以下患儿3次/天，1.0 g/次；1岁以上患儿3次/天，1.5 g/次。实验组则于对照组治疗的基础上加用益生剂，以枯草杆菌肠球菌二联活菌颗粒为主，2次/天，1.0 g/次，1个疗程4天。评定项目：统计两组患儿的疾病治疗效果及症状消退、恢复时间。实验组的腹泻消退时间、大便次数、性状恢复时间比对照组短，差异有统计学意义（$P<0.05$），结果显示，实验组经由益生剂治疗后，疾病控制17例，缓解20例，有效率占比92.5%；而对照组经由蒙脱石散治疗后，疾病控制12例，缓解18例，占比75.0%，两组患儿的疾病缓解率有区别，说明益生剂的使用可改善疾病症状，提高治疗效果。从两组患儿腹泻消退时间、大便次数和性状恢复时间上来看，实验组低于对照组，两组有区别，说明口服益生剂可提高患儿肠道内益生菌数总量，加快腹泻消退速度，提高生活质量。结果表明，临床给予小儿抗生素相关腹泻患儿益生剂疗法作用突出，可加快腹泻消退速度，增强治疗效果，值得借鉴。

王建军医师等对82例因小儿肺炎治疗临床应用抗生素治疗后并发腹泻的患儿，随机分为对照组（40例）和以益生剂治疗组（42例），所有病例均给予口服蒙脱石散作基础治疗，治疗组口服枯草杆菌-肠球菌二联活菌颗粒。比较两组临床疗效，结果：益生剂治疗组临床疗效优于对照组，腹泻症状缓解时间明显比对照组短。结论肯定了益生菌能治疗小儿抗生素相关性腹泻的疗效较好，没有不良反应，值得临床推广。由于链球菌也可黏附于肠道，加快双歧杆菌的生长速度，重新建立肠道屏障，以从根本上抵制致病菌，实现治疗腹泻疾病的临床目标。枯草杆菌具有抑制肠道内致病菌，保护肠道，加快小肠消化、吸收速度，修复损伤黏膜的作用。两种物质联合组成的益生菌，可更好地改善腹泻现状，加快大便次数、性状的恢复速度。

观察益生剂在预防和治疗老年重症肺部感染中抗生素相关性腹泻的临床疗效。方法：于2014年6月至2015年10月选取≥60岁的60例老年肺部感染患者，随机分为治疗组（31例）与对照组（29例），均使用广谱抗生素抗感染治疗，治疗组加用益生剂（复合乳酸杆菌）。观察和分析两组患者发生腹泻的情况，及使用抗生素前及使用后第5、第10、第15天大便常规、菌群状况。结果表明，对照组在使用抗生素后10天后肠道有益菌（乳杆菌、双歧杆菌）明显减少，而肠杆菌明显增加（$P<0.05$），治疗组与对照组比较，肠杆菌数量在15天时下降，乳杆菌和双歧菌在第10天均有上升，与对照组比较有差异（$P<0.05$），治疗组抗生素相关腹泻发生率为12.90%，相比对照组的41.38%有差异（$P<0.05$），出现腹泻的时间与腹泻持续天数两组均有差异。在使用抗生素的老年肺部感染患者中，肠道内的有益菌均有不同程度的减少，而益生剂（复合乳酸菌）的应用，可纠正肠道菌群失调，有效保持肠道菌群稳态，对预防和治疗抗生素相关性腹泻有重大意义。

第2章 益生剂辅助疾病的防治与康复

益生菌是一种特定的活菌制剂，可通过这样几个方面来改善生态环境：①提高肠道防御功能，恢复胃肠道的通透性，激活细菌代谢。②稳定肠道，通过对肠道免疫功能的改善，消化炎性反应。调查报告表明，益生剂可于各种疾病中获得显著性成效，如小儿腹泻、黄疸等。益生菌可选择性地的黏附于肠道，是对人体完全无害的制剂。可通过对肠道内有毒细菌繁殖的抑制，维持菌群的平衡性，调整失调现状，改善微生态环境。益生剂对于抗生素性相关腹泻的治疗是值得推广的。

（七）益生剂与旅行者腹泻

导致旅行者腹泻的病原微生物多为细菌，依次为沙门氏菌、弧菌、产肠毒素大肠杆菌、志贺氏菌。特别是产肠毒大肠杆菌，少数病原为病毒和寄生虫。早期曾用嗜酸乳杆菌、两歧双歧杆菌、保加利亚混合乳杆菌和嗜热链球菌冷冻干制剂，其中嗜酸乳杆菌和两歧双歧杆菌占混合制剂的90%。旅行者出发前两天即开始服用直至旅行结束为止表明，服用益生菌混合制剂者发生腹泻率为43%，对照组发生率为71%，明显地降低了旅行者的发病率，且无不良反应（Salminen，1999）。后来Okasanen等用冻干鼠李糖乳杆菌GG株对820人进行大规模实验，也是出发前两天开始服用直至旅行结束，结果表明服用益生剂者腹泻发病率明显低与对照组。后来Yuan-kun Lee（1999）对243例旅行者进行实验，亦证明冻干鼠李糖乳杆菌GG株制剂是安全的，无明显不良反应，并可减少旅行者患腹泻的危险。

（八）益生剂与肠易激综合征

肠易激综合征（irritable bowel syndrome，IBS）是一种以腹痛或腹部不适伴排便习惯改变为特征的功能性肠病，镜检查排除可引起这些症状的气质性疾病。本病是最常见的一种功能性胃肠道疾病，在欧美的发病率达到了20%，在亚洲国家，由于种族、饮食结构、生活习惯的差异等，发病率差异较大，为2.9%~15.6%。患者以中青年居多，30岁以后首次发病少见，男女发病比例约为1:2。起病隐匿，症状反复发作或慢性迁延，病程可长达数年至数十年，但全身健康状况却不受影响。精神、饮食等因素常诱发或加重。最主要的临床表现是腹痛与排便习惯和粪便形状的改变。几乎都有不同程度的腹痛，部位不定，以下腹和左下腹多见，多于排便或排气后缓解。目前医学尚无根治疗法。近二十几年来，国内外采用益生剂治疗此病进行了广泛的临床研究，表明有较好的疗效。

Ford等综合了72篇文献计3216例的肠易激综合征患者和慢性特发性便秘（CIC）患者，结果表明肠易激综合征患者长期服用益生剂对于腹痛、腹胀及腹胀程度是有效的。

陈勤安等用益生剂治疗128例的肠易激综合征患者，随机分为观察组和对照组各64例。对照组给予解痉、通便治疗，观察组采用益生剂联合解痉、通便治疗，比较两组疗效。结果：观察组的治疗总有效率（93.75%）明显高于对照组（73.44%），两组比较差异有统计学意义（$P<0.05$），表明益生剂对改善肠易激综合征患者的临床症状有一定效果。

赵敏等用益生剂治疗100例便秘型肠易激综合征（C-IBS）的疗效观察：随机分为观察组（50例）和对照组（50例）。对照组给予马来酸曲美布汀胶囊治疗，观察组给予枯草杆菌-肠球菌二联活菌肠溶胶囊联合马来酸曲美布汀胶囊治疗，连续治疗4周。比较两组症状评分、临床疗效及血浆胃动素（MOT）、血管活性肠肽（VIP）、生长抑素（SS）表达水平。结果：观察组腹痛、腹胀、便秘及排便次数症状，血浆指标测定，观察组的各项指标评分均显著低于对照组，分别为 $P < 0.05$ 和 $P < 0.05$。观察组和对照组临床治疗有效率分别为 84.0%（42/50）、62.0%（31/50），组间比较差异显著（$P < 0.05$）。结果表明，益生剂辅助治疗肠易激综合征可有效缓解临床症状，提高治疗有效率，调节胃肠激素分泌是其可能作用机制。

朱丽明等用益生剂治疗腹泻型肠易激综合征（IBS-D）的疗效：选择符合罗马Ⅱ诊断标准的 IBS-D 患者 158 例，男性 101 例，女性 57 例，平均年龄（44.4±12）岁；随机分两组，分别给予美常安和培菲康 2 粒/次，3 次/天，治疗 2 周，记录腹痛、腹胀、大便频率、大便性状、排便急迫症状计分、生活质量评分；治疗结束后继续随访一周，观察记录不良反应，证明枯草杆菌、粪肠球菌二联活菌胶囊和双歧杆菌、乳酸杆菌、肠球菌三联活菌胶囊对腹泻型肠易激综合征的疗效和安全性，以及对患者生活质量的影响，结果两组基线期病程、症状具有可比性；治疗后单项症状计分和总的症状计分均明显下降（$P < 0.05$）；治疗 1 周总有效率分别为 41.8%（33/79）和 49.6%（39/79），2 周总有效率分别为 51.9%（41/79）和 65.8%（52/79）；生活质量影响评分从 33.12±23.11 和 31.88±20.17 下降至 18.06±18.73 和 19.93±17.43（$P < 0.01$）；不良反应少而且轻微。结果表明，益生剂可以减轻腹泻型肠易激综合征的症状，改善患者生活质量。

胡玥等采用荟萃（meta）分析评价益生菌制剂对肠易激综合征（IBS）的临床疗效。方法：计算机检索 PubMed、Cochrane Library、Embase、中国期刊全文数据库、中国生物医学文献数据库、万方数据库中关于益生剂治疗肠易激综合征的随机对照实验研究报道。文献检索时限均从建库至 2014 年 8 月 31 日共纳入 17 项 RCT，1700 例患者。分析结果显示，益生剂与安慰剂相比，两组差异均有统计学意义。总体症状（$P = 0.002$）、腹痛/腹部不适（$P < 0.001$）、腹胀（$P = 0.020$）、排便不适（$P = 0.030$）方面，但在总体生命质量评价（$P = 0.290$）及不良反应（$P = 0.630$）方面，两组间差异无统计学意义。

结果肯定益生剂能改善患者肠易激综合征症状，具有一定临床疗效，且不良反应小，安全性好，但由于存在偏倚，仍需更多大规模、多中心、统一结局指标的临床 RCT 研究，进一步明确有效菌株，规范其用法、用量及疗程。

张达荣等证实，患有肠易激综合征的人，肠道中菌群失调，本应占主要比例的双歧杆菌、乳酸杆菌的量减少，而本应较少的具有潜在致病性的梭菌却显著增多，经丁酸梭菌治疗后，占肠道比例多的双歧杆菌、乳酸杆菌显著上升，而具有潜在致病性的梭菌则明显下降，并且临床症状相应明显改善。

肠易激综合征发病机制尚不明确，目前认为是多因素共同作用的结果，包括肠道菌群失调、肠黏膜通透性异常、肠道免疫功能紊乱、内脏高敏感性、肠道动力异常、遗传及心理-社会因素等。调节肠道菌群、增强肠黏膜屏障功能、调节肠道免疫功能及降低内脏高敏感性等方面。对益生剂治疗肠易激综合征的机制，还可能和脑-肠微生物轴（brain-gut axis，BGA）功能失衡、肠道免疫功能紊乱、肠黏膜屏障功能破坏、肠道敏感性和运动功能异常等有关。同时，越来越多的证据表明，肠道菌群的失调在肠易激综合征的发病中起到了重要作用。

（九）益生剂与炎症性肠病

儿童出现坏死性肠道炎的致病因素与腹泻相同，均与肠道菌群失调有着密不可分的关系，而坏死性肠道炎还会不断破坏病灶周围的健康的肠黏膜，使病情不断恶化。临床研究显示，如使用含有乳酸杆菌、双歧杆菌及链球菌的三联活菌制剂，就能够有效地抑制该类病症，新生儿出生后及时服用益生剂，还可有效抑制该病的发生。但目前国内还没有就益生剂治疗坏死性肠道炎进行更深入的研究，未规范益生剂的具体剂量和菌株种类，还需要进一步研究。

克罗恩病（Crohn's disease，CD）和慢性非特异性溃疡性结肠炎（Ulcerative colitis，UC）两者统称为炎症性肠病（IBD）。炎性肠病患者肠道内菌群发生失调，正常菌群中的某些细菌如乳酸杆菌和双歧杆菌等数量明显减少。Favier 等发现，活动性克罗恩病患者粪便中双歧杆菌量明显减少。Fabia 等则发现，溃疡性结肠炎活动期时，患者粪便中乳酸杆菌等厌氧菌含量明显减少，而恢复期则与正常人差别不大。因此，有些学者设想若给炎症性肠病患者补充益生剂，纠正肠道内菌群失调，病情可能会缓解。近 2 年来，全球的学者进行了多宗动物实验和临床实验，结果却显示，对于同属炎症性肠病范畴的克罗恩病和溃疡性结肠炎的治疗效果有一定的差异。

1. 克罗恩病

克罗恩病是一种原因不明的肠道炎症性疾病，在胃肠道的任何部位均可发生，但好发于末端回肠和右半（升）结肠。临床表现为腹痛、腹泻、肠梗阻，伴有发热、营养障碍等肠外表现。病程多迁延，反复发作，不易根治。本病又称局限性结肠炎、局限性回肠炎、节段性肠炎和肉芽肿性肠炎。目前尚无根治的方法，许多患者出现并发症，需手术治疗，而术后复发率很高。本病的复发率与病变范围、病症侵袭的强弱、病程的延长、年龄的增长等因素有关，死亡率也随之增高。

传统药物治疗对克罗恩病的效果并不理想。据 Furrie 等统计，70% 克罗恩病患者需要手术治疗，但术后往往很快复发，需要再次手术。而迄今为止，已有证据提示肠道菌群与克罗恩病复发有密切关系。应用益生剂改善肠道微生态，以预防或治疗克罗恩病复发的想法应运而生。

梅晨雪医师等采用双歧杆菌、乳杆菌、嗜热链球菌三联活菌片，主要包括双歧杆菌 1×10^7 CFU/g，保加利亚乳杆菌 1×10^6 CFU/g 和嗜热链球菌 1×10^6 CFU/g。对 50 例克罗恩病患者和 30 例健康志愿者作对照，每日给予相同剂量三联活菌片（0.5 g/片，4 片/次，2 次/天），并在 3 个月内不间断给药。克劳恩病组 Mayo 评分显著下降（4.26 ± 1.78 对比 7.38 ± 1.61，$P = 0.01$），其中有效 38 例，无效 9 例，有效率为 80.85%，治疗前后炎症指标比较，差异有统计学意义（$P = 0.05$）。结果表明，益生剂可以改善炎症指标并有效缓解临床症状之效。

2. 溃疡性结肠炎

溃疡性结肠炎（UC）是一种病因尚不十分清楚的结肠和直肠慢性非特异性炎症性疾病，病变局限于大肠黏膜及黏膜下层。病变多位于乙状结肠和直肠，也可延伸至降结肠，甚至整个结肠。病程漫长，常反复发作。本病见于任何年龄，但 20~30 岁最多见。

溃疡性结肠炎的病因至今仍不明。基因因素、心理因素在疾病恶化中具有重要地位,原来存在的病态精神如抑郁症或社会距离症在结肠切除术后明显改善。有人认为溃疡性结肠炎是一种自身免疫性疾病。

溃疡性结肠炎的最初表现可有许多形式。血性腹泻是最常见的早期症状。其他症状依次有腹痛、便血、体重减轻、里急后重(每次大便急促但排便量却非常少)、呕吐等。偶尔主要表现为关节炎、虹膜睫状体炎、肝功能障碍和皮肤病变。发热则是不常见的征象,在大多数患者中本病表现为慢性、低恶性,在少数患者(约占15%)中呈急性、灾难性暴发的过程。这些患者表现为频繁血性粪便(可多达30次/天)和高热、腹痛。目前现代医学尚无有效的长期预防或治疗的方法。

传统治疗方法以5-氨基水杨酸、激素、抗生素、免疫抑制剂为主,而新近实验及临床研究表明,益生剂可用于治疗溃疡性结肠炎。

益生剂在溃疡性结肠炎治疗方面,显示出令人欣喜的效果。Kato等对40例中度活动性溃疡性结肠炎进行了研究,在服用抗炎药物的基础上,随机抽取的20例患者每天加服100 mL经双歧杆菌发酵过的牛奶作为处理组,另外20例服用安慰剂作为对照组,历时12周。结果显示,两组虽均达到了明显的治疗效果,但12周后处理组的患者其临床活动度评分,明显低于对照组;内镜下活动度评分和组织病理学评分也均比处理前明显降低,而对照组则改善不明显。Furrie等的结果显示,活动性溃疡性结肠炎患者内镜下及组织病理表现,均得到明显改善。齐齐哈尔大学医学院江文明医师对确诊溃疡性结肠炎114例随机分为治疗与对照两组:治疗组服用柳氮磺胺吡啶及双歧三联活菌片,并配合综合治疗;对照组服用柳氮磺胺吡啶、甲硝唑片,配合综合治疗。疗程4周,两疗程结束后进行肠镜复查并进行疗效比较。治疗组总有效率92.98%,对照组总有效率为75.44%。经比较有统计学意义($P=0.05$)。结果表明,双歧三联杆菌配合柳氮磺胺吡啶治疗溃疡性结肠炎疗效好,值得临床推广使用。

(十)益生剂与胃肠道急性创伤疾病

胃肠道创伤后机体处于高度应激急性炎症状态,胃肠功能受到严重干扰,肠道黏膜消化、吸收和屏障功能受损。童锋等报道,使用肠内营养添加益生剂后更有利于促进胃肠道创伤术后患者微生态平衡和改善营养状况,保护肠道黏膜生物屏障和调节免疫功能,减少或阻断细胞因子和炎症介质的释放,从而减轻肠道炎性反应的发生,促进胃肠道蠕动和营养物质的吸收,缩短患者胃肠功能恢复时间和住院时间。唐静等对54只大鼠进行的随机对照实验证明,通过给重型颅脑损伤所致的急性胃黏膜损伤大鼠补充益生剂后能有效减少或清除氧自由基——丙二醛、一氧化氮的产生,从而减轻因重型颅脑损伤所致的急性胃黏膜损害程度,效果优于普通肠内营养,能更好地达到防止胃黏膜受损的作用,保持胃肠道正常功能。

第4节　益生剂辅助肝胆胰疾病防治与康复

一、肝胆胰概述

肝脏、胆囊与胰腺是消化系统的重要组成器官，也是消化系统重要的分泌腺。

（一）肝脏

肝脏是人体内最大的实质性器官和腺体，约占体重的1.3%（约1.5 kg），位于右上腹部，分为左、右两半肝。肝小叶（图2-15）是肝的基本结构和功能单位，成人约有2.5×10^{11}个肝细胞组成50万~100万个肝小叶，是肝脏的功能单位。

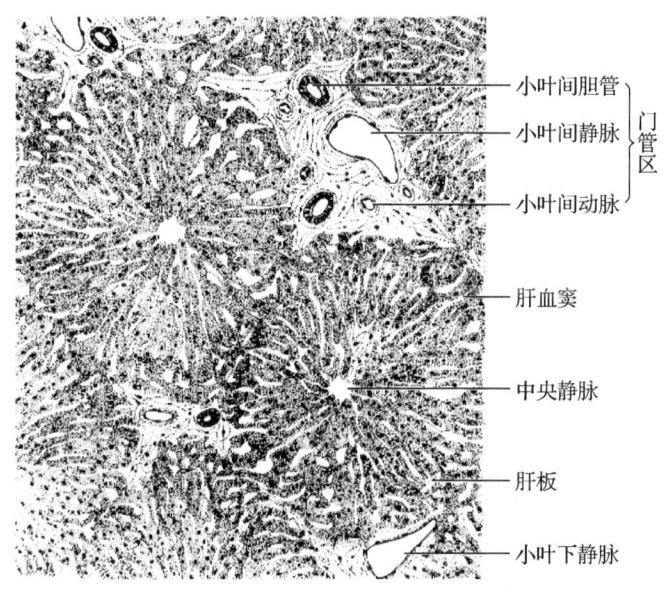

图2-15　肝小叶、肝细胞索结构模式

肝脏由肝动脉和门静脉两套血管供血，80%的血供来自门静脉。肝动脉主要供应含氧的动脉血，门静脉来自小肠和部分大肠的血流，含有大量的营养物质和各种有毒成分，既便于肝脏直接利用、改造营养素，又有利于及时处理毒物。正常条件下，只要肝脏网状内皮系统功能健全，肝脏可以破坏来自肠道内的大量内毒素，对其具有清除功能。

肝脏被誉为"物质代谢的中枢器官"，是营养物质的调配中心、体内最大的"化工厂"。主导糖类、脂类和蛋白质的合成与分解，储存和活化维生素，合成胆汁酸盐，促使血红素分解合成胆色素，参与各种代谢产物和有毒物质的生物转化解毒作用。

（二）胆道系统

胆汁由肝细胞合成并分泌，经胆小管从肝小叶的中央流向周边，汇入叶间胆管，继而向肝门方向汇集，形成左右肝管出肝，左右肝管汇合成肝总管，再与胆囊管会合形成胆总管，

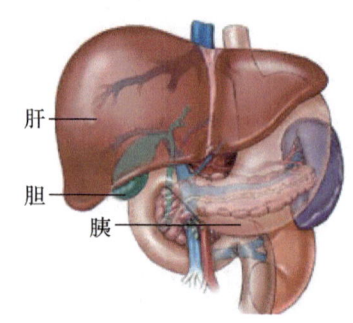

图 2-16 肝、胆总管、胰腺和十二指肠的毗邻关系

开口于十二指肠大乳头（图 2-16）。经胆总管流入十二指肠或由胆囊暂时储存，在消化期再排至十二指肠。胆汁味苦，肝胆汁（pH 为 7.2）呈金黄色，胆囊胆汁因浓缩颜色变深。正常成人每日分泌量为 800~1000 mL，胆囊储存量为 40~70 mL。胆汁成分复杂，除水和无机盐外，主要含胆盐、胆色素、胆固醇、脂肪酸、卵磷脂和黏蛋白，胆汁中不含消化酶。

胆汁中胆盐是肝细胞分泌的甘氨胆酸钠或牛磺胆酸钠，与胆固醇和卵磷脂作为乳化剂，可降低脂肪的表面张力，使脂肪乳化成直径为 3~10 μm 的脂肪微滴，增加与胰脂肪酶的接触面，促进脂肪的消化与吸收，同时也促进脂溶性维生素 A、D、E、K 的吸收。

（三）胰腺

胰腺是人体第二大消化腺，仅次于肝脏，分胰头、胰体和胰尾三部分，其外分泌部分由腺泡和腺管组成，是人体最重要的消化器官，主要分泌胰淀粉酶、胰脂肪酶、胰磷脂酶、胰胆固醇酯酶、胰蛋白酶原、糜蛋白酶原、弹性蛋白酶原、羧基肽酶原、脱氧核糖核酸酶和核糖核酸酶等多种消化酶；同时还分泌一种胰蛋白酶抑制因子，能阻止上述有关蛋白酶原在胰腺内被激活，而起保护胰腺的作用。胰腺导管可分泌水和丰富的电解质，与腺泡分泌物共同组成胰液，是人体重要的消化液。

二、益生剂辅助治疗肝病

近年来，许多学者用益生剂治疗肝病。科学家们曾给肝病患者肠道引入双歧杆菌，结果发现患者的血氨降低，同时食欲增加，有助于肝病的恢复。把益生剂应用于治疗肝硬化、肝炎，结果证明可有效地改善肝脏蛋白质代谢功能，降低血中的内毒素水平。其疗效优于现有的治疗肝炎、肝硬化的药物。临床与动物实验研究结果也证实了这一理论，经过益生剂治疗后，肠道内致病菌数量减少，双歧杆菌数量增加，提示内毒素血症的好转与肠道内致病菌的增殖受到抑制有关。服用双歧杆菌治疗后，可降低血中内毒素和血氨浓度。这些研究结果均证明益生剂可减轻致病因素对肝脏的损伤，并有效地改善肝脏代谢功能。不过益生剂均为活的细菌，易受多种因素及抗生素的影响。尤其对双歧杆菌敏感的抗生素要避免使用，如青霉素 G、氯霉素、甲硝唑、红霉素、四环素、克林霉素、先锋霉素、氨苄西林、羧苄西林及呋喃唑酮等，否则会破坏肠道内生态平衡，使肠道内双歧杆菌数量下降或消失，从而失去调节肠菌群和拮抗肠道致病菌的功能，助长感染的加重和蔓延。因此，益生剂仅能作为肝病的辅助治疗，当肝病患者继发肠道外其他器官感染时，首先要控制感染为主，可选用对双歧杆菌不敏感的药物，如阿米卡星、新霉素、苯唑西林、链霉素、庆大霉素、多黏菌素、磺胺与妥布霉素等。益生剂对肝病的治疗作用，机制目前尚不十分明确。例如，改善蛋白质代谢，是由于内毒素的降低使其与白蛋白的结合减少而使血白蛋白升高，还是因为益生菌有促进蛋白消化吸收的营养作用，还有待进一步研究探讨。

另外，益生剂并不是万能药或是治疗肝病（图 2-17）的特效药。它只能减少多种损害肝脏因素之一的内毒素,并不能抑制肝炎病毒的复制或转阴,所以治疗上应联合用药。

益生剂的广泛应用,必将给人类带来可喜的成果。早期肝病患者及时联合应用益生剂,可以延缓肝硬化发生和发展;延长肝炎 - 肝硬化 - 肝癌三部曲的时间,防止某些肝硬化严重并发症的发生。70%的自发性腹膜炎(SBP)为革兰氏阴性细菌所致,主要来自肠道,应用益生剂可以明显防止、治疗或减轻自发性腹膜炎。另外,益生剂还可以减轻内毒素导致一氧化氮大量合成和释放所造成的血流动力学障碍。

总之,益生剂对宿主有益无害,不仅对肠道菌群平衡有较好的调节作用,而且可降低肝病患者的血氨和内毒素浓度,改善肝脏的功能。益生剂必将会受到越来越多的重视,应用范围会越来越宽广。

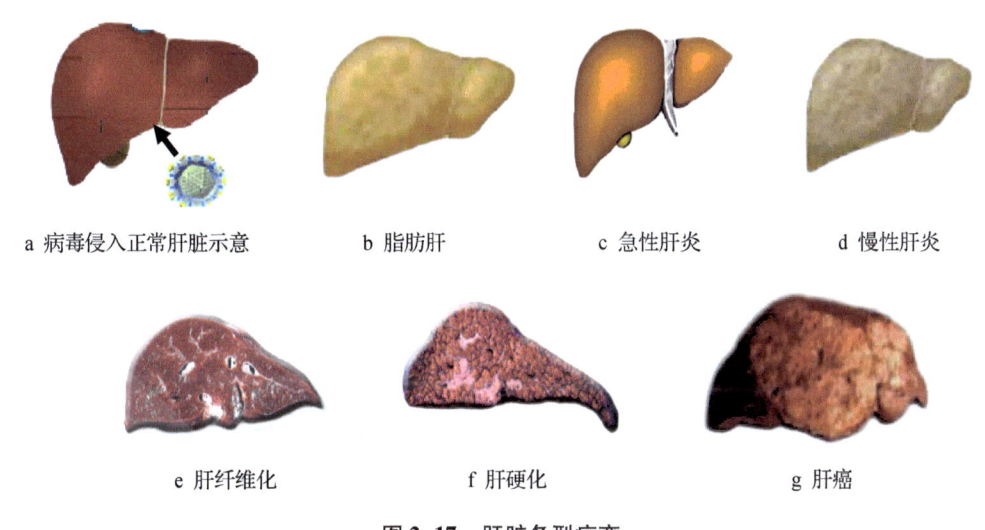

a 病毒侵入正常肝脏示意　　b 脂肪肝　　c 急性肝炎　　d 慢性肝炎

e 肝纤维化　　f 肝硬化　　g 肝癌

图 2-17　肝脏各型病变

1. 病毒性肝炎

各型肝炎尤其是乙型肝炎和丙型肝炎,可以长期引起肝脏损伤。改变肠道菌群,致使血浆内毒素水平上升,促炎因子释放增多,加重肝脏疾病,最终引起坏死。国内研究显示,慢性乙型肝炎患者肠道菌群结构与健康人相比发生了显著的变化,表现在其多样性明显减少及一些特定细菌类群比例的失衡上,拟杆菌门及其中的机会致病菌普雷沃氏菌属数量在慢性乙型肝炎患者体内显著增加,而厚壁菌及其中产生丁酸盐最优势的罗氏菌、益生菌双歧杆菌属的数量则显著降低。国外研究表明,乙型肝炎病毒会导致患者粪便中双歧杆菌的变化:长双歧杆菌、齿双歧杆菌和假链状双歧杆菌的减少,最终会引起机会性病原菌的侵入,加重机体的感染。研究发现,乳糖醇可以缓和乙型肝炎和丙型肝炎患者血浆内毒素含量,这可能跟乳糖醇发挥益生原的类似作用,从而促进双歧杆菌和乳酸菌的生长有关。可见,双歧杆菌对于预防病毒性肝炎具有比较大的作用,减弱了机会性感染及继发性感染其他疾病的可能性。

病毒性肝炎是由多种肝炎病毒引起的以肝脏病变为主的一种传染病,可发展为慢性肝炎、肝硬化甚至肝癌。目前主要以抗病毒药物及提高免疫药物治疗为主。益生菌在早期病毒性肝炎治疗领域的研究较为有限,翁田波等利用益生菌活性乳酸奶治疗 58 位重症肝炎患者,服用2周后，发现治疗组胃肠道功能的改善比较明显，血氨值升高较小，与对照组比较差异有统计学意义。凝血指标与对照组比较差异无统计学意义，总有效率高于对照组。说明益生菌有利于慢性重症肝炎患者的胃肠道功能，有利于控制血氨升高，但在该领域尚需更多的研究去评估益生菌疗法的作用与优势。

2. 肝硬化

肝硬化是各种肝病发展的晚期阶段，病理上表现为肝脏弥漫性肝纤维化、再生结节和假小叶形成。临床上以其病隐匿、病程发展缓慢、晚期以肝功能减退和门静脉高压为特征，常出现各种并发症。肝硬化为常见病，世界范围内的年发病率为0.10%（0.025%~0.400%），多见于35~50岁，男性多见，出现并发症时死亡率高。

引起肝硬化的病因很多，在我国以病毒性肝炎为主（主要为乙型、丙型和丁型病毒感染；甲型和戊型肝炎病毒性肝炎不会发展为肝硬化），占60%~80%；慢性酒精中毒在我国约占15%，一般为每日摄入酒精80 g达10年以上，乙醇及其代谢产物（乙醛）的毒性作用引起酒精性肝炎，继而发展为酒精性肝硬化；非酒精性脂肪性肝炎发病率有上升趋势，约有20%患者会发展为非酒精性肝硬化；持续肝内胆汁淤积或肝外胆道阻塞时，高浓度的胆酸盐和胆红素可损伤肝脏细胞，引起原发性胆汁性肝硬化或继发性胆汁性肝硬化。此外，心力衰竭、缩窄性心包炎等导致肝静脉回流受阻、遗传性代谢性疾病（如肝豆状核变性）、工业毒物或药物中毒等多种原因也可导致肝硬化的发生。

（1）乙肝后肝硬化

江巧丽等选择2013年9月至2015年12月浙江省立同德医院收治的乙肝后肝硬化失代偿期患者64例，按照随机数字表法分为对照组32例，观察组32例。对照组给予护肝、利尿、对症支持等常规治疗，观察组在常规治疗基础上给予益生剂（双歧杆菌、嗜酸乳杆菌、粪肠球菌三联活菌，用法：420 mg/次，3次/天），分别于治疗前及治疗后检测二胺氧化酶（DAO）、血氨及内毒素水平、肝功能指标［丙氨酸转氨酶（ALT）、门冬氨酸转氨酶（AST）、总胆红素（TBil）、白蛋白（ALB）］和凝血功能指标——凝血酶原时间。结果：治疗后对照组除血氨、内毒素水平无显著变化外，两组患者治疗后DAO、ALT、AST、TBil、ALB和凝血酶原时间（PT）均较治疗前显著改善（$P<0.05$或$P<0.01$）。与对照组相比，观察组ALT、AST、TBil、DAO、血氨及内毒素水平降低，差异有统计学意义（$P<0.05$）；而ALB、PT较对照组改变不明显，差异无统计学意义（$P>0.05$）。结果表明，益生剂可通过降低乙肝后肝硬化失代偿期患者肠道黏膜通透性，降低血氨及内毒素水平，改善肝功能，从而达到预防肝性脑病的作用。

（2）非酒精性肝硬化

北京解放军总医院的李帆经系统回顾指出，非酒精性脂肪性肝病（NAFLD）是一种无过量饮酒史、以肝实质细胞脂肪变性和脂肪储积为特征的临床病理综合征，它可以进一步发展为肝纤维化、肝硬化，甚至有进展为原发性肝癌的可能。随着生活方式、膳食结构的西方化，中国非酒精性肝硬化的患病率逐年增加，10年间珠江三角洲的患病率增加1倍，已达15%，与欧美等发达国家日益接近。

肥胖是困扰人类健康的重大公共卫生问题，而躯干性肥胖是非酒精性肝硬化的主要危险因素。肥胖者肠道中拟杆菌门/硬壁菌门的比例下降，且粪便内能量物质含量也明显降低。基于人体内菌群的重要性，提出微生物组的概念，认为完整的遗传描述应包括人类自身的基因组和人体微生物基因组。肠道菌群可视为人体的一个代谢器官，因为它具有某些人类所不具备的生理功能，与人体生命活动相辅相成，因此在人体生理及病理过程的各项研究中必须重视微生物群落对个体的影响。无菌鼠移植正常小鼠肠道菌群后，其肝内合成脂肪酸的乙酰辅酶A羧化酶活力增加，导致脂肪在肝内大量沉积。高脂肪膳食可使肠道产脂多糖细菌明显增加，导致血浆脂多糖水平增加2～3倍。将7周岁的肥胖及体质量正常儿童进行比较发现，肥胖组6个月时粪便标本中双歧杆菌含量较低，金黄色葡萄球菌含量更高。

肠道菌群对胆汁酸代谢有重要的调节作用，通过影响乳化作用而影响脂肪消化和脂溶性维生素吸收。膳食缺乏甲硫氨酸或胆碱（都是合成磷脂的必备原料，而磷脂是运输脂肪的重要物质）可导致肝脏脂肪变性；肠道菌群可分解膳食胆碱形成二甲胺和三甲胺，吸收后通过门静脉到达肝脏，参与机体代谢。给予住院患者无胆碱膳食，6周后可造成肝脏脂肪变性，恢复膳食中胆碱含量后肝脏改变可有所恢复，同时患者肠道菌群可发生特征性改变，如T-变形菌门、产芽孢菌等比例及数量与肝脏脂肪变性密切相关，对疾病程度的判断有重要价值。肠道菌群与非酒精性肝硬化的密切关系也为治疗提供了新的选择，调整肠道菌群成为重要的治疗策略之一。

益生剂是指投入后通过改善宿主肠道菌群生态平衡而发挥有益作用的活菌制剂；而益生原作为一种膳食补充剂，通过选择性地刺激一种或几种细菌的生长与活性，而对寄主产生有益影响的食品成分。针对性应用益生菌、益生原的治疗方案及疗效评价作为治疗非酒精性肝硬化策略的制定提供了更多的依据。肠道菌群在非酒精性肝硬化的形成、发展中起了不可忽视的作用，而测序技术及生物信息学的发展为该领域研究提供了更好的平台。

中山大学孙逸仙纪念医院梁丹等采用荟萃分析系统评价肠道益生剂治疗非酒精性脂肪性肝病（NAFLD）的有效性。经计算机检索 Pub Med、EMbase、The Cochrane Library、CNKI、Wan Fang 论文库、CBM、VIP、中国生物医学文献数据库，检索肠道益生剂治疗非酒精性脂肪性肝病随机对照试验（RCT）的相关文献，检索时限均为建库至2015年11月。结果共411例非酒精性脂肪性肝病患者纳入分析，结果显示，肠道益生剂可以明显降低总胆固醇（$P=0.14$）和三酰甘油（$P=0.0005$）水平；明显改善肝功能丙氨酸转氨酶（ALT，$P=0.00001$）和门冬氨酸转氨酶（AST，$P=0.00001$）水平，以及明显降低肿瘤坏死因子-α（TNF-α，$P=0.0001$）和胰岛素抵抗指数稳态模型评估法（HOMA-IR，$P=0.0003$）水平。但体重指数（BMI，$P=0.46$）和空腹血糖（FBG，$P=0.14$）治疗前后改善水平没有显著性差异。结果表明，肠道益生剂能有效治疗非酒精性脂肪性肝病，为治疗非酒精性脂肪性肝病提供了新的方法。

（3）酒精性肝硬化

王玉华等探讨鼠李糖乳杆菌B10对小鼠酒精性肝损伤的改善作用。采用C57BL/6N小鼠，随机分为对照组、酒精组和鼠李糖乳杆菌B10干预组。8周后，下腔静脉取血，分析血清中丙氨酸转氨酶（ALT）、脂多糖（LPS）、丙二醛（MDA）含量和超氧化物歧化酶（SOD）活性。取肝脏进行HE染色和ROS染色，观察肝脏组织病理学变化及氧化损伤的程度，分析肝脏中游离脂肪酸（FFA）、三酰甘油（TG）及胆固醇含量。结果表明，鼠李糖乳杆菌 B10 显著降低了酒精引起的肝脏脂肪变性及氧化损伤程度（$P=0.05$），明显降低了酒精引起的小鼠血清中 ALT、脂多糖和丙二醛的含量（$P=0.05$）的升高，使超氧化物歧化酶活性显著升高（$P=0.05$）；明显降低了酒精引起的小鼠肝脏游离脂肪酸（FFA）、三酰甘油及胆固醇含量升高（$P=0.05$）。提示鼠李糖乳杆菌 B10 通过抗氧化途径能够减低酒精对小鼠肝脏氧化损伤达到修复酒精性肝损伤的作用。

近年来，益生剂在肝硬化治疗中的应用引起了广泛关注。浙江大学张明明等（2014）对益生剂治疗肝硬化进行荟萃分析，检索 PubMed、SpringerLink、Wiley Online Library、MEDLINE、Webof Science、The Cochrane Library 及 CNKI、维普、万方数据库，选取关于益生剂治疗肝硬化的随机对照实验（RCTs），应用 RevMan 5.1 软件进行 meta 分析。共 27 项 RCTs 满足纳入和排除标准。共纳入 1510 例肝硬化患者，其中益生剂组 772 例，对照组 738 例，疗程 7~180 天。与对照组相比，益生剂可显著降低肝硬化患者的外周血丙氨酸转氨酶（ALT，$P=0.0004$）、门冬氨酸转氨酶（AST，$P=0.02$）水平和血氨（$P=0.0003$）、内毒素（$P<0.00001$）含量，升高血清白蛋白水平（$P=0.0001$），缩短数字连接实验（NCT，$P=0.02$），降低肝性脑病（HE，$P=0.02$）和自发性细菌性腹膜炎（SBP，$P=0.0002$）发生率。对肝硬化合并肝性脑病（HE）的亚组分析显示，益生剂可显著降低肝性脑病患者的血氨和内毒素含量。结果表明，益生剂可明显改善肝硬化患者的临床症状和生化指标，降低肝性脑病和自发性腹膜炎（SBP）的发生风险，对肝硬化合并肝性脑病有明显治疗作用。

3. 原发性肝癌

肝细胞癌代表了大多数慢性肝脏疾病的终末阶段期，这一结果被认为与长期的肝脏炎症、不断的细胞增生和细胞凋亡有关。控制肠道微生物能过减轻内毒素血症的程度，降低细胞突变的概率（图 2-18、图 2-19）。

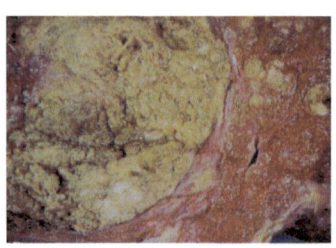

图 2-18　肝细胞癌（大体）

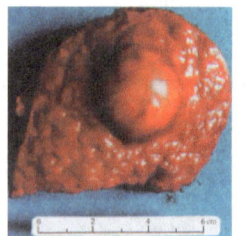

图 2-19　肝硬化合并小结肝癌

第二军医大学张会禄在"肠道稳态对肝癌发生发展的影响及机制研究"一文中指出，原发性肝癌是世界范围内第五大恶性肿瘤，在我国是导致居民肿瘤死亡原因的第二位。目前认为原发性肝癌的发生是一个多因素参与，多步骤经过，长时间作用的结果，多数原发性肝癌的发生经过肝炎、肝硬化的病理过程。越来越多的研究表明许多恶性肿瘤的发生与慢性炎症的持续存在密切相关。肝脏是体内最大的免疫器官，免疫调节的失衡容易引起肝脏炎症的发生。肝癌的发生与慢性肝炎的关系尤为密切。肝脏解剖结构的特殊性——"肠肝循环"的存在，使其经常接受来自于肠道的抗原刺激，它是防御体外抗原刺激如肠道细菌产物的过

第2章 益生剂辅助疾病的防治与康复

滤器。肠道屏障的正常存在保护其免受过多抗原的刺激。肠道屏障破坏会引起过多的肠道抗原进入体内循环，破坏肠-肝的稳态，甚至导致肝炎的发生。来自肠道的内毒素-脂多糖（LPS）参与促进了肝炎、肝硬化到肝癌的发生、发展。而有研究表明血中内毒素——脂多糖的升高可能与肠道菌群的失调，肠道通透性的改变有关。鉴于肠道微生态失衡与多种疾病关系密切，目前已有研究关注调节肠道菌群在疾病预防和治疗中的作用，其中益生剂如益生菌的治疗作用得到了较多关注。益生菌是一类给予足够量时可给予宿主健康效益的活的微生物。目前常用的益生菌有产乳酸菌和酵母菌等，国际上研究应用比较多的益生剂 VSL#3（FL）是一种由 8 种可产生乳酸的细菌组成的混合制剂。研究发现益生菌能有效抑制小鼠实验性结肠炎。益生菌在肝脏疾病防治中也有应用，有研究指出 VSL#3 可通过调节胶原的合成和抑制 TGFβ 信号通路抑制非酒精性脂肪性肝炎小鼠模型的肝纤维化。在非酒精性脂肪性肝炎中，益生剂可通过调节肠道菌群成分，产生抗菌因子，改善肠道上皮屏障功能，抑制内毒素血症，抑制炎症反应及调节免疫反应发挥保护作用。Ewaschuk 等发现在 D-氨基半乳糖和酯多糖体（GalN 和 LPS）诱导的爆发性肝损伤模型中，益生剂可通过过氧化物酶体增生物激活受体（PPAR）依赖的机制保护肠道黏膜屏障功能和抑制炎症反应，最终起到减轻肝损伤的作用。益生剂是否可通过调整肠道菌群在肝癌中发挥防治作用有待于实验阐明。

双歧杆菌和乳酸菌等有益细菌则能抑制人体有害细菌的生长，抵抗病原菌的感染，合成人体需要的维生素，促进人体对矿物质的吸收，产生乙酸、丙酸、丁酸和乳酸等有机酸刺激肠道蠕动，促进排便，防止便秘及抑制肠道腐败作用、净化肠道环境、分解致癌物质、刺激人体免疫系统，从而提高抗病能力等方面有着重要作用。双歧杆菌细胞能够吸附食物中的致癌和致突变物质，从而保护机体细胞免受这些致癌物质的损害。双歧杆菌可通过调整肠道正常菌群，抑制肠道许多腐败菌生长，从而减少一些肠源性致癌物的产生。此外，有研究还发现双歧杆菌具有激活机体巨噬细胞的吞噬活性，而有助于抑制肿瘤细胞；双歧杆菌还可通过诱导肿瘤细胞的凋亡而达到抑制肿瘤生长的作用。

陕西省肿瘤医院郝明昭等观察绿脓杆菌制剂（PA-MSHA，是我国具有自主知识产权的生物制剂，详见本章第 5 节）辅助肝动脉化疗栓塞术（TACE 术）治疗原发性肝癌的有效性和安全性。采用非盲法随机对照实验。观察组肝癌患者 29 例，对照组 25 例。两组均采用相同的辅助肝动脉化疗栓塞术，观察组加用绿脓杆菌制剂。治疗结束后评价疗效和生活质量状况，观察并记录不良反应。结果表明，观察组有效率（完全缓解+部分缓解）为 58.6%，对照组 41.0%（$P<0.01$）；观察组的生活质量状况改善或稳定者 79.3%（23/29），对照组 76.0%（19/25）；观察组中 8 例（27.6%）患者出现与绿脓杆菌制剂相关的不良反应（表 2-8）。说明绿脓杆菌制剂联合 TACE 术治疗肝癌，可提高疗效，且无明显不良反应。

表 2-8 观察组与对照组肝癌患者临床疗效比较

组别	例数	完全缓解	部分缓解	轻微缓解	稳定	进展	总有效率
观察组	29	0（0.0）	17（58.6%）	7（24.1%）	4（13.8%）	1（3.4%）	17（58.6%）
对照组	25	0（0.0）	10（40.0%）	8（32.0%）	5（20.0%）	2（8.0%）	9（40.0%）
P			<0.05	>0.05	>0.05	>0.05	<0.05

4. 肝性脑病

近年来发现慢性肝病患者存在不同程度的肠道微生态系统紊乱（菌群比例失调和肠道细菌易位），与肠源性毒物升高和肝性脑病（HE）的发生、发展密切相关，旨在调节肠道菌群的微生态疗法已成为肝性脑病的重要策略。研究证实，微生态疗法安全有效，毒副反应少，后续效应强，患者依从性好，至少与肝性脑病传统经典药物乳果糖等效，乳酸菌和双歧杆菌等单菌制剂或多联益生剂有望成为乳果糖的理想替代物，特别用于乳果糖不耐受或无效的肝性脑病患者。

（1）肝性脑病（HE）概述

肝性脑病（HE）是由于肝功能严重障碍导致中枢神经系统功能失调的神经心理综合征。最新认为，肝性脑病为一种连续阶段，包含从轻微型肝性脑病（MHE）（0 期）到肝昏迷（Ⅳ期）等不同程度类型。肝性脑病为多因素综合作用的结果，目前认为慢性肝病患者肠道微生态系统紊乱致肠源性毒物包括氨、内毒素、苯二氮䓬类物质、硫醇等产生和吸收增多在肝性脑病发病、发展中起重要作用。

肠道菌群失调与肝性脑病的关系：慢性肝病患者肠道微生态系统紊乱，可导致肠源性毒物升高，与肝性脑病的发生、发展密切相关。研究发现，氨、内毒素、硫醇、苯二氮䓬类物质等均由肠道菌群产生，肝功异常致菌群失调后这些肠源性毒物生成增多，而肠道细菌移位和过度生长又将增加肠道渗透性，延长肠道通过时间，促进氨、内毒素等其他肠源性毒物的吸收，而肝功能受损又不能及时代谢以上毒物从而导致毒物堆积，反过来进一步加重肝脏损害，促进肝性脑病的发生。肠道是人体细菌和内毒素池，肝病时菌群失调，革兰氏阴性细菌过度生长，细菌移位，肠道渗透性增加和肝库普弗细胞（Kupffer）毒物清除能力下降，从而易致肠源性内毒素血症，在急慢性肝炎、肝纤维化、肝硬化再到肝性脑病的发生、发展过程中起重要作用。有报道内毒素血症在慢性肝炎、急性肝炎、重症肝炎、肝硬化患者中的发生率分别是79%、75%、93.3%和84.3%，且与肝功能程度相关。氨中毒仍是目前公认的致病学说之一，血氨水平与肝性脑病分级呈正相关。国外报道肝硬化患者肠道中尿素酶阳性细菌含量显著升高，结肠型细菌（拟杆菌、梭菌等尿素酶细菌）易位于小肠，在小肠中释出过多尿素酶，显著增加了肠道尿素分解和氨等含氮物质的吸收，导致高氨血症、硫醇、苯二氮䓬类物质等导致肝性脑病毒物生成增多也与菌群失调有关，Ⅰ~Ⅱ级肝性脑病患者大脑中苯二氮䓬类的受体明显增加也反证了苯二氮䓬类物质与肝性脑病发生的密切关系。因此，限食蛋白、调整肠道菌群有助于减少肠源性毒物的产生和吸收，微生态疗法调整肠－肝微生物轴已成为慢性肝病及肝性脑病的重要治疗策略。

（2）肝性脑病的微生态疗法

无论传统的乳果糖疗法，还是益生剂疗法对肝性脑病均有良好疗效，也从治疗学角度反证了肠道菌群紊乱与肝性脑病发生发展的密切关系。

①乳果糖疗法。乳果糖为小肠不能吸收的合成双糖，在结肠被乳酸菌属和粪链球菌分解为乳酸和乙酸，具有酸化肠道，引起渗透性腹泻和促进氨进入细菌体内合成蛋白质等作用。但乳果糖作为益生原，尚能有效调节肠道菌群，促进双歧杆菌、乳酸杆菌等益生菌生长，抑制大肠杆菌和肠球菌等的蛋白类分解菌，使肠内产氨减少，有效改善肝性脑病（包括轻微

第 2 章 益生剂辅助疾病的防治与康复

型肝性脑病)患者的智能和生活质量,已成为公认的肝性脑病和(或)轻微型肝性脑病经典治疗药物。胃肠道反应(如腹痛、腹胀积气、腹泻等)为乳果糖的常见不良反应,腹胀积气,腹泻发生率分别高达 30% 和 20%,致使患者依从性和耐受性差,难以完成乳果糖长程疗法。因此,建立肝性脑病和(或)轻微型肝性脑病的高效低毒、高依从性的疗法非常必要,其中以益生剂疗法最受重视。

②益生剂疗法。研究显示,乳酸菌和双歧杆菌等单种菌及多种菌联合益生剂通过补充益生菌能改善双歧杆菌与大肠杆菌比例,有效抑制细菌移位和调整肠道菌群,减少腐败菌和尿素酶阳性细菌的活性,减少肠源性毒物生成;降低肠道 pH 及其渗透性,改善肠上皮营养状况及屏障功能,提高肠道防御和免疫机能,增加毒物清除和减少毒物吸收,对肝性脑病具有显著的防治疗效。粪肠球菌(旧称粪链球菌)SF68 为乳杆菌科-链球菌属的产乳酸菌,尿素酶阴性,短程疗法证实 SF68 的确能有效调整肠道菌群,酸化肠道和减少肠源性血氨生成,显著改善肝性脑病患者的精神状态及智力指标;而Ⅰ~Ⅱ级肝性脑病患者的长程疗法比较研究显示,SF68 与乳果糖均能显著降低血氨,改善精神状态,数字连接实验(NCT)和视觉诱发电位(VEP)等指标,SF68 至少与乳果糖等效;与乳果糖组在停药后血氨,NCT 和 VEP 等指标回复至治疗前相比,SF68 具有毒副反应低、后续作用强、依从性好等优点,易于长期服用,有望成为乳果糖的替代药物。Solga 设想高浓度 VSL#3(双歧杆菌属、乳酸杆菌属、嗜热链球菌的混合制剂)能通过多种细菌、多个环节和多种机制治疗肝性脑病,其疗效应优于 SF68 的单种菌制剂,可能成为肝昏迷/中度肝昏迷的理想疗法。广州市第一人民医院贾林教授等用国产三联活菌制剂金双歧(双歧杆菌,保加利亚乳杆菌,嗜热链球菌)治疗大鼠中度肝昏迷(MHE)模型,发现金双歧使用安全,毒副反应低,能显著降低血氨和内毒素水平,使中度肝昏迷发生率由 83.3% 降至 33.3%,对大鼠中度肝昏迷实验模型具有显著的防治效应,有力支持了 Solga 的假设。

总之,慢性肝病患者肠道微生态系统紊乱可导致肠源性毒物升高,与肝昏迷的发生、发展密切相关,调整肠道菌群的益生剂疗法因有助于减少肠源性毒物的产生和吸收遂成为肝昏迷的重要治疗策略。临床和实验资料证明,益生剂疗法具有高效、低毒、后续效应强和患者依从性好等优点,有望成为乳果糖的替代药物,特别用于乳果糖不耐受或无效的肝昏迷患者。

新疆医科大学的赵凯对已发表的有关于益生剂与常规保肝治疗或安慰剂治疗进行对照研究的随机对照实验进行系统评价,以明确现在是否有充分的证据可以证明益生剂对轻微肝性脑病治疗的效果。应用计算机检索技术全面检索 Cochrane 临床对照实验数据库、Medline、Embase、万方医学网、同方医学网等相关数据库,并手工检索相关的会议论文及所有检索到的实验的参考文献,由两位研究评价员分别对筛选出的文献进行相关资料的提取及对文献质量和内容进行评价,并且由两位评价员相互核对。然后对符合纳入条件的文献进行整理及资料整合。采用血氨监测、心理系统检测、临床型肝性脑病发病率等标准评价益生剂对轻微肝性脑病患者的疗效。结果表明,总共检索到的可能符合纳入标准的文献有 12 篇,其中 6 个实验共包括 340 例患者符合纳入标准。但是,经 Jadad 评分后,各实验质量相差很大。所有纳入试验的患者均为肝硬化及门脉高压且排除临床型肝性脑病患者。益生剂治疗后相关检测指标均提示益生剂对轻微肝性脑病有良好疗效，且和对照组相比较有明显差异（$P=0.05$）。轻微肝性脑病逆转率明显较对照组高，统计有显著差异（$P=0.05$）。结论显示，本系统评价益生剂对轻微肝性脑病的治疗、逆转、相关检测指标的改善明显优于常规治疗及安慰剂。但是，因为现在轻微肝性脑病治疗的研究较少，高质量及大样本的研究更加缺乏，所得结论有一定局限性。因此，需进行更加严谨及大样本、多中心的相关实验以进一步提高实验结论的可靠性。同时，相关研究应尽可能长时间随访，并严格遵守随机、双盲及对失访的患者进行原因探查。

三、益生菌辅助治疗胰腺疾病

急性胰腺炎是常见的急腹症之一，其病因和诱因复杂多样，如胆道疾病、胆总管括约肌功能紊乱、缺血缺氧及再灌注损伤、应激、高脂饮食、大量饮酒、营养障碍及基因突变等。目前将急性胰腺炎按病情严重程度分为轻症（MAP）、中度重症（MSAP）及重症急性胰腺炎（SAP）。临床上，大多数患者的病程呈自限性，但有20%~30%的患者会发展为重症急性胰腺炎，其死亡率在重症监护室或医院分别可高达27%或39%。重症急性胰腺炎的发生、发展是一个复杂的病理生理过程，其发病的分子机制涉及炎症递质、细胞膜表面及细胞内信号分子、胰腺腺泡内钙超载等多种因素。

急性胰腺炎的治疗包括禁食、液体复苏补液、抑制胰腺分泌、抗感染及营养支持等非手术治疗及外科手术治疗。中度急性胰腺炎80%由感染引起，而感染主要来源于肠道细菌移位。数篇Meta分析结果均显示，预防性应用抗生素不能显著降低重症急性胰腺炎患者死亡率、胰腺坏死感染发生率及外科手术率，仅对降低胰腺外感染发生率有作用。近年来，益生剂治疗急性胰腺炎已在多项动物实验、随机对照临床实验及荟萃分析研究中大力开展。

Plaudis等对2005年至2008年入院的90名重症急性胰腺炎患者进行随机对照临床研究，在患者能够饮水后（胰腺炎早期24~48小时）给予对照组（$n=32$）全蛋白要素肠内营养，治疗组分别给予添加了益生菌（$n=30$，乳酸杆菌10^{10}/天，包括植物乳杆菌、肠膜明串珠菌、干酪乳酸杆菌，2次/天）和合生原［$n=28$，乳酸杆菌10^{10} CFU/天＋活性纤维2000Forte（强度单位），2次/天］的肠内营养干预，但每日的肠内营养剂量及卡路里供给较对照组偏少（$P=0.001$）。结果显示，与对照组相比，添加了益生菌或合生原肠内营养治疗组的胰腺坏死及发生胰周围感染率、外科手术干预率均显著下降，急诊监护室住院天数和总住院时间显著缩短，此外添加益生剂的肠内营养组患者死亡率也显著下降（$P<0.05$）。提示早期低剂量给予添加益生剂或合生原的肠内营养能够改善重症急性胰腺炎的预后。此实验的特点是探讨了合生原在重症急性胰腺炎中的作用。

另外，崔立红等将2005年1月至2012年10月入院的70位重症急性胰腺炎患者随机分3组，分别予以肠外营养（PN，$n=25$，给予葡萄糖、氨基酸、脂肪乳）、肠内营养（EN，$n=25$，入院48~72小时给予能全力、瑞素）及肠内免疫益生剂营养（EIN，$n=23$，入院48~72小时给予能全力、瑞素＋培菲康840 mg/次，2次/天，活菌含量124亿个/克）。2周后的结果显示，与其他两组相比，肠内益生剂营养组7.14天时血浆肿瘤坏死因子-α、白介素-8、C反应蛋白的浓度及白细胞计数、血淀粉酶、脂肪酶、乳酸脱氢酶活性均显著下降（$P<0.05$）；治疗14天胃动力评分显著提高［（0.28±0.05）分、（0.71±0.11）分、（0.43±0.09）分，$P<0.05$］，上消化道出血、导致胰周感染与脓肿等并发症发生率明显降低（$P<0.01$），住院时间明显缩短（$P<0.01$），但3组死亡率差异无统计学意义。提示：早期肠内免疫微生态营养可以降低重症急性胰腺炎的炎症递质水平，减轻炎症反应，促进肠功能恢复，减少感染等并发症，改善预后，与既往报告探讨早期肠内营养加益生剂（枯草杆菌及肠球菌胶囊0.5 g，3次/天，口服）对重症急性胰腺炎患者疗效的临床实验结论相仿。

第5节 益生剂辅助肥胖、心血管疾病防治与康复

肥胖、高血脂、动脉硬化、高血压、冠心病、脑中风可看成心脑血管疾病的不同阶段，是疾病连续发展和加重的全过程，甚至还是引发肿瘤、糖尿病的危险因素。

一、肥胖

（一）概述

肥胖不仅是一种疾病的症状，也是一种由多种因素引起的慢性代谢性疾病，以体内脂肪细胞的体积增大和脂肪细胞数量增加导致体内脂肪占体重的百分比异常增高，并在某些局部过多沉积脂肪为特点。

单纯性肥胖患者全身脂肪分布比较均匀，没有内分泌紊乱现象，也无代谢障碍性疾病。

多数肥胖患者的家族往往有肥胖病史，是危害健康的一种慢性代谢性疾病，大多认定为多因素遗传，父母的体质遗传给子女时，并不是由一个遗传因子，而是由多种遗传因子来决定子女的体质，所以称为多因子遗传。例如，非胰岛素依赖型糖尿病、肥胖，就属于这类遗传。父母中有一人肥胖，则子女有40%肥胖的概率，如果父母双方皆肥胖，子女可能肥胖的概率升高至70%~80%。食物种类繁多，各式各样美食的引诱，再加上大吃一顿几乎成了一种普遍的娱乐，膳食中脂肪（尤其是动物脂肪）、喜吃零食、夜间加餐等过量、糖类摄入量过高，都是造成肥胖的主要原因。运动有助于消耗脂肪，在日常生活之中，随着交通工具的发达、工作的机械化、家务量减轻等，使得人体消耗热量的机会更少，但摄取的能量并未减少，而形成肥胖。肥胖导致日常的活动越趋缓慢、慵懒，更减低了热量的消耗，导致恶性循环，助长肥胖的发生（图2-20）。

继发于肾上腺机能亢进、甲状腺功能减退症、糖尿病等也可引发肥胖，均属于继发性肥胖。

2017年6月12日《新英格兰医学期刊》载：美国最新数据，全球人口33%超重，10%肥胖，全球大约22亿人超重，占全球总人口的1/3，同时，大约7.12亿人（占全球总人口的10%）是肥胖人群。

我国超重人数约有2亿，达到肥胖程度的超过9000万，男性肥胖人数4320万人，女性肥胖人数4640万人，总人数高居世界第一（因我国人口绝对总数多）。我国18岁以下的肥胖人

a 肥胖女性　　　　　　　　　　　b 肥胖儿童

图 2-20　肥胖女性和肥胖儿童

数已经达到了 1.2 亿，我国有 12% 的孩子超重，北方肥胖指数（35%）高于南方（27%）。

据国家统计局透露，2015 年，中国人口平均预期寿命达到 76.34 岁，比 2010 年的 74.83 岁提高 1.51 岁。分性别看，男性为 73.64 岁，比 2010 年提高 1.26 岁；女性为 79.43 岁，比 2010 年提高 2.06 岁，女性提高速度快于男性，与世界其他国家平均预期寿命的变化规律相一致。

中国成人男、女超重和肥胖发生率现状分别是 21.25%、2.11% 和 21.71%、3.37%；肥胖发生率北方高于南方；城市高于农村；在城市男性普遍高于女性，在农村男性普遍低于女性；经济发达地区患病率高，大城市尤为突出；与 1992 年相比 2002 年我国成人超重和肥胖分别增加了 40.7% 和 97.2%。

目前临床用体质指数（BMI）来评价：<18.5 kg（体重）/m（米，身高）者为体重过低，18.5~23.9 kg/m 为正常范围，≥24 kg/m 为超重；≥28 kg/m 为肥胖。但应该注意有些 BMI 增高的患者不是脂肪增多，而是肌肉或者其他组织增多。

（二）治疗

国外许多专家、学者对减肥方法进行了广泛而深入的研究，提出了不少行之有效的方法，大致分为两类：一类是科学饮食减肥法，通过科学控制日常饮食达到减肥目的；另一类是生理期减肥法，依据身体的机能状况并配合饮食，以达到减重的目的。

1. 科学饮食减肥法

少吃糖类（包括米、面等）、肥肉和油腻食品，以减少转化为脂肪。用家禽肉、瘦肉代替肥肉；用鸡蛋、牛奶、豆制品代替糖多、油大的饭菜，不吃油炸小吃、西式快餐；不吃巧克力、奶油冰激凌、糖果、甜饮料等甜点心；补充各种维生素，多吃粗粮、蔬菜，不要一边看电视一边吃东西，不饮酒；加强锻炼（如步行、慢跑、广播操、舞蹈、骑自行车、游泳、跳绳、爬楼梯等）；建立健康的生活方式，合理营养，积极锻炼，充足的睡眠，善于调节心理压力，保持稳定情绪；不吸烟、不吸毒、不酗酒。

2. 生理期减肥法

生理期减肥，就是运用生理周期将瘦身分成 4 期，分别是月经来的第 1 天至第 7 天称为瘦身福利期、月经后的第 7 天至第 14 天称为瘦身超速期、月经后的第 14 天至第 21 天称为瘦身平快期及月经后的第 21 天至第 28 天称为瘦身缓慢期。在这四个阶段，依据身体的机能状况并配合饮食和锻炼，以达到减重的目的。

（三）益生剂与减肥

近年来的大量研究表明，肠道微生物异常及肠道内长期的弱炎症反应是引起肥胖及相关代谢疾病的两个重要因素。前已述及，肠道微生态系统是人体最大的微生态系统，栖息着大约 10^{14} 数量级的细菌，菌种达 1000 余种，正常成年人的肠道内的微生物总重量有 1~2 kg，其菌体总量几乎是人体自身细胞的 10 倍，其编码的基因数量至少是人体自身基因的 100 倍。人体的生理代谢是由被称为"肠道源基因组"（肠道菌群的基因组信息的综合）与人体自身的基因组通过与环境相互作用相互影响的，为此，Lederberg 将人体形容为一个"超级生物体"。肥胖形成过程中肠道微生物及宿主的相互作用，益生剂可以调节肠道菌群及改善体内弱炎症反应症状，益生剂有可能为防治由肠道菌群失调及弱炎症反应引起的肥胖提供一种新的方法。

双歧杆菌属对肥胖的作用：很多实验研究证明，高脂肪或者是高碳水化合物进食容易引发肥胖以及糖尿病，改变肠道内的微生物组成，大量的双歧杆菌、拟杆菌（*Bifidobacterium spp*, *Bacteroides*）减少。在很多的研究中都证明在肥胖受试者肠道中双歧杆菌的数量都明显要低于正常体重受试者，在防治肥胖中双歧杆菌可发挥一定的作用。Kalliomaki 等比较了正常体重孩子粪便中的微生物，研究发现双歧杆菌的水平在正常体重孩子的粪便中比肥胖孩子增加了两倍。Callado 等观察到在怀孕过程中，孕妇肠道中微生物的组成与体重相关性，当孕妇超重时，类拟杆菌（*Bacterorids*）和金黄色酿脓葡萄球菌（*S. aureus*）比正常体重的要多，而双歧杆菌在正常体重时的数量比超重时数量要多。Kalliomaki 及 Callado 都较明确地指出肠道菌群的组成（高双歧杆菌和低金黄色酿脓葡萄球菌）可以避免超重及肥胖的形成。但是 Santacruz 等认为，益生菌在体重控制中所起作用还有待于进一步的验证。在其研究中发现体重减少时乳杆菌有增加，这意味着乳杆菌在体重控制上有一定的作用。

乳杆菌属细菌对肥胖的作用：目前乳杆菌在控制肥胖中的作用研究主要集中在以下三方面。①减少脂肪的吸收，增强脂解作用；②免疫调节；③产生功能性物质。Sato 等研究发现加氏乳杆菌 SBT2005（*Lactobacillus gasseri* SBT2055）能显著减小肠系膜、腹膜后白色脂肪细胞尺寸，相对于对照组，LGSP 膳食小鼠组肠系膜及腹膜后白色脂肪组织中小细胞的数量更多，此菌株存在潜在的控制脂肪细胞生长的能力。Kadooka 等研究也证明加氏乳杆菌 SBT2055 可以减少腹部脂肪、肥胖小鼠体重等，其可能机制是减少脂肪的吸收及影响宿主的能量代谢。Tanida 等研究表明副干酪乳杆菌 ST11（NCC2461）[*Lactobacillus paracasei* ST11（NCC2461）] 可以通过作用于自主神经，减少小鼠的体重。Ma 等研究了益生剂 VSL #3 对野生型雄性小鼠（C57BL 6）的体重、胰岛素抗性、肝脏脂肪变性、肝脏自然杀伤性 T 细胞（NKT，肿瘤细胞的超级杀手）数量及炎症反应的影响，高脂肪进食引起 NKT 细胞大量消耗，从而导致胰岛素抗性及脂肪变性。

益生剂"减肥"应坚持以下四步。

第一步：晚餐前 5 分钟服用一袋益生剂，随后喝 300 mL 的水（也可以用温冷水冲服益生菌，不要用热水），此时益生菌抵达肠道并定植在肠道表面。

第二步：5分钟后可以开始正常享受美味，以瘦肉和蔬菜为主，米饭半碗，多吃菜，少吃饭，避免肥肉脂肪等食材。

第三步：饭后半小时再喝 300 mL 水，水分可以让益生菌加倍的繁殖与生长，更有力阻止过多的脂肪吸收。

第四步：饭后请保持 30 分钟的站立时间再坐下。

注意事项：避免摄入带有高糖分的食品，糖分和脂肪混合在一起是发胖的元凶。不要饿，不要节食。多吃菜，吃八分饱即可。适当保持运动量。懒人可以选择散步 30 分钟。坚持 21 天，你会发现内脏脂肪被减少，体重得到改善。

《排毒减肥》是 2005 年当代世界出版社出版的图书，作者是（韩）金昭亨博士。该书是为那些注意服用维生素、重视运动的女性而写。

美味的益生菌酸奶是最受女性喜爱的瘦身饮品。每天饮用益生菌酸奶具有调节肠道菌群、加速胃肠蠕动、清除肠道毒素、激活肠道等功能，同时抑制肠道对肉类脂肪的吸收，阻止脂肪组织构建，防止脂肪堆积，是减肥者的最佳饮品选择。

排毒减肥法认为，妨碍新陈代谢的毒素是造成肥胖的原因。因此，只有通过多样的减肥法除去体内的毒素，才能使身体变得健康，体重也不会反弹。通过多年成功的诊治，金昭亨院长对治疗方法很有把握。现在，她希望能将这种新的减肥法和那些持有"减肥法应该等于健康法"信念的女性分享。

北京联合大学的宋瑜等在综述中指出，多种类型的肠道细菌是促进或抑制机体肥胖等多种疾病的特殊因子。Everard 等研究发现，肥胖小鼠肠道中的嗜黏蛋白-艾克曼菌含量远远低于正常小鼠。如果将肥胖小鼠肠道中的嗜黏蛋白-艾克曼菌含量恢复至正常水平，将会引起脂肪含量减少和胰岛素抵抗减弱。这一发现说明了嗜黏蛋白-艾克曼菌菌株与肥胖症之间的联系。研究表明，新生儿的肠道微生物组在其肠道健康及未来的成长过程中具有重要的影响。新生儿早期肠道微生物组的变化与其童年时期的肥胖、自身免疫功能，包括哮喘、过敏，甚至Ⅰ型糖尿病都密切相关。在几个随机对照实验中，已经证实益生剂具有保护孕期的母亲及婴儿的健康作用。大量的研究表明，超重者或者肥胖者的肠道菌群中的细微的特殊变化，都将引起无论正面还是负面的肥胖、炎症、葡萄糖和脂平衡的变化。总之，肠道菌群组成或者肠道菌群活性的细微变化与人体炎症、储存脂肪及葡萄糖变化反应有很大关系。微生物操纵的饮食可以通过改变肠道功能和代谢，促进健康减肥。益生菌和益生原是有趣的研究工具来评估肥胖与特定细菌的相关性。益生原可以促进减肥并且通过调节与食欲和肠道屏障功能相关的肠肽类来增强代谢性应激。

二、益生菌与降血脂

（一）血脂

血液中的三酰甘油、胆固醇及胆固醇酯共同称为血脂。正常成人血清三酰甘油 0.56 ~ 1.70 mmol/L；总胆固醇 3.1 ~ 5.7 mmol/L；高密度脂蛋白（主要含磷脂，0.78 ~ 2.2 mmol/L）有抗动脉硬化作用；低密度脂蛋白（主要含胆固醇，1.56 ~ 5.72 mmol/L）升高是冠心病的危险信号。

第2章 益生剂辅助疾病的防治与康复

三酰甘油是体内最佳的储能形式（碳原子多、氧原子少，耐氧化"燃烧"），单位重量为糖、蛋白质的2倍（9000卡/克），体积紧凑；是人体饥饿（50%）或禁食（80%）时的主要能源；具有御寒、隔热、保暖、缓冲（如足跟、臀部的脂肪垫）、保护（如皮下脂肪、腹腔大网膜保护内脏）作用；有助于促进溶解于脂肪的脂溶性维生素（A、D、E、K）的吸收；不饱和脂肪酸是构成磷脂、细胞膜及前列腺素的原料；植物油含不饱和脂肪酸多，与维生素E及芝麻醇有保护血管内壁细胞不受损伤，防止动脉硬化及血栓形成，保护皮肤不受过度氧化等。

类脂包括磷脂和胆固醇。卵磷脂由甘油、脂肪酸、磷酸、胆碱组成，又称磷脂酰胆碱；脑磷脂由甘油、脂肪酸、磷酸、胆胺组成，又称磷脂酰乙醇胺。磷脂是合成细胞膜的重要成分，维持细胞的完整性；是神经鞘膜的主要成分，起绝缘作用。

胆固醇与胆固醇酯是由最短链的脂肪酸——乙酸（即醋酸）合成，故也属于类脂。胆固醇酯是胆固醇和不饱和脂肪酸结合形成的酯，是胆固醇的运输形式。胆固醇同样具有重要的生理功能：胆固醇是细胞膜重要成分；是合成胆汁酸盐的原料，利于乳化脂肪，帮助脂肪消化吸收；转化成脱氢胆固醇在皮肤经紫外线生成维生素 D_3；可转化成肾上腺皮质激素、性激素、孕激素、雌酮；但游离胆固醇可沉积于血管壁，使动脉发生硬化；少量可从胆汁排出（易形成结石）。

血浆中的三酰甘油及胆固醇都是以脂蛋白的形式运输，即载脂蛋白+三酰甘油形成的乳糜微滴运输；载脂蛋白+胆固醇组成低密度脂蛋白（LDL）、载脂蛋白+磷脂+胆固醇组成高密度脂蛋白（HDL）。低密度脂蛋白的生理功能是将肝脏中合成的内源性胆固醇转运到周围的组织中去；而高密度脂蛋白可以将外周细胞中的游离胆固醇运送到肝脏中，实现胆固醇逆转运（RCT）是机体排出多余胆固醇的最主要途径；高密度脂蛋白可以维持血液中胆固醇水平的平衡，预防或缓解动脉粥样硬化的发生。

高脂血症又称高脂蛋白血症，是指脂肪代谢过程中，血浆中的几种脂质水平比正常偏高。主要表现为血清总胆固醇（TC）、三酰甘油（TG）和低密度脂蛋白胆固醇（LDL-C）比正常水平偏高。根据流行病学及临床医学研究表明，血液中胆固醇含量高于正常水平与心血管疾病（CVD）的发生呈正相关。有报告称，比正常胆固醇水平高出 1 mmol/L（>5.2 mmol/L），患冠状动脉心脏疾病的风险增加了35%；同时，降低血清中胆固醇水平的1‰可以将患心脑血管疾病的风险降低2%~3%。导致心血管疾病的主要原因是动脉粥样硬化，动脉粥样硬化的危险因素之一是高胆固醇血症。

原发性高脂血症、动脉硬化、肥胖、糖尿病、胆管阻塞等血脂可升高。三酰甘油、胆固醇虽是引发动脉硬化的物质基础，却也是人体重要的组成成分和功能物质。

高脂血症的临床表现主要包括两大方面：脂质在真皮内沉积所引起的黄色瘤，主要是由于真皮内集聚了吞噬脂质的巨噬细胞（黄色瘤泡沫细胞，又名黄色瘤细胞所致，图2-21），可在眼睑部位看到，由于高脂血症时黄色瘤的发生率并不十分高，故并不是高脂血症者均可见到；动脉粥样硬化的发生和发展则需要相当长的时间，所以多数高脂血症患者并无任何症状和异常体征发现。而患者的高脂血症则常常是在进行血液生化检验（测定血胆固醇和三酰甘油）时被发现的。

由于三酰甘油过高,产生的大颗粒脂蛋白就会沉积在眼底的小动脉上,视网膜就会受到损伤,眼睛就会经常出现黑色漂浮物,加上视力会受阻,模糊不清,看东西如云烟(图2-22)。

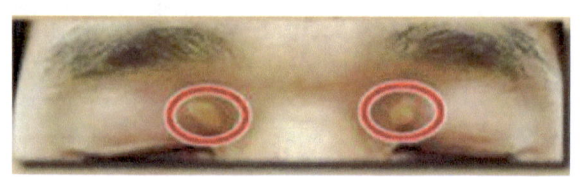

图2-21 黄色瘤

(引自:搜狐健康 编译/周亦川.)

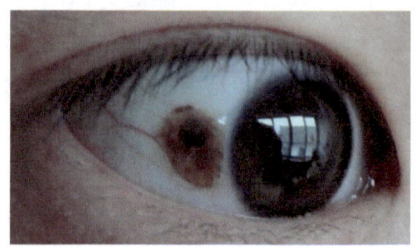

图2-22 高血脂所知眼底改变

(引自:搜狐健康 编译/周亦川.)

高脂血症是体内脂类代谢紊乱导致血脂水平增高的一种疾病,并由此引发一系列临床病理表现的病症。大量研究表明高脂血症可引发许多疾病,与中风、心肌梗死、心脏猝死、糖尿病、高血压、脂肪肝等的发病有着密切关系,是形成冠心病的主要因素之一。近年来,随着人们生活习惯特别是饮食习惯的改变等多种因素的影响,高脂血症的发病率有明显增高的趋势,而且本病引起的心脑血管疾病等往往发病率高,危害大,病情进展凶险。知名艺术家高秀敏、侯耀文就是因为高脂血症逐步发展为冠心病而过早离世的。

降低人体血胆固醇含量的主要手段是减少体外摄入,而膳食中摄入的胆固醇主要来源于动物性食品,如禽蛋蛋黄、猪肥肉及动物内脏、脑等。因此,降低动物肉中和禽类蛋中胆固醇的含量是科学研究的重点。

(二)益生剂与降血脂

根据流行病学及临床医学统计,全世界每天因高脂血症引发的心脑血管疾病死亡人数近4000人之多,我国每年因高血脂引起的动脉粥样硬化、冠心病、高血压、脑中风等心脑血管疾病所导致的死亡人数以每年12%的速度递增。世界卫生组织(WHO)已预测,到2030年,全球死于以心脏病、中风为主的心血管疾患者数将会达到2300万人。而且,服用降血脂药物之后会产生不同程度的不良反应。

有研究发现,益生菌及含有益生菌的益生剂不仅可以保持肠道内微生物平衡,而且还会发挥降低人体和动物血脂的作用,从而可以减少心脑血管疾病的风险。近年来,益生剂以其独特的功能特性及无不良反应或者低不良反应受到了研究人员和消费者的高度关注。

临床实验证明,多种菌株如鼠李糖乳杆菌、植物乳杆菌、嗜酸乳杆菌、干酪乳杆菌、副干酪乳杆菌、长双歧杆菌、双歧杆菌、粪肠球菌、罗伊氏乳杆菌、加氏乳杆菌、短双歧杆菌和嗜淀粉乳杆菌能够有效地调节血清中脂质,其中,关于乳酸菌和双歧杆菌降血脂的研究比较多。

不同种类的菌体降低胆固醇的能力不同,但对同一菌株来说,生长状况不同其降胆固醇的能力也不相同。不同种类的菌株在相同的培养条件下吸收胆固醇的能力差异很大。即便是同一菌株在不同的实验次数中也有很大差异,而同一菌株同一批次的3个重复中菌株的生长情况和吸收胆固醇的比例也存在着一定的差异,但差异不显著。这证明菌株对胆固醇的降解能力与菌体的生长状况有关。

Al-Sheraji 等用假单胞菌 G4 和双歧杆菌 BB536 菌株饲喂高脂膳食的大鼠，8 周后，喂食高脂的阳性对照组的大鼠血浆中三酰甘油、胆固醇和丙二醛水平显著升高。丙二醛是体内脂质过氧化的产物（自由基作用于脂质发生过氧化反应，氧化的终产物为丙二醛，会引起蛋白质、核酸等生命大分子的交联聚合，且具有细胞毒性）。然而，在喂食假单胞菌 G4 和双歧杆菌 BB536 的高脂模型大鼠组，不仅血浆三酰甘油、低密度脂蛋白、极低密度脂蛋白和丙二醛水平显著降低，而且粪便中排泄的胆汁酸含量也明显比对照组高。随后研究人员对益生剂在人体内降血脂的效果也进行了大量的研究：也证明含乳酸杆菌 LA5、双歧杆菌 Bb12 的酸乳能够降低血清中三酰甘油、胆固醇的水平，而且还能提高具有保护冠心病作用的高密度脂蛋白的水平。

关于乳酸菌降低胆固醇在人体内的应用效果，经研究表明，服用乳酸菌发酵牛奶制品有降低人体内胆固醇的作用。Lin 等（1998）用患有高胆固醇病的人群进行实验，给他们都服用等量的乳杆菌制剂，半年后对被测人群的血清进行检测时发现，总胆固醇含量和低密度脂蛋白浓度都有所下降，并且实验前血清中胆固醇含量越高的人，其下降越明显，因此推断乳酸菌具有降低人体血清胆固醇含量的作用。Kiebling 等（2002）对年龄在 19～56 岁的 29 名健康女性进行研究，发现每日饮用 300 g 酸奶的人 21 周后能够显著增加高密度脂蛋白的含量，进而使高密度脂蛋白与低密度脂蛋白的比率从 3.24 下降到 2.48。所以乳酸菌作为食品添加剂及临床应用来降低人体的胆固醇的前景十分乐观。

1. 影响因素

影响益生剂对降低血胆固醇作用的因素颇多，除上述与菌种有关外，还受 pH 的高低、胆盐浓度和益生原等因素的影响。

（1）酸碱度（pH）

嗜酸性乳杆菌 ATCC43121 吸收的胆固醇显著高于不控制 pH 的吸收值。菌体对胆固醇的吸收量随 pH 降低而增加，可能是因为 pH 降低，菌体密度增大或胆固醇与培养基中的胆盐形成共沉淀，进而降低培养基中胆固醇的含量。

（2）胆盐浓度

不同种类的胆盐对乳酸菌的生长和降胆固醇的效果不同。Tahri K 等（1997）认为，在抑制菌体生长方面，游离胆盐比之结合的胆盐作用更明显。在吸收胆固醇方面，结合胆盐比游离胆盐效果更容易被吸收。这主要是因为结合胆盐被胆盐水解酶水解，降低了胆固醇的含量。乳酸菌必须对胆盐具有一定的耐受性，才能引起胆固醇水解酶水解，降低了胆固醇的含量。机体就会利用血浆中的胆固醇来合成缺失的胆盐，进而降低了机体胆固醇水平。研究发现，不能降解胆盐的乳酸菌不能明显地去除胆固醇，因此，胆盐水解酶被认为是筛选乳酸菌降胆固醇的一个重要条件。

（3）益生原

添加适量的益生原也能够促进乳酸菌降低胆固醇的作用。如适量的添加吐温（Tween）80 能提高乳杆菌的降胆固醇能力，但是添加量过多时反而会抑制其降胆固醇的能力。半乳寡聚糖能促进发酵乳酸杆菌的生长同时也能促进对胆固醇的吸收。

2. 降低胆固醇的机制

（1）吸收理论

吸收胆固醇进入菌体：Gilliland 从猪肠道中分离到嗜酸乳杆菌（*Lactobacillus acidophilus*）P47，然后对其进行了降低胆固醇的体内和体外研究，结果发现在厌氧的条件下，随着牛胆汁的量逐渐加大，环境中胆固醇的残余量逐渐下降，而在破碎细胞后，细胞中胆固醇含量有所增加，从而推测菌体细胞对胆固醇有吸收作用。研究表明，胆盐浓度、种类、pH 及菌种的不同类型都会影响对胆固醇的吸收。

（2）胆固醇对细胞膜的黏附或掺入机制

Liong 和 Shah 报道，除了具有生长活性的细胞，非生长和死亡的乳酸杆菌细胞也可以从介质中去除胆固醇，证实了处于平衡期和衰亡期的益生菌的细胞膜仍然有能力结合胆固醇。Usman 通过研究也得到了相同的结论。Huey-Shi Lve 通过扫描电镜发现了胆固醇黏附于乳酸菌的细胞表面，有研究者认为胆固醇黏附于细菌的细胞上是一种物理现象，受细胞壁肽聚糖结构和化学性质影响，肽聚糖包含能够与胆固醇结合的氨基酸。Lye 等发现具有降胆固醇功能的干酪乳杆菌的细胞膜总脂肪酸、饱和脂肪酸和不饱和脂肪酸的变化非常显著。通过荧光探针插入到细胞膜评估掺入胆固醇的位置时，发现胆固醇富集在细胞膜磷脂双分子层的磷脂尾巴及极性头部区域中（图 2-23）。

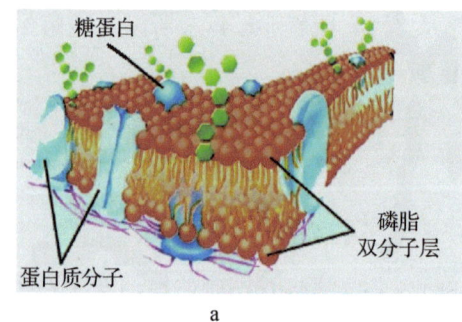 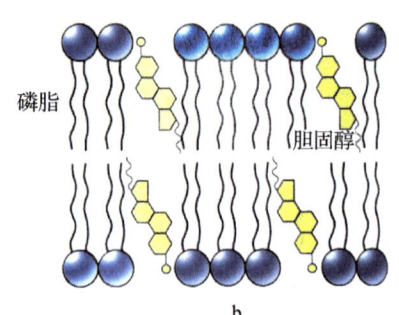

a   b

图 2-23 细胞膜结构示意

（引自：陈誉华. 医学细胞生物学，2014.）

（3）胆盐水解作用

一些乳酸杆菌已经被证实可以产生胆盐水解酶（BSH），胆盐水解酶是一种能够催化与甘氨酸或牛磺酸结合胆盐（分别为甘氨胆酸钠和牛黄胆酸钠）水解，生成氨基酸残基和游离胆汁酸的酶。一些研究报告表明，低 pH 有利于胆盐水解酶的分泌。对于通过胆盐水解降血脂作用主要来源于以下两个方面。①在酸性条件下，益生剂产生的胆盐水解酶解离结合态胆盐，生成游离胆汁酸，与胆固醇共同沉淀。Claverp 通过对多株乳杆菌和双歧杆菌进行了降胆固醇的研究，证实了游离胆汁酸与胆固醇共沉淀的观点。Usnan 用具有胆盐水解酶活性的 *L. gassed* SBT0270 饲喂高胆固醇血症大鼠，结果发现喂食后大鼠血清中总胆固醇和低密度脂蛋白-胆固醇（LDL-C）水平明显降低，同时粪便中胆汁酸的含量也明显增加。由此研究者认为该菌株在体内降胆固醇的能力与其胆盐水解酶活性密切相关。②促进肝肠循环。胆汁酸通常是通过肝肠循环再进行重吸收，游离胆汁酸溶解度较低，相对于其结合态的胆盐不能被肠黏膜细胞有效地重吸收,从而导致了大量的游离胆汁酸从粪便排出。血液中胆固醇在肝脏中形成新的胆汁酸取代排泄的胆汁酸,间接促进了胆固醇的分解代谢。因此,胆汁酸排泄的越多,血液中胆固醇清除率越高。

(4) 破坏胆固醇胶束的形成

Arakip 等发现,胆固醇结合到细菌细胞表面能抑制胆固醇微胶粒的形成。胶束的形成需要胆汁盐,磷脂和胆固醇分子。胶束的破坏不能将脂肪酸运送到肠道黏膜表面用于吸收,从而导致胆固醇水平的降低。

(5) 与胆汁盐结合

Fukushima 等报道嗜酸乳杆菌可以与胆汁盐结合,从而推断与乳杆菌结合的胆汁盐不可用于胆固醇微胶粒的形成。目前,胆盐破坏胆固醇胶束的形成还没有具体的研究报道。Nakajima 等用可以产生和不产生胞外多糖的菌种发酵牛奶,饲喂大鼠后,大鼠中血清中胆固醇含量有着明显的不同。研究者分析称胆固醇含量的不同是由于菌体产生的胞外多糖,胞外多糖对消化水解酶具有耐受性,以及持水性能,胆固醇黏附于胞外多糖,使肠道对胆固醇的吸收有所降低。益生剂抑制脂质的合成,益生菌在生长过程中可以利用碳水化合物生成短链脂肪酸及其盐类,尤其是丙酸盐,能够抑制脂肪酸和胆固醇的合成。

抑制宿主细胞对胆固醇的吸收。Huang Y 等(2010)最新研究发现,NPC1L1 蛋白合成的多少直接影响肠道对胆固醇的吸收水平,而嗜酸乳杆菌 ATCC 4356 能够分泌出可溶性反应分子,该反应分子可以抑制 NPC1L1 的合成,进而阻止了肠道细胞对胆固醇的吸收。嗜酸乳杆菌 ATCC 4356 还能通过调节肝脏 x 受体来降低胆固醇的含量。

(6) 将胆固醇转化为其他物质

于平等(2011)将已接入植物乳杆菌 LpT2 厌氧条件培养 24 小时后测定其上清液、沉淀和菌体内胆固醇总的含量为 0.045 mg/mL,与未接种益生菌前加入的胆固醇含量相比降低了 55%,由此推断可能是该菌体产生了某种物质或特殊酶系将培养基中的胆固醇转化为其他物质,从而降低其胆固醇的含量。

(7) 菌体内酶分解作用

邓凯波等(2010)对分离自内蒙古传统稀奶油的乳酸菌进行降胆固醇实验时发现,屎肠球菌 KLDS 6.0330 所降解的胆固醇中一部分被菌体吸收了,而另一部分消失了,推断可能由于菌体本身产生了胆固醇氧化酶降解了一部分胆固醇。

张泽生等研究结果显示,高脂饮食仓鼠分别采用鼠李糖乳杆菌、双歧杆菌、植物乳杆菌和嗜酸乳杆菌菌液灌胃 6 周后其血清 TC、TG 水平,肝脏中 TC、TG 含量及动脉粥样硬化指数(AI)均有效降低,血清高密度脂蛋白胆固醇(HDL-C)水平均有效升高,其中以鼠李糖乳杆菌作用最强。刘瑞芳等对 60 例危重症患者进行研究发现,添加益生剂(金双歧)可有效改善患者脂代谢,且与益生菌牛奶联用具有协同增效作用。一项纳入 11 项随机对照实验、包含 641 例 2 型糖尿病患者的荟萃析结果显示,与安慰剂组相比,服用益生剂者低密度脂蛋白胆固(LDL-C)下降 8.32 mg/dL、TC 下降 12.19 mg/dL。一项纳入 12 项随机对照实验(共包括 14 项研究)的荟萃分析结果显示,606 例血脂正常者/高胆固醇患者补充益生剂后总胆固醇净变动 7.40 mg/dL($P = 0.02$),低密度脂蛋白(LDL)净变动 6.63 mg/dL

（$P=0.01$），高密度脂蛋白（HDL）净变动 0.59 mg/dL（$P=0.84$），TG 净变动 –1.32 mg/dL（$P=0.51$），表明补充益生剂可有效降低血脂正常者/高胆固醇血症患者血清总胆固醇和低密度脂蛋白水平，有利于降低心血管事件发生风险。

应用益生剂对降低血脂、控制胆固醇的作用虽然最近才被认可，但是人类早就知道用发酵的酸奶和奶酪和一些常见的益生菌能够降低胆固醇，特别是最近 20 年来才受到科学家和医务界的大规模重视和研究。曼恩和珀里最早在非洲部落中发现了非洲马赛人大量饮用有乳杆菌发酵的乳制品，其血清胆固醇含量普遍较低，后又发现经常饮用酸奶的美国人体内的血清胆固醇含量也较低，这才引起世界营养学界、医学界、微生物学界的关注，从而掀起了益生剂对降低胆固醇作用的研究。瑞典科学家对 30 名受试者分成两组，第一组每天饮用 200 mL 的果汁，每毫升中含有 5000 万个活性乳杆菌，即每天摄入 10 亿个益生菌；另一组饮用不含益生菌的果汁。6 周后，第一组的胆固醇水平明显下降，同时血清中的纤维蛋白水平也明显下降；另一组的胆固醇水平和纤维蛋白水平却没有下降。

在对益生剂和胆固醇的研究中发现，当饮用大量的益生剂，即每剂含有 100 多万个益生菌时，人体内的胆固醇就会降低，更重要的是血清中高密度脂蛋白明显升高，而后者是预防动脉硬化、预防冠心病的保护因子。

益生菌疗法不仅可以降低血清胆固醇，还可以降低血压，而动脉硬化和高血压又是导致冠心病的又一高危因素。日本东京医学院心血管中心为期 12 周的随机双盲安慰剂对照临床研究，对 39 位中年高血压患者（女 16 名，男 23 名，年龄在 28～81 岁）进行观察，观察他们饮用了发酵乳饮料后的血压变化，结果表明，单一剂量的乳酸菌制剂即可明显降低血压。

日本信州大学的研究者也发现：某些益生剂可以抑制携带胆固醇的胆汁酸，在肝中的再吸收，并具有将血液中的胆固醇通过粪便排出的功能。他们对一组 18～55 岁的患有高血压的人群进行了长达 8 周的观察，让其中的一组受试者每日补充一定量的益生剂，结果发现他们的血压有明显的降低，而未服用益生剂的对照组人群血压并没有降低。

益生剂可以加速进入肠道胆汁的早期分解，并随粪便排出体外，胆囊中的胆汁开始减少，为了保持一定的平衡，产生更多的胆汁，身体开始调动它本身的胆固醇储备，胆固醇将被渐渐调离进入肝脏来产生更多胆汁，胆固醇随之降低；益生菌可直接吸附食物中的胆固醇，并随菌体排出体外；益生菌可抑制携带胆固醇的胆汁酸在肝中再次吸收，并将血液的胆固醇通过粪便排出的方式去除。

益生剂可以降低 58% 的胆固醇，有效降血脂、对抗冠心病、保护心脑血管的重要作用，能够净化血液、降血压血脂、防止动脉硬化，预防心血管疾病、脑中风和糖尿病。

人体脂肪形成主要由糖类分解后转化成脂肪，人体通过对约氏乳杆菌的摄入后，在肠道定殖，参与消化、吸收、代谢功能，充分发挥其降体脂肪、降胆固醇之功效。益生菌含有柠檬酸裂解酶，能将糖分解生成的柠檬酸，转化为辅酶 A，直接导致糖转化为脂肪蓄积体内。约氏乳杆菌减少柠檬酸裂解酶分泌，阻断脂肪的形成和加速体内蓄积脂肪的氧化代谢；益生剂可促进胆盐水解酶系列的分泌，使胆盐失去水溶性成为低水溶性胆盐，并与胆固醇结合形成沉淀排出体外，阻断脂肪的形成和降低血胆固醇的含量；益生剂可能与其调节和利用内源性代谢产物并且加速短链脂肪酸代谢有关。双歧杆菌、乳杆菌益生剂，服后可使胆固醇转化为人体不能吸收的粪甾醇类物质。从而降低胆固醇水平；益生菌如乳酸菌具有抑制胆固醇合成酶活性的作用，可减少胆固醇在体内的合成；双歧杆菌则可减少胆固醇在体内的重吸收。大量研究表明，益生剂对降低胆固醇的原因可能包括胆固醇与游离胆酸盐的共沉淀作用、胆固醇与胆酸盐水解酶活性的吸收作用、胆固醇结合到细菌细胞膜或益生菌的胞壁上。另外，益生菌的菌体成分和发酵产物在一定程度上具有控制血压的作用。应注意的是，益生剂仅能够降低高脂人群的血清胆固醇含量，但对正常人群则无此作用。

在对胆固醇和益生剂的研究中科学家们发现，当益生剂被食用时，即每剂含有100多万个活菌，血液中的胆固醇就会降低。更重要的是，他们还发现高密度脂蛋白和低密度脂蛋白的比率会增大。与低密度脂蛋白相比，高密度脂蛋白的含量越多，这个比率越高。有了这些好处，益生剂现在已经获得了较高的评价和重视。

三、益生菌与动脉硬化、高血压

（一）动脉硬化与高血压概述

动脉硬化是指各种原因导致动脉管壁增厚、变硬、失去弹性和管腔缩小，以动脉粥样硬化最为常见。

血压是指血管内血液流动时对血管壁所产生的压力，血压高低取决于心脏的收缩力、血容量、血管的弹性和血黏度，习惯上用毫米汞柱（1 mmHg = 0.133 Pa）表示。我国健康青年人在安静状态下收缩压为 100~120 mmHg（13.3~16.0 Pa），舒张压为 60~80 mmHg（8.0~10.6 Pa）。脉搏压为 30~40 mmHg（4.0~5.3 Pa）。脉搏压 >5.33 kPa（即 40 mmHg）多见于老年性高血压、主动脉瓣关闭不全等。

中老年人动脉硬化弹性下降、管腔变窄，血流阻力加大；高盐膳食易导致血液晶体渗透压升高，血管外的组织液流向血管，血容量增大，引发血压升高；相反，大出血或因严重脱水时血容量减小，血压下降，严重者可发生休克；长期高脂、高糖、高蛋白膳食，会引起血液黏度增加，也可导致高血压。

可以认为，动脉硬化是高血压的病理改变，血压升高时动脉硬化的临床表现。

1. 病因

体力活动少、缺乏锻炼、脑力活动紧张、工作压力大等，导致血管长期处于收缩状态，容易损伤血管内皮细胞，是动脉粥样硬化的主要原因；抽烟、酗酒、自由基（超氧离子）等加重损伤是动脉粥样硬化的前提；长期进食高动物脂肪、高胆固醇、高糖、高盐膳食和肥胖是动脉粥样硬化的物质条件；糖尿病是动脉粥样硬化的易感因素。此外，动脉硬化还与遗传因素有关。

交感神经系统活性长期亢进，促使细小动脉反复痉挛、管壁缺血、缺氧，致使血管内皮细胞损伤，易致血浆纤维蛋白、三酰甘油、胆固醇沉积；血小板附着于损伤部位形成附壁血栓；单核细胞从损伤部位渗至血管内皮下成为巨噬细胞，吞噬胆固醇，并释放血小板源性因子、成纤维细胞因子，促进病变部位平滑肌和结缔组织的增生，血管壁弹性下降、脆性增加、管腔变小、阻力增大，血压升高，且容易破裂；管腔逐渐变窄、甚至闭塞，导致局部缺血、坏死或扩张而形成动脉瘤（图 2-24）。

血三酰甘油升高（TG）升高
血总胆固醇升高（TC）升高
低密度脂蛋白（LDL，即 β 脂蛋白）升高 ⎫ 动脉硬化
极低密度脂蛋白（VLDL，即前 β 脂蛋白）升高 ⎬ 高血压
低密度脂蛋白胆固醇（LDL-C）升高   ⎬ 冠心病
极低密度脂蛋白的载脂蛋白（ApoB）升高 ⎭ 血栓形成
高密度脂蛋白（即 α 脂蛋白）降低

图 2-24　血脂引发动脉硬化、高血压的病因与后果

肾缺血刺激肾素（就是血管紧张素原酶）分泌，水解由肝脏合成的血管紧张素原转变为血管紧张素 I，后者再经肺血管紧张素 I 转化酶生成血管紧张素 II，促进血管收缩，并刺激肾上腺皮质分泌醛固酮，导致体内水钠潴留，加重血压升高（图 2-25）。

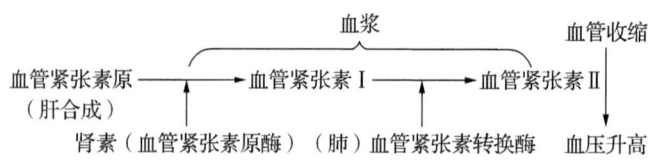

图 2-25　正常血压受血管紧张素原调节与影响

2. 临床表现

早期可无症状，仅在体检时发现；部分患者可有头痛、头晕、眼花耳鸣、失眠、注意力不集中、烦闷、乏力、血压波动等症状；随着病情加重，血压持续升高，则可出现心、脑、肾、眼底等器质性损害和功能障碍；心肌肥厚、扩大，形成高血压性心脏病；后期可并发脑出血、脑梗死、心绞痛、心肌梗死、氮质血症、尿毒症、失明等。

高血压患者如全身小动脉发生暂时性强烈痉挛，引起血压急剧升高，并出现剧烈头痛、头昏、心悸、多汗、恶心、呕吐、面色苍白或潮红、视物模糊等表现，严重者可出现心绞痛、肺水肿、肾功能衰竭，称为高血压危象。

高血压患者血压骤然急剧升高，并出现严重头痛、呕吐和意识障碍或抽搐、昏迷，甚至短暂失明、失语、偏瘫等表现，称为高血压脑病。

3. 高血压的诊断

正常、安静情况下非同日两次（每次不少于 3 个读数，取其平均值）收缩压≥140 mmHg（1 mmHg＝0.133 kPa）和舒张压≥90 mmHg，即可诊断为高血压。

轻度高血压：收缩压 140~159 mmHg 和舒张压 90~99 mmHg。

中度高血压：收缩压 160~179 mmHg 和舒张压 100~109 mmHg。

重度高血压：收缩压≥180 mmHg 和舒张压≥110 mmHg。

（二）益生菌与高血压的关系

高血压是指以体循环动脉血压［收缩压和（或）舒张压］增高为主要特征，伴有或不伴随心、脑、肾等器官功能或器质性损伤的临床综合征，是最为重要的心脑血管疾病危险因素。2017 年 5 月 17 日，世界卫生组织（WHO）发布了《2017 世界卫生统计报告》（World

Health Statistics 2017）。根据报告，2015 年，估计死于心血管疾病者达 1770 万，占所有非传染性疾病和精神健康死亡的 45%。据估计，2000 年全世界成人高血压患者数量约为 10 亿，预计到 2025 年成人高血压患者数量将达到 15.8 亿。肾素－血管紧张素系统（RAS）在血压调节和钠代谢过程中发挥着重要作用，乳酸杆菌和双歧杆菌等含有某些特定成分的益生菌可通过产生血管紧张素转换酶（ACE）抑制肽、短链脂肪酸、共轭亚油酸和 γ－氨基丁酸（GABA）等而调控血管紧张素转换酶系统，具有一定的降压作用。Korhonen 研究表明，益生剂可在蛋白质水解过程中产生并释放血管紧张素转换酶抑制肽，进而抑制血管紧张素转换酶活性并降低血压。近年来，大量体外和体内研究表明，益生剂和益生菌发酵食品对高血压的控制效果确切：Sipola 等研究表明，经乳酸菌 LBK-16H 菌种发酵的酸牛奶含有血管紧张素转换酶抑制肽，能有效延缓自发性高血压大鼠高血压病程进展；Tsai 等研究结果显示，大鼠连续 8 周口服富含较高血管紧张素转换酶抑制肽的由多种益生菌发酵的大豆酸奶后收缩压明显降低；Seppo 等研究结果显示，36 例高血压患者连续 21 周每天口服由乳酸菌 LBK-16H 菌种发酵的酸牛奶 150 mL 后收缩压平均下降 (6.7 ± 3.0) mmHg；Mizushima 等研究结果显示，46 例年龄 23～59 岁男性临界高血压患者连续 4 周每天口服经乳酸菌发酵的酸牛奶 160 g 后收缩压平均下降 5.2 mmHg [95% CI $(-10.1, -0.3)$]，舒张压平均下降 2.0 mmHg [95% CI (-5.4 ± 1.5)]；Inoue 等研究结果显示，39 例轻度高血压患者连续 12 周每天服用经乳酸杆菌 Shirota 株发酵的富含 γ－氨基丁酸（1 mg/mL）的酸牛奶 100 mL 后收缩压平均降低 (17.4 ± 4.3) mmHg，舒张压平均降低 (7.5 ± 5.7) mmHg。一项基于 14 项随机安慰剂对照临床实验的 Meta 分析结果显示，702 例受试者服用益生菌发酵乳后收缩压平均下降 3.01 mmHg [95% CI $(-4.64, -1.56)$]，舒张压平均下降 1.09 mmHg [95% CI $(-2.11, -0.06)$]，表明益生菌可有效降低高血压前期和轻度高血压患者收缩压和舒张压，有效预防心脑血管事件的发生。

（三）益生剂与冠心病

心血管疾病是指以心脏和血管疾病、肺循坏疾病及脑血管疾病为主的一组循环系统疾病，近年来其在全世界因病死亡原因构成中所占比例逐年升高，目前已成为威胁人类健康的"头号杀手"。心血管疾病致病原因多种多样，微生物占有一席之地，如肠道微生物对能量代谢和肥胖的局部影响、牙周疾病与冠心病的远端关联等。近年来研究发现，肠道微生物衍生的具有生物活性的代谢产物三甲胺 N－氧化物（TMAO）可导致动脉粥样硬化，并可以作为预测急性冠脉综合征患者远期心血管事件发生风险的独立预测因子，这打破既往认为益生菌在心血管疾病的应用方面仅限于代谢和饮食相关过程的传统观念，提示益生剂具有直接的心脏保护作用，有利于改善心肌缺血损伤和心功能。近期，有学者在研究炎症性肠病的机制过程中发现肠黏膜细胞上存在鼠李糖乳杆菌，纯化后提取其上清液发现了一种新蛋白 p75，而术前 30 分钟采用由鼠李糖乳杆菌分离纯化的 p75 蛋白进行预处理可有效减轻缺血－再灌注（I/R）大鼠心肌梗死面积并呈剂量依赖性，提示鼠李糖杆菌可通过激活抗凋亡 Akt（系一种细胞信号通路）和抑制促凋亡 p38 丝裂原活化蛋白激酶两条途径，而增强 p75 蛋白对 I/R 诱导的心肌细胞损伤的保护作用。Lam 等研究表明，在心肌梗死大鼠饮用水中连续添加含有植物乳杆菌的益生菌饮料 14 天后，其心肌缺血面积减少 29%，缺血后恢复速度升高

23%，证实益生剂具有一定的心脏保护作用。

心脏循环特点是由冠状动脉供应血液，血流量极其丰富（2500～3000根/mm^2毛细血管），吻合枝少，侧支循环难建立；心脏血流是在舒张期灌注。

冠（状动脉粥样硬化性）心（脏）病（以下简称冠心病）是指冠状动脉粥样硬化使血管阻塞，导致心肌缺血、缺氧而引起的心脏病，和冠状动脉痉挛统称为缺血性心脏病。冠心病的常见类型如下。①无症状性心肌缺血：无症状，但有心肌缺血的客观证据。②心绞痛：呈典型的心绞痛（以左胸前区绞窄性疼痛为主）发作特征。③心肌梗死：冠状动脉闭塞所致心肌坏死。④缺血性心肌病：反复心肌缺血导致心肌纤维化，心脏扩大，主要表现为心力衰竭和心律失常；猝死。⑤心肌缺血→电生理紊乱→猝死。上述5种类型可合并存在。

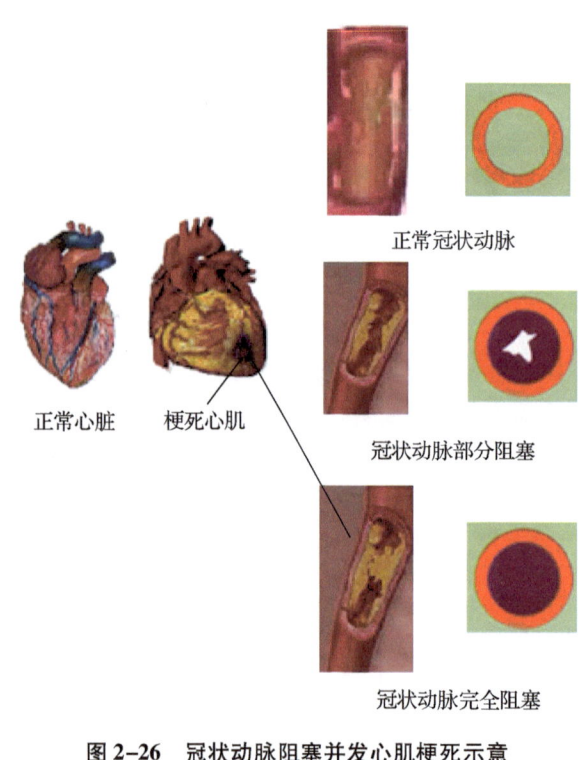

图2-26 冠状动脉阻塞并发心肌梗死示意

冠心病（CHD）是由心脏中的冠状动脉粥样硬化引起的（图2-26）。它是最常见的一种心脏病，700多万美国人患有这种病，无论对女性还是男性都是头号杀手。每年有50多万美国人丧生于冠心病引起的心脏病突发。

这种死亡大部分是可以避免的，因为冠心病与生活方式相关。冠心病的常见危险因素——高血压、高胆固醇、吸烟、过度肥胖、体力活动不足、糖尿病和心理压力——都是可以控制的。一般来说，高血压、高胆固醇或吸烟会使患病概率增加几倍。因此，一个拥有这三种危险因素的人患上这种疾病的概率等于是一个没有任何危险因素的人的8倍。过度肥胖会提升高胆固醇和高血压的可能性，而且会增加心脏病突发的危险性。

当冠状动脉变窄或闭塞时，它们就不能为心脏供应足够的血液，这种情况会造成以下几种后果。如果心脏里缺少了含氧的血液，它的反应可能是疼痛，也就是指心绞痛。当血液供给完全被切断时，就是心脏病发作的时候。一旦发生这样的情况，心脏得不到氧气供给的那部分细胞就会坏死，心脏中的部分肌肉可能会遭到永久性破坏。冠状动脉内壁的加厚被称为"动脉硬化"，当人的血液中胆固醇含量较高时，通常会发生动脉硬化。在血液循环中，胆固醇和脂肪构成了动脉血管壁，使动脉血管壁增厚、血管的管腔变得狭窄，从而减慢甚至阻塞血液流通。当血液中的胆固醇含量较高时，它更有可能堆积在动脉血管壁上。这一过程在很多人的童年时期和少年时期就开始了，随着年龄越大，情况越严重。

1. 病因

冠心病有一定的家族遗传性，并与家庭的生活习惯（如酗酒、高脂肪、高盐膳食）有

第2章 益生剂辅助疾病的防治与康复

关。据美国学者统计分析如表2-9。

表2-9 冠心病与家族遗传性

父母双方均有冠心病	父母双方仅一方患冠心病	父母双方早年患过心肌梗死	父母在50岁之前患冠心病
其子女患病率为双亲都正常者的4倍	其子女患病率为双亲正常者的2倍	则其子女患病率为双亲正常者的5倍	子女患冠心病的概率就更高

2. 症状

心绞痛常由体力劳动或情绪激动（如愤怒、焦急、过度兴奋等）所激发，早晨多发；疼痛一般持续3~5分钟后会减轻；舌下含服硝酸甘油后可在几分钟内缓解。主要在胸前区偏左呈压迫感、发闷紧缩感或烧灼感，偶伴有濒死恐惧感；胸痛的范围约有右手掌大小甚至横贯前胸，常可放射至左肩、左臂内侧达无名指和小指，或至颈、咽或下颌部。

冠状动脉供血不足称为心肌缺血；供血急剧减少或中断致使心肌发生缺血性坏死称为心肌梗死。

在冠状动脉粥样硬化、血黏度升高基础上，发生血管痉挛或形成血栓，是心肌梗死的主要原因。

当心绞痛发作较以前频繁，硝酸甘油疗效差时，就应警惕心肌梗死的可能；疼痛多发生于清晨，疼痛部位和性质与心绞痛相同，但程度严重，持续时间长，可呈电灼或窒息感，可达数小时或更长，休息或硝酸甘油不能缓解。患者烦躁不安、出汗、恐惧，可伴濒死感，少数患者无疼痛，一开始就表现为休克或急性心衰。部分患者疼痛位于上腹部，易被误诊；有发热、心动过速、白细胞增高和血沉增快等全身症状。发热多在疼痛发生后；应立即进行心电图和血清酶谱测定。

3. 诊断

根据临床症状结合心电图出现坏死性Q波、ST段抬高、T波倒置；肌酸激酶、天门冬氨酸转氨酶和乳酸脱氢酶先后升高，诊断可以成立。

有50%急性心肌梗死的患者在发病后一小时猝死。

4. 预防

限制高脂肪食品；严格选择胆固醇含量低的食品，多吃含纤维素多的蔬菜，减少肠内胆固醇的吸收；豆制品、瘦肉、海蜇等可常吃；食用植物油，忌食动物油；不吃蛋黄、动物内脏和脑、鱼子等；煮菜少放油，尽量以蒸煮为宜。

现列举日常应加以禁食的食品如下。

①高脂食物（每100 g含）：如方便面（21 g）、马铃薯片（48.4 g）、腊肉（48 g）、牛肉（43 g）、肥瘦猪肉（37 g）、蛋黄（28 g）、黄油（98 g）、牛油（92 g）、猪油（88.7 g）。

②高胆固醇食品（每100 g含）：猪脑的胆固醇含量为2571 mg，羊脑为2004 mg，鹅蛋黄为1696 mg，鸡蛋黄为1510 mg；蛋类（鹅蛋、咸鸭蛋、松花蛋等）、鱿鱼；猪肝、猪肚、鲜贝等。

③高糖食品：各种水果糖、汽水、糖水、巧克力、蛋糕及蜜饯凉果等（含有大量的白糖和草酸，还可致铬缺乏而引起近视和缺钙）可在体内转化为脂肪。

5. 益生剂与心肌梗死

益生剂不仅可以降低胆固醇，还可以降低血压，高血压是导致冠心病的另一高危因素。很多结果显示，高血压患者通过某些乳杆菌或其他代谢物制成的产品，可降低血压，并可作为患者控制血压偏高的工具。

随着我国人口的老龄化，以及生活水平的提高、饮食习惯的变化，使老年冠心病的发病率呈逐年上升趋势，而血脂代谢异常在老年冠心病的发生、发展中起着重要的作用，是独立的危险因素。因此，有效控制血脂水平，是防治老年冠心病的关键。近年来，微生态学作为一门新的生命科学正不断发展，其研究与应用领域越来越广泛。目前，大量动物模型及体外模型实验结果均已达成共识，即肠道菌群失调是脂代谢紊乱的最终结果。同时，脂代谢紊乱会使肠道菌群失调而进一步加重。

李文华主任等收集昆明医科大学附属延安医院 2012 年 5 月至 2015 年 11 月收治的老年冠心病患者 100 例，其中男 68 例，女 32 例，年龄 60～85 岁，平均（65.2±13.1）岁，所有患者均符合世界卫生组织（WHO）对老年冠心病的诊断标准，病程 3～22 年。诊断类型：稳定性心绞痛 45 例；不稳定性心绞痛 32 例；急性心肌梗死 23 例，其中合并糖尿病 17 例，合并高血压 8 例。排除了肺心病、肝肾疾病、严重感染、恶性肿瘤、甲状腺疾病，以及接受过冠状动脉介入和冠状动脉搭桥者。所有入选患者 1 个月内未患过胃肠道疾病，未服过抗生素，无特殊饮食及未饮用含有益生菌的饮品和制剂。100 例患者随机分为观察组和对照组，各 50 例，两组患者一般资料无统计学意义（$P>0.05$），具有可比性。使用的益生剂为双歧杆菌三联活菌肠溶胶囊，每克含长形的双歧杆菌 $\geq 1.0\times 10^6$ CFU，嗜酸乳杆菌 $\geq 1.0\times 10^6$ CFU，粪肠球菌 $\geq 1.0\times 10^6$ CFU，三者组成了一个在不同条件下都能生长、作用、快而持久的联合菌群。对比数据结果，治疗前观察组与对照组的总胆固醇（TC）、三酰甘油（TG）、低密度脂蛋白胆固醇（LDL-C）、高密度脂蛋白胆固醇（HDL-C）水平无明显差异（$P>0.05$）（表 2-10）。摄入充足剂量的益生剂治疗 12 周后，入选老年冠心病患者的 TC、TG、LDL-C、均较治疗前明显下降（$P<0.05$）（表 2-11），差异有显著性，HDL-C 也有所升高，且服药过程中，患者无不良反应发生。研究显示，口服益生剂可以有效降低老年冠心病患者的总胆固醇、三酰甘油、低密度脂蛋白胆固醇水平，一定程度升高高密度脂蛋白胆固醇，针对老年冠心病患者，可在常规老年性冠心病二级预防的基础上加用益生剂，调节肠道微生态的同时，改善血脂代谢，这可以让更多人了解到在治疗脂代谢紊乱的同时适当调整肠道菌群，更有利于相关疾病的治疗，这不失为一种新的治疗方案，显示了其在老年冠心病中的治疗潜力。

表 2-10　两组患者治疗前各项血脂水平比较（$x\pm s$）　　　单位：mmol/L

组别	例数	总胆固醇（TC）	三酰甘油（TG）	低密度脂蛋白（LDL-C）	高密度脂蛋白（HDL-C）
观察组	50	6.32±1.04	2.33±0.56	3.66±0.95	1.15±0.24*
对照组	50	6.35±1.43	2.48±1.20	3.68±0.77	1.20±0.31

＊与对照组比较 $P>0.05$。

表 2-11 两组患者治疗后各项血脂水平比较（$x \pm s$）　　　　单位：mmol/L

组别	例数	总胆固醇（TC）	三酰甘油（TG）	低密度脂蛋白（LDL-C）	高密度脂蛋白（HDL-C）
观察组	50	4.82±0.25	1.66±0.68	1.87±0.64	2.37±0.58*
对照组	50	6.22±0.76	2.24±0.59	2.38±0.56	1.90±0.34

* 与对照组比较 $P<0.05$。

一些对发酵乳的研究也证明，当益生菌生长时会产生很多抗高血压的物质，其中至少有一种是由于有些益生菌的细胞壁发挥的作用，这就暗示了益生菌即使死亡后也可发挥功效。最新的实验证明，用重组的植物益生菌可使宿主肠黏膜细胞合成一种能够抑制血管紧张素 I 转化酶活性的小分子多肽，能明显抑制血管紧张素 I 转化为有活性的、能使血管收缩导致血压升高的血管紧张素 II，因而有效地降低了血压，也有助于预防冠心病的发生和发展。

第 6 节　益生菌与神经精神性疾病

浙江大学医学部蒋海寅博士对于"益生菌与神经性疾病的关系"进行了系统而全面的综述和深入的研究。

一、概述

定植在宿主肠道中的菌群，在发挥宿主生理功能上起着非常重要的作用，包括从食物中摄取能量，产生重要的代谢产物，促进免疫系统的发育和成熟，保护宿主免受病原的感染等。既往研究多集中肠道细菌与消化系统疾病的关系，如肠易激综合征、感染性腹泻，也有很多报道指出肠道菌群的变化与糖尿病、关节炎，甚至肿瘤有着密切的关系。近年来的研究表明肠道菌群对宿主大脑的发育和行为有着巨大的调节作用。

大脑与肠道菌群的直接联系看起来似乎不可思议，但在临床中抗生素和益生剂的应用从侧面证明了肠道菌群可以影响大脑的功能。在失代偿肝硬化患者中，抗生素和益生剂的使用均可以缓解或逆转肝性脑病。此外，在伴有心理障碍的胃肠道疾病如肠易激综合征患者中，肠道菌群失调的情况普遍存在，益生剂的使用可以改善患者胃肠道症状及其伴随的抑郁焦虑症状。同时，动物实验也证明了肠道菌群参与了免疫失调引起的神经系统疾病的发生和发展，在多发性硬化疾病模型的大鼠中，肠道菌群可以调控大脑的发育。因此，这个新出现的研究领域不仅让我们进一步了解了这一系列的疾病，同时也为我们寻找治疗这些疾病提供了新的思路。

目前，研究表明平均每个人定植的细菌总数约有 1000 种，主要分为 8 个细菌门。其中，厚壁菌门和拟杆菌门占据所有细菌总数的 75% 左右，变性菌门、放线菌门、梭菌门和疣微菌门占少数。肠道菌群的多样性和动态变化远远超出了研究者的预想。对于肠道菌群的多样性和分布是如何影响人体的仍需要进一步的研究。肠道微生物群是一个动态的整体，受到多种因素的影响，包括基因、饮食、代谢、年龄、抗生素使用及心理压力等。

因此，微生物的特征很可能反应个体所处的环境，对疾病的易感性，疾病的病程和疾病对药物的反应。

二、肠道微生物和中枢神经系统的联系

肠道接受来自中枢神经系统的调控信息并进行反馈。医学术语"脑-肠-微生物轴"便简要地描述了一个完整的生理学概念，其中包括中枢神经系统和胃肠系统通过传入和传出神经、内分泌、营养物质及免疫信号的联系。越来越多的文献发现肠道菌群对肠道功能发挥着重要的作用，同时一个全新的概念"脑-肠-微生物轴"也就逐渐浮现出来。这个概念的核心是通过多样的机制进行双向调节。

（一）中枢神经系统如何影响肠道微生物

显而易见，中枢神经系统对肠道微生物的影响可以通过对食欲的调节来实现。中枢神经系统通过对食物摄入的控制从而改变饮食方式，借此影响肠道菌群营养成分的摄入及随之而来的菌群变化。食欲调节信号肽在此调控中发挥着核心作用。这些存在于血液中的信号肽，就餐后被运送到大脑中以发挥调节食欲的作用。食欲调节信号肽浓度首先在胃肠道升高，但是其合成却大部分在大脑完成。此外，中枢神经系统也可以通过神经和内分泌通路，间接或者直接影响肠道菌群。外周神经系统和下丘脑-垂体-肾上腺轴（HPA轴）联络中枢神经系统和内脏，从而调节肠道的活动，如蠕动、分泌功能及上皮细胞的通透性，改变肠道菌群生存的环境及宿主-微生物在肠黏膜表面的相互作用。Santos等发现外界压力可以导致肠上皮细胞屏障功能损伤并引起黏膜巨细胞的激活。O'Mahony等通过大鼠实验发现，母婴分离可以改变大鼠肠道菌群结构，并使其血清内皮质醇升高。Baily等发现社交压力实验可以显著改变小鼠肠道菌群结构，这可能与血清内炎症因子的升高密切相关。

（二）肠道微生物如何影响中枢神经系统

微生物对中枢神经系统的作用同时表现在健康和疾病状态。人体肠道内共生的微生物对人出生前后的大脑发育存在一定的影响。在肠易激综合征合并焦虑症的患者中，体内存在的慢性的炎症很可能与肠道菌群的失衡有关。肠道菌群对中枢神经系统的调节主要通过神经、内分泌、代谢和免疫途径（图2-27）。

在神经途径主要是通过肠神经系统（自主神经系统分支）和迷走传入神经将内脏所感觉的信息传入到大脑中。益生剂在调节肠道菌群的同时也影响着肠道神经功能。在迷走传出神经上分布着大量肠道调节肽和食物化学成分的受体，承担着将信号传到大脑的功能。事实上，肠道菌群和益生剂主要是通过对迷走神经的激活，从而对大脑的功能产生影响。近年来的研究表明肠道菌群与肠道神经元直接

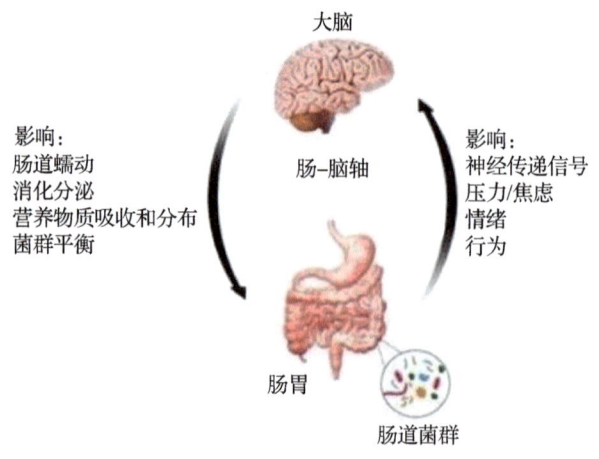

图2-27 脑-肠-微生物轴示意

作用。病原相关的分子模式识别受体（TLR-3，7 和 TLR-2，4）在人和老鼠肠神经系统内有表达。Kunze 等发现罗伊氏乳杆菌可以抑制钙依赖钾离子通道，从而达到兴奋肠道神经元的作用。Mao 等发现鼠李糖乳杆菌与 *Bacteroidesfragil*（一种厌氧的、革兰氏阴性杆菌）都可以刺激肠传入神经元，而脂多糖 A 也具有相似的作用。Chiu 等也观察到金黄色葡萄球菌也可以刺激神经元。但是现在还是不清楚在肠道菌群平衡的状态下，这些肠道内寄生的微生物表面的抗原是否直接接触到肠道黏膜，从而与肠神经系统神经元相互作用。

在内分泌通路上，肠道菌群对下丘脑－垂体－肾上腺轴有重要的调节作用。对无菌大鼠的研究发现，肠道的菌群的定植有利于下丘脑－垂体－肾上腺轴的发育。肠道内分泌细胞，特别是肠嗜铬细胞，面对肠道的刺激时分泌神经递质和信号肽，从而肠－内分泌－中枢神经系统轴中扮演传感器的角色。此外，血管活性肽对神经系统炎症具有调节作用，而该肽类分子也可以在肠道内合成。虽然肠道菌群对血管活性肽的影响还不是很清楚，但饮食的干预可以增加肠道血管活性肽的含量，这可能提示肠道菌群也参与到这一反应中。

肠道菌群主要的功能也包括影响着宿主的代谢功能，这种功能同时存在于代谢－肠－中枢神经系统通路中。血清素及犬尿素代谢通路失调在中枢神经系统病理中起着一定的作用，如痴呆、亨廷顿舞蹈症、阿尔茨海默病。益生剂治疗可以改变犬尿素浓度，延缓中枢神经系统病理进展。此外，这些代谢通路呈现出一个复杂而又巨大的网络，而这些宿主产生的传递信号分子可以被肠道菌群的代谢产物替代。人体肠道内的共生微生物可以合成或分泌神经递质，如血清素、去甲肾上腺素、褪黑激素、γ－氨基丁酸、儿茶酚胺、组胺和乙酰胆碱。

免疫途径在微生物－肠－神经系统轴中似乎相对独立。中枢神经系统虽然具有免疫豁免权，但是也不是完全不存在免疫细胞。脉络丛和脑膜内存在巨噬细胞和树突状细胞，脑实质内的小神经胶质细胞及脑脊液中也具有白细胞。中枢神经系统异常的免疫反应往往是由于神经组织的免疫失调引起。肠道共生微生物，对于宿主的免疫发育必不可少，直接影响着外周免疫细胞对中枢神经系统的作用。

此外，中枢神经系统及免疫之间的联系也受到外周免疫因素的影响。抑郁症患者外周炎症因子［如 C－反应蛋白（CRP）、白介素－1、白介素－6 及肿瘤坏死因子］的升高，但现在对其来源还缺乏统一的认识，有学者认为与肠道菌群密切相关。

（三）肠道菌群在中枢神经系统疾病中发挥的作用

肠道菌群对于中枢神经系统的影响所涉及的机制是多样化的，因此研究肠道菌群在中枢神经系统疾病中所扮演的角色显得非常有必要。虽然有很多基础研究表明许多中枢神经系统疾病中肠道菌群发生了变化，但是还是缺少流行病学的证据证明肠道菌群与其的直接关系。根据病因学，中枢神经系统疾病被分为免疫主导和非免疫主导两大类。现综合探讨肠道菌群影响免疫主导的中枢神经系统疾病。

1. 多发性硬化

多发性硬化是一种免疫介导攻击中枢神经组织导致中枢神经系统慢性脱髓鞘疾病。多发性硬化的动物模型通过特定的中枢神经系统抗原介导的免疫反应而生成。尽管多发性硬化模型与多发性硬化疾病的特点不尽相同，但它复制了其发病核心机制——神经炎症过程。病毒感染与多发性硬化发生密切相关。近几年来，对于多发性硬化模型的研究中发现肠道菌群也扮演着重要的角色。与正常大鼠相比，无菌大鼠的多发性硬化模型的症状较轻，并伴随着较低的血清干扰素和白介素-17水平，而肠道菌群的移植可以加剧无菌大鼠的多发性硬化症状，这可能与肠道菌群刺激白介素-10产生有关。但是这些都是基于动物实验研究。现有的研究表明相当一部分系统性硬化患者血清中肠道抗原抗体的含量高于健康对照组，证实了这些患者存在肠道菌群和免疫状态的异常。

大量研究发现口服益生剂对多发性硬化有一定的影响。动物双歧杆菌可以缩短老鼠多发性硬化症状的持续时间。相反的，干酪乳杆菌代田株（*Lactobacillus casei Shirota*）却可以加剧多发性硬化的症状。然而，最近的研究却认为乳酸菌并不会加剧多发性硬化大鼠的症状。这些前期的研究为接下来的混合益生剂的研究做下了铺垫。乳酸菌单独或者与双歧杆菌一起使用，都可以通过调节炎症因子而达到缓解多发性硬化症状的作用。脆弱类杆菌和乳酸片球菌可以降低老鼠对多发性硬化的易感性。

分离的肠道共生微生物成分具有微生物相同的对宿主的作用。其中有些成分被认为对多发性硬化有治疗作用。纯化的脆弱拟杆菌脂多糖A与脆弱拟杆菌一样，通过刺激中枢神经系统淋巴结产生耐受性树突状细胞，从而起到对多发性硬化的预防和治疗作用。Nichols等发现磷酸化羟基酰胺可以通过卟啉单胞菌和其他肠道共生菌上的一种可溶性TLR2配体加剧大鼠多发性硬化的症状。

最后，饮食习惯也影响着多发性硬化进展。Piccio等发现高脂膳食导致多发性硬化加剧。相反，限制热卡的摄入可以减轻多发性硬化症状，同时也伴随着激素、代谢及细胞因子的改变。Kleinewi等观察到高盐饮食通过激活Th17细胞而加剧多发性硬化。这些研究暗示着多发性硬化和肠道菌群之间存在着一定的联系。

Kouchaki等在2016年发表于*Clin Nut*《临床营养》一文中指出：多发性硬化症患者服用益生剂胶囊12周，可显著改善EDSS评分、心理健康、炎症因子、胰岛素抵抗、高密度脂蛋白-胆固醇、总胆固醇/高密度脂蛋白-胆固醇和丙二醛水平。

2. 视神经脊髓炎

视神经脊髓炎为一种中枢神经系统自身免疫疾病，主要以免疫介导的视神经及脊柱脱髓鞘为特点。自体激活的体液及T细胞介导的免疫反应，损伤中枢神经系统的水通道蛋白是该病的主要发病机制。但是，现在暂无研究发现肠道菌群与视神经髓鞘炎存在着直接联系。但Banati等发现视神经脱髓鞘患者血清中对来源肠道抗原的抗体明显高于健康对照组，暗示着肠道菌群对该病的免疫状态有一定的影响。Varrin Doyer等在视神经脱髓鞘患者血清中发现来自肠道菌群梭菌蛋白酶，提示在微生物在该病病理发展中起到一定作用。

3. 格林巴利综合征

格林巴利综合征是常见的脊神经和周围神经的脱髓鞘疾病，又称急性特发性多神经炎或对称性多神经根炎。临床上表现为进行性上升性对称性麻痹、四肢软瘫，以及不同程度的感觉障碍。

格林巴利综合征是一种自身免疫介导的外周神经组织受累综合征。与多发性硬化相似，免疫介导攻击髓磷脂是导致神经退行性病变的主要原因。前期的细菌或者病毒感染如肺炎嗜血杆菌、肺炎支原体、流感病毒、人类疱疹病毒4型，被认为是引起格林巴利综合征的环境促发因素。事实上，病原体抗原的抗体对神经组织的作用是引起格林巴利综合征神经损伤并导致弛缓性麻痹的主要原因。空肠弯曲杆菌作为禽类肠道的共生菌是引起肠炎的常见病原菌之一。Tam 通过回顾性的研究发现空肠弯曲菌肠炎是格林巴利综合征的危险因素之一，同时也与格林巴利综合征严重程度密切相关。不同的弯曲菌属联合宿主因素，在格林巴利综合征发病过程中的免疫反应中发挥着重要的作用。因此，这一种肠道病原菌——空肠弯曲菌参与神经炎症反应。

4. 其他免疫调节疾病

微生物对中枢神经系统疾病的影响还体现在其他免疫介导的相关中枢神经系统疾病。脑膜炎是中枢神经系统自我保护引发的炎症过程。细菌和病毒感染都可以引起脑膜炎。Zelmer 等发现成人肠道共生的重组大肠杆菌从母体移植到新生儿后可以引发脑膜炎。该菌合成的唾液酸对血-脑传播的途径中发挥了重要的作用。慢性疲劳综合征也被认为是肌痛性脑脊髓炎，但其发病机制并未明确。免疫因素如慢性淋巴细胞过度激活、细胞因子异常都可能参与其发病过程。Maes 等在慢性疲劳综合征患者中发现体内对肠道共生菌升高的免疫球蛋白 A 与炎症反应，细胞免疫激活和症状严重程度相关。因此，肠道细菌移位可能与慢性疲劳综合征有关。

三、肠道菌群影响非免疫主导的中枢神经系统疾病

（一）孤独症及抑郁症

自闭症谱系障碍是一种神经行为发育障碍疾病，伴有社会交流和语言交流障碍。孤独症是典型的孤独症谱系障碍，是一种普遍存在的大脑失调症状，而不是一种病，其发病率因评估标准不一，导致发病率由 5/10 000 ~ 1/80。一般表现为 3 种典型症状，即较差的社会交互性、口头和非口头交流障碍、不寻常或严重的受限的行为和兴趣。发病早，在出生后前 3 年中即发病并会延续终身，也有患者会在最正常和近乎正常的状态中度过一生。已经有研究表明肠道菌群与孤独症存在一定的关联。肠道菌群失衡可能导致产生神经毒素的细菌过度增殖从而诱发孤独症症状。曾有报道口服万古霉素在短期内对有攻击行为的孤独症患儿有一定作用。

美国 Brudnak 博士在《益生菌是最好的药》一书（王丽译）中指出：现在还没有药物能够完全治愈孤独症……营养疗法通过 3 种途径治疗治疗孤独症：饮食限制（避免食用牛奶和小麦），补充外源性酶制剂和补充益生菌。早年已经发现孤独症与对牛奶和小麦消化中产生的一种多肽（2 ~ 50 个氨基酸连接的片段，国外称为缩氨酸）很容易穿过肠黏膜进入血液，然后会进入大脑。这表明孤独症者胃肠黏膜不够完整。补充益生剂能够修复肠道缺陷，防止有害细菌、病原体侵入，从生理上阻挡有害细菌，还能缓解疼痛，使身体恢复健康。这在很大程度上促进了身体自我治疗。他们发现每天通过摄入牛奶超过 100 亿个双歧杆菌，就会使粒细胞、吞噬细胞的活动能力大大加强。美国斯蒂芬·G. 黑奈尔博士认为，为了得到较好的效果，必须在开始时每天为孤独症者提供 100 亿 ~ 600 亿个益生菌。因为大部分孤独症的孩子的肠功能已经大打折扣，肠内有大量的致病霉菌和细菌，所以加大剂量通常是肠功能正常化所必需的。一般情况下使用的剂量比能收到最佳效果的剂量还要大些——可每天高

达1000亿个益生菌，甚至更高，这取决于孩子的年龄。除了能够支持胃肠功能外，这样大剂量的益生菌还可以帮助孩子们增强被严重损害的免疫功能。

肠道菌群改变及特定的肠道共生菌株在孤独症谱系障碍中扮演着一定的角色。Bolte等推测艰难梭菌可以诱发孤独症。事实上，已经有两个肠道菌群研究发现除艰难梭菌外，孤独症患者其他肠道菌群也存在着失衡。孤独症患者存在厚壁菌门与拟杆菌门比例失调。Finegold等发现孤独症患者菌群以拟杆菌门为主而健康对照以厚壁菌门为主。此外，肠道菌群成分的改变，如双歧杆菌、乳酸菌、萨特氏菌属、普雷沃氏菌属、瘤胃球菌属及粪产碱菌与孤独症相关。但是，也有研究对肠道菌群与孤独症的关系表示怀疑。这种差异可能是采样和检测技术造成的，同时孤独症和健康人群尿液和粪便中代谢成分的差异也可能导致菌群的差异。

益生剂对于精神健康同样有好处。《细胞》杂志 Cell 刊登了美国加州理工大学的研究人员保罗·帕特森的发现，在给患孤独症的小白鼠喂食益生剂之后，它们的孤独症状大幅减轻甚至消失。

爱尔兰科克大学的哈维尔·布拉沃的研究也证实了这一点，他将实验小鼠分为两组，一组喂鼠李糖乳杆菌，另一组正常进食。在随后进行的迷宫测试中，喂食益生菌的小鼠找到出口的概率比普通小鼠快两倍。在另一项测试中，小鼠被放在一个装满了水而且无法逃脱的容器中，同样的，喂食细菌的小鼠坚持的时间更长。研究人员认为，这是由于喂食细菌的小鼠更自信、镇定和积极。

有研究表明，无菌小鼠中的无菌条件能够导致小鼠自闭症样特征的出现。来自爱尔兰科克大学的 Cryan 教授在近期 TEDMED 上说道："当我们查看这些动物的脑内，可以发现 5 - 羟色胺系统及涉及可塑性的蛋白质发生显著改变"。

另外有研究显示，给这些小鼠饲喂一定的益生剂，则能够逆转自闭症症状。给焦虑大鼠喂食不同益生剂，将降低焦虑水平。并且不仅小鼠，在 2011 年，一项小规模的研究显示，受试患者连续 30 天联用瑞士乳杆菌与长双歧杆菌后，抑郁及焦虑症状减轻。2 年后，UCLA〔加州大学洛杉矶分校（University of California, Los Angeles）的简称〕的科学家发现一名每天摄取两次酸奶的健康女性，大脑中处理情感的部分发生改变。

抑郁症是一种常见的由于神经心理或免疫失衡导致的心境障碍。益生剂可以缓解抑郁症动物模型的抑郁症状。乳酸菌也被认为具有抗抑郁的特性。"脑-肠轴"的研究已经越来越多，现在已经能够推断肠道细菌的变化可能在神经精神病疾病中（如焦虑或抑郁症中）起作用。肠道有自己独立的神经系统，并产生许多与大脑相同的神经递质（包括乙酰胆碱和 5 - 羟色胺）。这些神经递质对促进肠道蠕动非常重要，过多或过少都可能导致便秘或腹泻。同样相信大脑和肠道可以相互交流。因此，焦虑和抑郁可能会引发腹痛或其他胃肠道症状。胃肠疾病如慢性腹痛或便秘也可能导致焦虑或抑郁。

鼠李糖杆菌与瑞士乳杆菌可以通过恢复皮质醇水平而缓解母婴分离所导致的抑郁症状。鼠李糖杆菌还可以通过迷走神经通路调节皮质醇和 γ - 氨基丁酸受体，从而减少抑郁相关的行为。双歧杆菌也存在潜在的抗抑郁作用。婴儿双歧杆菌可以降低大鼠强迫游泳实验或母体分离导致的抑郁症状。这些机制可能与降低炎症因子，调节血清素及中枢神经系统递质相关。

蒋海寅博士研究发现：抑郁症患者肠道潜在致病菌肠杆菌科和致炎性细菌另枝菌属（*Alistipes*）比例明显增加，而抗炎性菌——普氏粪杆菌（*Faecalibacterium*）比例显著减少，这些菌群结构改变可能与抑郁症肠道菌群易位、免疫系统激活及下丘脑-垂体-肾上腺轴过激的发生有关；抑郁症患者获得抗抑郁应答后肠道菌群存在部分重建，而普氏粪杆菌属细菌比例的升高可能与抑郁症状的缓解密切相关。

尽管目前的研究结果都很乐观，但这个领域的科学家们都认为，益生剂疗法仍然处于初级阶段，距离它发展成为一个被临床认可的成熟的疗法还有很长的一段路。耶鲁大学精神病学系主任约翰·克里斯托说："这个全新的领域可能为抑郁症的治疗开辟一条新的道路。"

（二）焦虑症

焦虑症是常见的以神经、内分泌及免疫为基础的心境障碍疾病。暴露于压力之下可以导致紧张和焦虑等反应，并伴有下丘脑-垂体-肾上腺轴的激活。很多伴有紧张和焦虑的疾病往往存在肠道功能紊乱的情况，提示着脑-肠-微生物轴信号传导中神经递质和免疫方面的异常。

与正常大鼠相比，无菌大鼠会表现出更强的活动能力及较轻的焦虑症状。这种行为学上的改变与中枢神经系统内神经递质受体减少和血清素代谢的增强相关。因此可以推测肠道菌群对神经递质调节作用。肠道内机会致病菌可以导致焦虑行为。感染空肠弯曲菌可以导致焦虑行为，其机制主要是诱导了中枢神经系统和自主神经系统中核蛋白转录因子（Fos 蛋白）的产生。然而，益生剂却能缓解焦虑症状。动物实验中发现不管是双歧杆菌还是乳酸菌都可以纠正焦虑症大鼠模型的症状。肠道菌群还可以影响下丘脑-垂体-肾上腺皮质轴的功能。无菌大鼠下丘脑-垂体-肾上腺轴会存在过激的现象，同时伴有外周神经递质增多，脑源性神经营养因子的减少。此外，外界的压力也可以影响肠道菌群的成分。O'Mahony 发现母婴分离可以导致恒河猴肠道菌群中拟杆菌含量减少，梭菌含量增多，同时伴随着外周炎症因子的升高。给大鼠服用瑞士乳杆菌和鼠李糖乳杆菌可以减轻禁水实验对大鼠造成的心理压力，并重新塑造其肠道黏膜壁的完整性。香肠乳杆菌也可以防止因压力而引起的肠道通透性增加，并减轻血清皮质醇的水平。长双歧杆菌可以通过迷走神经通路纠正感染性结肠炎大鼠的焦虑行为并恢复其中枢神经系统脑源性神经营养因子（BDNF）水平。瑞士乳杆菌与长双歧杆菌的益生菌组合剂对动物和健康人群都有抗焦虑作用。

美国《精神病学年鉴》最近的一篇文章回顾了目前关于使用益生剂治疗焦虑症和抑郁症的研究现状。医生确定了 10 项做得好的研究（就是双盲法和安慰剂对照实验），并深入研究了每项实验。结果表明，焦虑或抑郁症患者服用益生剂后可能会有轻微的益处。这篇文章的作者 J. K. Caroline 总结说："益生菌对心理健康的临床效果还有待全面研究。"

加拿大麦克马斯特大学的史蒂文·柯林斯主导了另一项针对小鼠的实验，他将焦虑小鼠和大胆的小鼠肠道内的细菌对调，观察它们的大脑、情绪和行为的变化。当焦虑的小白鼠获得了大胆的小白鼠的肠道内的细菌时，它们变得更乐于社交，也不那么焦虑了。反之亦然，当被植入焦虑小白鼠肠道内的微生物之后，大胆的小白鼠变得羞怯而胆小。更让人惊奇的是，当给那些富有攻击性的小鼠喂食益生剂，或者注射抗生素时，它们变得平静了。

史蒂文·柯林斯和他的同事们监测了小鼠大脑的变化，发现大脑中掌管情绪和情感的区域，发生了变化，特别是一种被称作"脑源性神经生长因子"的化学物质的增加，而这种物质恰好在学习和记忆方面发挥了关键的作用。

牛津大学的神经生物学家在《精神药理学》杂志上发表的最新研究成果显示，肠道杆菌与我们的心理情绪存在着直接的联系。作用于促进肠胃健康的膳食补充剂——"益生原"，可以改变人们处理情绪的方式，从而起到"抗焦虑"的作用。

（三）精神分裂症

精神分裂症是一组以思维障碍为主要特征的精神病，伴有情感和行为的异常，病程迁移缓慢进展，最终往往以衰退作为结局。精神分裂症复发率、致残率都较高，疾病负担较重，病程常常表现慢性迁延，大多数患者需要长期甚至终身的治疗和护理。

精神分裂症通常伴随着胃肠道炎症和菌群失衡，因此通过益生剂调节肠道及菌群平衡或许有利于缓解精神分裂症。

许多精神分裂症患者通常伴随着炎症反应的异常激活。机体对外部抗原的免疫反应部分是由肠道菌群的组成决定的，益生剂的免疫调节作用正是基于这一原因。以往的研究已经表明，肠道中包含一些潜在致病菌（如脆弱拟杆菌和大肠杆菌）的个体，比那些肠道含有大量非致病性细菌（如乳酸菌和双歧杆菌）的个体更容易产生异常的免疫反应。

精神分裂症患者通常也伴随着一些胃肠道症状的高发，特别是便秘。多达50%的精神分裂症患者患有便秘。补充益生剂有助于缓解其他人群的胃肠道症状，提示益生剂可能对于精神分裂症也有效。2014年发表在《中枢神经系统疾病的初级护理指南》杂志上的一项在医院门诊的精神分裂症患者的随机安慰剂-对照实验中，发现补充益生剂可以改善大多数患者的胃肠道功能。一共65名患者登记参加了实验，随机分配为两组：33名接受辅助益生剂治疗，32位接受辅助安慰剂治疗。实验所使用的益生剂为包含10亿个活菌的鼠李糖乳杆菌和动物双歧杆菌的组合。共有58名参与者完成了实验。所有参与者都同时接受抗精神病药物治疗。研究发现在14周的益生剂或安慰剂辅助治疗过程中，益生剂治疗组的患者在整个实验过程中没有发生严重的排便困难。说明补充益生剂可以帮助防止一些与精神分裂症有关的常见的躯体症状，尤其是胃肠道症状的发生。

研究益生剂对霉菌感染的精神分裂患者的健康作用，发现精神分裂症患者与非精神分裂症患者相比，肠道中白色念珠菌和酿酒酵母两种酵母菌的水平升高。此外，血液中白色念珠菌的抗体水平与精神分裂症患者的胃肠道功能紊乱和认知功能降低有关。最近，一项发表在国际学术期刊"大脑、行为和免疫杂志"上的论著指出：随机双盲、安慰剂-对照研究中，给精神分裂症患者补充益生剂可以改善酵母菌失衡，明显降低血液中的白色念珠菌抗体水平。同时研究人员也调查了在14周的益生剂或安慰剂处理过程中，补充益生剂和血清酵母抗体阳性对排便困难和精神分裂症状严重程度的影响。这项新的研究包括56名成人参与者，平均年龄为46岁，其中37名参与者为男性。研究发现在22名服用益生剂的男性患者的白色念珠菌抗体水平下降了43%，而15名服用安慰剂的男性患者只下降3%。服用益生剂的患者中18位的抗体水平下降，4位没有反应。

从三个方面评估患者的症状：阳性症状、阴性症状和一般精神病理学症状。阳性症状包括妄想、敌对性、夸大和幻觉等；阴性症状包括社交退缩和社交障碍等；一般精神病理学症状包括内疚、焦虑和抑郁等。分析发现，白色念珠菌感染的男性患者有较高水平的阳性症状，如妄想和敌对性等。研究人员观察到，随着时间的推移，服用益生剂可以在一定程度上缓解没有白色念珠菌感染的精神分裂症患者的精神症状。总之，补充益生剂可以帮助恢复许多男性患者的酵母抗体水平，恢复酵母平衡，改善白色念珠菌相关的胃肠道不适。脑-肠-微生物轴的研究表明肠道微生物对于精神疾病发病的重要性。精神分裂症患者通常伴随着严重的胃肠道功能紊乱、炎症反应的异常激活及酵母菌感染，益生剂对于这些症状的改善作用也提示了益生剂在治疗精神分裂症上的潜在应用价值。

（四）疼痛

外周神经面对刺激后将刺激转化为疼痛信号传入中枢神经系统，而这种伤害性的疼痛可用益生剂通过调节菌群而得到缓解。乳酸菌属具有抵抗伤害性疼痛的作用，可以通过抑制肠道上皮的收缩而减轻对肠道扩张的敏感性；乳酸杆菌属也可以缓解大鼠肠道扩张导致的内脏疼痛感；而副干酪乳杆菌可以降低内脏对抗生素引起肠道扩张的敏感性。此外，有两项研究也发现了双歧杆菌属具有类似的作用。在内脏高敏的大鼠中，婴儿双歧杆菌不仅可以减轻肠道扩张引起的疼痛，而且对炎症引起的肠道高敏具有相同作用。然而，Chiu 等发现金黄色乳杆菌可以作用于伤害感受器从而在大鼠身上激发疼痛感觉。

（五）其他神经心理疾病

肠道内微生物通过免疫和非免疫两方面与神经心理疾病相关联。有研究表明无菌的大鼠存在记忆和认知功能的减退。Gareau 等发现无菌大鼠即使不处于压力之下，也会出现记忆功能障碍。Bercik 等的研究表明粪便移植可以增强或减弱无菌大鼠的探险行为，但这取决于移植菌群的来源。此外，抗生素可以增加大鼠的探险行为。然而，益生剂却可以改善因感染引起的记忆功能障碍和糖尿病引起的认知功能减退。饮食导致的肠道菌群改变也会影响鼠科类动物的认知和学习行为。肠道菌群改变被认为与肝性脑病密切相关。与健康对照相比，肝性脑病患者肠道菌群发生了巨大的改变。特别是在肝硬化导致的肝性脑病中，良好的认知功能与较低的炎症反应和肠道内的普氏菌科、产碱菌科、紫单胞菌科密切相关，而差的认知功能和高的炎症反应与过度增殖的肠杆菌科、巨型球菌科、伯克氏菌属密切相关。在唐氏综合征中，血清中针对口腔与牙龈的微生物抗体增高，甚至在昏迷患者中也发现口腔微生物发生了改变。最后，研究人员也在精神分裂症患者血清中找到肠道细菌移位的证据。

（六）在救治重症颅脑损伤患者中的应用

重型颅脑损伤者多因急性应激反应常存在胃肠道动力障碍，消化、吸收功能受损，从而导致严重营养不良、免疫功能低下、感染、脓血症和多器官功能障碍等并发症的发生，预后较差。重型颅脑损伤所致的炎性反应是机体继发性损伤的最重要组成部分，密切关系患者治疗和预后，重型颅脑损伤患者的促炎性细胞因子——肿瘤坏死因子α（TNF-α）和白介素（IL）-6 释放增加，应用添加益生剂的早期肠内营养可在一定程度上减少 TNF-α 和 IL-6 的产生，可降低重型颅脑损伤患者炎性反应程度。益生剂除具有促进肠道微生态平衡、维护肠道生物屏障作用外还可通过双向调节胃肠蠕动，一方面可抑制肠道平滑肌的过度收缩预防腹泻；另一方面也可改善胃肠道动力不足，促进肠道功能恢复正常，从而达到显著降低重型颅脑损伤患者肠内营养的反流和腹泻的发生。据文献报道，应用益生剂并联合肠内营养相对于只为患者提供单纯肠内营养更能明显改善重型颅脑损伤患者胃肠道动力障碍状态，并能显著提高患者血清前清蛋白水平，有利于改善患者的营养状态，减少相应并发症的发生，有利于疾病的康复。

密歇根大学研究团队表示，炎症和微生物破坏性的恶性循环可能在脓毒症、急性呼吸窘迫综合征（ARDS）等疾病中发挥关键作用。目前还未清楚它们是如何到达那里。但是发现，通常生活在肠道中的细菌在重症肺病患者和动物体内可以被检测到，这对重症监护患者来说可能意义重大。

益生剂早期联合肠内营养对重型颅脑损伤患者感染的影响，以期提高临床治疗水平。方法随机选取2010年1月至2013年2月70例重型颅脑损伤感染患者为研究对象，将其随机分为对照组和观察组，各35例，对照组给予早期肠内营养，观察组在对照组的治疗基础上加用益生剂治疗，观察两组治疗效果。结果对照组与观察组在治疗后的第1天白细胞计数、淋巴细胞计数、C-反应蛋白（CRP）、肿瘤坏死因子-α、白介素-6比较，差异无统计学意义；而在治疗后的第4、第7、第15天两组比较，各项指标差异均有统计学意义（$P < 0.05$）；对照组感染率为48.57%、死亡率为14.29%，观察组分别为25.71%和5.71%；两组治疗后在GCS评分、SOFA评分、APACHE-Ⅱ评分上比较，差异有统计学意义（$P < 0.05$）。结论表明益生剂联合早期肠内营养对重型颅脑损伤患者感染影响性低，临床效果满意。

（七）益生菌与帕金森病

帕金森病（PD）是一种多发生于中老年期的、缓慢进展的神经系统退行性疾病，是继阿尔茨海默病之后的第二大神经系统退行性疾病。据国外流行病学调查统计，帕金森病在整体人群中的患病率大约为0.3%，在60岁以上人群中患病率约为1%，并且患病率有随年龄增长而升高的趋势，每年报告新增发病率为每百万人8~18例。随着人口平均寿命的延长，帕金森病的患病率仍呈上升趋势。由于其高发病率和高致残率，帕金森病可能成为重大的社会公共卫生问题，从而也成为神经科学领域研究的热点和难点之一。

帕金森病常常被认为是一种大脑疾病，但美国研究人员在新一期《细胞》Cell杂志上发表的动物研究显示，这种常见的神经退行性疾病可能与肠道里的微生物变化有关。

帕金森病虽然病因不明、机制不清、无特殊治疗方法，最近首都医科大学李薇博士（2017）对帕金森病与肠道菌群之间的关系进行了全面的综述，初步阐明改善肠道菌群将为帕金森病的诊治揭开了新的希望。

帕金森病主要病理改变为中脑黑质多巴胺能神经元变性死亡造成纹状体多巴胺含量下降，从而导致震颤、肌肉僵直、运动迟缓和体位不稳等一系列体征，病理标志是在多巴胺能神经元中发现路易小体，其主要成分是α-突触核蛋白-4。

帕金森病的主要临床表现为静止性震颤、运动迟缓、肌强直和姿势步态异常等运动症状，同时伴随着认知功能减退、胃肠道功能紊乱、嗅觉障碍、睡眠障碍、情绪障碍等非运动症状。帕金森病的病因和发病机制至今尚不完全明了，关于帕金森病的发病机制目前有多种学说，其中氧化应激、线粒体损伤和蛋白质异常修饰和错误折叠可能起主要作用，但没有任何一种学说可以解释所有帕金森病病例的病因及发病机制。实际上对于同一患者的发病可能有多种机制参与，而各因素之间又可以相互联系、相互影响，因此帕金森病的发病可能是多个致病因素共同作用的结果。在帕金森病的遗传学研究中发现了一些与帕金森病致病有关的易感基因，这些基因或者参与多巴胺代谢、线粒体代谢和解毒，或者与家族遗传性帕金森病有关。大型流行病学研究表明，基因突变只能解释一部分的家族遗传性帕金森病，而90%的帕金森病病例都是散发性的，目前的观点认为散发性的帕金森病主要是由环境因素引起的，可能与个体遗传易感性发生交互作用。越来越多的研究表明绝大多数帕金森病患者都伴随着不同程度胃肠道功能障碍，这些胃肠道功能障碍不仅增加了患者的痛苦，还会影响帕金森病理的发展，这些证据提示肠神经系和肠道微生物可能在帕金森病病理的发生和发展过程中起着重要的作用。

近年来，肠道及肠道微生物在帕金森病的病理发生和发展中的作用越来越多地受到关注。大量研究表明帕金森病患者的胃肠道症状不仅增加患者的痛苦，也与帕金森的病理有着重要的联系。帕金森病患者的胃肠道症状和肠神经系统内的病理组织学改变往往早于帕金森病的运动症状数年出现，提示肠道可能是帕金森病理早期发生的位置，并且通过结肠组织切片检测 α-突触核蛋白，可能成为早期筛查帕金森病的生物指标之一。

研究表明在帕金森病患者的肠道菌群中存在有害菌（如幽门螺旋杆菌）大量增殖，和有益菌（如产丁酸的菌属）显著减少的现象，并且可能还伴随着脂多糖水平升高和短链脂肪酸水平降低，提示帕金森病可能和肠道微生态失衡有关。肠道微生物及其代谢产物不仅能直接影响肠道动力、肠道通透及部分双歧杆菌能够代谢谷氨酸脱羧产生 γ-氨基丁酸，γ-氨基丁酸为大脑的主要抑制性神经递质，γ-氨基丁酸神经递质通路失调可能引起焦虑、抑郁、突触发生缺陷及认知损伤，这可能与肠黏膜免疫，还可以通过脑-肠-微生物轴影响中枢神经系统，可能是导致神经系统退行性病变发生的原因之一。

帕金森病的病因很复杂，既有遗传因素，又有多种环境因素的作用，肠道菌群只是其中起作用的因子之一，其详细的作用机制尚不明了。然而，寻找帕金森病患者肠道菌群的结构特征，并找出与疾病显著相关的细菌种类可能为我们寻找帕金森病在肠道内的新的分子标记物可能提供一个很有希望的方向。未来的研究可从以下几个方面着手：①通过结肠镜检、血液分析等对帕金森病患者肠道内的各种短链脂肪酸水平，以及内毒素水平进行分析，并将这种变化与肠道菌群的变化结合起来分析，以探索肠道菌群可能起作用的途径；②对健康人群与帕金森病患者肠道宏基因组和宏转录组进行比较研究，以及对帕金森病患者病情发生发展过程中肠道宏转录组的变化情况进行跟踪分析，将不仅能够对相关个体的肠道菌群结构进行分析，还能够进一步对重要功能基因的表达情况进行分析，找出影响帕金森病发生发展的菌群活动，以及这些影响在代谢、免疫等各个方面的作用机制；③以宏基因组结构分析为基础，对关键细菌乃至关键菌株进行分离和鉴定，以细胞模型、动物模型等方法对这些关键细菌的生理功能及在疾病过程中的作用机制做深入的研究；④有针对性地对肠道菌群结构进行优化，改善肠道菌群对宿主的影响，是一种帮助患者恢复健康的方法。与人体自身基因组相比，肠道菌群更容易受到外界环境影响而发生改变。因此，在未来的帕金森病临床研究中，以菌群为靶点，通过膳食干预、益生菌/益生原乃至菌群移植等手段，通过优化菌群结构，调整菌群功能的方式,可能找到改善帕金森病患者菌群失调症状的方法,并进一步帮助帕金森症患者恢复健康。

四、微生物和中枢神经系统联系的相关因素

微生物学涉及所有微生物的基因组。随着研究技术的发展,现在对其的研究已经涉及微生物组成或者特定菌种、微生物代谢产物、外部微生物群和肠壁完整性。

(一) 抗生素的使用

抗生素的使用可以选择性的改变肠道菌群组成。给予大鼠口服抗生素可以降低其对自身免疫性疾病的易感性。Ochoa-Reparaz 在研究中发现,多发性硬化的缓解与干扰素-7 (IFN-7) 和白介素-7 的降低以及白介素-13 和白介素-10 的升高密切相关。在 Yokote 等发现抗生素可以降低多发性硬化血清中炎症因子干扰素-7 和白介素-17 含量,从而降低对多发性硬化的易感性。有实验证明抗生素对中枢神经系统疾病有一定作用。动物实验中发现抗生素可以减轻压力对大鼠的影响,并增加其实验性探险行为;也有人观察到口服万古霉素可以在短期内缓解孤独症患者的攻击行为,其潜在的机制可能涉及肠道内革兰氏阴性菌细胞壁的脂多糖 (LPS) 含量降低和中枢神经系统信号传导改变。总之,抗生素可能纠正了肠道菌群引起失衡的免疫及神经内分泌状态,因而能缓解中枢神经系统疾病的进展。

(二) 益生菌

口服益生剂可以改变肠道菌群成分,从而达到治疗疾病的作用。益生剂可以调节免疫反应从而对中枢神经系统疾病起到一定作用。乳酸菌和双歧杆菌可以刺激白介素-10 的分泌起到抗炎作用。其他种类的益生菌也可以通过内分泌和神经化学机制减轻焦虑或抑郁症状。例如,比菲德氏-龙根菌 (*Bifidobacteriumlogum* NCC3001) 可以使大鼠海马体内的脑源性神经营养(细胞诱向)因子 (BDNF) 恢复正常,而鼠李糖乳杆菌可以对中枢神经系统不同部位 γ-氨基丁酸 (GABA) 的合成起到调节作用。此外瑞士乳杆菌 R2552 和长双歧杆菌 R017 都可以减轻大鼠焦虑或抑郁症状。

(三) 微生物代谢产物

微生物的代谢产物可以作为脑-肠-微生物轴信号传导的主要成分。脆弱乳杆菌脂多糖 A 与拟杆菌属可以激活肠道内感觉神经元。微生物源的神经活性代谢产物作为脑-肠-微生物轴信号传导的主要成分。例如,乳酸菌和双歧杆菌可以产生异质性神经递质 γ-氨基丁酸 (GABA)。短链脂肪酸是微生物代谢饮食纤维后的主要代谢产物,具有重要的免疫调节作用,对于维持肠黏膜的完整性必不可少。

(四) 饮食

饮食可能通过改变营养供给来调节肠道菌群,最近的研究表明饮食干预可以影响肠道菌群的多样性。多样性降低意味着更容易罹患代谢疾病与低度的炎症状态。高纤维饮食可以增加肠道菌群的多样性,而不健康的含高脂、高盐饮食可以加剧多发性硬化神经炎症。西方饮食对认知功能和记忆力有负面影响,而富含纤维素的饮食认为有利于人类的认知功能。此外,流行病学研究表明高脂饮食是神经免疫和神经心理疾病的危险因素。所以说,肠道菌群对大脑的调节也可能通过对食物的代谢而实现。

医学界和营养学界一直强调要均衡饮食,其中膳食纤维的合理摄取也相当重要。近期,有研究团队在《细胞》Cell 期刊发表文章证实,一旦长期缺乏膳食纤维,肠道中共生的微生物组会因为饥饿而蚕食肠道黏液和肠壁。膳食纤维对于人体健康至关重要,有着治疗便秘、预防胆结石、控制体重等作用。

(五)肠道通透性

肠道通透性被认为间接或直接与脑-肠-微生物轴相关。肠道内微生物与肠道黏膜壁的接触对保持屏障完整性是必不可少的。同时,心理压力可以导致肠道壁通透性的增加。研究表明抑郁症患者肠道黏膜壁通透性增加,导致肠道内的机会致病菌易位至肠系膜淋巴结或循环系统,从而激活下丘脑-垂体-肾上腺轴(HPA)及免疫系统。因此,肠道菌群的失衡,特别是肠道内有害菌的增加和有益菌的减少,可能会加剧中枢神经系统疾病的发生。

第7节 益生剂辅助泌尿生殖系统感染防治与康复

一、益生剂辅助女性阴道炎的防治与康复

在全球范围内,每年有 10 亿以上的女性受到阴道和尿道不适症的困扰。这些病症是由生殖泌尿道感染所引起的,常用药物目前只提供了短暂的缓解作用,并没有从根本上认识这些疾病产生的本质从而将其彻底解决。不恰当地使用药物有可能会加剧这种不良状况。

(一)阴道炎概述

阴道炎是导致外阴、阴道症状如瘙痒、灼痛、刺激和异常流液的一组病症。正常健康妇女阴道由于解剖组织的特点对病原体的侵入有自然防御功能。如阴道口的闭合,阴道前后壁紧贴,阴道上皮细胞在雌激素的影响下的增生和表层细胞角化,阴道酸碱度保持平衡,使适应碱性的病原体的繁殖受到抑制,而子宫颈管黏液呈碱性,当阴道的自然防御功能受到破坏时,病原体易于侵入,导致阴道炎症乃至妇科系统疾病。

正常情况下有需氧菌及厌氧菌寄居在阴道内,形成正常的阴道菌群。任何原因将阴道与菌群之间的生态平衡打破,都可成为条件致病菌。临床上常见有细菌性阴道病(22%~50%)、念珠菌性阴道炎(17%~39%)、滴虫性阴道炎(4%~35%)、老年性阴道炎、幼女性阴道炎等。

1. 细菌性阴道病

细菌性阴道病(BV)是最常见的阴道感染,以阴道乳杆菌浓度降低,伴随着其他微生物特别是厌氧菌及革兰氏阴性细菌过度生长为特征。正常阴道内以产生过氧化氢的乳杆菌占优势。细菌性阴道病时,由阴道内乳杆菌减少、阴道内包括阿托普菌、加德纳菌及厌氧菌等增加所致的内源性混合感染。10%~40% 患者无临床症状,有症状者主要因为蛋白水解酶产物升高,以及阴道多肽分解释出产物的胺类,在高 pH 环境内,变成有恶臭的产物,促使阴道分泌物增多,有鱼腥味,尤其性交后加重,并刺激炎性细胞因子如白细胞介素-1β(IL-1β)和白细胞介素-8(IL-8)释放。常见的局部症状包括阴道流液腥臭和外阴、阴道瘙痒

或灼热感。检查见阴道黏膜无充血的炎症表现，分泌物特点为灰白色，均匀一致，稀薄，常黏附于阴道壁，容易将分泌物从阴道壁拭去。严重的并发症包括上行性感染（如盆腔感染性疾病）、产科并发症（如绒毛膜羊膜炎、早产）及尿道感染。细菌性阴道病可口服或阴道应用抗生素治疗（如甲硝唑）。但容易出现治疗失败，复发率高。

细菌性阴道病的诊断依据：阴道分泌物牛奶样均质，有臭味；阴道 pH > 4.5；氨实验阳性；线索细胞阳性（>20%，线索细胞是加特纳菌或小杆菌感染阴道正常的鳞状上皮细胞，使正常的上皮细胞形态发生改变，如边缘不整齐、粗糙、透明度不高等，当阴道分泌物中出现大量线索细胞时，一般预示患了细菌性阴道病）。这 4 条中有 3 条阳性即可临床诊断，其中第 4 条为诊断的金标准。

治疗原则为选用抗厌氧菌药物，主要有甲硝唑、替硝唑、克林霉素。注意：口服和局部使用甲硝唑时，都可能发生双硫仑样反应（系指双硫仑抑制乙醛脱氢酶，阻挠乙醇的正常代谢，致使饮用少量乙醇也可引起乙醛中毒的反应）。口服药物首选甲硝唑；局部药物治疗；性伴侣不需常规治疗。

Bradshaw 等报道，细菌性阴道病患者口服甲硝唑治疗后第 1、第 3、第 6 和第 12 个月的复发率依次为 23%、49%、59% 和 68%。至治疗后第 12 个月，84% 的患者存在阴道菌群异常。

2. 念珠菌性阴道炎（VVC）

80%~90% 病原体为白色假丝酵母菌（图 2-28），酸性环境易于生长，为双相菌（酵母相、菌丝相）；患者阴道 pH 为 4.0~4.7，通常 pH < 4.5；条件致病菌（酵母相→菌丝相）；常见诱因有妊娠、糖尿病、大量应用免疫抑制剂及广谱抗生素。其他诱因如胃肠道假丝酵母菌、穿着紧身化纤内裤、肥胖。

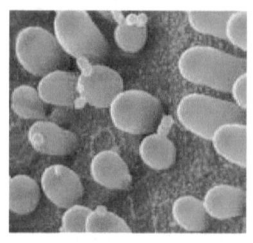 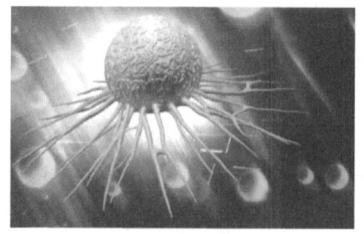

a 显微镜观察　　　　　　b 模式

图 2-28　白色假丝酵母菌（念珠菌）显微镜观察和模式

主要表现为外阴瘙痒、灼痛、性交痛、尿频、尿痛。尿痛特点是排尿时尿液刺激水肿的外阴及前庭导致疼痛。特征分泌物：白色稠厚呈凝乳或豆渣样。外阴炎呈现地图样红斑、水肿、抓痕；阴道炎可见水肿、红斑、白色膜状物。

在阴道分泌物中可见白色假丝酵母菌的芽生孢子或假菌丝即可确诊。pH 测定具有鉴别意义：pH < 4.5 为混合感染，尤其是细菌性阴道病的混合感染。

治疗原则：消除诱因，若有糖尿病应给予积极治疗，及时停用广谱抗生素、雌激素及皮质醇；勤换内裤，用过的内裤、盆、毛巾均应使用开水烫洗。

局部用药如咪康唑栓剂、克霉唑栓剂、制霉菌素栓剂；全身用药（反复发作或不能阴道给药的患者）：氟康唑、伊曲康唑、酮康唑。氟康唑具有更低的肝毒性风险，应当替代酮康唑使用；性伴侣如有症状需同时治疗；妊娠期合并假丝酵母菌阴道炎以局部治疗为主，禁用口服唑类药物。

Davar 等研究复发性外阴阴道念珠菌病患者应用氟康唑 150 mg 联合口服益生剂治疗的有效性，发现氟康唑联合益生剂治疗组 6 个月念珠菌性阴道炎的复发率为 7.2%，安慰剂组复发率为 35.5%。Palacios 等比较 33 例应用单剂量克霉唑 500 mg 联合植物乳杆菌 I1001（1粒，阴道用药，隔日 1 次，每周 3 次，连续 2 个月）和 22 例只用单一剂量克霉唑 500 mg 治疗的急性外阴阴道假丝酵母菌病患者的无复发率及依从性。结果显示，益生剂治疗组的无复发率为 72.8%，对照组为 34.88%。益生剂治疗组 91.3% 的女性有较好的依从性。这些研究表明益生剂联合唑类抗真菌药物，能够更有效治疗念珠菌性阴道炎，降低复发率。

3. 需氧性阴道炎

需氧性阴道炎（AV）是一种新描述的细菌性阴道炎，主要是由需氧菌如无乳链球菌和大肠杆菌等过度生长引起的感染。患者出现黄绿色白带，感染引起的阴道充血，pH 升高，通常为 5.5～6.5。患者的阴道涂片显微镜下特点：毒性白细胞增多，可见旁基底细胞，球菌稀少，缺乏乳杆菌。需氧性阴道炎患者阴道局部白介素 -1β、白介素 -6 和白介素 -8 水平升高。需氧性阴道炎比细菌性阴道病是更容易引起早产。治疗性伴侣不改善治疗效果。严重病例又称为脱屑性阴道炎（DIV）。由于发病机制不清，缺乏有效治疗方法，效果也很差。

4. 滴虫性阴道炎（TV）

阴道毛滴虫（图 2-29）适宜在温度 25～40 ℃、pH 为 5.2～6.6 的潮湿环境中（女性外阴部局部潮湿、温暖）生长；月经前后阴道 pH 改变，月经后接近中性，滴虫易繁殖；患者的阴道 pH 一般在 5.0～6.5，多数 pH > 6.0；滴虫容易寄生于阴道、尿道或尿道旁腺、膀胱、肾盂、男方包皮褶皱、尿道、前列腺等处；常与其他阴道炎并存。

主要表现为阴道分泌物增多，稀薄脓性、黄绿色、泡沫状、有臭味；阴道口和外阴瘙

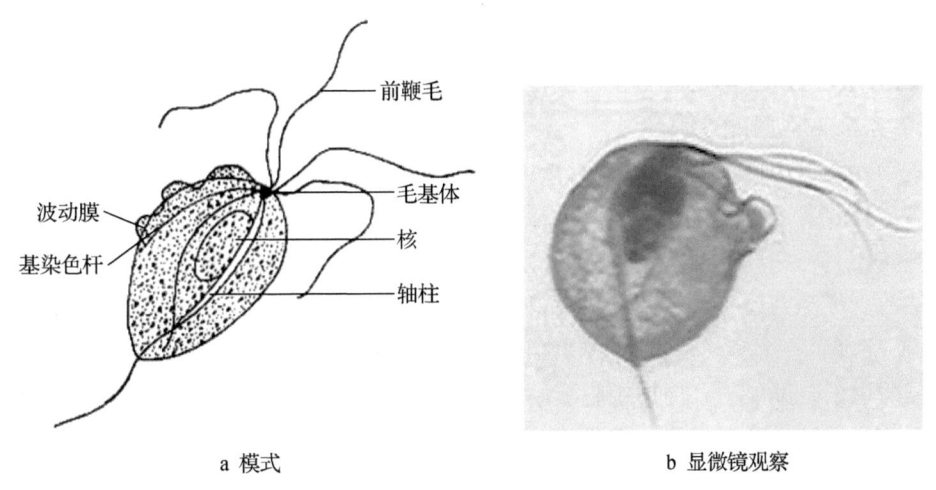

a 模式　　　　　　　　　　　b 显微镜观察

图 2-29 阴道毛滴虫模式和显微镜观察

痒。若合并尿道感染（尿频、尿急、尿痛），有时可见血尿。阴道毛滴虫能吞噬精子，阻碍乳酸生成，影响其在阴道内存活，可致不孕。

检查可见阴道黏膜充血，散在出血斑点，"草莓样"宫颈后穹隆多量白带，呈灰黄色、黄白色稀薄液体或黄绿色脓性分泌物，常呈泡沫状。带虫者阴道黏膜无异常改变。根据在阴道分泌物中找到滴虫即可确诊。取材前 24~48 小时避免洗、药、查，取材后保暖、及时送检。

5. 老年性阴道炎

绝经后妇女因卵巢功能衰退，雌激素水平降低，阴道壁萎缩，黏膜变薄，阴道内 pH 增高，局部抵抗力降低，其他致病菌过度繁殖或容易入侵引起炎症，以需氧菌为主。阴道分泌物增多，外阴瘙痒等，常伴有性交痛。根据绝经、卵巢手术史、盆腔放射治疗史或药物性闭经史及临床表现，诊断一般不难，但应排除其他疾病才能诊断。治疗原则为补充雌激素，增强阴道免疫力，抑制细菌生长。

6. 幼女性阴道炎

因婴幼儿外阴发育差、雌激素水平低及阴道内异物等造成激发感染所致，常见病原体有大肠埃希菌及葡萄球菌、链球菌等。主要为阴道脓性分泌物及外阴瘙痒。婴幼儿语言表达能力差，采集病史常需详细询问其母亲，同时询问其母亲有无阴道炎病史，结合症状及查体所见，通常可以做出初步诊断。治疗原则为保持外阴清洁、对症处理、针对病原体选择抗生素。

（二）益生剂治疗阴道感染和复发的基本原理

益生剂治疗阴道感染和复发的基本原理是阴道正常菌群在阴道的调节作用及受损微生态需要恢复的情况。乳杆菌是最常见的益生菌制剂原料。乳杆菌抑制阴道病原体生长的机制有以下几种：①乳杆菌酵解阴道上皮的糖原，产生 D-乳酸及 L-乳酸；②乳杆菌可在体外产生过氧化氢；③乳杆菌可产生细菌素，杀灭其他细菌；④乳杆菌吸收营养剂与阴道受体结合的能力也超过其他菌。

基于细菌性阴道病和外阴阴道假丝酵母菌病患者阴道乳杆菌的种类和数量减少，益生剂治疗阴道感染包括口服或经阴道应用益生剂途径。口服益生剂有效的理论是认为直肠可以将益生剂分泌至阴道。经阴道应用益生菌栓剂可直接将益生剂中的益生菌直接种植到阴道内。

（三）益生菌制剂治疗阴道炎

健康妇女阴道中乳杆菌为优势菌，占 95% 以上，达 8×10^7 CFU/mL，从健康女性阴道中至少分离出 20 多种乳杆菌，特别是以卷曲乳酸杆菌、詹氏乳酸杆菌、加氏乳酸杆菌为多见，数量较多的还有唾液乳杆菌、发酵乳杆菌、奇异菌属、棒状杆菌、动弯杆菌、普氏菌属、阴道加德纳菌、纤毛菌属、气球菌属和微单胞菌属等。乳杆菌维护阴道微生态平衡，保持阴道 pH 为 3.8~4.5。一方面产生抗微生物物质如乳酸、细菌素、过氧化氢，保持阴道的酸性环境，加强阴道的自净能力，但白细胞酯酶等阴性；另一方面，乳杆菌黏附于阴道黏膜和共同凝集作用形成屏障，竞争黏附，防止病原微生物的定植。Boris（1997）发现从阴道分离的格乳杆菌能分泌耐热的肽，具有促进凝集的作用。乳杆菌还能提高人体的免疫功能，刺激巨噬细胞和淋巴细胞的活性，增强多形核白细胞的吞噬能力维持阴道局部的抗感染能力。

第 2 章 益生剂辅助疾病的防治与康复

除乳杆菌外,阴道中的常驻菌群有表皮葡萄球菌、大肠杆菌、棒状杆菌、B族链球菌、粪球菌、消化球菌、类杆菌、支原体和白色念珠菌等。当人体由于使用广谱抗生素、卵巢功能急剧衰退、外科手术、外力和分娩等因素引起阴道损伤以及涉嫌、免疫抑制剂过度使用时,导致体内的微生态被破坏,菌群失调,由此引发阴道感染性疾病。主要致病菌为阴道中常住条件致病菌,如大肠杆菌、类杆菌、消化球菌、B族链球菌、白色念珠菌、支原体及滴虫等,表现为各种阴道炎,常见的多达36种,如细菌性阴道病(BV)、滴虫性阴道炎(TV)、外阴阴道假丝酵母菌病(VVC)、需氧菌性阴道炎(AV)、细胞溶解性阴道病(CV)和混合性感染等。

1. 细菌性阴道病(BV)

细菌性阴道病是育龄妇女最常见的生殖器感染性疾病,其特征是栖居在阴道内的菌群平衡失调,乳酸杆菌特别是产过氧化氢(H_2O_2)的菌株减少,而其他菌群如阴道加德纳菌、动弯杆菌、拟杆菌、消化链球菌、人型支原体等,大量繁殖而引起的一种无阴道黏膜炎症表现的综合征。乳酸杆菌能分解阴道上皮细胞内糖原产生乳酸及H_2O_2,乳酸可维持阴道酸性环境(pH为3~4),不利于厌氧菌或致病菌的生长,H_2O_2可直接杀灭细菌。许多研究表明阴道乳酸杆菌与细菌性阴道病的发展有关,即阴道内乳酸杆菌(尤其是卷曲乳酸杆菌和詹氏乳酸杆菌)越少,细菌性阴道病发病率越高。乳酸杆菌产生乳酸以降低阴道的pH,产生的H_2O_2能抑制加德纳菌;嗜乳酸杆菌、詹氏乳酸杆菌对加德纳菌有凝聚作用,降低加德纳菌对阴道上皮细胞的黏附性的生长。

细菌性阴道病患者的阴道分泌物中常见变化是多胺(包括精胺、腐胺、尸胺)的浓度升高,其原因是阴道内厌氧菌的异常繁殖导致氨基酸的脱羧反应。细菌内的鸟氨酸在鸟氨酸脱羧酶作用下脱羧形成腐胺,细菌也能经由精氨酸在精氨酸脱羧酶作用生成精胺,多胺的产生使阴道微环境的pH升高,也是患者白带腥臭气味的主要原因。精胺能影响大小分子对肠黏膜通透性,也能促使阴道液体的渗透和阴道上皮细胞的脱落,因而导致阴道的分泌物排出量增多。细菌性阴道病患者阴道微环境中多胺升高可以损害阴道黏膜的屏障功能,导致盆腔炎或其他感染性炎症。

1933年美国的Mohler等首次运用乳酸杆菌替代疗法治疗阴道炎和细菌性阴道病,他们对21例患有阴道炎症状和白带异味的患者采用德得来因杆菌的培养物进行治疗,其中6例治愈。许多研究者推荐运用乳酸杆菌制剂植入到阴道内来治疗细菌性阴道病,Neri等对28例细菌性阴道病患者用含有冻干嗜乳酸杆菌阴道栓剂直接植入到阴道内,6天后有16例的阴道涂片属于正常结果,但最后只有3例被治愈。乳酸杆菌对人上皮组织细胞的黏附性是治疗成功的关键,酸乳酪制品中的乳酸杆菌并不能像人阴道中的乳酸杆菌那样黏附到阴道上皮细胞上。这充分说明从人阴道中获取的乳酸杆菌植入到阴道内的效果比从乳品中生长的乳酸杆菌要强。

细菌性阴道病治愈时间长且易复发,与许多严重的妇产科并发症有直接关系,能导致细菌性阴道病患者的早产率增加、婴儿体质量低下、组织性绒毛炎、羊水感染、子宫内膜炎等危险因素。此外,细菌性阴道病还与输卵管炎、盆腔炎、不孕症、宫外孕、泌尿系感染、术后感染及妇科肿瘤等疾病有关。已经证实细菌性阴道病能增加人类免疫缺陷病毒感染的危险因素。由于细菌性阴道病的发病率高易复发，许多研究表明采用微生物及免疫治疗，通过益生剂调整疗法是治疗此类疾病的必然选择。益生菌是一类活的微生物，因此用口服或阴道内植入乳酸杆菌来恢复其天然对抗外来有害细菌侵袭的抵抗力，促进阴道本身的自净作用，对治愈和预防细菌性阴道病的复发都有良好的作用。

Heczko 等对复发性细菌性阴道病及需氧菌性阴道炎进行随机、双盲、安慰剂对照研究后发现，与安慰剂组相比，联合口服益生剂（成分是发酵乳杆菌、植物乳杆菌和加氏乳杆菌）可降低并维持阴道较低 pH 和 Nugent 评分，并可增加阴道内乳杆菌数量，从而延长复发时间。Tomusiak 等的一项多中心、随机、双盲、安慰剂对照研究发现，给予中间型细菌性阴道病患者阴道用益生剂（成分是发酵乳杆菌、植物乳杆菌和加氏乳杆菌）治疗后，阴道 pH 和 Nugent 评分明显降低，乳杆菌种类和数量明显增多。而另一项前瞻性病例对照研究将 250 例非孕、性活跃期的女性分为常规治疗组（甲硝唑 500 mg，2 次/天，共 7 天）和加用益生剂并联合治疗组（常规治疗后，继续鼠李糖乳杆菌 BMX 54 治疗），结果发现联合治疗组在随访 2 个月后阴道菌群恢复正常，且在随访 6 个月和 9 个月时的复发率更低、阴道 pH 更低。

细菌性阴道病经唑类药物治疗后，症状明显减轻，有效率复发率减少。研究发现，在复发性细菌性阴道病治疗中给予乳酸杆菌阴道胶囊进行巩固治疗，积极恢复阴道微生态平衡，可明显提高治愈率，降低复发率至 75%～80%，但随后易出现继发性霉菌性阴道炎、需氧菌性阴道炎及复发等问题。研究发现，在复发性细菌性阴道病治疗中给予乳酸杆菌阴道胶囊进行巩固治疗，积极恢复阴道微生态平衡，可明显提高治愈率、降低复发率。

王友芳等采用德氏乳杆菌活菌胶囊治疗细菌性阴道病，阴道给药，每天 1 次，10 天为一疗程，3 天后复查，以白带变化、阴道痒感、pH、线索细胞和氨浓度测定实验判定疗效，设甲硝唑组为对照，两组治疗总有效率分别为 77.3%～100.0% 和 77.8%～95.0%，两者间无显著差异，但使用乳杆菌对肝、肾功能无不良影响，亦无明显不良反应，且复发率低。

2. 霉（真）菌性阴道炎（VVC）

白色念珠菌（一种真菌）感染而引起阴道炎是比较常见的一种，其特点是阴道分泌物引起剧痒及灼热感。健康状况下，阴道乳杆菌将糖原转化成乳酸，使阴道酸碱度即 pH 保持在 4.0～4.5，这样，有效地抑制念珠菌及其他有害菌的生长繁殖。一旦有益菌失去优势，造成阴道菌群平衡失调，念珠菌就会大量繁殖，引起真菌感染，厌氧菌可增加上千倍，厌氧菌与需氧菌之比可达 100:1 到 1000:1。白带呈豆腐渣样或凝乳样，即排出时就像豆腐渣的样子，呈白色、块状。因为白带大多是黏稠发黄，所以很容易区分的。豆腐渣样白带是霉菌性阴道炎的特征，但一般不易流出，大多残留在阴道内（图 2-30）。

长期以来，阴道微生态失调的治疗存着的三大难题——抗生素合理应用率低、治愈率低、复发率高。近年来，随着阴道微生态评价体系的建立和推广应用，从微生态角度来审视阴道感染性疾病，重新制定了阴道感

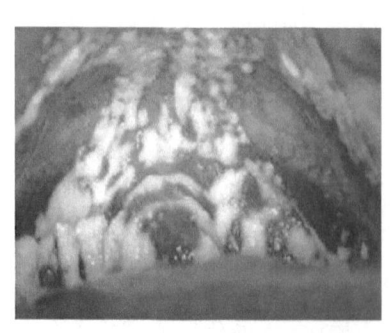

图 2-30　阴道内白带呈豆腐渣样

第2章 益生剂辅助疾病的防治与康复

染性疾病的治疗原则——合理使用抗生素、修复受损的阴道黏膜和恢复阴道微生态平衡。抗菌治疗需要建立在阴道微生态评价体系的基础上，明确病原菌及是否合并其他感染。遵循个体化原则，重视疾病的分类诊断，选择最合适的治疗方案进行规范治疗，以期达到患者的症状、体征和病原菌消失的目的。完整的阴道黏膜是抵抗病原菌的天然屏障，因此，在抗菌治疗后务必要注意修复受损的阴道黏膜，这主要包括促进黏膜增殖、愈合破损黏膜、恢复黏膜局部免疫功能。目前，常用方法是应用雌激素，一方面，它可促进阴道黏膜基底细胞分裂增殖来修复破损的黏膜；另一方面，它可刺激阴道上皮增生增厚，糖原含量增加，乳杆菌的作用下又可分泌抑菌活性成分，从而有效抑制病原菌繁殖。传统的单纯抗菌治疗虽能在短时间内杀灭致病菌，但治疗周期长、患者依从性差、效果不佳、复发率高，而继发感染未消除、阴道微生态平衡未恢复是复发的关键。

当前，阴道微生态评价体系为临床治疗提供了新理念，即从以往杀灭微生物为主的传统治疗理念过渡到补充益生剂、恢复阴道正常微生态环境为目的的新型治疗理念。因此，目前多提倡联合应用抗生素和益生菌或益生元，采用高效敏感的抗生素及时杀灭致病菌、有效抑制致病菌继续增殖，同时积极补充乳杆菌或益生元以促进阴道恢复微生态平衡，防止复发和继发感染。需氧菌性阴道炎复发的病因尚不明确，但通过重建阴道微生态平衡并结合抗菌治疗，复发的比例明显下降。

李丽秋报道非特异性阴道炎、真菌性阴道炎患者各50例，用乳杆菌液涂抹阴道壁7天为一疗程，间隔5天再进行第2疗程，治愈率达98%，治疗后阴道分泌物、pH明显低于治疗前（$P<0.05$）；肠杆菌、葡萄球菌、类杆菌数量明显减少，乳杆菌量显著增加（$P<0.01$）。

复发性外阴阴道假丝酵母菌（一种真菌）病在应用抗真菌药物杀灭假丝酵母菌的同时也破坏了阴道微环境，使阴道局部菌群失调、酸碱平衡紊乱、原有的防御体系受损，易造成耐药，并增加复发的风险。通过应用乳酸杆菌制剂帮助重建阴道微生态平衡，发挥阴道自净作用，增强免疫力，可明显缩短治疗周期，降低复发率。Pendharkar等对细菌性阴道病和假丝酵母菌病患者给予单纯抗菌治疗和联合益生剂（成分是鼠李糖乳杆菌DSM 14870和加氏乳杆菌DSM14869）治疗后的效果进行评价，结果发现联合治疗组在6个月和12个月的治愈率更高。体外实验发现，罗伊乳杆菌GR-1和鼠李糖乳杆菌RC1在低pH时可明显抑制白假丝酵母菌活性，并最终导致其死亡，同时，转录组学分析表明，乳杆菌可增加白假丝酵母菌应激相关基因的表达，而减少耐药相关基因的表达。Deidda等研究唑类药物（咪康唑和氟康唑）和发酵乳杆菌（LF5、LF09、LF10和LF11）对5种霉菌（白假丝酵母菌、近平滑念珠菌、光滑酵母菌、热带假丝酵母菌和克柔酵母菌）的抑菌能力，结果发现，4种乳杆菌菌株均可明显抑制5种霉菌生长，抑制程度可达4个对数级，而咪康唑的最大抑制程度也比乳杆菌低2个对数级。

另外，使用益生剂改善阴道微环境，抑制异常阴道菌群的生长，降低不良妊娠结局发生的风险是目前研究的热点。一项旨在探讨妊娠期口服益生剂（成分为鼠李糖乳杆菌和罗伊氏乳杆菌）对阴道菌群影响的随机、安慰剂对照研究发现，口服益生剂对中期妊娠患者的阴道菌群并未产生显著影响。另一项动物实验给予妊娠小鼠宫内注射脂多糖和（或）鼠李糖杆菌 GR-1 上清，结果发现，鼠李糖杆菌 GR-1 上清可明显降低脂多糖诱导的早产及相关炎症因子，这说明给予妊娠患者乳杆菌治疗可在一定程度上减少早产。

目前，治疗用的乳酸杆菌均为商品化的非人源性乳酸杆菌，由于个体差异及免疫等因素而不能在阴道中长期定植和增殖，也不能长期维护阴道微生态平衡，并且不同妇女阴道中产生 H_2O_2 的乳酸杆菌种类和数量也不同。因此，如何将具有高定植、高增殖能力的人源性乳酸杆菌种植到患者阴道中是目前恢复阴道微生态平衡治疗的难点和重点。戴小波等研究发现，自体乳酸杆菌体外增殖后再用回植技术能灵活选择活性、低代次的乳酸杆菌进行移植，从而快速建立具有自身生物学特征的微生态系统，促进乳杆菌长期定植和增殖，为阴道炎的临床治疗和预防提供了一种新的思路。陈廷涛等研制的阴道微生态制剂——益生菌避孕套，采用"以菌制菌"的生态理论，通过在避孕套前端或者储存液中添加益生菌，使益生菌在性生活过程中可均匀地分布于阴道内，从而起到恢复阴道菌群和自净作用，可有效治疗和预防细菌性阴道病、假丝酵母菌病和滴虫性阴道炎。

3. 滴虫性阴道炎（TV）

20 世纪 80 年代，德国报道用乳杆菌治疗 444 例滴虫性阴道炎患者，1 年后 426 例（96%）患者复查，394 例（92.5%）临床完全治愈，其中 7.5% 乳杆菌培养阳性。Ngambl 用嗜酸乳杆菌治疗滴虫性阴道炎，治愈率达 97%，随着滴虫的清除，阴道菌群恢复正常。我国邓燕杰等报道用德氏乳杆菌乳酸亚种能有效降低阴道 pH，3 个月后治愈率达 83%，总有效率达 96.8%。金玲等报道乳杆菌在体外对滴虫亦有拮抗作用。

蔡咏梅等用乳杆菌活菌胶囊制剂与替硝唑阴道泡腾片对照治疗滴虫性阴道炎，评价其疗效及安全性。单纯滴虫性阴道炎患者 120 例，分成乳杆菌活菌胶囊实验组 60 例，替硝唑阴道泡腾片对照组 60 例。治疗 1 个疗程（10 天），停药 3 天复查。结果：治疗滴虫性阴道炎两者总有效率分别为 73.3% 及 76.7%。结论表明乳杆菌活菌胶囊制剂是治疗滴虫性阴道炎的安全有效药物，治疗效果肯定，与替硝唑阴道泡腾片相比无显著差异。

白云等观察乳酸杆菌制剂对滴虫性阴道炎的治疗效果，并与甲硝唑比较：采用病例对照研究的方法，以乳杆菌活菌制剂治疗滴虫性阴道炎，35 例滴虫性阴道炎患者作为乳杆菌活菌制剂实验组，随机选择甲硝唑治疗 30 例为对照组，对两组治疗前后的症状体征及实验室检查结果进行对比，用 χ^2 检验比较二者在统计学上的差异。结果表明使用乳酸杆菌制剂治疗滴虫性阴道炎后症状体征明显改善，滴虫转阴率 85.71%，pH 正常率 91.43%；与甲硝唑比较，乳酸杆菌制剂总有效率 89.28%，甲硝唑为 92%；1 个月后比较前者复发率 9.38%，后者复发率为 16%。结果证实乳酸杆菌制剂治疗滴虫性阴道炎有比较好的治疗效果，与甲硝唑无明显差异，且复发率低，是一种比较理想的滴虫性阴道炎的治疗药物。

益生剂治疗阴道感染的推荐：益生剂治疗阴道感染的推荐甚少。大部分研究应用益生剂治疗的阴道栓剂包括各类乳杆菌，通常有 L - 乳酸菌、鼠李糖乳杆菌或罗伊乳杆菌 RC-14，治疗 5 ~ 28 天。体外实验显示益生剂用于治疗及预防霉（真）菌性阴道炎有益。临床实验研究显示乳杆菌益生剂有利于阴道感染治疗及预防。2012 年英国指南指出对复发型细菌性阴道病可考虑应用益生剂，但没有做出推荐。需要开展应用益生剂治疗复发性霉菌性阴道炎或抗真菌药物耐药霉菌性阴道炎的研究。2015 年耶鲁大学、哈佛大学益生剂治疗共识推荐应用益生剂治疗阴道感染（C类推荐）。

4. 需氧菌性阴道炎（AV）

Donders 等指出，在需氧菌性阴道炎治疗中，交替应用乳杆菌制剂和广谱抗生素可有效降低长期应用抗生素的不良反应。Han 等认为，应用抗生素的同时局部应用益生剂可恢复阴道菌群，降低需氧菌性阴道炎的复发。

中国大连医科大学微生态研究所的研究人员，对阴道乳杆菌制剂进行了系统的研究，包括菌种筛选、安全实验、毒性实验、药理实验、功能实验等系列实验到临床观察，现已获得了国家新药证书。这是中国第一个用乳杆菌治疗细菌性阴道炎和滴虫性阴道炎的药品。所使用的益生菌属于德氏乳杆菌乳酸亚种的特定菌株，能产生过氧化氢，黏附于阴道黏膜上。它对菌群失调性阴道炎、滴虫性阴道炎等有一定的疗效。

国外已有多个用于女性阴道健康的产品（栓剂、药片等）在市场上销售。欧洲有研究者分析了用于阴道的片剂产品中的乳杆菌菌株，结果发现，有3种不同的乳杆菌菌株（分别来自短小乳杆菌、格氏乳杆菌和唾液乳杆菌的特定菌株）具有优良的特性：黏附在人体阴道上皮细胞，产生较高水平的过氧化氢和细菌素，并可以对抗白假丝酵母和病原体。2003年年初，有一种口服益生菌补充剂（胶囊）在欧美和亚洲部分国家上市，用于平衡女性阴道微生态菌群及女性阴道炎疾病的防治。该产品是两个经特殊选择且经临床证实的乳杆菌菌株的组合（鼠李糖乳杆菌和罗伊氏乳杆菌）。若干的临床实验都证实了口服该益生剂与使用益生菌阴道栓剂有类似的功效。同时，通过口服益生剂来调整胃肠道菌群，可维护肠道壁的完整性和预防感染或过度发炎，进一步提高了整个机体对感染的抵抗力。

二、益生菌制剂治疗泌尿系统疾病及康复

尿道感染也属于常见的女性感染之一。所谓尿道感染，是指病原细菌在尿道的过度生长。它通常发生在患细菌性阴道炎或阴道内霉菌过度生长的女性体内。尿道感染是由源自肠道的革兰氏阳性菌所引起的，特别是尿道病原菌、大肠杆菌（约占85%的病例），还有粪肠球菌、腐生葡萄球菌（staphylococcus saprophy-ticus）。据调查报道，尿道感染的发生率大约为每人每年0.5次，复发率为27%~48%。许多患者在使用抗生素成功地治疗尿道感染后，还会出现复发症状。不适当的使用药物有可能加剧这种不良状况。目前，治疗泌尿生殖系统疾病最常用的疗法：让患者接受抗生素或者抗真菌药物治疗。不过，这些药物在消灭有害细菌的同时，会不可避免的波及无辜的益生菌，从而引起多种并发症。如果在接受抗生素治疗期间，及时补充益生剂，就可以在一定程度上预防不良反应的发生。有研究表明，益生剂可以治疗阴道炎、泌尿系统感染和肾结石等泌尿生殖系统疾病。

传统的治疗方法往往停药后容易复发，用药后再缓解，停药后又复发，想完全治愈非常困难。这主要是由于泌尿生殖道也是一个微生态平衡的体系，在药物杀灭有害病原体的同时，有益的或中性的微生物也一起被杀灭，停药后，需要重新建立平衡体系，一旦有害菌占了上风，瘙痒疼痛的症状又会卷土重来。

泌尿系统感染是一种很常见的疾病，与男性相比，女性的泌尿系统更容易被感染。几十年前，医学家们就已经认识到，女性泌尿系统反复感染与阴道内的一种益生菌——乳酸杆菌

的数量相关。益生菌有助于预防和减少外来有害微生物和寄生虫的入侵，防止有害菌从直肠转移到阴道及膀胱。另外，益生菌能够与有害致病菌以及白色念珠菌等竞争养分，还能防止有害菌从直肠转移到阴道及膀胱，从而将它们的数量控制在较低水平。同时还对那些接受常规抗感染药物后会出现严重的不良反应，或有其他不良反应的患者来说，益生剂疗法有着非常大的疗效。阴道内乳酸杆菌数量少的女性患泌尿系统感染的风险相对较高，而阴道内乳酸杆菌数量多的女性一般很少发生泌尿系统感染。

芬兰的科学家们对139名患有泌尿系统感染的女性和185名同一个年龄段的健康女性进行了调查，所有被调查的女性都要详细回答她们在近5年的饮食情况。调查表明，那些健康的女性与患有泌尿系统感染的女性相比，前者食用发酵食品的频率明显高于后者。那些健康女性每周都要吃3次以上发酵过的乳制品，而且常喝对益生菌生长有积极作用的果汁。

科学研究也已经确认，人体内的微生态不平衡是霉菌感染的病原因素之一。解决这种不平衡的有效办法是调节泌尿生殖系统中益生菌的数量。益生剂可以合成抗菌物质，直接控制有害微生物；益生剂可以降低泌尿生殖系统的pH，抑制病原菌的生长；益生剂还可以生成过氧化氢，可以产生清洁作用。总之，益生剂疗法可以有效治疗霉菌感染，益生剂可以使病原体的生长被抑制50%~74%。

另外，益生菌能够与有害致病菌及白色念珠菌等竞争养分，从而将它们的数量控制在较低水平。同时还对那些接受常规抗感染药物后会出现严重的不良反应，或有其他不良反应的患者来说，益生剂疗法有着非常好的疗效。

现代女性因抗生素药物的频繁使用、不良饮食习惯、长期压力、长期久坐及个人卫生、不洁性行为、上环手术、人流等综合因素都影响女性阴道内固有益生菌的稳定数目，包括不恰当的和过度的冲洗阴道都会破坏阴道微生态菌群的平衡，从而导致细菌性阴道炎、尿道感染和性传播感染等泌尿生殖系统疾病。通过定期补充益生剂，让乳酸杆菌等益生菌在女性阴道菌群中占据主导作用，从而产生足量而多样的抗菌物质：细菌素、乳酸、有机酸和过氧化氢等阻碍病原菌的入侵、生长。

人类代谢只能产生左旋乳酸盐，而大部分女性阴道分泌的是右旋乳酸盐。这表明阴道内乳酸主要来自于阴道微生态菌群。酸化的阴道阻止不耐酸的共生微生物、泌尿生殖感染病原体和许多性传播病原体的生长繁殖。定期科学地补充益生剂可以通过发酵糖原、葡萄糖产生乳酸来维护女性阴道内低pH。低pH增加了阴道氧化还原的可能性，并创造了一个抑制厌氧细菌生长的环境。

最新的研究表明，益生剂可以阻止病原细菌入侵和定植能力。益生剂的补充使病原体的生长被抑制了74%~89%，定期补充益生剂可改善和防治细菌性阴道炎、尿道感染、肾结石和性传播感染等泌尿生殖系统的疾病。

体内草酸的大量积存是导致肾及泌尿道结石的因素之一。如菠菜、豆类、葡萄、可可、茶叶、橘子、番茄、土豆、李子、竹笋等这些人们普遍爱吃的食物，含草酸较高。医生通过研究发现，200 g菠菜中，含草酸725.6 mg，如果一人一次将200 g菠菜全部吃掉，食后8小时，检查尿中草酸排泄量为20~25 mg，相当于正常人24小时排出的草酸平均总量。许多实验室和临床已经初步证明，产甲酸草酸杆菌能够降低血液和尿液中的草酸浓度，这提示我们产甲酸草酸杆菌可以用来预防肾结石，一些常用的益生菌如双歧杆菌、婴儿双歧杆菌和嗜酸乳杆菌等也具有与产甲酸草酸杆菌相似的功能，某些酸乳和益生剂都含有这些益生菌，其预防肾结石的效果将有待于进一步实验观察。

Yuan-kun Lee 等对 49 名白血病患者接受柔毛霉菌治疗 3 个月以上，当患者尿中出现念珠菌并伴有症状即诊断为尿道感染。以粪便中念珠菌超过 10^5 CSF/g 时尿道感染者较多。28 名患者服用牛奶中含有长双歧杆菌和嗜酸乳杆菌及含有嗜酸乳杆菌、婴儿双歧杆菌、粪肠球杆菌的酸奶。服用后粪便中念珠菌量≥10^5 CSF/g 的 14 人中有 10 人患念珠菌感染；而粪便中念珠菌降至≤10^4 CSF/g 的 14 人中仅 2 人患尿道感染，可见服用益生剂有助于预防和治疗念珠菌引起的尿道感染。

尽管目前尿道感染和缺乏益生菌的关系及益生菌和阴道感染的关系一样并不完全确定，但有证据显示，益生剂有预防和治疗作用。某些口服的益生剂和阴道用的益生菌栓剂对减少反复尿道感染有效。

加拿大西安大略大学微生物学和免疫学系以及加拿大益生菌研究中心的里德博士（Gregor Reid）和安德鲁·布鲁斯（Andrew Bruce）等科学家对若干不同乳杆菌进行了长达 20 多年的临床研究，证实了某几个益生菌株（主要来自鼠李糖乳杆菌、发酵乳杆菌和罗伊氏乳杆菌）对尿道感染和减少尿道病原细菌有效。而日本的研究者则证实了干酪乳杆菌的某个菌株对预防膀胱癌有一定的效果。

世界各地的益生剂专家、学者大多数都建议，健康女性补充益生剂也应长期坚持、连续不断，才能更好地调整女性阴道环境的 pH 和微生态菌群平衡，并维持恒定的健康状态。

此外，吴永乐等探讨益生剂并联合八正散治疗大肠埃希菌引起的泌尿系感染的应用价值，将 2015 年 3 月—2016 年 4 月收治的因大肠埃希菌引发泌尿系感染患者 76 例作为研究对象，依据患者就诊时间建立时序编号，随机分为两组，其中对照组 38 例，采用常规西医药物控制处理，观察组 38 例，针对泌尿系统感染患者病情特点，采取益生剂并联合八正散治疗，对比两组患者致病菌群清除率及分析临床疗效。结果显示，观察组临床疗效与致病菌群清除率均明显优于对照组，差异有统计学意义（$P<0.05$）。证实益生剂并联合八正散治疗大肠埃希菌引起的泌尿系感染效果确切，可在短期内缓解患者病情症状，及时清除大肠埃希菌，达到稳定感染，促进患者后期恢复，无不良反应，药用安全性较高，值得推广应用。

第 8 节　益生剂辅助糖尿病防治与康复

一、糖尿病概述

（一）胰岛素与血（葡萄）糖

胰腺是人体最重要的消化器官之一，除外分泌功能分泌各种消化酶外，还是人体重要的内分泌器官（图 2-31）。胰岛素由胰岛（成人约 100 万个）的 β 细胞（占胰岛总细胞数的 70%；α 细胞约占 20%，分泌胰高血糖素）所分泌。

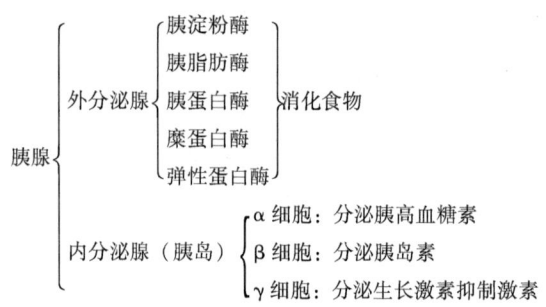

图 2-31 胰腺的结构与功能

胰岛素以 84 个氨基酸组成的长链多肽——胰岛素原形式分泌，经专一性蛋白酶——胰岛素原转化酶和羧基肽酶 E 的作用，将胰岛素原中间部分（C 链）切下，而胰岛素原的羧基端部分（A 链）和氨基端部分（B 链）通过二硫键结合在一起形成胰岛素。人胰岛素分子的 A 链有 11 种 21 个氨基酸，B 链有 15 种 30 个氨基酸，共 16 种 51 个氨基酸，两条肽链借 2 个二硫键相连组成（图 2-32）。不同种族动物（人、牛、羊、猪等）的胰岛素功能大体相同，成分稍有差异，人和猪的胰岛素只相差一个氨基酸，故临床上常用的胰岛素都是由猪胰腺所提取。

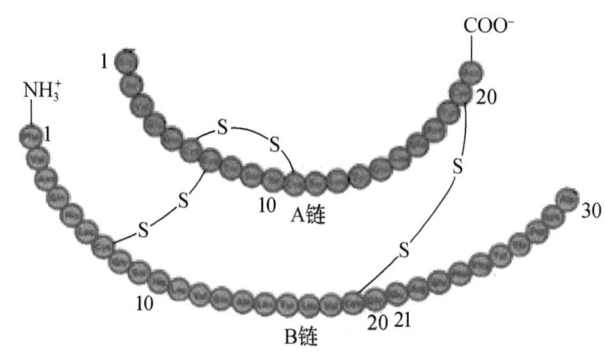

图 2-32 人胰岛素结构示意

血中的葡萄糖简称为血糖，人体内的单糖（葡萄糖、果糖半乳糖）都是由双糖（蔗糖、麦芽糖、乳糖）或多糖（淀粉、糖原即动物淀粉）经消化吸收而来，所有的糖又都需要转化成葡萄糖后才能被人体组织细胞吸收和利用。

胰岛素具有促进血糖进入组织细胞进行氧化分解、合成糖原和转化成非糖物质，抑制氨基酸和脂肪转化为糖的作用，是体内唯一降低血糖的激素。胰岛素与靶细胞膜上的胰岛素受体相结合后发挥作用，受血糖高低的调节（图 2-33）。

胰岛 β 细胞中储备胰岛素约 200 U，每天分泌约 40 U。空腹时，血浆胰岛素浓度是 5～15 μU/mL。进餐后血浆胰岛素水平可增加 5～10 倍。

胰岛素调节糖代谢首先要与细胞膜上的胰岛素受体结合，改变细胞膜的通透性，葡萄糖进入细胞后才能进行糖原合成加以储备，或者氧化供给能量，或者转化为脂肪，或者转化为其他单糖或糖蛋白等进一步代谢。为了便于读者理解，现将胰岛素的作用机制以机械的模式图表达如下（图 2-34）。

（二）糖尿病概述

糖尿病是由遗传因素、免疫功能紊乱、微生物感染及其毒素、自由基毒性、精神因素等各种致病因子作用于机体导致胰岛功能减退、胰岛素抵抗等而引发的糖、蛋白质、脂肪、水

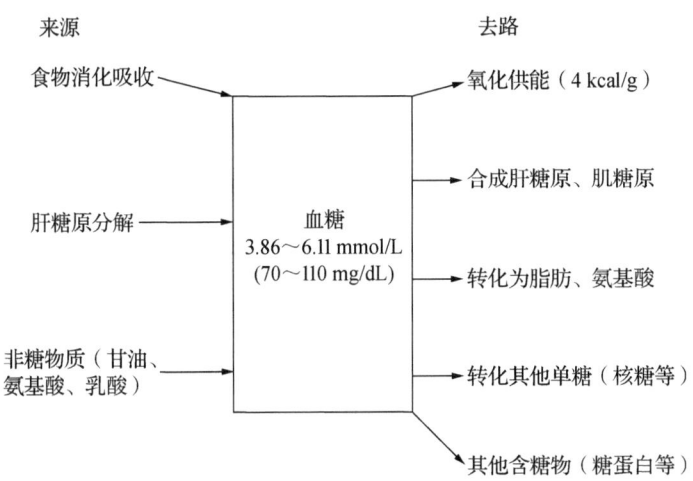

图 2-33　正常血糖的来源与去路

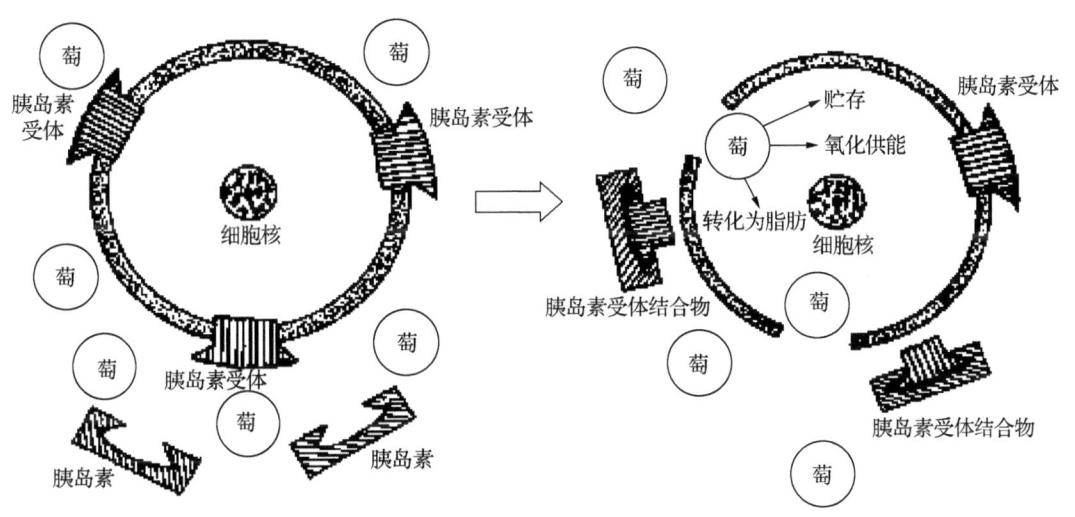

图 2-34　胰岛素与受体结合改变细胞膜通透性示意（王坤教授提供）

和电解质等一系列代谢紊乱综合征，临床上以高血糖为主要特点。糖尿病发病率高、致残率高及致死率高，使其成为 21 世纪威胁人类健康的主要疾病之一。成为当今社会继癌症、心脑血管疾病之后，严重威胁人类健康的世界第三大疾病，国外亦称它为"沉默的杀手"。

国际糖尿病联盟公布了第 8 版的全球糖尿病地图。结果显示，全球糖尿病成人患者（20～79 岁）从 2000 年的 1.51 亿，到 2017 年已达到 4.25 亿，增加近 2 倍。预计到 2045 年，糖尿病患者可能达到 6.29 亿（表 2-12）。各个国家成人糖尿病患者数量的调查中，中国、印度、美国霸占三甲，分别为 1.144 亿、7290 万和 3020 万，而数量前十的国家中，仅有美国和德国两个经济发达国家。糖尿病在中国诚然已经风行。处于 20～79 岁年龄段的中国人，每 10 个人就有 1 个糖尿病患者，成年糖尿病患者中大多罹患 2 型糖尿病。近年来我国糖尿病并发症的发病率也一直居高不下，根据《中国 2 型糖尿病防治指南》中的数据，在各类并发症之中神经病变发病率最高,超过了50%,其他各类并发症的发病率均在20%~40%(图2-35)。糖尿病具有高的致死性,在2015年,大约500万人死于糖尿病。此外,糖尿病的治疗费用很昂贵,2015年,全球糖尿病花费为6730亿美元,预测在2040年将达到8020亿美元,这将给各国的医疗保健系统带来巨大的挑战。

表2-12 2017年及2045年世界各地区糖尿病患病人数及增长率(20~79岁)

地区	2017年/百万	2045年/百万	增长率
全世界	629	425	48%
北美和加勒比海地区	46	62	35%
中东和南非	39	67	72%
欧洲	58	67	16%
南美洲和中美洲	26	42	62%
非洲	16	41	156%
南亚	82	151	84%
西太平洋地区	159	183	15%

注:数据来源于IDF糖尿病地图(第8版)。

糖尿病是一种以高血糖为特征的代谢性疾病,且还会伴随各种代谢紊乱,主要分为1型糖尿病、2型糖尿病、妊娠糖尿病和其他类型糖尿病。妊娠糖尿病与妊娠期间内分泌明显改变有关,多在分娩后能自愈。来自奥塔哥大学的研究人员通过研究发现,一种本土天然的益生菌(名为鼠李糖乳杆菌HN001)或能够降低女性妊娠糖尿病的风险,同时还会降低个体的空腹血糖水平,经194名妊娠早期的

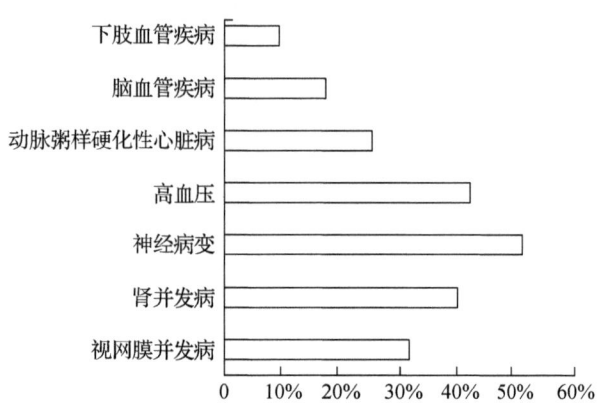

图2-35 糖尿病各种并发症的发病率

女性摄入含有HN001的胶囊,同时让另外200名妊娠早期女性摄入安慰剂,随后在女性怀孕24~30周时评估个体的妊娠糖尿病水平,相关研究刊登于国际杂志 British Journal of Nutrition 上。1型糖尿病是T-细胞介导的自身免疫性疾病,遗传因素和环境因素共同参与其发病过程表现为产生胰岛素的胰腺β细胞被破坏,患者必须注射胰岛素来治疗,发病年龄早,病情严重,预后差,易发生酮症酸中毒,需终身依赖胰岛素治疗才能维持生命,在美国每1000个人中有1~5个患者,影响超过100万人。2型糖尿病是胰岛素抵抗引起的胰岛β细胞的破坏及(或)胰岛素相对缺乏导致的以高血糖为特征的代谢失调,遗传是糖尿病发生的重要因素之一。PPARG、KCNJ11、WFS1、HNF1B等基因被认为与2型糖尿病有关,其常伴有冠心病、动脉粥样硬化、肾脏病变、神经病变、视网膜病变及足部感染性病变等并发

症。随着经济与社会的发展，人们生活水平不断提高，传统以植物性食物为主的饮食向高脂肪、高能量、低纤维的饮食结构改变，促使糖尿病的发生。在美国约有6%的人患有糖尿病，人数大约在1600万，其中大多数人患2型糖尿病。

2型糖尿病与生活方式、患病时间和能否得到有效治疗有密切联系。这些生活因素中最主要的就是体重超标。最近在美国的一项调查中，65%的答卷者声称自己的体重超标5～30磅。而我国健康和营养中心的一项研究也得出了类似的结论，现在体重超标的美国成年人占64.5%。体重超标的人患2型糖尿病的可能性是正常人的两倍。令人担忧的是，这种现象也同样出现在孩子中，这为我们敲响了警钟。胰岛素又被称为"致肥激素"。在食物中能量过多时，它帮助身体利用葡萄糖转化为脂肪。β细胞通过附着在细胞表面受体通过复杂的信号传导系统促进大脑去转化葡萄糖为脂肪。瘦素（由脂肪组织分泌的蛋白质类激素，能抑制食欲，增加能量释放，抑制脂肪细胞的合成，进而使体重减轻）在很大程度上控制着身体对胰岛素的反应能力，也指示大脑表现出饱足感。可以把它想象成"饱足激素"，能告知身体"你已经吃饱了"。肥胖与胰岛素抵抗和2型糖尿病形成有关，肥胖者中，脂肪组织通过释放大量非酯化脂肪酸、甘油、激素和促炎性细胞因子等途径参与胰岛素抵抗的形成，从而导致糖尿病。

研究表明，肠道微生物在糖尿病的形成与发展中起重要作用。当肠道中有益菌减少、有害致病菌增多时，代谢产生的内毒素的水平增加，导致长期慢性低度炎症，炎性因子的释放引起氧化应激反应，最终致使胰岛β细胞损坏，从而导致糖尿病的发生。

胰岛素抵抗是大家关注的热点问题之一。早在20世纪60年代人们便观察到糖耐量受损（IGT）、糖尿病、肥胖、脂代谢紊乱和高血压等常同时出现于同一个体，就称为胰岛素抵抗综合征。即人体对胰岛素的生理作用的反应性降低或敏感性降低。狭义的胰岛素抵抗是指组织细胞对胰岛素介导的葡萄糖利用的反应性降低。产生胰岛素抵抗的主要部位在肝脏、肌肉和脂肪组织。临床研究发现，约25%的正常人群存在胰岛素抵抗，糖耐量低减人群75%存在胰岛素抵抗，2型糖尿病患者胰岛素抵抗的发生率为85%左右。鉴于胰岛素抵抗综合征与多种代谢相关的疾病有密切联系，故1997年Zimmeet等主张将其命名为代谢综合征。

随着年龄增大，胰岛素受体磨损，或者随着细胞内脂肪增多导致肥胖，胰岛素无法与受体结合，都可导致血糖无法进入细胞，而引起血糖升高。可简单而通俗地用图2-36加以理解。

传统的代谢综合征组成成分主要包括中心性肥胖、糖尿病或糖耐量受损、高血压、脂质异常和心血管疾病，但随着对本综合征的深入研究，目前其组成成分不断扩大，现除上述成分以外，还包括多囊卵巢综合征、高胰岛素血症或高胰岛素原血症、高纤维蛋白原血症和纤溶酶原激活物抑制物-1（PAI-1）增高、高尿酸血症、内皮细胞功能紊乱-微量白蛋白尿和炎症（血CRP、IL-6和金属蛋白酶-9等增高）等。

北京联合大学的宋瑜等在综述中指出，目前关于肠道菌群失调导致肥胖及2型糖尿病发生的研究，多数观点集中认为肠道乳酸菌、双歧杆菌等益生菌的减少与糖耐量异常密切相关。肠道菌群失调可诱发机体内的短链脂肪酸（SCFAs）水平和构成发生异常，如此肠道抗炎症反应能力、脑-肠肽激素分泌功能等受到影响，会引起胰岛细胞功能受损、胰岛素抵抗

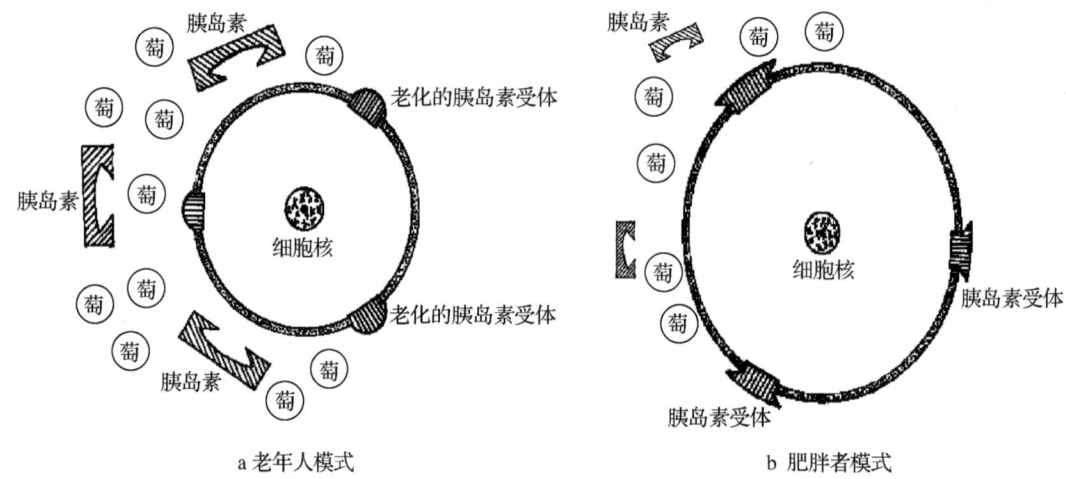

图 2-36　老年人或肥胖者胰岛素无法与受体结合易患糖尿病的模式（王坤教授提供）

的发生。研究发现，肠道菌群参与体内胆汁酸的转化及肠肝循环，并能有效地水解已被胆汁酸清除的结合寄生物或异源物质。肠道菌群的紊乱导致结合型胆汁酸转化为游离型胆汁酸过程受阻，使得体内游离胆汁酸的水平下降，进而游离胆汁酸的抑制肠道细菌的作用减弱，而此过程又会加剧肠道菌群失调。这样的恶性循环致使体内糖、脂肪代谢紊乱，导致2型糖尿病的发生。2型糖尿病患者的肠道细菌群落结构不同于正常人群。肥胖伴随的糖尿病会加剧肠道菌群的失调。因此，可通过调节和改善肠道群落结构来预防和治疗2型糖尿病等代谢性疾病。

一项对53名肥胖的绝经后妇女包括饮食控制早期2型糖尿病（T2D）患者的研究发现，普拉氏梭杆菌（*F. prausnitzii*）与胰岛素抵抗呈负相关。而当这种关联失效后，会对机体的日常脂肪摄入量做出适当的调整。以16S rRNA基因为基础的研究方法强调了饮食控制早期2型糖尿病患者产丁酸细菌的减少引起了宿主免疫的有害影响，同时产生了与饮食控制早期2型糖尿病有关的炎症性疾病。2012年华大基因与深圳第二医院等单位联合完成了肠道微生物与2型糖尿病的宏基因组关联分析，发现中国2型糖尿病患者体内出现中等程度的肠道微生态紊乱现象，并且缺乏产丁酸类细菌。同时发现，有益菌群和有害菌群之间存在拮抗关系，这在梭菌的不同菌群之间表现尤为明显。

二、肠道菌群与糖尿病形成的相关机制

（一）糖尿病患者肠道菌群的改变

人类肠道菌群组成超过5000种细菌，其中90%以上可归为厚壁菌门（以革兰氏阳性菌为主）和拟杆菌门（以革兰氏阴性菌为主）。近代研究发现，2型糖尿病的发生已不能完全归咎于基因、饮食等因素，对人体健康贡献诸多的肠道菌群在其中也发挥着一定的作用，这可能与机体中大部分免疫细胞存在于肠道有关。一些研究显示糖尿病患者肠道菌群发生变化（表2-13、表2-14），结果均表明肠道微生物群组成变化与糖尿病相关。

第 2 章 益生剂辅助疾病的防治与康复

表 2-13 糖尿病患者肠道菌群的组成变化

糖尿病类型	肠道菌群的主要改变	报告者
1 型糖尿病	拟杆菌的丰富度增加，普氏菌的比例降低	Mejía-León 等（2014）
2 型糖尿病	放线菌门和厚壁菌门的细菌数量及厚壁菌门与拟杆菌门的比率均降低，而拟杆菌门的细菌数量增加。梭菌属拟杆菌属和韦荣氏球菌属数量增加，乳杆菌属、双歧杆菌属和普雷沃菌属降低	Murri 等（2013）
1 型糖尿病	产生乳酸的细菌和产生丁酸盐的细菌的数量减少，拟杆菌属丰富度增加	de Goffau 等（2013）
1 型糖尿病	普氏菌和艾克曼菌的丰富度降低	Brown（2011）
2 型糖尿病	厚壁菌门、梭菌纲的比例降低，高丰富度 β-变形菌	Larsen 等（2010）

表 2-14 糖尿病患者肠道菌群变化（湿便）（肖党生等，中国微生态学，2006）

组别	例数	肠杆菌科细菌/(logN/g)	肠球菌/(logN/g)	酵母菌/(logN/g)	乳酸杆菌/(logN/g)	双歧杆菌/(logN/g)	类杆菌/(logN/g)
糖尿病	25	$9.0 \pm 0.5^*$	7.2 ± 1.5	3.4 ± 0.8	7.2 ± 1.7	$8.1 \pm 1.2^*$	$9.2 \pm 1.0^*$
服拜糖平组	17	8.6 ± 0.9	6.8 ± 1.2	3.3 ± 0.9	6.6 ± 1.8	8.8 ± 1.3	$9.1 \pm 1.3^*$
正常对照	15	8.5 ± 0.8	6.7 ± 1.7	2.7 ± 0.5	6.5 ± 1.3	8.9 ± 1.9	9.9 ± 1.4

* 与对照组比较，$P<0.05$。

（二）慢性炎症

肠道菌群失调导致肠道有益菌减少，有害致病菌增多，这可增加肠道通透性及黏膜免疫反应。肠道中各种毒性产物大量吸收，直接影响肝脏和胰腺功能，导致胰岛 β 细胞功能受到损伤。

（三）氧化应激

葡萄糖氧化生成自由基，高血糖可以通过超氧化依赖的途径促进低密度脂蛋白的氧化进而生成自由基。在高血糖状态下，葡萄糖也可与蛋白质反应产生糖基化终产物［糖基化终产物（AGE）是指在非酶催化条件下，蛋白质、氨基酸、脂类或核酸等大分子物质的游离氨基与还原糖的醛基经过缩合、重排、裂解、氧化修饰后产生的一组稳定的终末产物］，蛋白质的糖化改变了蛋白质和细胞的功能。其与受体的结合可导致细胞信号传导改变并进一步促进自由基生成，同时也可直接增加炎性因子如肿瘤坏死因子-α、白介素-6、白介素-1 的生成。自由基还可以直接毒害 β 细胞的细胞膜、线粒体膜和细胞核膜，导致其生理功能受到损害。

三、益生剂辅助治疗糖尿病的临床疗效

芬兰东部大学的一项研究表示，血清中高浓度的吲哚丙酸可以预防 2 型糖尿病。吲哚丙酸是肠道细菌的代谢产物，得益于高纤维饮食，全麦制食品和富含高纤维的食品都可以提高

吲哚丙酸的浓度，吲哚丙酸可以通过胰腺β细胞，促进胰岛素的分泌，研究结果发表于《科学报告》中。

胰高血糖素样肽（GLP-1）是一种主要由肠道上皮细胞所产生的激素，属于一种肠道促胰岛素。已知胰高血糖素样肽有许多生理作用包括促进胰岛β细胞分泌胰岛素，抑制胰岛α细胞分泌胰高血糖素等。它特殊的生理作用因而有助于糖尿病的治疗，一直是糖尿病研究的热点。美国Cornell University（康乃尔大学）Duan等近日在《糖尿病》Diabetes杂志上发表了一篇有关糖尿病治疗的新研究，他们让大鼠服用改造过的表达胰高血糖素样肽的乳酸杆菌，得到了意想不到的降血糖效果。

有研究发现拟杆菌科的丰度在2型糖尿病患者肠道内呈显著降低，而胰岛素抵抗人群和健康对照人群却无显著性差异；并观察到链球菌属的比例在健康人，胰岛素抵抗人群和2型糖尿病患者肠道中呈逐步递减趋势。

传统的降糖药如噻唑烷二酮类（TZD）——曲格列酮、罗格列酮和吡格列酮等，可显著降低糖耐量减低、向糖尿病转化的危险性达56.0%~88.9%；传统的抗糖尿病药物（如磺酰脲类药物、双胍类药物或胰岛素等）随着糖尿病病程的延长均不能阻止糖尿病病情的恶化和血糖的长期稳定控制，多数患者在2~3年后随着病程的延长，糖化血红蛋白逐渐升高。

刘长江等（2016）采用益生剂加泽糖奇调节2型糖尿病的临床疗效，给予2型糖尿病患者52例常规治疗及益生菌制剂加泽糖奇治疗，观察治疗效果表明2个疗程后，血糖明显下降。3个月1疗程。1个疗程后25例血糖指数下降，11例达标。两疗程后44例血糖指数下降，25例达标；35例糖化血红蛋白指数下降，8例达标；15例停用西药或胰岛素。结果表明非药物调节2型糖尿病有效。

朱伟芳（上海医药，2016）观察常规治疗联合益生剂培菲康对2型糖尿病合并代谢综合征患者血糖、血脂、血压、体重控制的临床疗效。方法：收集2015年4月1日至2015年6月30日2型糖尿病合并代谢综合征患者100例，采用1:1配对分组（年龄、性别、基础疾病）法分为对照组和实验组各50例，对照组给予常规降糖、降脂、降压治疗，实验组加用培菲康840 mg，2次/天口服，疗程为6周。比较治疗前后两组血糖、血脂、血压、体重变化及停药后6周的疗效差异。结果：6周后实验组与对照组相比，血糖、血压、血脂、体质均未见明显差异（$P>0.05$）；然而停药6周后，两组空腹血糖、餐后2小时血糖，总胆固醇数值下降具有统计学意义（$P<0.05$）。结果表明，调节肠道菌群能够改善代谢综合征患者血糖、血脂指标，远期疗效值得期待。

奚娟研究抗生素和益生剂对老年糖尿病肠道菌群的变化及其影响。对55名老年糖尿病患者，以184名非糖尿病老年患者对照。使用抗生素者，随机分成给予益生剂（整肠生）和不给予组，在使用前、第5天、第10天及第15天采集大便标本，测定肠道菌群。结果：糖尿病患者的大肠杆菌（9.53±1.76）CFU/mL较非糖尿病患者（9.14±1.29）CFU/mL显著增多，双歧杆菌［（7.02±1.85）CFU/mL对（8.31±2.17）CFU/mL］和乳杆菌［（6.75±2.86）CFU/mL对（7.51±2.36）CFU/mL］较之明显降低（$P<0.05$）。抗生素使用后拟杆菌、双歧杆菌和乳杆菌逐步下降，特别是使用至10天、15天，下降达到显著性。同时给予整肠生者与未给予者比较，拟杆菌、双歧杆菌、乳杆菌有不同程度地升高。双歧菌数量与

第2章 益生剂辅助疾病的防治与康复

年龄呈正相关，与糖化血红蛋白呈负相关（r分别为0.358，-0.479，P<0.05）。结论表明，老年糖尿病患者双歧杆菌、乳杆菌减少，大肠杆菌增加。双歧杆菌的减少与血糖控制不佳有关。抗生素引起益生菌的减少。益生剂可以部分逆转抗生素引起的肠道菌群失调。

邓志梅等分析对比2型糖尿病治疗中小檗碱益生菌调节肠道菌群联合二甲双胍与胰岛素治疗的效果差异。方法：选择2013年1月至2016年1月2型糖尿病患者100例。利用奇偶数字分组法，将100例患者分别入选病患随机分成两组：观察组和对照组各自有50例患者。对照组患者应用胰岛素治疗方案，观察组患者应用小檗碱益生菌调节肠道菌群联合二甲双胍治疗方案。采用市售的甘精胰岛素（国药准字号S20130005），用药剂量0.2 U/kg，注射用药，治疗频率为1次/天。而观察组中的50例患者则应用小檗碱益生菌调节肠道菌群联合二甲双胍治疗方案。具体用药方案为：二甲双胍，0.5 g/次，经口服用，3次/天，准字号"H20054786"。同时口服小檗碱，0.4 g/次，3次/天，准字号"Z51021296"。两组都维持治疗3个月。综合分析两组用药后肠道菌群等指标的变化情况，并对其临床疗效进行比较。结果观察组疗效的总有效率为96.00%（48/50），对照组为72.00%（36/50）。观察组明显比对照组高，组间差异有统计学意义（$P<0.05$）。观察组经治疗后的双歧杆菌、拟杆菌、乳杆菌检出值分别为（8.6±1.1）logN/g、（9.5±1.2）logN/g、（6.7±0.5）logN/g，均明显比对照组［（7.6±0.1）logN/g、（8.5±0.2）logN/g、（5.6±0.1）logN/g］升高，组间差异有统计学意义（$P<0.05$）。此外，观察组在治疗之后的肠杆菌、肠球菌与酵母菌检出数值和对照组比较均显著降低，组间差异有统计学意义（$P<0.05$）。结论认为，应用小檗碱益生菌调节肠道菌群联合二甲双胍治疗2型糖尿病的整体效果优于胰岛素，对有效控制血糖以及调节肠道菌群有重要意义，值得临床实践中应用并加以推广。

滑丽美等检索MEDLINE、EMBASE、Coochrane对照实验中心注册数据库（Coochrane central register of controlled trials，CENTRAL）时间为2000年至2015年对糖尿病患者添加益生菌、益生原、合生原的随机对照实验，采用Jadad量表进行研究质量评价，使用RevMan 5.2软件进行荟萃分析。文献检索最初检索到文献251篇，最终纳入研究6篇实验组患者空腹血浆葡萄糖水平、三酰甘油、超敏C反应蛋白（CRP）低于对照组，差异具有统计学意义。糖化血红蛋白、胆固醇在两组之间差异无统计学意义，通过添加益生菌、益生原、合生原，实验组患者空腹血浆葡萄糖、三酰甘油、超敏C反应蛋白水平低于对照组，差异具有统计学意义。证明添加益生剂可以降低空腹血糖水平，改善脂类代谢，降低三酰甘油水平。超敏C反应蛋白是重要的炎性应激反应指标，糖尿病的发病与炎性刺激因子和氧化应激密切相关，添加益生剂可以改善糖尿病患者机体氧化应激状态，降低炎性反应，具有积极有益作用。虽然糖化血红蛋白与胆固醇指标未显示出积极作用，但是现有证据仍可以证明益生菌、益生原、合生原可以改善糖尿病患者血糖、血脂水平，减少氧化应激损伤，对糖尿病患者发挥保护作用。结果：最终纳入的6项来自伊朗和法国的高质量研究。实验组患者空腹血浆葡萄糖水平（$P=0.001$）、三酰甘油（$P=0.0006$）、超敏C反应蛋白（$P=0.00001$）低于对照组，差异具有统计学意义。糖化血红蛋白（$P=0.28$）、胆固醇（$P=0.09$）在两组之间差异无统计学意义。结果表明，膳食补充益生菌、益生原、合生原可以改善2型糖尿病患者血糖、血脂状况，降低应激反应。说明通过添加益生菌、益生原、合生原，实验组患者空腹血浆葡萄糖、三酰甘油、超敏 C 反应蛋白水平低于对照组，差异具有统计学意义。证明添加益生剂可以降低空腹血糖水平，改善脂类代谢，降低三酰甘油水平。

此外，益生剂防治糖尿病的优势还在于：①益生菌在自然界里的分布尤为广泛，许多天然产物和传统的发酵制品中都富含各型益生菌，如蔬菜、谷物、鱼类、泡菜、酸乳、干酪等都是摄取天然来源益生菌的主要食品类。②能长期定植肠道，降糖作用持久，定植后的益生菌一方面通过占位效应、营养竞争、分泌抑菌或杀菌物质，刺激分泌型免疫球蛋白 A 分泌等方式阻止致病菌及毒素黏附，抑制或拮抗致病菌和其他微生物生长，调整菌群种类和比例来达到长期定植的目的；另一方面通过构成生物膜（菌膜）屏障，刺激和促进紧密结合蛋白的表达与分泌，增强肠道黏膜屏障功能，降低肠道通透性，预防肠道内潜在的致病菌和内毒素移位诱导产生的糖尿病。③益生剂更加安全、可靠。目前允许被应用于食品或药品的益生菌种（如乳杆菌、双歧杆菌、粪链球菌等），主要分离来自健康人体肠道或传统发酵食品，这些菌群历经时间与环境的考验，甚至有些菌株作为发酵剂应用已有上百年，乃至上千年历史，益生菌的安全性已得到了时间的验证。④益生菌的培养方法不但多样，而且高效，合成培养基和天然培养基都可作为其快速增殖的介质来使用；许多天然的果蔬汁也是高速培养植物乳杆菌 ST-Ⅲ，效率获取菌体的介质。益生菌在多种培养介质中快速高效的生长特性大大降低了益生剂的生产成本，进而成为高价降糖药物的有力竞争对手。⑤益生菌的用法却可灵活多变，患者既可根据自己的需求来选择单一或复合菌剂，也能把益生剂作为辅助提高降糖药效的助剂来使用；基本没有服用时间的限制，唯一可能影响益生剂降糖效果的是患者不良的饮食习惯（过酸、过辣、致病菌超标的劣质食物）引起肠道内的益生菌代谢紊乱或直接死亡。

四、益生剂对糖尿病防治的作用与机制

由于益生菌有分泌抗菌物质、与其他病原菌竞争、强化肠道屏障和调节免疫系统的能力，其对人体的益生作用主要是调节肠道 pH、平衡肠道菌群、刺激免疫系统、降低血清胆固醇和肿瘤的风险。研究显示益生菌对糖尿病有预防缓解及治疗作用，其潜在的干预机制包括以下几方面。

1. 抑制 α-葡萄糖苷酶的活力

α-葡萄糖苷酶是位于肠腔及肠黏膜细胞刷状缘膜，是促进麦芽糖水解成葡萄糖的关键酶。抑制 α-葡萄糖苷酶的活性，可以减少葡萄糖的吸收，降低餐后血糖水平。因此，益生菌菌株对 α-葡萄糖苷酶活力的抑制作用，使 α-葡萄糖苷酶的活力降低，淀粉和多糖降解为可被吸收的单糖的速率变慢，这将影响葡萄糖的吸收，而有利于降低餐后血糖水平。

2. 调节肠道菌群

报道表明，糖尿病患者的肠道菌群失衡，然而益生菌可定植于肠道，并可通过诱导肠道黏蛋白基因的表达来提高黏液的分泌，与肠黏膜一起构成肠道的天然生物屏障，从而减少大肠杆菌（*E. coli*）在肠道上的黏附来抑制与肠炎相关疾病的发生。该屏障可降低肠道有害细菌数量，增加有益菌数量，维持肠道菌群平衡，从而降低内毒素脂多糖含量及肠道上皮细胞通透性，减少炎性因子的释放及氧化应激反应，从而减轻对胰岛的 β 细胞破坏。

3. 抗氧化作用

糖尿病通常伴随氧化应激反应，即自由基产量过多和抗氧化防御系统破坏。这将导致细胞和酶损害，脂质过氧化增加，形成胰岛素抵抗。同时也会破坏胰岛 β 细胞进而导致糖尿病。益生菌菌株的抗氧化作用已被研究证实，其抗氧化机制可以分为清除活性氧、螯合金属离子、抑制促氧化酶的活性、还原活性和抑制抗坏血酸的氧化。Hanie 等研究结果显示，给2 型糖尿病患者食用含有乳酸菌 La5 和双歧杆菌 BB12 的酸奶，可以显著降低禁食后血糖和糖化血红蛋白的水平，增加红细胞超氧化物歧化酶和谷胱甘肽过氧化物酶活力，提高总抗氧化能力。有研究报道，肠道中的某些氧化应激蛋白的表达会受到乳杆菌的影响而减少，从而创造了一个低氧的肠道环境。喂食 VSL#3（由多种双歧杆菌、乳杆菌和链球菌混合而成的一种合益生剂）能有效遏制胰岛炎，并使 β 细胞的损伤得到了改善和降低，这种保护作用与白介素 – 10 的增产和大量表达有关，由此可见，利用益生剂来降低机体氧化应激反应来防治糖尿病是有一定理论依据的。

4. 调节免疫及降低炎症作用

糖尿病通常与长期的低度炎症有关，炎症可通过破坏内皮细胞结构和功能，使胰岛素在组织细胞中的转运产生障碍，同时导致胰岛 β 细胞结构与功能障碍，从而形成糖尿病。益生菌可通过黏附上皮细胞调节机体免疫功能，并通过调节抗炎性因子的分泌来降低炎症，从而预防和控制糖尿病的发生。Chen 等研究显示，与非糖尿病组小鼠相比，高脂肪、链脲佐菌素诱导的 2 型糖尿病小鼠血清中的炎性因子肿瘤坏死因子 – α 和白介素 – 6 水平显著提高，然而喂食鼠李糖乳杆菌 CCFM0528 可以抑制糖尿病小鼠血清炎性因子肿瘤坏死因子 – α、白介素 – 6 和白介素 – 8 的增加，同时可以诱导抗炎性因子、白细胞介素 – 4 和白介素 – 10 的生成，改善胰岛素抵抗。

5. 降低机体中的血糖水平

糖尿病患者体内的血糖浓度一旦控制不好会引发很严重的并发症，因此血糖浓度的控制对于糖尿病治疗而言相当关键。研究中发现，由嗜酸乳杆菌、乳酸双歧杆菌、鼠李糖乳杆菌组成的复合益生剂不会对健康大鼠的正常血糖水平产生影响，但对糖尿病大鼠的血糖浓度有显著的调节作用。研究人员推测认为，复合益生剂能刺激肠道内其他细菌产生了促胰岛素分泌的多肽和类胰高血糖素多肽，正是这些肽类产物促进葡萄糖被肌肉组织吸收及肝脏合成肝糖原，从而降低了糖尿病小白鼠体内血糖浓度。结果表明，益生剂可以作为糖尿病治疗过程中的辅助手段来运用。

第 9 节　益生剂辅助肿瘤防治与康复

一、肿瘤概述

肿瘤（通常称为癌症），一个令人闻之色变的词语。在很多人眼中，患上肿瘤就等于得了绝症，而 87% 的高死亡率也足以说明一切。作为全球第二大致死病因，每天都会有 2.2 万人因为癌症去世。癌症已经严重威胁了人类的健康与生命。

2017年年初,"国家癌症中心"发布了中国最新癌症数据,我国每天约1万人被诊断为癌症,每分钟约7人确诊患癌,客观事实告诉我们:中国正在面临着一场严重的抗癌战争。

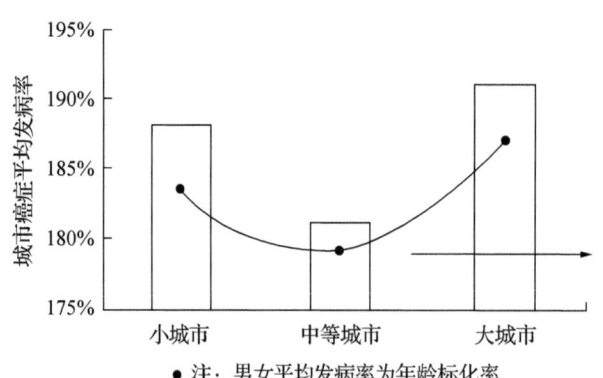

图2-37 中国大、中、小城市肿瘤平均发病率
(引自"国家癌症中心"发布的2017年中国最新癌症数据)

与2012年相比,2013年癌症新发人数继续上升,从358万增加到368万,增幅3%;世界新发病例约1409万,中国新发癌症病例占世界的1/4。

40岁之前,肿瘤发病处于较低水平,40岁之后开始快速升高,80岁达到峰值;50岁以下,成年女性发病率均高于男性;预期寿命85岁,累计癌症发生风险为36%。大城市女性患甲状腺癌的风险是小城市女性的4倍,需要引起重视。中等城市发病率最低。中国大、中、小城市发病率呈"U"形:两头高,中间低(图2-37)。

中等城市男女平均癌症发病率最低。肺癌是我国癌症发病率、死亡率位居第一(表2-15、表2-16)。消化道癌症是我国居民发病和死亡的主要负担。大城市癌症发病率高,但死亡率比中小城市低了近20%。小城市男性和大城市女性发病率最高。

表2-15 我国城市前十位肿瘤发病率　　　　　　　　　　　　单位:1/10⁵

小城市		中等城市		大城市	
前10位	发病率	前10位	发病率	前10位	发病率
肺癌	51.92	肺癌	57.90	肺癌	65.20
胃癌	36.45	胃癌	35.74	肠癌	39.57
肝癌	30.06	肝癌	28.72	乳腺癌	59.68
食管癌	26.76	食管癌	26.85	胃癌	27.50
肠癌	18.61	肠癌	25.55	肝癌	24.98
乳腺癌	29.89	乳腺癌	39.56	甲状腺癌	19.35
宫颈癌	15.65	甲状腺癌	8.27	食管癌	10.52
脑癌	6.88	宫颈癌	15.19	胰腺癌	9.62
白血病	5.20	胰腺癌	7.32	淋巴癌	9.04
甲状腺癌	4.94	脑癌	6.87	肾癌	8.93

(引自"国家癌症中心"发布的2017年中国最新癌症数据)

第2章 益生剂辅助疾病的防治与康复

表 2-16 我国城市前十位肿瘤死亡率　　　　　　　　　　　　单位：$1/10^5$

小城市		中等城市		大城市	
前10位	发病率	前10位	发病率	前10位	发病率
肺癌	40.71	肺癌	47.79	肺癌	54.19
胃癌	25.91	胃癌	26.13	肝癌	21.80
肝癌	25.83	肝癌	25.89	胃癌	19.33
食管癌	18.99	食管癌	20.84	肠癌	19.08
肠癌	9.04	肠癌	12.41	胰腺癌	8.96
脑癌	4.31	胰腺癌	6.88	食管癌	8.56
乳腺癌	8.44	乳腺癌	9.59	乳腺癌	12.78
胰腺癌	3.75	脑癌	4.46	淋巴癌	4.71
白血病	3.58	白血病	4.08	白血病	4.60
淋巴癌	2.45	淋巴癌	3.37	胆囊癌	4.44

（引自"国家癌症中心"发布的2017年中国最新癌症数据）

肠癌发病率随着城市化发展不断增加。大城市前列腺癌发病率是小城市4倍，肺癌为发病率、死亡率第一；小城市男性和大城市女性癌症发病率高；乳腺癌是城市女性的主要健康负担（表2-17、图2-38、表2-18、图2-39）。

表 2-17 我国不同城市男性前十位的肿瘤发病率　　　　　　　　单位：$1/10^5$

小城市	中等城市	大城市
肺癌	肺癌	肺癌
胃癌	胃癌	肠癌
肝癌	肝癌	胃癌
食管癌	食管癌	肝癌
肠癌	肠癌	前列腺癌
脑癌	膀胱癌	食管癌
膀胱癌	前列腺癌	膀胱癌
白血病	胰腺癌	肾癌
淋巴癌	淋巴癌	胰腺癌
胰腺癌	白血病	淋巴癌

（引自"国家癌症中心"发布的2017年中国最新癌症数据）

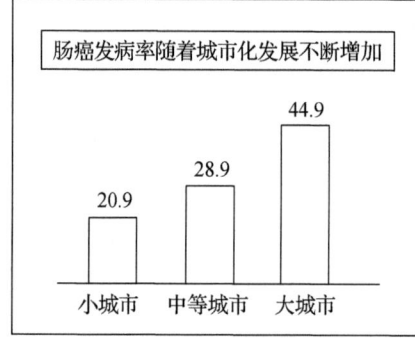 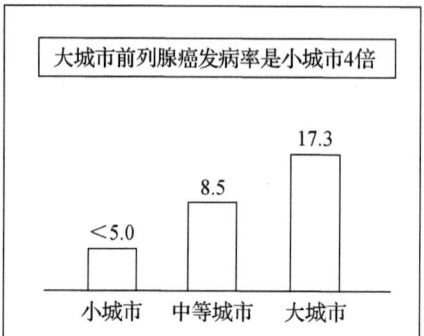

图 2-38　我国大城市男性肠癌、前列腺癌高于中小城市（单位：$1/10^5$）

（引自"国家癌症中心"发布的 2017 年中国最新癌症数据）

表 2-18　我国不同城市女性前十位的肿瘤发病率　　　　　　　　单位：$1/10^5$

小城市	中等城市	大城市
肺癌	乳腺癌	乳腺癌
乳腺癌	肺癌	肺癌
胃癌	肠癌	肠癌
食管癌	胃癌	甲状腺癌
肝癌	肝癌	胃癌
肠癌	食管癌	宫颈癌
宫颈癌	宫颈癌	肝癌
子宫癌	甲状腺癌	子宫癌
甲状腺癌	子宫癌	卵巢癌
脑癌	卵巢癌	脑癌

（引自"国家癌症中心"发布的 2017 年中国最新癌症数据）

多么触目惊心的数字！癌症已经严重威胁了人们的健康与生命，我们亟须应对并解决这一可怕的疾病。但是，即使是现代最先进的医疗技术，也没有十分把握治愈癌症，所以预防癌症就显得尤为重要。

现代医学体系中，疾病预防的概念不只限定于疾病未发生的阶段，而是贯穿于疾病发病及治疗始终的一个动态过程。在疾病发展的每一个阶段，都有相应的策略而防止疾病进一步恶化。大家口头上说的"预防"其实就是病因预防，即"治未病"，以减少致癌因素的暴露。病因预防需要我们在日常生活和饮食习惯中格外注意：保持良好心态、适量运动、科学膳食、坚持健康的生活方式，它们是预防肿瘤的四大支柱。世界癌症权威机构公布很多癌症是吃出来的。2018 年 7 月 7 日《健康时报》转载美国癌症研究所（AICR）和世界癌症研究基金会（WCRF）推出了第三版《饮食、营养、身体活动与癌症预防全球报告》，对数十年

第2章 益生剂辅助疾病的防治与康复

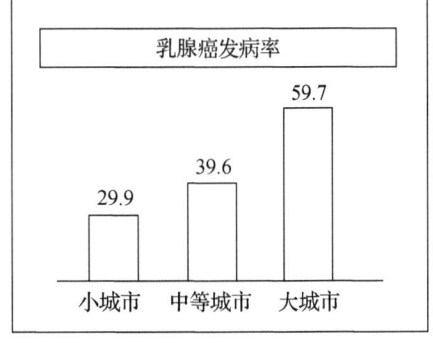
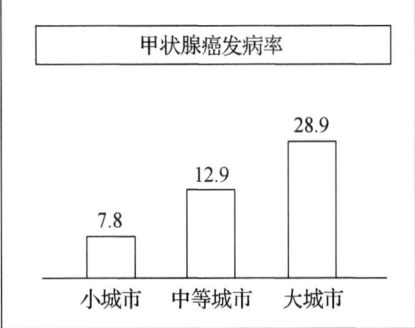

图 2-39 我国大城市女性乳腺癌、甲状腺癌高于中小城市（单位：$1/10^5$）

（引自"国家癌症中心"发布的 2017 年中国最新癌症数据）

来有关癌症的研究证据进行了总结，堪称迄今为止关于生活方式和癌症预防的最全面和权威的报告，并发现一个"癌"字三个"口"，原来很多癌症真的是吃出来的（图 2-40）！

吃得太咸——腌制食品、咸鱼；吃得太荤——红肉和加工肉类；喝得太多——酒精饮料；吃得太甜——高糖饮食；吃得太多——体重超重。

十条权威癌症预防建议如下。

图 2-40 癌与吃的关系形象比喻

①保持健康的体重。将体重保持在正常范围内，在成年期避免体重增加。目标是健康的体重指数（BMI）范围的下限。

②积极运动。专家建议每周进行 150 分钟的中等强度的身体活动，或者 75 分钟的高强度的身体活动。

③摄入丰富的全谷物、果蔬和豆类。建议每一餐都要以植物性食物为主，每顿饭餐盘中至少有 2/3 是蔬菜、水果、全谷类和豆类。

④限制摄入高脂、高糖、高淀粉的"快餐"。有力证据表明，"快餐"和"西式"饮食是体重增加（超重/肥胖）的原因。限制这些食物有助于控制热量摄入，保持健康体重。

⑤限制摄入红肉和加工肉类。红肉和加工肉类是结肠直肠癌的原因之一。不过量食用红肉，如牛肉、猪肉和羊肉。

⑥限制摄入含糖饮料。有证据表明，饮用含糖饮料会导致体重增加（超重和肥胖），与 12 种癌症有关。

⑦限制饮酒。酒精摄入过多与许多心血管疾病有关，包括高血压、卒中和房颤，并可能导致各种肝脏疾病，增加胰腺炎和胰腺癌风险。

⑧不使用补充剂来预防癌症。对大多数人来说，可以从健康膳食（包括正确的食物和饮料）中获得足够的营养，不要期望任何膳食补充剂能像健康饮食那样降低癌症风险。

⑨坚持母乳喂养。母乳喂养可以降低母亲的乳腺癌风险。另外，母乳喂养也有助于降低儿童体重增加（超重/肥胖）的风险。

⑩定期体检筛查癌症。每年的防癌体检,能有效将癌症"关在门外"。

吸烟是膀胱癌、肺癌、胰腺癌、胃癌等癌症最主要的危险因素,所以不吸烟或者戒烟就是最好的预防。

少吃熏制或腌制的食品,因为这些食物里大量含有亚硝酸盐等致癌物。

适当减轻体重能够降低结直肠癌、乳腺癌的发病风险。

多吃蔬菜可以降低消化道肿瘤发病风险。

要想预防宫颈癌,可以接种乳头状病毒疫苗(已有国产)。

除此之外,科学合理的营养摄入也能帮助我们预防癌症的发生。随着人们对癌症研究的不断深入,生物医学家发现,在一些植物中蕴藏着能够抑制癌症的营养物质,核桃肽就是其中之一。

肿瘤的根本表现就在于细胞形态改变、功能异常和无限制的生长,为了全面地了解肿瘤的病因、病理、治疗与康复,对正常细胞的基本结构与功能及与癌变的关系进行扼要的介绍就显得十分重要

细胞是人体结构、生理功能、物质代谢、生长发育和遗传繁殖的基本单位,人体由 200 余种约 2×10^{14} 个形态不一、功能不同的细胞所组成。人体细胞由细胞膜、细胞质和细胞核组成(图 2-41)。细胞膜具有保护细胞完整、转运、分泌、吸收、防止异物入侵及接受信息、传递信息和相互黏附和链接功能。细胞质分细胞器和细胞液,细胞器中线粒体是细胞产能合成三磷腺苷(ATP)的部位,也是细胞内氧自由基(主要有超氧阴离子·O_2^-、羟自由基·OH 和过氧化氢 H_2O_2)产生的主要来源。粗(糙)面内质网表面附着颗粒样核糖体,与合成输出细胞外的蛋白质及多种膜蛋白有关;细胞液是物质代谢、合成与分解的主要部位;细胞核是最重要的器官,是遗传信息储存、复制和转录的部位,调控细胞增殖、生长、分化、衰老和死亡,所以细胞核是细胞生命活动的指挥控制中心。细胞核内的染色质(细胞分裂前形成 23 对染色体,图 2-42),每条染色单体含有 1 分子脱氧核糖核酸(DNA),分子中脱氧单核苷酸的种类、数量和排列隐藏遗传信息,其中携带一种特殊的遗传信息的节段即为基因,也是突变后发生肿瘤的主要部位。

一个染色单体含有 1 分子的脱氧核糖核酸,每分子脱氧核糖核酸含有许多结构基因和调控基因。基因组不稳定性表现为碱基突变、染色体畸变、端粒异常、染色体畸变和表现遗传学效应。另外,在某些和病毒密切相关的肿瘤中,肿瘤基因组中还可能整合有来自病毒的外源性脱氧核糖核酸,如人类疱疹病毒(EB 病毒,与鼻咽癌发病有关)、乙型肝炎病毒的脱氧核糖核酸序列。

肿瘤细胞不仅结构、形态明显异常,而且表现为无限制的生长和功能失常。其根本变化主要表现在染色体脱氧核糖核酸分子的异常,这种改变往往是细胞癌变的主要原因。从正常的原癌基因转变为具有使细胞转化功能的癌基因称为癌基因的活化;细胞中还存在另一类基因与遏制细胞增殖有关,这类基因的缺失或失活,也可引起细胞癌变,这类基因叫作抑癌基因或肿瘤抑制基因。

通常肿瘤细胞恶性程度越高,细胞器数量明显减少,形态较幼稚,分化结构(如色素颗粒、分泌颗粒等)也少。

第 2 章 益生剂辅助疾病的防治与康复

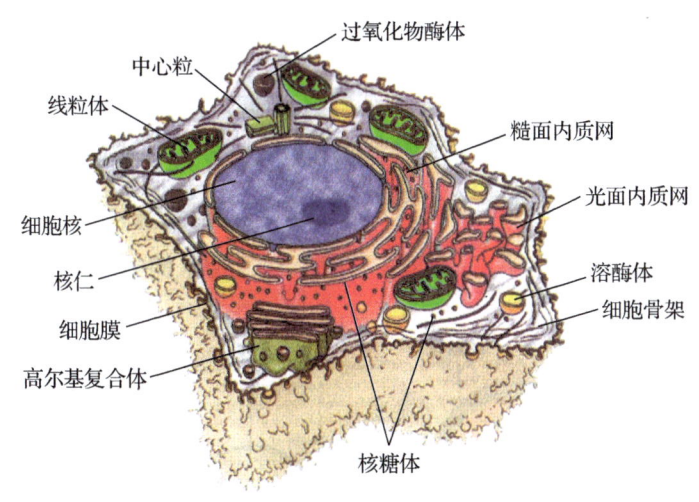

图 2-41 细胞结构模式示意

恶性肿瘤细胞的细胞器的数量和形态多有改变，常可见较多的核糖体，说明蛋白质合成旺盛。线粒体可表现为分布不均及外形改变。

正常情况下原癌基因（如生长因子）是参与细胞生长代谢、促进与调节细胞增殖和分化的，一旦被激活可变成癌基因，可使细胞产生过多的生长因子，导致细胞生长与增殖而恶变；抑癌基因是抑制细胞生长增殖的，一旦发生突变，即失去抑制细胞增殖的作用，两者相加将使细胞无限地增殖形成肿瘤细胞。

正常细胞转变为肿瘤细胞是一个多因素、

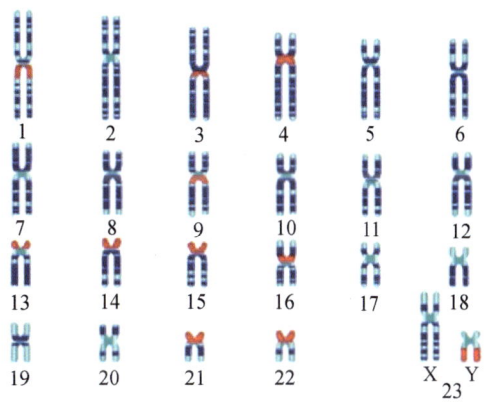

图 2-42 人染色体大小比例示意

多基因参与、经过多个阶段逐渐形成的过程。80% 以上的肿瘤可由环境因素引起或与环境因素有关。目前认为，肿瘤细胞的生成是由于多种基因结构和表达的改变引起的多阶段过程。

肿瘤的发生是多病因、多基因、多阶段的过程，可分为启动、促进和进展 3 个阶段。环境因素即外因，是引发肿瘤的条件，是肿瘤发生的始动因素。环境致癌因素可直接或经代谢活化后与细胞膜、脱氧核糖核酸或蛋白质相互作用，造成功能基因结构和功能的改变，从而引起细胞增殖和分化异常，这是肿瘤发生的始动阶段。然后上述已始动的细胞可在环境因素、内在因素等作用下，经促进及进展阶段形成肿瘤。现已证实 80% 以上的人类肿瘤可能由环境因素引起或与环境因素相关。引发肿瘤的外因主要包括化学因素、物理因素、生物因素和生活方式等，其中化学因素是最主要的致癌因素，约占外因的 90%。遗传因素、人体的免疫状态、营养状态、激素水平及生活方式等内在因素是引发肿瘤的关键。

肿瘤是人体细胞异常增殖形成的新生物，表现为人体局部的异常组织团块。肿瘤的形成是在各种因素的作用下，细胞生长调控发生严重紊乱的结果。根据肿瘤发生的部位、生长速度、对人体的影响可分为良性肿瘤与恶性肿瘤，而由上皮细胞（如体表、体腔、管道的内层和外层：呼吸道、消化道、泌尿道等管腔内皮）发生而来的肿瘤传统称为"癌"，如鳞状上皮的恶性肿瘤称为鳞状细胞癌，简称为鳞癌；腺上皮的恶性肿瘤称为腺癌；由间叶组织的恶性肿瘤统称为肉瘤，如纤维肉瘤、脂肪肉瘤、骨肉瘤等。白血病、精原细胞瘤等，虽称为"病"或"瘤"，实际上都是恶性肿瘤。有些恶性肿瘤既不叫癌也不叫肉瘤，而直接称为"恶性……瘤"，如恶性黑色素瘤、恶性畸胎瘤等。由于发生于上皮的恶性肿瘤发病率特别高，数量也特别大，通常"癌"也就成了恶性肿瘤的统称。总之，恶性肿瘤的范围比癌症要广泛得多。

中国工程院医药卫生学部首位临床肿瘤学界的院士、国际著名肝癌专家，肿瘤外科学家，曾任中国抗癌协会肝癌专业委员会主委和中华医学会肿瘤学会副主委、连任两届国际抗癌联盟（UICC）理事、美国癌症研究所金牌获得者汤钊猷教授指出："癌症是长期内、外环境失衡导致机体的'内乱'，主要表现在部分组织细胞遗传特性的明显改变，是一个多因素引起、多基因参与、多阶段形成的慢性、全身性、动态变化的疾病。"所谓"外失衡"，主要是众所周知的环境污染（物理、化学、生物学等因素）；"内失衡"至少包括神经、免疫、内分泌、代谢、遗传和生活方式（如缺少运动等）等方面；所谓"内乱"，是因为癌细胞是由正常细胞演变而来，不同于传染病由外来细菌、病毒的入侵；所谓"慢性"，指癌症的发生、发展通常要十几年乃至几十年，即使原子弹爆炸所导致的癌症也需要一些时日；所谓"全身性"病变，是指癌症的分子水平改变不仅限于癌细胞本身，还涉及癌所处的微环境，而微环境是由全身调控的；所谓"动态变化"是指与癌相关的基因表达不是一成不变的，而是随癌症的发生、发展、治疗及环境的变迁而不断改变的。为此，"癌症的防控是一个复杂的系统工程"。同时他又指出"癌症是严重危害人民生命、健康的常见多发病。2004—2005年调查结果表明，恶性肿瘤死亡率几乎与心脑血管疾病持平。过去一个世纪旨在消灭肿瘤的努力虽获明显进步，但距离攻克癌症则还有很大的距离，从而引起人们对过去抗癌战略反思"（王坤、宋茂清编著，《实用肿瘤康复学》序言，2016）。

这些精辟而深刻的论述表明，肿瘤的发病是复杂的，治疗是困难的，过去1个多世纪以来，仅仅依靠杀灭肿瘤细胞的治疗方法（如手术切除造成人体体形和功能缺失、放疗和化疗好坏不分造成人体正常细胞和功能的损害、介入治疗和靶向治疗损伤器官和高昂的费用等）并未达到理想的效果；而发挥人体主观努力，充分调动人体的免疫功能，积极采取各种有效的预防措施（美国通过控烟、推行肿瘤筛查、改变意识结构等措施，使1990—1999年10种主要肿瘤的发病率和死亡率均以每年0.8%的比例下降），才是防治肿瘤的又一重要方面。

肿瘤是与生活方式、遗传学及表观遗传学改变相关的极其复杂的一类疾病。我们在抗肿瘤斗争中取得了一定的进步，但是仍需要不断探索，除了传统的抗肿瘤治疗措施外，肿瘤患者的营养治疗也得到人们越来越多的关注。近半个世纪以来，生物制剂的治疗符合药食同源的精髓，不良反应小，在肿瘤的防治和康复方面均取得了可喜的进展，人们看到了防治肿瘤的新曙光。许多研究证据已经证实了酸奶及其所含益生菌群可能有预防肿瘤的作用，且酸奶中的益生菌有助于保持人或其他宿主的消化道内有益微生物的体系平衡，并且能增强其免疫功能，进而减少化疗及放疗相关的不良反应。

过去近 20 年的医学研究揭示了一系列的肠道微生物对健康的影响，包括炎症、免疫、代谢功能和体重问题等。现在，将益生剂作为受肠道菌群影响疾病的治疗方法也引起了人们的兴趣。

二、胃肠道致病菌的致癌机制

人类胃肠道是微生物（主要是细菌）的天然定植场所，这些细菌存在于肠腔黏膜细胞的表面或肠腔内容物中，并随着人体长期进化过程而逐渐形成。在生理状况下，肠道微生物群体表现为有利于人类健康，但在病理状态下，也会危害人体健康。通常把有利于人体的必需微生物群称为正常微生物菌群。这些微生物群由一定种群组成，包括优势菌群和一般菌群，它们与人类和微环境形成一个相互作用、相互协调的整体，构成人体肠道的微生态平衡。

位于胃肠道特别是大肠的微生物种类繁多。数量巨大，前已述及，平均每克大肠内容物中含有 10^{12} 个细菌，因此这些微生物对人体的健康有着重要的影响。这些微生物影响着人类的免疫、生理和代谢，包括增加营养物的吸收、引起感染、加强无机物的代谢、摄取毒性化学物质甚至导致肿瘤的发生和发展。

在正常成熟组织中，细胞的分裂、凋亡、脱氧核糖核酸的损伤、修复能保持平衡，且能保证细胞功能的稳定。当正常肠黏膜细胞发展为肿瘤的转变过程中，至少有 5~7 个基因发生了突变，包括抑癌基因、脱氧核糖核酸错配修复基因，同时也可能发生脱氧核糖核酸碱基的甲基化和先天性的基因缺损。细菌和肿瘤密切相关，主要表现为两种原因，即细菌感染导致慢性炎症和细菌代谢时产生的毒性产物，以及大肠杆菌在无氧情况下将未消化的蛋白质和未吸收的氨基酸分解为吲哚、硫化氢、甲烷、腐胺、尸胺等，这些都属于致癌物质；食物中含有的黄曲霉素、残留农药等致癌物质直接作用于肠黏膜细胞引发癌变。

由于胃蠕动速度较快并保持酸性环境，大部分细菌的定植水平受到了一定的限制，同时胃液和小肠、胆汁和胰液等也增加了菌群的定植难度。然而，在胃中仍能发现某些微生物（如乳酸杆菌和链球菌，$10^2 \sim 10^4$ 个/mL 胃液）；此外，幽门螺杆菌能利用其鞭毛躲避胃蠕动作用并能钻到胃黏膜下，利用其所分泌的尿素酶水解尿素产生的氨可以中和胃酸，创造利于其生存的条件。

和上消化道相比，回肠的蠕动速度相对比较慢，菌群更容易在此定植。实验证明回肠液的细菌数已增加至 $10^6 \sim 10^8$ 个/mL，细菌的种类也变得复杂，涌现了革兰氏阳性兼性厌氧菌，（如肠杆菌科的一些细菌）和专性厌氧菌（包括类杆菌、韦荣球菌、梭形杆菌和梭菌）及乳酸菌和肠球菌。

食物通过整个消化道的时间为 55~70 个小时，在较为中性的肠液中和相对充足的营养物质（包括上消化道留下来的未被消化的食物残渣、脱落的上皮细胞和细菌碎片）条件下，大肠区域是非常适合细菌生长的环境，细菌数量已达到了 $10^{10} \sim 10^{12}$ 个/g 的肠内容物。结肠的菌群种类非常复杂，估计超过 500 种细菌，30~40 种优势菌，大部分都是专性厌氧菌，包括类杆菌、双歧杆菌、梭菌、肠球菌、真杆菌、梭形杆菌、消化球菌、消化链球菌和瘤胃球菌。

（一）胃腔中细菌的致癌作用

胃液的酸碱度常低于3，足以杀灭大部分细菌。然而当胃酸被中和时，随食物带入的菌群就可能存活；老年人胃酸分泌能力减弱或胃酸分泌缺乏症、萎缩性胃炎、胃切除术后等可导致胃液酸碱度达到7，可以为多种细菌在胃黏膜定植，数量可达到 10^9 个/g 的内容物。这些细菌主要来自唾液的菌种，如链球菌、奈瑟氏菌、葡萄球菌、分枝杆菌、乳酸杆菌和大肠杆菌等；各种腌制的食品，如酸菜、香肠、腊肉、咸鱼等，富含硝酸盐，胃液中的菌群能将硝酸盐还原成亚硝酸盐，又能将蛋白质或氨基酸分解产生胺类，进而生成亚硝胺，是引发食管癌和胃癌的重要致癌因素。

幽门螺杆菌不仅与萎缩性胃炎、胃溃疡发病有关，临床和流行病学表明还能增大引发胃癌的风险，已被国际癌症研究机构（IARC）定义为第一个致癌的细菌，已证实与肿瘤有关，因为它能促进细胞的分裂并产生能使基因突变的自由基和 N – 亚硝基复合物（NOC）的生成，促进胃黏膜的异常分裂。幽门螺杆菌的感染还能改变癌基因和抑癌基因的表达，也是细胞癌变的重要前提。

在胃癌和结肠癌等多种肿瘤中发现环氧化酶（COX-2）的高度表达，胃癌组织中环氧化酶的表达比例高达84%，而含"毒力岛"［毒力岛或称致病岛（pathogenicity islands，PAI），是近年来在医学微生物学领域对细菌致病机制研究中出现的一个新概念。各种病原菌的毒力因子都有一个原核基因组的特殊编码区，这个区域命名为毒力岛］的幽门螺杆菌感染者，其环氧化酶的表达比不含有独立岛的幽门螺杆菌感染者更高，因而有学者主张采用环氧化酶的抑制即可作为预防胃癌的有效策略。

早有研究证实，胃癌的发病与胃中幽门螺旋杆菌呈阳性、糜烂性胃炎等有直接的关系，因此，幽门螺旋杆菌的检查已经作为胃癌的辅助检查手段，因此，降低幽门螺旋杆菌在一定程度上相当于帮助人远离胃癌。

体外实验等研究发现，某些益生菌可在培养皿中抑制胃幽门螺旋杆菌的生长。后来也有人体实验发现，雷特氏 B 菌、乳杆菌等益生菌，有抑制胃幽门螺旋杆菌的作用。其可能的机制是，益生菌在肠道中释放免疫调控物质，经血液到达胃部，从而抑制了胃幽门螺旋杆菌的生长。另外，有研究认为仍有少量的益生菌在胃中存活，或许也扮演了一些辅助抑制胃幽门螺旋杆菌生长的角色。

实验证实，乳酸菌属中的许多菌株，包括嗜酸乳杆菌、约氏乳杆菌、唾液乳杆菌、干酪乳杆菌等，都可以在一定程度上抑制培养皿中幽门螺旋杆菌的生长，有时甚至能杀灭该菌。2004 年刊登在《美国临床营养学杂志》American Journal of Clinical Nutrition（AJCN）上的一篇研究论文指出，对感染了幽门螺旋杆菌的患者而言，益生剂是一种安全有效的药物。这项研究选取了 70 名幽门螺旋杆菌检测阳性且尚未患上消化性溃疡的成人作为实验对象，实验组每天喝两次添加了两种益生菌（嗜酸乳杆菌 LA5 和双歧杆菌 Bbl – 2）的酸奶，对照组每天喝两次与实验组等量的普通牛奶，在实验结束两周后，所有人都接受了幽门螺旋杆菌的检测。结果十分鼓舞人心：在每天都饮用含有益生菌酸奶的实验组成员体内，幽门螺旋杆菌的数量显著下降，而在对照组则没有观察到任何有益的改变。不过有意思的是，在停用酸奶两个多月的时候，研究者对实验组的成员再次做了检查，他们发现大部分人体内的幽门螺旋杆菌的数量开始回升。换句话说，益生剂的应用并没有完全消灭消化性溃疡的始作俑者——幽门螺旋杆菌，但它们却有效地将其数量控制在较低水平。

（二）大肠菌群的致癌作用

大肠细菌在癌症中的作用已越来越受到关注，通过多个机制影响着肿瘤的形成。例如，细菌可以直接结合致突变物，减少与人肠道黏膜的接触，从而产生保护作用；肠道中的微生物可以形成和释放毒素，这些毒素可以与细菌膜上的受体结合而影响细胞信号的转导，促进肿瘤的形成；人的粪便已证实含有致基因突变的物质，而且细菌产生的致癌基因突变物质也被分离；小肠细菌从食物中产生的质突变和致癌物质能导致肿瘤的形成；肠道菌群可激活人体原癌基因等。

1. 大肠微生物参与结肠肿瘤的形成

动物实验证明，肠道微生物是结肠癌形成的主要影响因素，经致癌物异二甲肼（DMH）作用后，肠道中含菌大鼠的肿瘤形成的速度比不含菌的大鼠快。20周后17%的肠道含菌大鼠出现结肠癌，而肠道不含菌的大鼠却没有一只发生结肠癌；40周后，肠道不含菌的18只大鼠，只有2只可见腺瘤形成（但仍未形成癌），而在肠道中含菌的24只大鼠中有6只发生肿瘤，可见肠道中的微生物在致癌物引起的肿瘤过程中可促进肿瘤的形成，至少发挥了促癌物的作用。T细胞受体基因（$TCR-\beta$）和 $p53$ 基因（人体抑癌基因）敲除的小鼠中，可见高自发的结肠癌形成。实验还证明，70%的肠道含菌基因敲除的动物出现腺癌，而肠道不含菌的动物未见腺癌的形成。以上结果均表明肠道菌群对结肠癌的发生起重要作用。

链球菌可促使结肠肿瘤的生成，细菌本身和细菌代谢产物均可促使结肠隐窝的过度分裂，在大鼠模型中可看到与分裂有关的标记物增加，细菌形成肿瘤的风险大小与个体因素有关。经芽孢杆菌、双歧杆菌或者光岗杆菌单独处理过的小鼠结肠腺瘤形成的风险较高（约68%），而经乳酸杆菌处理的小鼠只有30%。

2. 胃肠道细菌的代谢与结肠癌发生的风险

胃肠道微生物的代谢活化作用与人体健康关系密切，现已证实其主要机制是细菌参与肿瘤形成的毒物合成，或者产生对人体有害的代谢物，食物通过提供各种不同的营养物质而影响这些代谢类型，与肠道微生物有关的 β-葡萄糖醛酸酶、β-糖苷酶、硝基和亚硝基还原酶的激活，可使经过肝脏与葡萄糖醛酸结合而解毒的结肠中潜在的致癌物水解，重新释放葡萄糖醛酸，导致癌毒物释放而导致肿瘤的发生。

肠道细菌的主要功能之一就是参与胆酸的代谢，细菌通过 7-α-脱羧酶的脱去羧基作用可使初级胆酸生成脱氧胆酸，使鹅脱氧胆酸生成石胆酸，是细胞毒性物质，都可使肠黏膜细胞坏死、异常增生进而演变成肿瘤。

食物性糖类（如淀粉、多糖和小肠黏液糖蛋白等）都能受肠道细菌的酶水解，生成乙酸、丙酸、丁酸等，这些物质可为胃肠黏膜细胞提供能量，还能降低粪便的pH，促进腺瘤细胞的凋亡，降低结肠癌发病的风险，这些又都是对人体有益的作用。

3. 细菌酶的致癌作用

细菌体内的 7-α-羟化酶、7-α-脱羧酶、β-葡萄糖醛酸酶、β-糖苷酶、硝基和亚硝基还原酶等，特别是β-葡萄糖醛酸酶是导致结肠癌的重要因素，虽不能直接增进肿瘤的形成，但可以使已经解毒的致癌物重新水解产生大量的致癌物，能使各种有害物质经肝脏与葡萄糖醛酸结合而解毒的代谢物，在肠道中因又被水解去葡萄糖醛酸而重显毒性，因而易导致结肠细胞恶变。这表明β-葡萄糖醛酸酶是一种间接的致癌和促癌因子。

（三）食物成分的影响

膳食的种类可干预结肠癌的发病风险，饮食的种类可改变大肠内容物的细胞毒性物的组成，例如，食用高钙食物可使细胞毒性物质如次级胆酸沉淀而减少其含量；高脂肪、低钙、低纤维素膳食可使大肠内容物中细胞毒性物质升高；喂食含大量红肉的饲料，可使其粪便中细胞毒性物增加，可能与食物中的血红素含量多有关。

健康人群食用高脂肪低纤维素膳食可使肠腔中的基因毒性物质增加，美国居民膳食一般都是以高蛋白、高脂肪、低纤维素膳食为主，所以美国人结肠癌发病率较高。

三、益生剂辅助肿瘤防治与康复

健康志愿者服用乳酸杆菌后，当他们摄入含有大量致癌物的烤肉时，尿中和粪便中致癌物的浓度较对照人群低。芬兰流行病学调查显示，芬兰人日常食用大量的酸乳酪和发酵牛奶，虽然他们摄入大量高脂肪膳食，结肠癌的发病率仍较低。欧洲进行了一项随机双盲安慰剂对照的临床实验，研究人群服用合生原制剂12周后，检测肿瘤发生的标记物和黏膜细胞的标记物、粪便标记物和免疫学标记物的变化情况，结果显示服用合生原制剂者具有良好的防癌作用。流行病学调查还发现，长期食用经乳酸杆菌发酵的酸奶制品可降低乳腺癌、结直肠癌、胃癌及膀胱癌的发病风险，证实乳酸杆菌是降低肿瘤发生的一个因素。

益生剂可对抗癌症，双歧杆菌可减少体内致癌物质，并激活T淋巴细胞和巨噬细胞对癌细胞的吞噬活性，日本微生态医学家通过实验证实了双歧杆菌可减少患胃癌、肠癌、膀胱癌、肝癌、食管癌、肺癌等癌症的风险（图2-43）。

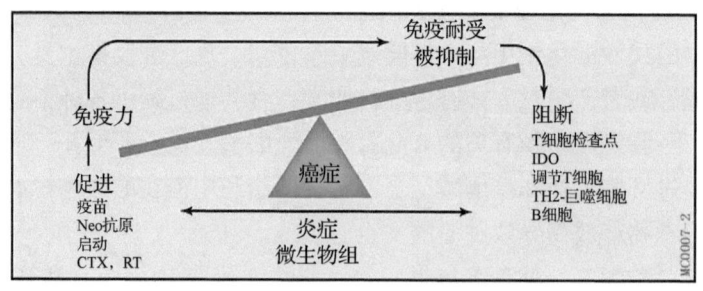

图2-43　免疫功能与肿瘤发生关系
（译自：Palucka. Cell. 2016，164（6）：1233-1247.）

肠道可能是全身免疫力的发动机之一。很多研究也发现，它们在肿瘤发生进程中极其重要，同时也可能成为预测某些肿瘤发生的生物标志物。肠道微生物可能通过两种方式参与癌症发生：一是通过代谢产物或自身成分直接促进肿瘤发生；二是通过作用于免疫系统等，间接完成对肿瘤的刺激作用（图2-44）。

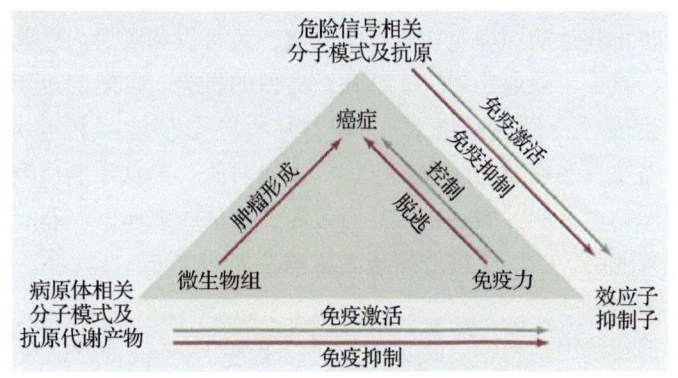

图 2-44 病原体、免疫功能与肿瘤发生关系
(译自:Zitvogel. Cell. 2016, 165 (2): 276-287.)

益生菌作为一种新型的且较为健康安全的生物制品正在成为肿瘤防治的焦点和趋势。益生剂的抗肿瘤机制也日渐明朗。有研究表明,将荷瘤小鼠经过口服双歧杆菌后,发现大肠癌移植瘤组高表达促凋亡基因（Proapoptotic gene，BAD），而且该组中依赖天门冬氨酸的半胱氨酸酶（Caspase）家族中的 Caspase-3 的基因表达率及阳性细胞密度也显著增高,这些都提示了双歧杆菌的活化是诱导肿瘤细胞凋亡的重要途径之一。Horinaka 等发现乳酸菌可通过诱导 Traill 受体（肿瘤坏死因子 TNF 相关性凋亡诱导配体）的表达而促进自然杀伤细胞对前列腺肿瘤细胞的杀伤活性。此外,还有双歧杆菌可诱导机体产生一氧化氮（NO），NO 再与氧结合,最终形成强有力的杀伤细胞的羟自由基来杀伤肿瘤细胞在近期的研究中证实经过鼠李糖乳杆菌（LGG）表面分子脂磷壁酸（LTA）处理白血病细菌株端粒酶后,端粒酶的活性明显降低,这提示益生菌的抗肿瘤机制可能与降低端粒酶的活性有关。益生剂的抗肿瘤分子机制也在探索中。

(一) 激活机体抗肿瘤细胞因子的释放

乳酸杆菌、双歧杆菌能够使人体不同部位吞噬细胞的活性增强,从而起到增强机体免疫力的功能。乳酸杆菌能够诱导包括肿瘤坏死因子、白细胞介素-12 等多种细胞因子的产生。双歧杆菌及其细胞壁的肽多糖则能增加肿瘤坏死因子和白细胞介素-6 的产生。另外,双歧杆菌脱氧核糖核酸也能激活树突状细胞,从而活化 T 细胞,使其大量产生。这些细胞因子的大量产生能够提高机体免疫功能,起到保护机体、抑制肿瘤细胞生长的作用。乳酸杆菌能提高巨噬细胞的活性,并能防止肿瘤的生长。益生剂可抑制肠道内某些酶的活性,如 β-葡糖苷酸酶、β-葡萄糖醛酸酶、尿素酶、硝基还原酶、偶氮还原酶等。这些酶可能参与肠道内致癌物的形成。胆盐经肠道碰到有害细菌可能发生解离,就会产生致癌物质,容易引起肠癌。但益生剂可以抑制有害菌,即使有胆盐的存在,致癌率也大大降低。

益生剂能激发宿主免疫细胞吞噬活性,对吲哚、苯酚、胺、氨等促癌物质和致癌物质有明显的吞噬作用,抑制肠道中致癌因子的产生,作为肿瘤基因治疗载体,可作靶向血管治疗肿瘤。

(二) 调节肠道环境，阻止肠道内致癌物质的形成

肠道益生菌能防止其他病原微生物定植于肠道，还可以和肠道内致癌物质相结合再通过新陈代谢排出体外，减少了致癌物形成、活化及滞留的机会。可能的机制如下：①肠道菌群通过分解糖类等产生酸性物质使肠道 pH 下降，使得肠道环境不利于病原微生物的生长；②促进肠道蠕动，缩短致癌物质与肠黏膜细胞的接触时间，降低致癌风险；③抑制胆汁酸脱氢酶的活性，从而抑制初级胆汁酸转化成具有致癌作用的脱氧胆酸和石胆酸；④与潜在的致癌物质结合并且将其降解；⑤产生抗肿瘤或者抗诱变剂的成分。

(三) 防止基因组突变

肠道菌群能够保持基因组稳定，防止突变。1986 年 Hosono 等就已经在体外实验中证明含乳酸菌的牛奶具有抗突变活性。双歧杆菌也具有保持宿主基因稳定性的能力，Reddy 等研究了长双歧杆菌冻干制剂对食物诱变剂 2-氨基-3-甲基咪唑喹啉（IQ）引起的 F344 小鼠肿瘤形成的影响，结果表明长双歧杆菌可显著抑制 2-氨基-3-甲基咪唑喹啉诱导的雄性小鼠结肠癌和肝癌的发生，抑制率分别达到 100% 和 80%。

(四) 抑制肿瘤细胞增殖，促进其凋亡

齐占朋等研究了双歧杆菌 WPG 对体外培养的大肠癌 Lovo 细胞的抑制和凋亡作用，结果表明 WPG 对大肠癌 Lovo 细胞的生长具有明显的抑制作用，经 WPG 处理后 Lovo 细胞早期凋亡细胞有大幅增加，说明 WPG 也会促进 Lovo 细胞凋亡。双歧杆菌 WPG 也能通过上调 Bcl-2 基因的表达和下调 Bax 基因的表达来诱导种植结直肠肿瘤裸鼠肿瘤细胞的凋亡。一氧化氮（NO）是动物体内一种重要的分子，肠道内乳酸杆菌和双歧杆菌能够诱导一氧化氮合成，一氧化氮可以通过引起细胞毒性等多种不同途径来杀伤肿瘤细胞，从而发挥其抗肿瘤作用。还有研究也表明，一氧化氮能防止肿瘤细胞的生长和转移，诱导肿瘤细胞的凋亡。

(五) 影响肿瘤细胞端粒酶活性，抑制肿瘤血管生成

端粒是位于真核生物染色体尾端的一段重复的序列，具有稳定基因组的功能，它还参与细胞的变异等许多生理进程，而此过程受端粒酶的调控。肠道菌群可以通过下调端粒酶的活性来促进肿瘤细胞凋亡，进而实现其抗肿瘤作用。Pallini 等的研究表明肿瘤组织中高度表达的端粒酶可促进肿瘤血管的形成，所以抑制端粒酶活性还能阻碍肿瘤血管的生成，可以利用抗端粒酶的药物来治疗肿瘤。

(六) 肿瘤预防需保护肠道菌群平衡

慎用抗生素；合理饮食与作息；可以适当食用含乳酸杆菌、双歧杆菌等益生菌的酸牛奶、酸乳酪，但是不可过度补充肠道菌，并不是补充越多越有益，不能破坏肠道菌群原有的稳态。在生活中要保持心情愉悦，因为肠道菌群受到人的精神状态影响，当心情舒适时肠道菌群能正常行使其生理功能，而当疲劳、压抑、精神萎靡不振时肠道菌群则会处于低迷状态，不能很好地发挥其多种作用。另外，还应加强身体锻炼，提高免疫力，防止病原体入侵造成疾病而引起肠道菌群失调。

(七) 化疗对肠道菌群的影响

世界著名高等学府美国凯斯西储大学（Case Western Reserve University）杜玮南博士对肿瘤治疗与肠道菌群的关系提出了新的见解。

第2章 益生剂辅助疾病的防治与康复

化疗是最普遍的治疗方式，但其特异性不高，对人体正常细胞和肿瘤细胞好坏不分，一网打尽，加上严重的不良反应：抑制造血细胞、脱发、恶心、呕吐、腹泻等，对患者更是难以耐受，同时也抑制了免疫系统，影响了患者的康复。这些不良反应的关键是肠道菌群在黏膜炎症发生中的核心作用，可以说失衡的肠道菌群和化疗反应的严重程度是成正比的。现已知肠道菌群失衡可能导致大肠癌，而平衡的肠道菌群却可以改善化疗的不良反应。

肠道菌群作为一个复合体，号称人体第二大基因库，含有人体基因总数的150倍（多达300万个基因），可以指导合成大量不同功能的酶类、蛋白质和各种生物分子，和人体原有的基因共同影响人体的新陈代谢，同时也影响各种化疗药物的降解。目前认为，肠道菌群可以通过菌群移位（肠道菌群通过肠黏膜屏障进入人体）、免疫调节（影响人体的免疫功能）、生物转化（包括氧化、还原、合成、分解、水解药物分子使之失效）、酶降解（把药物分子降解成小分子）及多样性降低（指肠道菌群种属大部分减少甚至消失）。肠道菌群中有些种属还可以通过影响药物的物理结合降低吸收率。

临床观察28例非霍奇金淋巴瘤患者进行骨髓抑制化疗5天后，发现全部患者都发生肠道黏膜炎症相关症状，细菌的丰度和多样性均下降。抗生素在肿瘤治疗中常用于预防细菌感染、败血症等并发症，殊不知反而破坏了肠道菌群，导致最不愿意见到的艰难梭形杆菌性腹泻。在美国，尽管采取了这种预防性的治疗措施，仍然有27%的患者发生了细菌感染。

对化疗的肿瘤患者而言，最理想的肠道菌群之效果，应该是对肿瘤细胞有强大的杀伤作用，最低的化疗反应和毒性，同时能激活强大的免疫反应等作用。经人体和动物实验均证实，用益生剂或益生原或者两者合一的合生原，可以预防化疗所致的肠黏膜炎，而且很少或导致败血症。另有证明含有多样化的肠道菌群有助于对抗化疗所引起的血液细菌感染。

临床证明150例接受5-氟尿嘧啶治疗的大肠癌患者的随机研究中，鼠李糖杆菌LGG作为补充物可以减少严重的腹泻和不适感。42例化疗儿童的随机研究中，实验组化疗前两周用10亿双歧杆菌活菌菌株每天3次，坚持6周，该组发热的发生率明显减少。

肠道菌群与人体呈现互利关系，可以调节免疫，促进骨髓造血机能，因而可以对抗化疗药物抑制免疫系统和抑制造血系统的不良反应。

恶病质是肿瘤晚期患者常见症状，研究发现，用益生剂或者与益生原合用可以增加恶病质肿瘤患者的体重。

四、益生剂辅助肿瘤化疗后的康复

在100年前对该领域所做的贡献，Coley发现感染急性链球菌的肉瘤患者的肿块缩小，从而开启了运用细菌或细菌提取物治疗肿瘤的历史。进一步动物实验研究发现，厌氧性益生菌（包括绝对厌氧菌B.和兼性厌氧菌L.）在静脉注射后肿瘤组织中的浓度远高于正常组织，细菌可以特异性的在肿瘤部分聚集并定植，通过竞争性争夺营养从而抑制肿瘤的生长。其作用机制主要有：①肿瘤细胞生长迅速而血液供应相对不足，造成实体瘤内存在相对乏氧的微环境，为具有趋低氧代谢的厌氧菌提供了适合聚集生长和繁殖的场所；②对于营养缺陷型的重组厌氧菌，由于肿瘤组织代谢旺盛，产生大量的中间代谢产物供其利用，使得相同的时间内肿瘤内细菌的增殖速度远高于正常组织；③异常的血管化和肿瘤组织较高的组织间隙渗透压限制了免疫成分（粒细胞、抗体、血清补体等）随血流进入，肿瘤组织成为细菌的免疫避难所，对细菌的清除作用较正常组织慢。Stritzker 等研究证实了非厌氧菌如大肠杆菌 Nissle 1917 能够在免疫功能正常和免疫缺失的小鼠的移植瘤部位聚集，其他组织的细菌很快被清除，说明免疫系统不能将肿瘤部位的细菌清除，进一步支持了"免疫避难所"的机制，并为非厌氧性益生菌用于治疗肿瘤奠定了基础。

化学药物疗法为治疗恶性肿瘤的常用方法，化疗药物通过诱导细胞凋亡、阻碍脱氧核糖核酸合成、干扰细胞代谢等作用机制，对肿瘤细胞进行有效的杀伤。然而，化疗药物对于增殖活跃的消化道上皮细胞同样具有损伤作用，诱发黏膜的微炎症。临床表现为恶心、呕吐、食欲减退、腹痛、便秘、腹泻等。化疗药物的胃肠道毒副反应不仅增加了化疗患者的痛苦，同时也可影响到治疗的进程，甚至危及患者生命。近年来，相关动物实验及临床研究提示化疗药物可使得肠道菌群总数减少，致病菌的数量及比例增加。化疗期间肠道黏膜微炎症的发生发展与肠道菌群及其代谢产物的变化密切相关，肠道菌群具有调节炎症反应、维护肠屏障功能稳定、促进肠道上皮修复、调节免疫反应等作用，甚至提示肠道菌群可能增强肿瘤免疫治疗及化疗药物的疗效。益生剂活菌及上清液具有减轻化疗期间肠道黏膜微炎症反应，维持肠屏障功能的稳定等作用。化疗期间使用益生剂可明显降低重度化疗诱导腹泻的发生率，服用该类制剂不影响化疗药物的疗效，并且并发症的发生率低。

近年研究提示化疗诱导的肠道黏膜微炎症与肠道微生态的改变密切相关。益生剂如常用的乳酸杆菌属或双歧杆菌属，乳球菌属及链球菌属，还有少量归类于大肠杆菌属。益生菌群及其代谢的产物具有维持肠道菌群稳定、减轻局部炎症反应、加强肠道屏障功能、降低肠道通透性及增强免疫功能等作用，有可能使得患有与菌群失调相关疾病的患者受益。Van Vliet 等 2009 年动态观察了 9 例急性粒细胞性白血病患儿化疗期间的肠道菌群变化，化疗方案中含有多柔比星、依托泊苷等药物，结果发现化疗后肠菌的总数仅为化疗前的 1%，减少最为明显的是对机体有益的厌氧菌类，其数量在化疗期间减少到了只有原来的 1/10 000，而即便是预防性地应用了抗生素，具有潜在致病性的肠球菌类的数量却较在化疗期间增加了约 100 倍。Huang 等随后又针对 36 例急性淋巴细胞白血病患儿化疗期间的肠道菌群变化进行了观察，结果提示与健康对照组相比，接受高剂量甲氨蝶呤（MTX）治疗的患儿肠道菌群总数减少了约 29.6%，该研究还特别关注了双歧杆菌、乳酸杆菌及大肠杆菌等益生菌的改变结果发现，这三类菌的数量在化疗期间均明显下降，特别是化疗后第 3 天，此后缓慢恢复，化疗 7 天后其数量基本达到正常水平。Zwielehner 等 2011 年进行的观察性研究发现了同样的变化趋势，该研究纳入了 17 例化疗患者，病种以淋巴瘤、白血病居多，还包括一些胸腺瘤及肠道肿瘤患者，这项研究还进一步发现与梭状杆菌集落（Ⅳ）及梭状杆菌集落 XIVa 等菌群相比，拟杆菌受化疗药物的影响相对较小，并且具有致病性的屎肠球菌及难辨梭状杆菌的数量于化疗期间明显增多。化疗药物可导致肠道菌群的总数明显减少，特别是归类于厌氧菌属的益生菌，而致病菌的数量及比例在化疗期间则有所增加，提示化疗期间肠道微生态的改变更有利于致病菌的生长，有可能会增加化疗诱导腹泻（CID）等毒副反应的发生率，临床试验与动物实验所得出的结论基本一致。除以上几种化疗药物以外，其他较为常用的铂类、紫杉醇类以及分子靶向、单克隆抗体类等肿瘤治疗药物对肠道微生态的影响目前尚未做深入

第2章 益生剂辅助疾病的防治与康复

研究。

2007 年，Bowen 等使用名为 VSL#3，成分包含 4 种乳酸杆菌菌株（干酪乳杆菌、植物乳杆菌、嗜乳酸杆菌和保加利亚菌属）、3 种双歧杆菌菌株（长双歧杆菌、短双歧杆菌和婴儿双歧杆菌）及 1 种链球菌菌株（唾液链球菌嗜热亚种）的益生剂对行伊立替康化疗的 DA 大鼠（一种从丹麦引进的大鼠种群）进行干预，结果发现 VSL#3 治疗组大鼠的大肠及小肠的隐窝细胞破坏程度要明显低于单纯化疗组。Mauger 等给予使用 5 - 氟尿嘧啶（5-FU）化疗的大鼠口服 BR11、鼠李糖杆菌 LGG 及 BB12 等益生剂活菌后，随后进行蔗糖呼气实验并测量小肠的髓过氧化物酶（MPO）活性，结果发现这三类益生菌均有减轻黏膜微炎症的效用。

癌症是由正常细胞的原癌基因受到诱变剂激活而转化为不受控制的异常细胞引起的。这些细胞异常增生所产生的新生组织不具有正常组织的功能，它的主要活动就是不停地消耗机体的营养素，挤占空间并越来越快速的分裂增殖。

致癌物来自食物，而食物又是在肠道被彻底分解吸收的，所以肠道很是关键。在肠道内大约有着十余万亿的细菌，它们有好有坏，整体组成了一个大型的食物处理工厂。益生菌和有害细菌分别起着不同的作用。有害细菌会将消化的食物和一些其他物质分解成多种致癌物（亚硝胺等），之后人体将会把这些致癌物吸收。

益生剂可以通过结合、阻断或移除来抑制致癌物和致癌物前体，还可以对可能将致癌物前体转化为致癌物的细菌及转化酶的活力进行抑制，也就是益生剂可以吸附致癌物和对致癌物质进行加工或转移，减弱它们的毒性。益生剂能酸化肠道，调节肠道菌群，从而减少有害菌的数量和改变胆汁溶解性，使胆汁减少向致癌物二次胆汁酸的转化。益生剂能促进肠道蠕动，加快对粪便中有害的致癌物的排出。

益生剂能产生抑制癌细胞生长的化合物，如一些功能性糖肽。同时，益生剂还可以产生抗突变的物质和阻挡有害细胞的攻击，抑制异常细胞的转化，起到防癌的作用。可见，益生剂竟然有着克制癌症的作用，它与癌症之间的关系是非常密切的。

正在进行放化疗治疗或者施行肠道手术之后的患者，由于治疗的药物、射线等均会破坏肠道内的菌群平衡，容易出现便泻、腹胀、便秘等肠道紊乱、脱发、营养物质丢失及毒素被吸收等并发症，不但影响患者康复，还有可能迫使化疗、放疗中断。而服用益生剂，能够补充肠内益生菌，改善肠内菌群平衡，改善肠道症状，减少治疗的不良反应，并能帮助患者的营养吸收，促进康复，抑制破坏性酶的活性。这些酶可能参与致癌物的形成，分解胆汁酸盐。所以益生剂对于这类患者很有必要，它属于食品，并不是药品，所以并没有坏处。通过益生剂中双歧杆菌调理自身免疫系统，达到减轻放疗、化疗造成的细胞损伤，延长生命的目的。

控制癌症的原则是"以预防为主，防治结合，早期发现、早期诊断和早期治疗"。因为有 1/3 的癌症是可以预防的。我们从癌症形成过程可以看出两个关键点：一是诱变剂，或称致癌物；二是对异常细胞的监测。

北京联合大学的宋瑜等综述了近 5 年来在人类肠道菌群与个人健康之间的研究与探索，越来越多的研究发现多种因素，如宿主的遗传、环境和饮食均可促进健康的黏膜向散发性结直肠癌的转变。为了研究和分析在没有混杂影响下的肠道菌群的组成，Qingchao Zhu 等建立了一个由甲基肼（DMH）诱导结肠癌的动物模型。利用这个模型，进行焦磷酸测序的 16S rRNA 基因的 V3 区，在这项研究中确定的肠道微生物物种多样性和广度。研究结果表明，对照组和肿瘤组的肠腔微生物组成存在明显不同。大肠癌大鼠的肠腔中厚壁菌升高而拟杆菌和螺旋体丰度减少。在健康大鼠体内没有检测到任何梭形杆菌。在属的水平上，与对照组相比，观察组则表现出较高的拟杆菌丰度（14.92% 对比 9.22%，$P=0.001$）。同时，对照组体内的普氏菌（55.22% 对比 26.19%）、乳酸菌（3.71% 对比 2.32%）和梅毒螺旋体（3.04% 对比 2.43%）明显高于观察组鼠。观察组鼠体内产丁酸的细菌如罗斯氏菌和真细菌明显减少，而脱硫弧菌、丹毒丝菌和梭菌属明显增加。即健康大鼠和大肠癌大鼠肠道菌群存在显著差异。大肠癌的发生是由肠道黏膜上皮细胞基因突变和肠道微生态失衡共同导致的结果。人体肠道内的某些共生菌及其相关的代谢物、酶类会对机体肠道健康造成负面影响，并促进结直肠癌的发生、发展。另外，一些细菌及其代谢产物则能够保护肠壁细胞，抑制结直肠癌的发生及发展。益生剂能够补充机体内所缺乏的正常菌群，并抑制致病菌的繁殖，从而维持微生态平衡。肠道菌群能够通过调节免疫反应增强肿瘤治疗效果。肠道菌群增强小分子类药物的肿瘤治疗效果。Iida 等研究证实肠道菌群可以增强铂类等化疗药物对肿瘤的治疗效果。Viand S 等通过小鼠模型研究发现，环磷酰胺能够激发小肠内某些特定的革兰氏阳性菌迁移，引起小肠菌群的显著改变，调节环磷酰胺引发的宿主免疫反应，从而增强环磷酰胺抗肿瘤治疗效果。肠道菌能增强检测点抑制剂及抗体类药物的肿瘤治疗效果。

（一）益生剂辅助结肠癌化疗患者的康复

大量体内外实验证明益生剂对预防结肠癌有积极作用。益生剂的抗肿瘤作用在很多动物实验中得到验证。大鼠经饲养长双歧杆菌后，结肠的癌前病变（隐窝异常病灶）降低 25%～50%。除此之外，益生剂还对结直肠癌的进一步发展有控制作用：一项为期 4 年的研究显示，虽然益生剂干酪乳杆菌不能明显降低结直肠良性肿瘤根治术后结直肠癌的发生率，但经益生剂处理组发生的肿瘤异型性低，分化较好。另一项对 37 名结肠癌患者和 43 名多发性结肠息肉切除患者使用合生元 Synapsin I（SYN1）、乳杆菌和双歧杆菌 BB1 的研究，发现患者粪便中保加利亚杆菌和乳酸菌增多，而产气荚膜梭菌却明显减少。益生剂起到了增强上皮细胞屏障，减少细胞凋亡的作用，而且多发性结肠息肉切除患者对于 DNA 损伤剂的暴露有所减少，细胞凋亡的时间推后。同时，合生元和益生剂的使用降低了患者外周血单核细胞和活化的辅助性 T 细胞所分泌的一种细胞增殖因子 IL-2，增加了结肠癌患者干扰素 -γ 的分泌。其机制可能与益生菌内的脂多糖、肽聚糖及 CpG-DNA 与宿主肠道黏膜细胞表面的 Toll 样受体（TLRs）结合后激活宿主细胞内 NF、KB 信号传导途径有关。

解放军 306 医院梁淑文主任研究指出，结肠癌是临床上常见的恶性肿瘤之一，对于进展期结肠癌术后的患者，化疗是提高生存率的重要治疗手段，但是化疗后可造成肠道菌群失调，肠黏膜屏障损害，导致化疗相关性腹泻（CID）。频繁性的严重腹泻使血容量减少，易引起患者水电解质紊乱，甚至休克和继发感染而危及生命，亦会导致化疗终止，最终影响结肠癌的治疗。益生剂是一类通过改善宿主微生态平衡提高宿主健康水平和健康状态的微生物，对维护肠屏障功能，纠正肠道菌群失调、调节肠道免疫功能等方面发挥有益作用，目前在肿瘤化疗引起的化疗相关性腹泻治疗方面日益受到关注。为了解益生剂对结肠癌术后患者

第2章 益生剂辅助疾病的防治与康复

化疗相关性腹泻的治疗效果，对306医院2011—2013年收治的结肠癌术后化疗患者进行观察与分析，为临床提供依据。

选择306医院2011年1月至2013年6月结肠癌术后化疗并有化疗相关性腹泻患者85例，纳入标准为所有患者均为进展期结肠癌，均经明确诊断并进行结肠癌根治手术后病理学证实，其中男53例，女32例，年龄34～71岁，平均年龄51.28±12.30岁，平均病程7.64±3.13个月。根据治疗方法分为对照组和观察组，其中对照组41例，按照常规治疗，观察组44例，在对照组的治疗基础上加用益生剂治疗，两组在性别、平均年龄、病程以及既往家族史和疾病史、临床表现及腹泻分级（按美国国立癌症研究所分级标准）等方面差异均无统计学意义（$P>0.05$），具有可比性。

所有患者入院后接受常规术前检查，诊断为进展期结肠癌，符合结肠癌根治术适应证，进行结肠癌根治术，术后均给予奥沙利铂+希罗达化疗（XELOX方案），对照组则应用思密达［博福-益普生（天津）制药有限公司，批准文号：国药准字H20000690］3 g，2～3次/日，观察组在对照组的治疗基础上给予培菲康胶囊（上海信谊药厂有限公司，国药准字S10950032）0.21 g/粒，2次/日，2粒/次。观察指标主要为患者平均腹泻持续时间、腹泻治疗效果及不良反应。效果判定标准：显效为治疗后腹泻次数和粪便性状恢复正常，患者症状消失。有效为治疗后腹泻次数和粪便性状明显好转，患者症状明显改善。无效为治疗后腹泻次数和粪便性状和全身症状均无好转。

本次研究结果显示，观察组总有效率为93.18%（41/44），高于对照组78.05%（32/41），经统计学分析，差异有统计学意义（$P<0.05$）；两组显效和有效率比较差异无显著性（$P>0.05$）。结肠癌是主要发生于结肠黏膜上皮的恶性肿瘤，化疗是结肠癌术后重要的临床治疗手段之一，化疗相关性腹泻是肿瘤患者化疗过程中常见的消化道综合征，以大便次数增多和大便性状改变为主要特征。主要由于化疗药物作用使胃肠道中上皮细胞遭到破坏及肠道正常菌群平衡失调，通过渗透作用使水分进入肠腔，导致粪便体积和重量的增加，严重的化疗相关性腹泻不仅会降低患者的体质和生活质量，甚至危及患者生命，需要减少化疗剂量或者化疗中断，影响患者疗效。益生剂是一类通过改善肠内菌群平衡，对宿主起到有益作用的活性微生物，应用较广泛的主要分为球菌类、双歧杆菌类和乳杆菌类三大类，目前人们对益生剂的安全性和健康促进作用已达成共识，国内外研究认为益生剂具有缓解腹泻、提高免疫力等多方面功能。化疗相关性腹泻的主要治疗目的是控制症状，减轻患者痛苦，加速黏膜修复并预防继发性感染。蒙脱石散通过对消化道内的病毒、病菌及其产生的毒素固定、抑制作用使其失去致病作用，并对消化道黏膜有较强的覆盖保护能力，能够修复、提高黏膜屏障对攻击因子的防御功能。

解放军210医院史晓艳的研究选取双歧杆菌、大肠杆菌、梭杆菌3种具有代表性菌种，留取接受化疗的恶性肿瘤患者粪便，随机分成两组，一组单纯化疗的对照组，另一组化疗过程中给予双歧杆菌调节药物的实验组，通过粪便培养对在化疗前后肠道中上述菌群的变化定量分析，以了解化疗患者肠道内双歧杆菌、大肠杆菌、梭杆菌的细菌数量的变化，探讨化疗药物是否对肠道微生态造成破坏，最终达到可否用益生剂预防或减轻患者化疗过程中各种肠源性不良反应的目的，从而保证化疗的顺利进行，提高治疗水平，延长患者生命。选择

2015年1月至2016年10月解放军第210医院肿瘤科收治的115例Ⅳ期恶性肿瘤化疗患者，其中肺癌38例、胃癌16例、乳腺癌30例、食管癌5例、胰腺癌7例及结肠癌19例，化疗方案为IP、DP、DCF、XT、TXT、FOLFOX、FOLFIRI、XELOX方案，随机分为两组，56例患者作为实验组，另59例为对照组。实验组口服双歧三联活菌肠溶胶囊，以上选择对象入组前2周内均无抗生素应用史及除肿瘤外的其他胃肠疾病史，实验组及对照组不少于4个周期化疗。实验组及对照组取入组后第1周期化疗前、第4周期化疗前、第4周期化疗第7天和第14天粪便标本，通过培养基改良和培养鉴定方法对留取的粪便进行肠道菌群定量分析。通过检测四周期化疗过程中患者粪便标本中双歧杆菌、大肠杆菌、梭杆菌3种菌群的数量，发现对照组化疗3个周期后肠道内双歧杆菌及大肠杆菌明显减少，梭杆菌数量增加；使用益生剂的实验组患者肠道菌群无明显变化，临床观察发现实验组腹泻、腹痛、便秘等消化道反应明显减轻，差异有统计学意义。结果表明，化疗药物抑制肠道正常菌群生长，加重肠道菌群失调；化疗期间给予益生剂，有助于增强体内肠道菌群平衡，减轻肠道菌群失调程度，减轻消化道反应及肠道黏膜炎症。

解放军113医院邵云娣等选择2015年5月至2016年11月收治的90例结肠癌术后需要化疗的患者（化疗方案均采用奥沙利铂联合亚叶酸钙、氟尿嘧啶），随机分为治疗组和对照组，每组45例。治疗组在开始化疗的同时服用双歧杆菌四联活菌片（四联是婴儿双歧杆菌、嗜酸乳杆菌、粪肠球菌、蜡样芽孢杆菌），每次3粒，每天3次；对照组在开始化疗时不给予双歧杆菌四联活菌片干预。观察两组化疗期间不良反应的发生率。收集两组患者的粪便，检测化疗前后双歧杆菌、乳酸杆菌、肠球菌、大肠杆菌、葡萄球菌的含量变化；检测两组化疗前后血中$CD4^+$、$CD8^+$T细胞的比例及$CD4^+/CD8^+$比值水平。结果：在化疗期间，与对照组相比，治疗组患者的恶心、呕吐、腹泻、食欲下降的发生率明显下降（$P=0.05$）。化疗后，治疗组的双歧杆菌、乳酸杆菌高于对照组，而肠球菌、大肠杆菌、葡萄球菌的含量明显低于对照组（$P=0.05$）；化疗后，与对照组相比，治疗组$CD4^+$T细胞的比例明显升高，$CD8^+$T细胞比例下降，$CD4^+/CD8^+$比值水平明显高于对照组。结果表明，益生剂有利于调整结肠癌化疗患者的肠道菌群，提高患者的免疫力，减少化疗相关并发症的发生。

张素芳将2014年3月至2015年12月接收治疗的大肠癌辅助化疗期患者90例作为研究的对象，并平分三组（每组30例），即为常规组、中药组及益生剂组，常规组未给予中药加益生剂治疗，中药组给予中药治疗，益生剂治疗组给予中药加益生剂治疗，3组患者治疗时间均为4周，对比治疗前、治疗后3组患者T细胞亚群变化情况、肠道菌群变化情况及大便分泌型免疫球蛋白A变化情况。结果表明，90例患者接受不同治疗之后，无论是T细胞亚群、肠道菌群及大便分泌型免疫球蛋白A均出现了相应的变化（$P<0.05$），常规组和中药组患者的$CD3^+$、$CD4^+$、$CD4^+/CD8^+$上升比例均明显低于益生剂组，益生剂治疗组的大便分泌型免疫球蛋白A提升水平均高于中药组和常规组，患者肠道中的双歧杆菌增加，对比具有显著差异，有统计学意义。这说明益生剂加中药治疗大肠癌辅助化疗期患者，有效增强了患者细胞免疫力，有效改善患者肠道菌群失调情况，值得广泛运用。

（二）益生剂辅助胃癌化疗患者的康复

刘斌对50例胃癌患者随机分为对照组、干预组，每组25例。对照组常规治疗，益生剂治疗组则加用双歧杆菌活菌肠溶胶囊治疗。对两组患者特异性组织学、免疫组织化学指标进行对比分析。结果：益生剂治疗组在益生剂干预下的微脓疡、纤维组织增生症状得到明显改善，优于对照组；癌组织微血管密度指标及增值细胞核抗原指标均明显低于对照组，数据对比差异有统计学意义（$P<0.05$）。结果表明，双歧杆菌可抑制胃癌患者癌组织血管新生，导致缺血性问题，降低癌细胞增殖活性，效果突出。

辛向前随机选取 30 例胃部肿瘤患者作为研究对象，将其分成两组，即研究组和对照组，每组 15 例。给予对照组进行常规药物治疗，研究组在对照组的治疗基础上给予益生剂（双歧杆菌活菌胶囊）治疗，观察两组患者治疗之后的胃肠道改善情况，并分析其临床效果，进行对比。结果：研究组通过益生剂治疗后，其临床效果相对对照组具有一定的优势，$P<0.05$，其差异具有显著的统计学意义。结果表明，益生剂在胃恶性肿瘤治疗后，能使患者的机体免疫功能增强，并降低其感染率，显示了益生剂在消化系肿瘤治疗中具有良好的临床应用价值。

许春进等通过对胃癌患者在化疗前后肠道中菌群的变化进行定量分析，探讨胃癌患者肠道菌群的变化情况及益生剂对胃癌患者肠道菌群的干预作用。选取商丘市第一人民医院及郑州大学第一附属医院 80 例符合诊断标准的中晚期胃癌患者作为治疗组，另选取体检中心 20 例健康人作为健康对照组。80 例胃癌患者被随机分成观察组（40 例）和益生剂干预组（40 例）。观察组采用奥沙利铂 + 卡培他滨联合化疗方案，益生剂治疗组则采用奥沙利铂 + 卡培他滨 + 金双歧联合治疗方案。使用粪便细菌及真菌培养法培养粪便中的大肠杆菌、双歧杆菌、肠球菌、乳酸杆菌、类杆菌、酵母菌、葡萄球菌、消化链球菌。结果：治疗组胃癌患者肠道双歧杆菌、乳酸杆菌数量及杆/球比均低于健康对照组（$P<0.01$）；治疗后观察组患者肠道双歧杆菌、乳酸杆菌数量及杆/球比，均低于治疗前观察组（$P<0.01$）；治疗后益生剂治疗组患者肠道双歧杆菌、乳酸杆菌数量及杆/球比均高于治疗前益生剂干预组（$P<0.01$）；治疗后干预组患者肠道双歧杆菌、乳酸杆菌数量及杆/球比例均高于治疗后观察组（$P<0.01$）；治疗组患者腹泻、恶心、呕吐、食欲下降、白细胞减少、血红蛋白减少和血小板减少、肝功能损害均低于观察组（$P<0.01$）。结果表明，胃癌患者肠道菌群处于一种失平衡状态；化疗药物可抑制肠道正常菌群生长，可导致肠道菌群失调进一步加重；双歧杆菌 - 乳杆菌三联活菌片（三联是长型双歧杆菌、嗜酸乳杆菌和粪肠球菌活菌）可扶植正常菌群生长，调整肠道菌群失调，对胃癌患者化疗导致的肠道菌群失调有预防作用，可明显降低化疗的不良反应，提高患者对化疗的耐受性。

（三）益生剂辅助妇科恶性肿瘤化疗患者的康复

大连医科大学姚月荣、李新宇探讨益生剂对妇科恶性肿瘤患者化疗相关性腹泻的治疗效果。选择 2016 年 2—6 月因妇科恶性肿瘤住院并发生化疗相关性腹泻的患者共 126 例，使用随机数字表将研究对象随机分为对照组和实验组，其中对照组 63 例，按照常规治疗（洛哌丁胺），实验组 63 例，在对照组的基础上使用益生剂治疗；观察指标主要为患者平均腹泻持续时间、腹泻临床治疗效果、不良反应、KPS（功能状态评分标准）评分和免疫指标。对照组腹泻持续时间为 4.85 ± 0.22 天，高于实验组（2.92 ± 0.16 天），差异有统计学意义（$P<0.05$）；实验组总有效率为 92.06%，高于对照组 76.19%，差异有统计学意义（$P<$

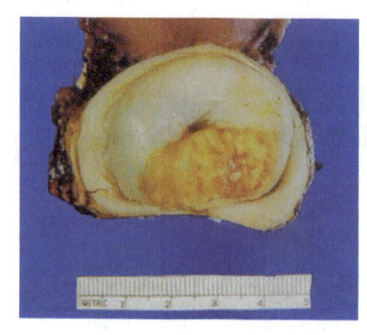

图 2-45 子宫颈鳞状细胞癌（大体）

0.05）；实验组和对照组的治疗后均有 2 例出现不良反应，差异无统计学意义（$P > 0.05$）；治疗后实验组 KPS 评分为 86 分，高于对照组 75 分，差异有统计学意义（$P < 0.05$）；实验组的 $CD3^+$、$CD4^+$、$CD4^+/CD8^+$ 明显高于对照组，差异有统计学意义（$P < 0.05$），但实验组和对照组 $CD8^+$ 的含量并没有统计学意义（$P > 0.05$）。益生剂可缩短妇科恶性肿瘤化疗相关性腹泻患者的腹泻持续时间，提高临床治疗效果，改善患者健康状况，提高患者的免疫力，值得在临床广泛推广使用（图 2-45）。

（四）益生剂辅助肿瘤化疗患者并发症的康复

益生剂对化疗相关毒副反应疗效的研究：在由化疗药物所导致、与肠道黏膜微炎症相关的各种胃肠道毒副反应中，最为常见的是化疗诱导腹泻，其发生率可高达 50%～80%。临床工作中通常使用吸附剂（如洛哌丁胺）及奥曲肽等药物处理化疗诱导性腹泻，基于益生剂可减轻化疗诱导黏膜微炎症的理论，几项动物实验相继报道了益生剂防治化疗诱导腹泻的疗效。有关益生剂防治化疗相关毒副反应的临床研究报道极为有限，2007 年 Osterlund 等进行了一项随机对照实验，对益生剂改善化疗相关毒副反应的疗效进行了全面评估，研究的对象为 5-氟尿嘧啶（5-FU）化疗的结肠癌术后患者，结果显示，服用鼠李糖杆菌（LGG）活菌胶囊的实验组患者与对照组患者的 2 级以上腹泻发生率分别为 22%、37%（$P < 0.05$），并且实验组患者的其他腹部不适程度、中性粒细胞减少程度及化疗药减量的比例均要小于对照组，研究期间未见与益生剂相关的菌血症发生。中性粒细胞减少为化疗药物的另一主要毒副反应，由此易引发肠道菌群的移位并继发感染，Wada 等 2010 年采用随机对照实验对接受化疗的白血病患儿进行研究后发现，服用短双歧杆菌的实验组患儿的粪便中，对人体有益的厌氧菌类的生长较对照组生长速度更为活跃，并且致病性的肠杆菌比例要明显低于对照组，从而降低了发生感染的风险。

孙曦等指出化疗药物可诱发肠道黏膜的微炎症，造成肠道屏障功能破坏、肠道通透性增加等改变，临床上表现为恶心、呕吐、腹痛、腹泻等不良反应，由此可影响到治疗的进程甚至危及患者生命。近年来，相关动物实验及临床研究提示化疗药物可使得肠道菌群总数减少，致病菌的数量及比例增加。化疗期间肠道黏膜微炎症的发生发展与肠道菌群及其代谢产物的变化密切相关，肠道菌群具有调节炎症反应、维护肠屏障功能稳定、促进肠道上皮修复、调节免疫反应等作用，甚至提示肠道菌群可能增强肿瘤免疫治疗及化疗药物的疗效。益生剂活菌及上清液具有减轻化疗期间肠道黏膜微炎症反应，维持肠屏障功能的稳定等作用。化疗期间使用益生剂可明显降低重度化疗诱导腹泻的发生率，服用该类制剂不影响化疗药物的疗效，并且并发症的发生率低。

恶性肿瘤患者放疗和化疗后所致的腹泻，不仅会影响恶性肿瘤患者的疗程，同时也会严重影响患者的生活质量。虽然之前有类似的系统评价，评估过关于益生剂治疗恶性肿瘤患者放疗相关腹泻的安全性和有效性，但是这些系统评价纳入的研究大多为观察性研究，包括病例对照研究和病例系列报告，同时也纳入一些会议摘要等未经同行评议的研究，因此影响了评估效果的真实性和可靠性。本次 Meta 分析仅纳入随机对照研究，增强了本研究结果的说服力。结果显示，恶性肿瘤患者在化疗和放疗之后接受益生剂治疗能够显著降低腹泻发生率，主要表现为降低放疗相关腹泻发生率，而是否能够降低化疗相关腹泻发生率，仍需要进一步的数据支持。益生剂治疗肿瘤可能是通过以下机制减轻化疗以及腹腔和盆腔放疗所引起的腹泻：①益生剂可以通过调整肠道菌群失调，实现微生物系统的平衡；②肠内容物经过益生菌发酵可以更有利于肠吸收；③益生剂也可以改善肠免疫，增强非特异性免疫功能；④益生剂还可以与病原菌竞争肠上皮细胞定植，并且其代谢物可以改变肠内环境，抑制病原菌的生长。此外，目前已有不少研究正从分子机制水平探讨益生剂改善肠微环境的作用机制。由于益生剂种类繁多，而且从纳入研究所采用的益生菌菌株来看，目前尚无一致结论认为哪一种益生菌比其他益生菌对预防化疗和放疗所致腹泻的效果更好。目前大多倾向于采用多种菌株的混合制剂。当前益生菌的来源主要包括宿主正常菌群中的生理性优势细菌（多为产乳酸性细菌）、非常驻的共生菌（大多为具有一定免疫原性的兼性厌氧菌或需氧菌）和生理性真菌（如益生酵母）三大类。原国家卫生和计划生育委员会批准可应用于人体的益生剂主要有乳杆菌属、双歧杆菌属、肠球菌属、链球菌属、芽孢杆菌属、梭菌属、酵母菌属。

近年来，一些研究表明益生剂对肿瘤具有一定的拮抗作用，并逐渐揭示其作用机制。例如，双歧杆菌在动物体内可以抑制结肠癌、乳腺癌、MthA 纤维肉瘤等多种肿瘤的生长，乳杆菌可以明显降低小鼠肉瘤、结肠癌和膀胱癌的发病率。通过研究，人们发现益生剂拮抗肿瘤的机制主要有：优化肠道菌群的组合，抑制产生致癌因子的腐败菌的生长；产生抗诱变物质和抗癌物质；增强宿主的免疫系统，预防慢性复发性炎症；与蛋白原性的致突变物质和致癌物质结合；影响肿瘤细胞基因和酶的表达。

双歧杆菌等可以激活体内的自然杀伤细胞、B 淋巴细胞、巨噬细胞等免疫细胞，释放免疫活性物质，调节固有免疫和适应性免疫，发挥间接的抑瘤作用。Gianotti 等对 31 例结肠直肠癌患者进行临床实验，发现在肿瘤切除术前，约氏乳杆菌 Lal 可定植于结肠黏膜，调节肠道树突状细胞的数量和活性，从而降低病原菌的浓度并调节局部免疫功能，影响肠道菌群。此外，临床实验证明，kS 对人类恶性肿瘤细胞具有抑制作用。Takagi 等对 3-甲基胆蒽诱发癌变的小鼠模型进行研究，证实 LcS 可激活自然杀伤细胞，发挥非 MHC 限制的细胞毒性[T 细胞受体（TCR）在识别 APC（抗原提呈细胞）或者靶细胞上的 MHC 分子所提呈的抗原肽时，既要识别抗原肽，也要识别自身 MHC 分子的多态性部分，此现象即 MHC 限制性]，产生溶细胞效应，调节免疫应答，从而有效抑制小鼠体内癌变。多种实验模型的研究表明，kS 能影响机体的固有免疫，增强抵抗力，从而降低肿瘤发病率，其中自然杀伤细胞发挥着重要的作用。

益生剂还能增强细胞免疫应答，减少肿瘤细胞体外增殖。例如，罗伊乳杆菌 ATCC PTA 6475 可分泌细胞因子，抑制 NF、KB（都是细胞内最重要的核转录因子）抑制蛋白 d（IKBeL）泛素化并加强促凋亡 MAPK（是从细胞表面传导到细胞核内部的信号通路）信号转导，诱导髓系白血病源性细胞凋亡。此外，谷超等报道，双歧杆菌细胞壁完整肽聚糖和细菌裂解产物在适当条件下呈现免疫原性，对 B 细胞有刺激作用，可以提高机体的抗体水平，增强体液免疫应答，从而抑制肿瘤细胞的增殖。大量实验证明，添加益生剂后能明显提高抗体水平，产生干扰素，提高免疫球蛋白浓度和巨噬细胞活性，增强机体免疫功能和抗病力。

庄贤栩等探讨双歧杆菌三联活菌胶囊对白血病化疗所致腹泻患者肠黏膜屏障功能的影响及疗效观察。选取 2012 年 1 月至 2014 年 7 月在宁波市鄞州人民医院门诊或住院治疗的白血病化疗所致腹泻患者 74 例。采用随机数字表将其分为观察组（$n=37$）和对照组（$n=37$）。两组均采用常规对症支持治疗，包括静脉补液、口服蒙脱石散、静脉营养支持及保持水电解质平衡等。观察组加用双歧杆菌三联活菌胶囊 630 mg/次，2 次/天，温开水溶解后口服。对照组除不予以双歧杆菌三联活菌胶囊口服外，其余处理与观察组病例完全相同。治疗 3 天后记录两组患者血清内毒素（ET）、降钙素原（PCT）和肿瘤坏死因子 – α（TNF-α）水平的变化情况，并对其临床效果及药物不良反应进行比较。结果治疗 3 天后，与治疗前比较对照组和观察组患者血清内毒素、降钙素原和肿瘤坏死因子 – α 水平［（0.35 ± 0.09）EU/mL、（7.67 ± 1.25）μg/mL、（173.67 ± 36.48）pg/mL，（0.29 ± 0.07）EU/mL、（5.18 ± 0.73）μg/mL、（138.34 ± 30.42）pg/mL］较前［（0.42 ± 0.14）EU/mL、（10.19 ± 2.76）μg/mL、（215.47 ± 40.23）pg/mL，（0.44 ± 0.11）EU/mL、（9.95 ± 2.97）μg/mL、（219.95 ± 38.17）pg/mL］均明显下降（$t=2.27$、2.42、2.34、2.87、3.42、2.99，$P \approx 0.05$ 或 $P \approx 0.01$），且观察组下降数值明显大于对照组（$t=2.13$、2.39、2.17，$P \approx 0.05$）；治疗 3 天后，观察组临床总有效率明显较对照组更佳（91.89% 比 72.97%）（$t=4.57$，$P \approx 0.05$）。两组患者治疗中未发生明显的药物不良反应。结果表明，双歧杆菌三联活菌胶囊能直接补充白血病化疗后腹泻患者的肠道益生菌的数量，纠正肠道微生态平衡失调，重建肠黏膜菌群生物屏障，促进肠黏膜上皮修复，降低肠黏膜的通透性功能，降低血清内毒素、降钙素原和肿瘤坏死因子 – α 水平，保护与改善肠黏膜屏障功能。

曹明丽等从 PubMed、Embase、ClinicalTrials.gov、Cochrane Library 文献数据库中共检索到 265 篇国外文献，共有 735 例恶性肿瘤患者在化疗和放疗后接受益生剂治疗，695 例恶性肿瘤患者接受安慰剂等干预措施。9 项研究的荟萃分析。结果显示，恶性肿瘤患者在化疗和放疗后接受益生剂治疗相较于安慰剂治疗可以显著减少 33% 的腹泻发生率（$P=0.003$）。应用 Stata 12.0 软件进行统计学分析，结果显示，放疗相关腹泻发生率减少 31%（$P=0.020$），化疗相关腹泻发生率减少 53%（$P=0.170$）。

益生剂在肿瘤防治方面面临的问题：应该指出的是，除了正面疗效外，益生剂有时也有负面作用。例如，双歧杆菌等通过激活自然杀伤细胞，调节自然免疫防御机制以对抗癌症。而在人体实验显示，中、高细胞毒活性的外周血自然杀伤细胞能降低癌症的风险，而低活性的自然杀伤细胞则会增加癌症风险。

益生菌的安全性问题最近开始受到人们的关注，包括致病性和感染能力、有害的代谢活动（如过度解离胆盐或降解黏膜不利于人体健康）、可能的基因转移导致对抗生素产生抗性、过度的免疫应答等。并且人体与微生物是一个复杂的生态系统，由不同的宿主和微生物因素共同塑造和维持，体内微生物在分布和组成上的改变都可能影响机体的生理和免疫功能。益生菌在临床应用前必须仔细评估毒性和代谢作用，保证其质量和安全性达到一定标准。

五、益生剂对放疗、免疫治疗、介入治疗肿瘤患者的康复

（一）放疗与免疫治疗对肠道菌群的影响

放疗和免疫治疗也同样影响肠道菌群。现已知部分放疗患者尤其是腹部和盆腔部进行放疗的患者，可以发生严重的放疗反应，包括口腔黏膜炎、腹泻、便秘等反应。已经证明益生剂对放疗诱发的肠道疾病有保护作用。例如，大剂量的多种益生菌组合 VSL#3（一种由多种益生菌组成的益生剂）对盆腔化疗所引起的肠道毒性反应有保护作用，可以显著地减轻盆腔放疗所致的腹泻。

目前主要的抗免疫治疗包括 CTLA4（一种白细胞分化抗原）和 PT1 抗体等都属于免疫检查点抑制剂，有强大的抗肿瘤活性，而且长期的生存率也比较高，在肿瘤治疗中很有前景。但是它们易诱导肠炎、脑垂体炎（CTLA4 抗体），或者甲状腺功能异常和肺炎（PT1 抗体）等不良反应。CTLA4 本身虽不会诱导肠道损害，但抗 CTLA4 抗体可以诱导肠黏膜损伤，而且这种损伤可能与肠道菌群改变有关。

免疫治疗的有效性仍然受制于免疫反应的千差万别。许多肿瘤都会逃避抗肿瘤免疫，而且在很多肿瘤患者中抗肿瘤免疫也是受抑制的，所幸的是可以被重新激活。肠道菌群可以调节免疫反应，这为提高治疗肿瘤的有效性提供了新思路。如果能够鉴定出会影响化疗反应的菌群的菌株，就可以为调整患者的肠道菌群提供有力的措施。

口服益生剂能减少肝癌患者介入术后并发症的发生，有一定的临床应用价值。陈玉堂等研究肝癌术后口服益生菌制剂的应用对原发性肝癌介入治疗发现，介入术后第 3 天，实验组腹胀、便秘的发生率明显降低；介入术后第 7 天，实验组腹胀、便秘和感染的发生率显著低于对照组，但实验组和对照组在其他临床症状、肝功能、血常规和疼痛评分方面无明显差异。在 Einezami 等对中国广州 90 名成年男性服用益生菌预防肝癌的一项研究中表明，接受鼠李糖乳酸杆菌 LGG 和费氏丙酸杆菌薛氏亚种（$P.\ fmudenmichii$）混合制剂的实验组与服用安慰剂的对照组相比，由于实验组人群的肠道中黄曲霉毒素 B_1 暴露的生物有效剂量明显降低，证明益生剂可以阻断肠道黄曲霉毒素的摄入，从而降低了通过食物中黄曲霉毒素的摄取增加肝癌发生的概率。

（二）益生剂对放疗肿瘤患者的康复

李臣等探讨益生剂对在腹盆腔放疗中急性放射性肠炎的预防作用，对宫颈癌患者 74 例随机分为观察组 40 例和对照组 34 例，对照组给予三维适形调强放疗（当前国际放疗领域内最先进的方法之一），观察组放疗方法及剂量同对照组，并于放疗前 7 天给予益生剂 420 mg/次，3 次/天，口服，连续应用至放疗结束后 8 周。比较两组治疗期间急性放射性肠炎及菌群失调发生率，并分析急性放射性肠炎与肠道菌群失调的关系。结果：观察组和对照组急性放射性肠炎发生率分别为 47.5% 和 70.6%，菌群失调发生率分别为 52.5% 和 82.4%，两组比较差异均有统计学意义（$P = 0.05$）；急性放射性肠炎发生与肠道菌群失调呈正相关（$r = 0.246$，$P = 0.035$）。结果表明，口服益生剂可有效纠正放疗后肠道菌群失调，预防放疗所致急性放射性肠炎发生。

冉曦等探索腹腔、盆腔放疗照射对肠道微生态的影响及其与肠源性感染的关系。模拟腹

腔、盆腔放疗照射 BALB/c 小鼠，2.0 Gy/天，连续照射5天/周，分别于照射3周、5周和6周后，在停照1周的时间点收集回肠组织及其内容物样本。用实时定量 RT-PCR（即反转录－聚合酶链反应）检测抗菌肽和促炎因子的表达；用聚合酶链反应检测细菌在小鼠体内的移位情况；用变性梯度凝胶电泳技术检测分析肠道微生态的特征。结果：腹盆腔照射诱发了肠道潘氏细胞隐窝素－1和隐窝素－4表达紊乱，照射3周或照射6周后，停照1周时，小鼠回肠隐窝素－1和隐窝素－4均呈现显著性降低（$t = -7.43$、-3.54、-4.72、-4.27，$P < 0.05$）；而照射5周小鼠回肠隐窝素－1和隐窝素－4表达明显升高（$t = 6.15$、5.75，$P < 0.05$）。放疗模拟照射3周和5周时小鼠肠道微生物区系多样性指数和丰富度显著降低（$t = -3.49$、-4.19、-3.44、-4.97，$P < 0.05$），呈现以乳酸杆菌等益生菌减少为主，大肠杆菌和弗氏志贺氏菌等条件致病菌增多为特征的微生态失调。受照小鼠肠系膜淋巴结和血液中的细菌脱氧核糖核酸阳性率明显增高。照射3周和5周后回肠组织白介素－1β、白介素－6和肿瘤坏死因子－α显著高度表达（$t = 4.85$、6.16、7.71、4.60、4.86、5.97，$P < 0.05$）；照射6周后，在停照1周时肠道的促炎性因子的表达量有所回落，但白介素－1β和肿瘤坏死因子－α的表达量仍显著性高度表达（$t = 3.67$、5.88，$P < 0.05$）。结果表明，腹腔、盆腔放疗可诱发肠道抗菌肽表达紊乱，引起肠道微生态失调，进而导致肠源性细菌移位及感染性炎症的发生。益生剂有可能成为减轻放疗患者消化道不良反应的有效干预靶点。

六、铜绿假单胞菌制剂对肿瘤防治的辅助作用

恶性肿瘤发病率和死亡率呈逐年上升趋势，放射治疗、化学治疗和手术治疗是治疗恶性肿瘤的三大重要手段。尽管手术中尽量切除肉眼可见的肿瘤组织、辅助性放化疗取得了一定的效果，但仍有很大一部分患者死于近期或者远期的感染或复发。恶性肿瘤患者免疫功能低下是一个普遍的现象，而手术、麻醉、输血等可使患者的免疫功能损害进一步加剧，导致术后感染和免疫抑制，甚至造成多器官功能衰竭。于是科研工作者尝试使用免疫治疗以其纠正患者的免疫缺陷，启动自身特异性或非特异性杀瘤作用，建立有效免疫应答，成为恶性肿瘤治疗中一种有希望的途径。

铜绿假单胞菌（PA-MSHA）注射液是我国微生物学专家、中国菌毛学研究创始人——牟希亚教授用生物工程技术培育的铜绿假单胞菌甘露糖敏感血凝菌毛株，经现代生物制药技术精制而成，是具有双向免疫调节及杀伤肿瘤细胞作用的治疗用生物药品，是我国具有自主知识产权的生物制剂，是通过基因克隆技术制备。以绿脓杆菌为载体表达甘露糖敏感性菌毛的灭活制剂。铜绿假单胞菌注射液能特异性地与肿瘤细胞表面的甘露糖受体结合，诱导细胞凋亡，同时增强机体抗原提呈细胞的作用，阻止肿瘤细胞的播散。

（一）对乳腺癌化疗的辅助作用

乳腺癌全身治疗的主要手段是化疗，但化疗在非特异性杀死肿瘤细胞的同时，对机体免疫功能产生了抑制作用（图2-46）。因此具有特异性杀伤作用，同时增强机体免疫功能的生物治疗逐步受到重视。Liu等发现铜绿假单胞菌注射液在体外可以显著抑制乳腺癌细胞的增殖，促进其凋亡，经铜绿假单胞菌注射液作用后能显著提高 G0~G1 期细胞比例；通过电

镜可以观察到肿瘤细胞表面吸附着铜绿假单胞菌的棒状物，并使得肿瘤细胞的生物学行为发生改变，包括细胞增殖减慢、细胞体积缩小、细胞膜结构破坏、细胞器破坏、细胞内出现大细胞膜结构量空泡、微绒毛减少等一系列改变，表明铜绿假单胞菌注射液可以特异地与肿瘤细胞结合并且引起细胞凋亡。故可认为，引起肿瘤细胞凋亡主要是过表皮生长因子受体（EGFR）通路和死亡受体信号转导通路，使得肿瘤细胞内高度表达半胱天冬酶（caspase3，8，9）和 Fas 蛋白（一种有关细胞凋亡的膜表面分子）。

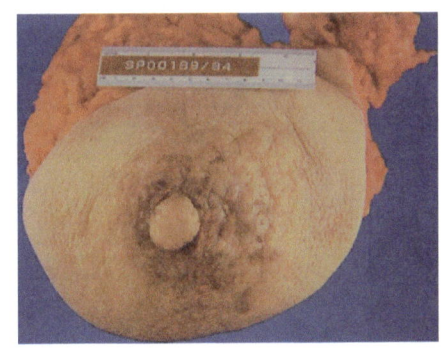

图 2-46　乳腺癌（大体）

王浩等也通过体外实验发现了铜绿假单胞菌注射液对人乳腺癌细胞（MCF-7）有着抑制增殖、诱发细胞凋亡的作用。新辅助化疗是乳腺癌进行手术及局部放疗前的一种全身化疗手段，可以明显降低分期，提高手术切除率，还可以使潜在的微小转移癌灶得以控制，减少远处播散的可能。陈卫东等和徐峰等在临床实验中发现，接受新辅助化疗的患者同时使用铜绿假单胞菌注射液，可以增加乳腺癌患者的化疗疗效，并且实验组对于化疗的不良反应呈现良好的耐受。乳腺癌术后发生的常见并发症，如皮下积液、皮瓣坏死等，发生率较对照组明显降低，可能与术前使用新辅助化疗和铜绿假单胞菌注射液后肿块缩小，从而使手术切除范围变小，组织损伤减小有关。铜绿假单胞菌注射液具有广谱、较强的免疫原性，不仅调节体内的体液免疫功能，使机体获得了不同菌属的高效价广谱抗体，同时调整机体的细胞免疫功能，诱导辅助性 T 淋巴细胞 1 型（Th1）和自然杀伤细胞的活化，使机体抗感染能力增强。王浩等通过给予乳腺癌癌性溃疡的患者联合使用化疗和铜绿假单胞菌注射液，有效率明显高于单纯化疗组，其能防止乳腺癌溃疡面的感染发生，同时杀伤溃疡面浸润的肿瘤细胞，诱导创伤修复过程中的炎症反应，从而促进溃疡创面的愈合。

此外，Zeena 等指出既然 LGG 益生菌和膳食纤维能显著减少 5-氟尿嘧啶治疗结肠癌产生的不良反应，那么它很可能可以作为替代乳腺癌治疗和化疗结合时所伴随的药物止吐疗法。而且厌氧细菌偏好缺氧处的肿瘤细胞，可以使肿瘤细胞裂解死亡。这很可能成为未来研究乳腺癌治疗的新方向。另外，利用干酪乳杆菌喂养患乳腺癌的 BALB/c 小鼠，结果发现干酪乳杆菌能抑制肿瘤的生长，增加迟发性变态反应的炎症效应，也就是说提高了免疫应答的效率。益生剂通过诱导宿主细胞内的 NF-κB 信号传导途径所产生的细胞因子，从而调节了免疫应答中 Th1 和 Th2 平衡，增加了迟发性过敏反应的炎性反应。所以益生剂很可能有效地辅助乳腺癌免疫疗法，但需要更多的研究来分析其机制。

（二）对胃肠道恶性肿瘤化疗的辅助作用

胃肠道恶性肿瘤的治疗已趋向于手术、化疗、放疗、靶向治疗、免疫治疗等联合的综合治疗为主。铜绿假单胞菌注射液作为免疫治疗的一种生物制剂，已经应用于胃肠道恶性肿瘤的临床治疗过程中。在一项关于铜绿假单胞菌注射液对胃癌细胞体外杀伤作用的实验中，在铜绿假单胞菌注射液作用下的胃癌细胞株 MKN45，其反映活细胞增殖程度的 MTT 值（检测细胞活力的实验方法）显著下降，且随着用药浓度的增加，细胞存活数下降更为明显。由于铜绿假单胞菌注射液表面表达丰富的铜绿假单胞菌菌毛,不仅与胃癌细胞发生特异性结合,还可以穿透细胞膜进入到肿瘤细胞内,使肿瘤细胞的生物学行为发生改变,包括细胞增殖减慢、细胞数量减少、细胞体积缩小、细胞膜结构破坏、微绒毛明显减少。透射电镜观察和脱氧核糖核酸断裂的原位末端标记法(TUNEL法)检测也证实了上述细胞凋亡的一系列表现。这一体外杀伤胃癌细胞的实验,为铜绿假单胞菌注射液的临床作用提供了依据。自然杀伤细胞作为细胞免疫的非特异性成分,不依赖于抗原和补体,可直接发挥其在抗肿瘤细胞和调节机体免疫功能上的作用,胃癌动物模型实验证实,自然杀伤细胞将术后发生肝脏转移及腹膜转移率明显升高。铜绿假单胞菌注射液可诱导自然杀伤细胞活化,临床实验证实,铜绿假单胞菌注射液可以帮助改善患者的细胞免疫和自然杀伤细胞状况。胃癌患者使用铜绿假单胞菌注射液进行创面及腹腔喷洒,术后继续给予皮下注射,外周血检测 $CD3^+$(代表全T淋巴细胞)、$CD4^+$(代表诱导淋巴细胞)、$CD8^+$(代表T抑制细胞)和自然杀伤细胞的数量较术前明显上升,与对照组相比也均显著上升。研究认为,胃癌的发生发展等与其对免疫系统的抑制和逃避有着十分密切的关系。铜绿假单胞菌注射液不仅可以提高胃癌患者术后的T淋巴细胞和自然杀伤细胞的数量,改善免疫功能,而且铜绿假单胞菌注射液特异性的与胃癌细胞结合后,放大肿瘤细胞的抗原信号以刺激抗原提呈细胞(γ树突状细胞、单核巨噬细胞等),重新建立免疫监视和免疫应答。铜绿假单胞菌注射液更能刺激T淋巴细胞向Th1转化,并诱导白介素-2、干扰素-γ等细胞因子的产生,进一步增强自然杀伤细胞活性。胃癌侵及或突出于浆膜就有可能发生肿瘤细胞脱落于腹腔,手术本身也可促使肿瘤细胞脱落,形成亚临床病灶或微小转移灶,是胃癌术后腹腔复发和转移的重要原因。腹腔内化疗是一种局部化疗措施,可以有效地预防肿瘤在腹腔脏器和腹膜上种植、杀灭微小转移灶、控制癌性腹水。但腹腔化疗也有其明显不足之处:化疗药物分子量大,难以渗入腹膜。此外还可能造成一定的组织损伤,如粘连性肠梗阻、肠麻痹、一过性肝肾功能损伤、化学性腹膜炎等。凌伟等发现,与常规腹腔内化疗相比,铜绿假单胞菌注射液作为腹腔内化疗的手段之一,用药治疗组的腹膜复发和腹水脱落癌细胞阳性率方面显著低于对照组.表明了铜绿假单胞菌注射液可以有效控制和预防腹腔复发和转移。铜绿假单胞菌注射液通过对胃癌患者免疫功能的调节,在特异性结合并诱导肿瘤细胞凋亡的基础上,帮助发挥机体自身的免疫功能,加强对胃癌细胞的杀伤作用和免疫监视作用,对胃癌的复发和转移起到了一定的抑制效果。与传统的腹腔内化疗相比,铜绿假单胞菌注射液能更好地与肿瘤细胞发生反应,不良反应小,更能被医生和患者所接受。

(三)对肺癌化疗的辅助作用

杨彦卓等在肺癌患者手术结束前胸腔内注射铜绿假单胞菌注射液,并在术后第4天开始皮下注射10天,观察到实验组患者的T淋巴细胞和自然杀伤细胞数量显著高于对照组,提示患者的肿瘤免疫功能在术后得到了有效的重建。而且实验组的患者均无术后感染发生,对于肺癌患者术后的预后具有重要的意义。在一项关于化疗联合铜绿假单胞菌注射液的临床实验中,实验组的 $CD3^+$、$CD4^+$、$CD4^+/CD8^+$、自然杀伤细胞活性和白介素-2水平均高于对照组,实验组治疗的有效率与对照组的差异显著,进一步说明了铜绿假单胞菌注射液对于肺癌患者的免疫功能有着正向调节作用,并且依靠其产生的多价菌苗抗体滴度,使得肺癌合并感染的感染率和感染程度下降。恶性胸腔积液是晚期肺癌严重的并发症之一,预后很差,但如采用积极的局部治疗和全身治疗可提高患者的生活质量和延长生存期。局部治疗的关键是尽量吸引净胸腔积液,这对中等量或大量恶性胸腔积液显得尤为重要,然后注入化疗药物或生物反应调节剂等。顾洪兵等应用了微管引流胸腔积液,吸引净积液后灌注铜绿假单胞菌注射液和顺铂进行治疗,其有效率为78%,中位生存期248天,长于恶性胸腔积液的自然生存期4~6个月。铜绿假单胞菌注射液和顺铂在治疗肿瘤中有协同作用或相加作用,并且由于铜绿假单胞菌注射液特异性与肿瘤细胞结合并诱导其凋亡,可以起到控制恶性胸腔积液的作用。通过单独使用铜绿假单胞菌注射液胸膜腔注射后,也可达到令人满意的治疗效果。

七、益生剂对肿瘤康复的辅助作用

迄今为止,尚未见到一种既能彻底治愈肿瘤理想方法,又能减轻患者痛苦的康复措施,而益生剂对肿瘤的康复应该是一项值得推广的有用方法。

北京中医药大学边同华教授等临床应用由台湾高新发酵技术提取的"益生剂酵素",含多种有效的益生菌和相关酶类等多种成分,可以协助和促进各种食物蛋白消化,利于吸收以增加患者的营养素,增强体质;所含的益生菌、各种维生素、微量元素和生物活性因子,对提高人免疫功能、调节人体新陈代谢、清除自由基、排除各种内毒素均具有重要作用。证实,"益生菌酵素"对肿瘤的预防、治疗和康复均符合"回归自然、自然疗法"的新概念、新思维的新模式。主要体现在以下几方面。

(一)近期效应——减轻临床症状和放化疗的毒副作用

病例1:卢××,男,69岁,2011年于北京中医药大学检查发现肝右叶有一类圆形的低密度块影,大小约8.7 cm×8.5 cm,糖抗原19-9(carbohydrate antigen 19-9,参考值范围≤37 kU/L):61.85,甲胎蛋白(AFP,参考值范围<20 μg/L):26.9,确诊为原发性肝癌,于2011年4月19日和2011年5月15日介入治疗两次。介入治疗后转氨酶升高,头晕、乏力、食欲减退、双下肢水肿,AFP:59.2↑,ALT:97.5↑,AST:66.4↑,γ-谷氨酰转移酶(γ-GT):60.2↑,尿素氮11.8↑,再来门诊。服用"益生剂酵素"1个月后,肝功能有所好转,血常规正常,精神好,食欲好,无腹胀,病情稳定。血液净化明显(图2-47)。

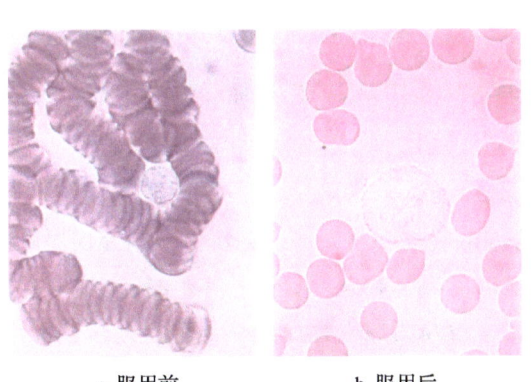

　　　a 服用前　　　b 服用后
图2-47 康复期服用益生剂酵素前后血液涂片比较
(北京中医药大学边同华教授等提供)

病例2:李××,女,46岁,2014年10月因阴道不规则流血经在厦门大学附属第一医院诊断为宫颈癌ⅠA1期,行宫颈椎切术,出院后服用"益生剂酵素"至今,自我感觉良好,未感到不适,经医院复查未见明显异常。

（二）远期效应——延长存活期，肿瘤细胞消失

病例1：汪××，女，34岁，2010年3月无明显诱因反复出现血便，色暗红-鲜红，量少，大便成形，伴左侧中下腹阵发性胀痛不适，排便后缓解，2010年4月8日就诊于北京中医药大学附属医院，乙状结肠钡剂造影示：乙状结肠见长约5.2cm不规则充盈缺损及龛影，管腔狭窄，病变呈全周性，确诊为乙状结肠癌。2010年4月14日在北京中医药大学附属医院行全麻下乙状结肠根治术+右侧卵巢切除活检术，术中发现淋巴结转移，术后恢复顺利。2010年5月25日至2010年8月16日进行7周期化疗，患者因对治疗反应大，难以忍受，放弃最后一周期化疗；2010年9月来北京中医药大学复诊：精神差，脸色暗灰，乏力，腿酸，头晕，经常腹胀，食欲差，恶心，大便4~5次/天，各项指标均有异常，给予"益生剂酵素"服用，经12个月调理后，各项肿瘤血检验指标（CA724、CA199、AFP、CEA、组织多肽特异性抗原TPS）均正常，CT复查均未见淋巴结肿大，精神气色好，纳佳，大便2次/天，小便正常，偶见左下腹疼痛，四肢麻木，余未见异常。体重较化疗后增加10kg，现已正常上班，锻炼至今，血液检查净化明显（图2-48）。

病例2：陈××，女，46岁，2007年9月因腹部及全身淋巴结肿大，B超检查见腹腔淋巴结融合肿块为10cm×12cm，确诊为淋巴瘤。经化疗及腹部放疗后，恶心、呕吐、不能进食、脱发，白细胞降至600个/mm³，化疗、放疗被迫中止。后连续服用"益生剂酵素"6个月，进食恢复正常、白细胞回升至4000个/mm³，再次经北京中医药大学放疗、化疗全部疗程。2008年底自觉身体状况良好，一边继续服用"益生剂酵素"，一边开始正常上班至今。情况良好，各项指标未见明显异常。

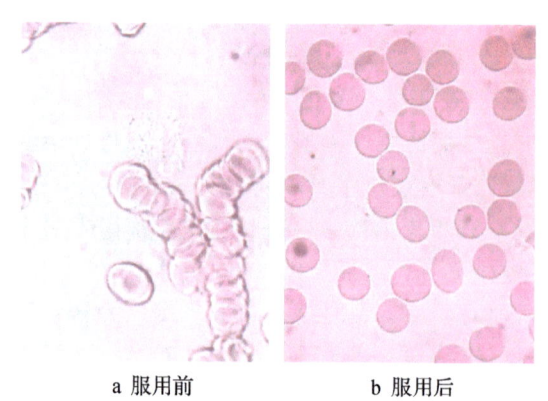

a 服用前　　b 服用后

图2-48　康复期服用益生剂酵素前后血液涂片比较
（北京中医药大学边同华教授等提供）

病例3：朱××，男，68岁，2009年6月因上腹部胀痛，经贵阳医学院附属医院检查：谷草转氨酶（AST）940单位，谷丙转氨酶（ALT）780单位，甲胎蛋白（AFP）144μg/L，B超肝右叶见5.3cm×4.5cm回声欠均匀光团，诊断为原发性肝癌。经该院放、化疗出院后，获"益力康生物科技公司"免费提供"益生剂酵素"，服用6个月后，复查为AST 46单位，ALT 57单位，AFP 16μg/L；因路途遥远未至医院复查，继续服用"益生剂酵素"至今，仍能从事田间轻微劳动。患者儿子为此对"益生剂酵素"的作用非常赞许，亲自把"益生剂酵素"引进贵州，并获得当地中老年人和癌友们的认可和欢迎。

第10节　益生剂辅助过敏性疾病防治与康复

一、过敏性疾病概述

过敏性疾病又称变态反应性疾病，主要包括过敏性鼻炎、过敏性结膜炎、支气管哮喘、特应性皮炎、荨麻疹、变应性胃肠炎等Ⅰ型变态反应性疾病。过敏性疾病在世界各地均很常见，欧美等发达国家的发病率高于发展中国家，几乎达到了流行的程度（25%~40%），且发病率逐年上升，已受到全球的重视。

过敏是一种动态发展的疾病，称为过敏进程，婴幼儿以湿疹及胃肠道过敏为主，随着年龄的增长，支气管哮喘、变应性鼻炎、过敏性结膜炎等占主要地位，约有1/5的儿童会面临这一过程。因此在儿童期防治过敏性疾病，对阻断过敏进程，进一步减少或控制成人过敏性疾病有非常重要的意义。

（一）病因

过敏性疾病只发生在特定的人群，这些人群即为过敏性体质，或称为特应性。特应性是指个体和（或）家族，在暴露于各种过敏源如动物皮毛、植物、昆虫、真菌或职业性物质（如螨、花粉、动物皮屑、真菌过敏源霉菌向室内外环境中释放过敏源性孢子、蟑螂粪便、花生、坚果、鱼、鸡蛋、牛奶、大豆、苹果、梨等）。其成分是蛋白质或糖蛋白，极少数是多聚糖。容易产生免疫球蛋白E抗体的倾向性，而这些过敏源在环境中普遍存在，对大多数人无不良影响。特应性有一定的遗传倾向，例如，父母任何一方有对花粉或宠物过敏，那么儿女就有50%的可能性也会对这种物质过敏。如果父母都有过敏症，儿女发生过敏的可能性会增加到75%。但特应性人群并不一定患有过敏性疾病。只有在特定的环境因素作用下才可能出现症状。特应性可以通过皮肤过敏源测试或检测血液中总免疫球蛋白E和特异性免疫球蛋白抗体来确定。

（二）病理变化

过敏性疾病的发病机制主要为Ⅰ型变态反应及免疫球蛋白E介导的超敏反应。过敏源进入人体后，经过抗原传递细胞（树突状细胞和巨噬细胞）的处理，传递给胸腺辅助细胞，进而产生各种炎症因子如干扰素、白介素等，介导抗体形成和变态反应，可与分布于皮肤、呼吸道和血液中的肥大细胞、嗜碱性细胞、郎罕氏细胞表面的免疫球蛋白E的Fc段受体结合使人体处于致敏状态细胞，当相应的变态原再次进入人体时与特异性的免疫球蛋白E结合，导致上述效应细胞激活，引发一系列生物活性介质释放，如组胺、前列腺素、白三烯、缓激肽等，这些介质作用于效应组织，导致平滑肌收缩、腺体分泌增加、小血管扩张、毛细血管通透性增高、嗜酸性细胞浸润等，即可出现喷嚏、荨麻疹、喘鸣、呕吐、腹痛甚至休克等临床症状。作为变态反应的一部分，单核细胞和嗜酸性粒细胞可以聚集在急性反应部位，引起迟发相反应，特别是激活嗜酸性粒细胞能够释放毒性介质，产生过敏性疾病的很多症状。病变部位浸润的单核细胞、嗜中性粒细胞、嗜碱性粒细胞及固有的上皮细胞和纤维细胞也参与了变态反应验证过程,即使在缺乏过敏源的情况下仍可能使炎症持续。

病态反应受遗传因素、接触过敏源的机会、抗原的机会和进入的途径、胸腺辅助细胞及其细胞因子的调节。近年发现T细胞在调节变态反应应答中也起着重要作用。调节性T细胞分为$CD4^+$、$CD25^+$、Th1辅助细胞调节性Th3细胞和适应性调节Th1细胞,它们能够抑制免疫应答。$CD4^+$、$CD25^+$细胞的主要作用机制是通过细胞直接接触,Th1辅助细胞主要分泌白介素-10,调节性Th3通过分泌转化生长因子-β发挥作用。

(三) 过敏性疾病患者肠道中菌群便紊乱

研究表明,同一地区的过敏性疾病儿童肠道菌群和正常儿童有明显差异。早在2004年Bjorkaten等发现过敏性疾病儿童肠道中乳杆菌和双歧杆菌计数低,而需氧菌如大肠杆菌和金黄色葡萄球菌比例计数增高;Alm发现59例来自普通家庭2岁以下儿童粪便菌群中,从未应用过抗生素的儿童粪便中的肠球菌和乳酸菌明显增高,在家庭中分娩出生的婴儿乳酸菌的多样性多于在医院出生者;Ouwehand等发现过敏疾病患儿(50例)粪便中双歧杆菌以成人型为特征(青春双歧杆菌含量高),而正常儿童以两双歧杆菌含量高为特征,自过敏疾病患儿分离的双歧杆菌菌株对肠粘膜的黏附定植能力明显低于正常婴儿。Young等观察了新西兰Ghansa(低发地区)和英国(高发地区)25~35天大小的婴儿大便中双歧杆菌,研究发现Ghansa地区婴儿大便中均含有婴儿双歧杆菌,而其他婴儿则不完全如此,并发现两双歧杆菌、长双歧杆菌和假小链双歧杆菌能诱导脐血树突状细胞变大CD83和产生白介素-10,诱导Th2免疫反应,而婴儿双歧杆菌没有此作用,在过敏疾病患儿与正常儿童中,肠道菌群的差异在不同的研究中可能不尽相同,但过敏疾病患儿中粪便中双歧杆菌数减少或存在型别的差异,这一结果在所有的研究中是一致的。

Kalliomaka(2001)研究发现过敏疾病患儿和非过敏婴儿在3周时大便脂肪酸组成已存在明显差异,原位杂交显示过敏疾病患儿大便中的梭菌较高,而双歧杆菌较少。在日后出现过敏的儿童中,其在新生儿期肠球菌减少,12个月内双歧杆菌减少,而在3个月时梭菌增加,6个月时金黄色葡萄球菌增高,这两项研究均表明,在过敏性疾病出现症状之前,肠道菌群紊乱已经存在。

二、益生剂辅助治疗过敏性鼻炎

过敏性鼻炎即变应性鼻炎,是指特应性个体接触过敏源后,主要由免疫球蛋白E介导的介质(主要是组胺)释放,并有多种免疫活性细胞和细胞因子等参与的鼻黏膜非感染性炎性疾病。变应性鼻炎是一种由基因与环境互相作用而诱发的多因素疾病。变应性鼻炎的危险因素可能存在于所有年龄段。

变应性鼻炎患者具有特应性体质,通常显示出家族聚集性,已有研究发现某些基因与变应性鼻炎相关联;过敏源是诱导特异性免疫球蛋白E抗体并与之发生反应的抗原。过敏源主要分为吸入性过敏源和食物性过敏源(见本节"病因")。吸入性过敏源是变应性鼻炎的主要原因。变应性鼻炎的典型症状主要是阵发性喷嚏(至少多于3个)、清水样鼻涕(可不自觉从鼻孔滴下)、鼻塞(轻重程度不一)和鼻痒(花粉症患者可伴眼痒、耳痒和咽痒)。部分伴有嗅觉减退。

第2章 益生剂辅助疾病的防治与康复

治疗：减少室内的尘螨数量；维持居住空间相对湿度至60%以下，但过低（如低于30%～40%）会造成不适；清扫地毯；清洗床上用品、窗帘，螨过敏源溶于水，水洗纺织品可清除其中的大部分过敏源；使用有滤网的空气净化机、吸尘器等；相应花粉致敏季节，规避过敏源；对动物皮毛过敏的患者回避过敏源。

过敏性鼻炎是一种常见的慢性炎症性疾病，在过去数十年里它的发病率在全球范围内呈上升趋势。它是由表达Th2型细胞因子的T辅助（Th）淋巴细胞来调节的。选择性分泌干扰素$-\gamma$的称为Th1细胞，选择性分泌白介素-4的称为Th2细胞。过敏性鼻炎患者及正常人群的口咽部菌群分析显示，正常人群口咽部的拟杆菌门、厚壁菌门、变形菌门、放线菌门均有检出，而过敏性鼻炎组患者口咽部菌群中的厚壁菌门的非典型韦荣菌、小韦荣菌和唾液链球菌及变形菌门的荧光假单胞菌增多，过敏性疾病的患病个体其肠道菌群也会出现肠道菌群的多样性降低。另外有研究表明，患有过敏性鼻炎的婴儿与正常婴儿相比较在出生1个月时，肠道内肠球菌与双歧杆菌的数量都比较低，到第3个月与正常婴儿相比较患儿肠道内的梭菌的数量明显增多，而到了12月龄时，患有过敏性鼻炎的儿童肠道内拟杆菌数量明显低于同期正常儿童。益生菌是一类在适当的摄入数量时会对宿主机体带来益处的活体微生物，其对机体的免疫系统具有调节作用。研究表明，益生剂可以通过调节Th1/Th2平衡，纠正患者肠道菌群的紊乱，从而缓解过敏性症状。但由于方法的限制，研究结果及结论还存在一定的局限。在今后的研究中，还需要对益生菌调节肠道菌群的机制进行系统的研究，同时对于单一或组成明确的组合菌，还需要用更大规模的人群样本，长时间进行跟踪，以确定治疗效果的稳定性及适用人群。

在健康儿童肠道中发现主要以双歧杆菌和乳酸杆菌为优势菌群，患有变应性疾病的儿童肠道中以高水平梭状芽孢杆菌和低水平的双歧杆菌为主。国外有学者曾进行爱沙尼亚和瑞典的新生儿肠道菌群组成与变应性疾病相关性的研究，结果发现患有变应性疾病的儿童在其出生第1个月普遍缺少肠球菌，12个月内缺少双歧杆菌，因此提出一个合理的假说，异常肠道菌群可能导致或加重变应性疾病。

益生剂的作用机制是多样的，每种益生菌有其各自的途径影响机体受限，良好的共生肠道菌群是维持肠道稳态的主要调节剂，异常肠道菌群可能导致或加重变应性疾病，益生剂可通过促进肠道分泌型免疫球蛋白A的分泌，改善肠道免疫屏障。此外，益生剂可通过稳定肠道微生物环境和肠的渗透性屏障并增强肠内抗原的降解来减少局部免疫炎症反应。最近的数据显示，益生剂可影响单核细胞和淋巴细胞调节细胞因子的表达，从而改善过敏反应。

应用于过敏性鼻炎治疗的菌株包括嗜酸乳杆菌、干酪乳杆菌、副干酪乳杆菌、鼠李糖乳杆菌、加氏乳杆菌、双歧杆菌和克劳氏芽孢杆菌等，应用最多的还是双歧杆菌和乳酸杆菌。

金日群等（2017）按照入院顺序抽签后将120例持续性过敏性鼻炎随机分为益生剂治疗组和对照组，每组60例，对照组患者予常规抗组胺治疗，益生剂治疗组在此基础上加用益生剂治疗，比较疗程结束时两组的临床疗效、两组患者治疗前后血清各项免疫指标水平及症状体征明显改善时间。结果：益生剂治疗组患者治疗后的总有效率显著高于对照组，差异有统计学意义（$P<0.05$）；益生剂治疗组患者治疗后血清免疫球蛋白E总量、分泌型免疫球蛋白E、白介素-4水平均显著低于对照组，差异有统计学意义（$P<0.05$）（表2-19）；

益生剂治疗组患者阵发性喷嚏、清水样涕、鼻痒、鼻塞明显改善时间均显著短于对照组，差异有统计学意义（$P<0.05$）。结论表明，活性益生剂治疗过敏性鼻炎临床效果显著，可有效改善患者的免疫指标，缩短康复时间，应用价值高。

表2-19 两组临床疗效比较（金日群等，2017）

组别	例数	显效	有效	无效	总有效率
益生菌组	60	36（60.00%）	20（33.33%）	4（6.67%）	56（93.33%）*
对照组	60	29（48.33%）	19（31.67%）	12（20.00%）	48（80.00%）
χ^2					4.615%
P					9.0032%

* 与对照组比较，$P<0.05$。

张小鹏观察和探讨粉尘螨滴剂与抗益生剂疗法治疗过敏性鼻炎的临床疗效性和安全性。将入选的粉尘螨过敏性鼻炎患者分为两组：A组患者含服粉尘螨滴剂，剂量由低剂量递增，每天一次，持续用药治疗6个月。B组患者使用益生剂疗法，食用益生剂的时间为持续服用3个月后观察临床各项指标，继续服用3个月。结果：A组患者经过6个月的治疗大部分患者打喷嚏、流涕症状明显改善，鼻痒、鼻塞症状也有所改善，显效率较高。B组患者大部分患者痊愈，且痊愈患者暂无复发病例。其余患者显效明显。两组患者均未发现不良反应病例。结果表明，尘螨滴剂在治疗过敏性鼻炎中显效明显，安全性高，而益生剂疗法治疗过敏性鼻炎不仅能改善临床症状且能调节患者过敏体质，抗复发，远期疗效较好，值得临床推广应用。

益生剂防治过敏性鼻炎具有低风险、高性价比的特点，与传统的抗过敏药相比，不仅能缓解鼻炎症状，更能从深层次上纠正机体的紊乱，改善患者的生活质量。传统抗过敏药治标但不治本，一旦有过敏源或应激因素出现，患者很容易复发，而且长期使用化学药物治疗可能对机体产生负面影响。益生剂作为食物的组成，已经具有悠久的历史，具有较高的安全性；同时，服用益生剂可以兼顾预防和治疗过敏性鼻炎，是一种具有潜力的替代方案。但就目前而言，由于方法的限制，研究的结果及结论还存在一定的局限性。在今后的研究中，还需要对益生剂调节肠道菌群的机制进行系统的研究，同时对于单一或组成明确的组合益生剂，需要采用更大规模的人群样本，长时间进行跟踪，才能确定治疗效果的稳定性以及适用人群。

值得注意的是，对于免疫功能异常免疫缺陷儿童及早产儿应用益生剂要相当谨慎。有报道指出，在6个月大婴儿的食物中添加乳酸杆菌可导致食物过敏反应和吸入性过敏源反应；国外也有报道称短肠综合征患儿服用乳酸杆菌后引发了菌血症。所以，免疫功能不好的幼儿不建议过早服用益生菌。

三、益生剂辅助治疗支气管哮喘

支气管哮喘（以下简称哮喘）是一种常见病、多发病，主要症状是发作性的喘息、气急、胸闷、咳嗽。支气管哮喘是由多种细胞（如嗜酸性粒细胞、肥大细胞、T淋巴细胞、中性粒细胞、气道上皮细胞等）和细胞组分参与的气道慢性炎症，是一种过敏性疾病。通常表现广泛而多变的可逆性呼气气流受限，导致反复发作的喘息、气促、胸闷和（或）咳嗽等症状，强度随时间变化。多在夜间和（或）清晨发作、加剧，多数患者可自行缓解或经治疗缓解。

（一）病因

小儿支气管哮喘：由于婴幼儿免疫系统不成熟，除遗传性家族因素外，病毒感染（如呼吸道合胞病毒（RSV）、副流感病毒、流感病毒和腺病毒，其他如麻疹病毒、腮腺炎病毒、肠道病毒、脊髓灰质炎病毒等）均可引发哮喘；支原体也可以引起婴幼儿呼吸道慢性感染，若处理不恰当，可以导致反复不愈的咳嗽和喘息。呼吸道局灶性感染：慢性鼻窦炎、鼻炎、中耳炎、慢性扁桃体炎，是常见的儿童上呼吸道慢性的局灶性病变，一方面可以引起反复的感染，另一方面又可以通过神经反射引起反复的咳喘，需要对这些病灶进行及时处理。

哮喘与多基因遗传有关，哮喘患者亲属患病率高于群体患病率，并且亲缘关系越近，患病率越高；患者病情越严重，其亲属患病率也越高。

环境因素以尘螨最常见，尘螨存在于皮毛、唾液、尿液与粪便等分泌物干燥后的粉尘里；真菌亦是过敏源，特别是在阴暗、潮湿及通风不良的地方；室外过敏源有花粉与草粉（最常见的过敏源），其他如动物毛屑、二氧化硫、氨气等各种特异性和非特异性吸入物。

职业性过敏源有谷物粉、面粉、木材、饲料、茶、咖啡豆、家蚕、鸽子、蘑菇、抗生素（青霉素、头孢霉素）、松香、活性染料、过硫酸盐、乙二胺；药物及食物，阿司匹林、普奈洛尔（心得安）等也是主要过敏源。此外，鱼、虾、蟹、蛋类、牛奶等食物亦可诱发过敏性哮喘。

常见空气污染、吸烟、呼吸道感染，如细菌、病毒、原虫、寄生虫等感染、妊娠及剧烈运动、气候转变；多种非特异性刺激如：吸入冷空气、蒸馏水雾滴等都可诱发哮喘发作。此外，精神因素亦可诱发哮喘。

（二）症状

哮喘的转归和预后因人而异，与正确的治疗方案关系密切。儿童哮喘通过积极而规范的治疗，临床控制率可达95%。轻症容易恢复，病情重，气道反应性增高明显，或伴有其他过敏性疾病不易控制。若长期发作而并发慢性阻塞性肺疾病（COPD）、肺源性心脏病者，预后不良。

（三）治疗

目前尚无特效的治疗办法，但坚持长期规范化治疗可使哮喘症状得到良好控制，减少复发甚至不再发作。

哮喘防治基本临床策略是长期抗感染治疗，算是基础的治疗，首选吸入激素；应急缓解症状的首选药物是吸入 β_2 激动剂（如舒喘灵），激活腺苷酸环化酶，使细胞内的环磷酸腺苷（cAMP）含量增加，游离 Ca^{2+} 减少，从而松弛支气管平滑肌，是控制哮喘急性发作的首选药物；病情控制不理想者，宜加用吸入长效 β_2 激动剂，或缓释氨茶碱，或白三烯调节剂（联合用药）。

崔悦琪将入选的支气管哮喘患儿根据疗法分组，即对照组55例（仅用传统抗炎平喘治疗）和用益生剂治疗组 60 例（传统抗炎平喘辅以益生剂治疗），对照组中男患儿 30 例，女患儿 25 例，年龄 2.0～11.5 岁，平均年龄 6.13±2.06 岁，病程 2.5 个月～3.5 年，平均病程 1.95±0.72 年，益生剂治疗组中男患儿 36 例，女患儿 24 例，年龄 2.5～11.0 岁，平均年龄 6.07±2.09 岁，病程 2 个月～3 年，平均病程 1.91±0.73 年，统计学分析显示入院时两组患儿的各项资料均未见显著差异（$P>0.05$）。

支气管哮喘诊断确定后，依照儿童支气管哮喘防治指南进行药物规范化治疗，主要治疗措施有抗感染、抗炎、解痉、雾化吸入沙美特罗替卡松；益生剂治疗组在传统治疗同时服用益生剂（上海信谊药厂有限公司）：每次 1.0 g，每日 2 次，温水冲服。两组均连续治疗 15 天。两组炎症因子和肺功能测定结果列于表 2-20。

表 2-20 两组间炎性因子和肺功能比较（$\bar{x}\pm s$）

指标	益生剂组	对照组	t	P
白介素-4/(ng/L)	治疗前 50.35±5.97	51.49±5.15	0.152	>0.05
	治疗后 30.24±2.24*	41.71±4.19*	9.251	<0.05
白介素-33/(pg/mL)	治疗前 285.25±30.58	284.61±31.26	0.083	>0.05
	治疗后 157.42±19.26*	215.36±23.59*	14.036	<0.05
呼气最大容积/%	治疗前 96.21±11.51	97.02±10.46	0.931	>0.05
	治疗后 123.16±10.75*	107.25±10.29*	10.207	<0.05
呼气峰最大流速（L/min）	治疗前 104.34±10.25	105.31±11.02	0.108	>0.05
	治疗后 126.17±8.71*	110.56±9.91*	9.617	<0.05

* 与组内治疗前相比，$P<0.05$。

两组间临床症状及预后效果比较：益生剂治疗组显效 37 例，显效率是 61.67%，好转 16 例，好转率是 26.67%，无效 7 例，无效率是 11.67%，临床治疗总有效率是 88.33%，对照组显效 29 例，显效率是 52.73%，好转 10 例，好转率是 18.18%，无效 16 例，无效率是 29.09%，临床治疗总有效率是 70.91%，组间临床疗效对比，$P<0.05$，有显著差异。

结果表明，益生剂辅助治疗能够改善支气管哮喘患儿肺功能，提高哮喘控制效果，减轻炎性反应，值得推荐。益生剂能够改善支气管哮喘临床疗效，其作用机制可能与影响炎性因子分泌、调节免疫功能有关，建议临床深入研究。

四、益生剂辅助治疗荨麻疹

荨麻疹俗称风疹块，是由于皮肤、黏膜小血管扩张及渗透性增加而出现的一种局限性水肿反应，通常在 2～24 小时消退，但可反复发生新的皮疹，病程迁延数日至数月，临床上较为常见。

（一）病因

荨麻疹的病因非常复杂，约 3/4 的患者找不到原因，特别是慢性荨麻疹。常见原因主要有：①食物，以鱼、虾、蟹、蛋类最常见；②药物，如青霉素、磺胺类、痢特灵、血清疫苗等；吸入物：如某种香料调味品亦可引起食物及食物添加剂；③感染，包括病毒（如上感

第2章 益生剂辅助疾病的防治与康复

病毒、肝炎病毒)、细菌(如金葡萄球菌)、真菌和寄生虫(如蛔虫等);④动植物,如昆虫叮咬或吸入花粉、羽毛、皮屑等;⑤物理因素,如机械刺激、冷热、日光等;⑥昆虫叮咬、精神因素和内分泌改变及遗传因素等。

(二)症状

基本症状为皮肤出现风团。常伴有皮肤瘙痒,随即出现风团,呈鲜红色或苍白色、皮肤色,少数患者有水肿性红斑。风团的大小和形态不一,发作时间不定。风团逐渐蔓延,融合成片,由于真皮乳头水肿,可见表皮毛囊口向下凹陷。风团可持续数分钟至数小时,少数可延长至数天后消退,不留痕迹。皮疹反复成批发生,以傍晚发作者多见。风团常常泛发,亦可局限。有时合并血管性水肿,偶尔风团表面形成大疱(图2-49)。

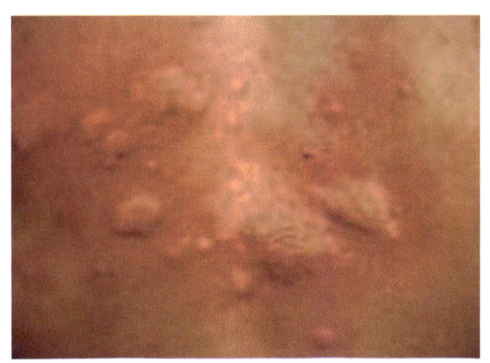

图2-49 荨麻疹皮疹

部分患者可伴有恶心、呕吐、头痛、头胀、腹痛、腹泻,严重患者还可有胸闷、不适、面色苍白、心率加速、脉搏细弱、血压下降、呼吸短促等全身症状。

疾病于短期内痊愈者,称为急性荨麻疹。若反复发作达每周至少两次并连续6周以上者称为慢性荨麻疹。除了上述普通型荨麻疹,还有一些特殊类型的荨麻疹。

(三)治疗

1. 一般治疗

由于荨麻疹的原因各异,治疗效果也不一样。

2. 去除病因

对每位患者都应力求能寻找到引起哮喘发作的原因,并加以避免。如果是感染引起者,应积极治疗感染病灶。药物引起者应停用过敏药物;食物过敏引起者,找出过敏食物后,不要再吃这种食物。

3. 避免诱发因素

如寒冷性荨麻疹应注意保暖,乙酰胆碱性荨麻疹应减少运动、出汗及情绪波动,接触性荨麻疹应减少接触的机会等。

4. 药物治疗

①抗组胺类药物:常用的H_1受体拮抗剂有苯海拉明、赛庚啶、扑尔敏等;常用的H_2受体拮抗剂有西咪替丁、雷尼替丁、法莫替丁等;多塞平是一种三环类抗抑郁剂,对慢性荨麻疹效果尤佳,且不良反应较小,对传统使用的抗组胺药物无效的荨麻疹患者,多塞平则是较好的选用药物。

②抑制肥大细胞脱颗粒作用,减少组胺释放的药物:硫酸间羟异丁肾上腺素、酮替酚、色甘酸钠等。

③糖皮质激素:常用药物有泼尼松、曲安西龙、地塞米松、得宝松。紧急情况下,采用氢化可的松、地塞米松或甲泼尼龙进行静脉滴注。

④降低血管通透性的药物：如维生素 C、维生素 P（即芦丁）、钙剂等，常与抗组胺药合用。由感染因素引起者，可以选用适当的抗生素治疗。

5. 益生剂辅助治疗

李庆祥等探讨氯雷他定并联合益生剂治疗慢性荨麻疹，选自 86 例患者按入院顺序号，用序贯法以偶数组为对照组，奇数组为观察组，每组 43 例。对照组用氯雷他定（loratadine）治疗，观察组则用氯雷他定治疗外，加用益生剂，观察两组在治疗后的临床疗效，并以白介素 – 10、干扰素 – γ 配合作为观察指标。结果：观察组总有效率为 90.70%，而对照组为 79.07%，两组比较差距有统计学意义（$P < 0.05$）（表 2–21）；两组治疗后血清白介素 – 10 和干扰素 – γ 水平均有改善（$P < 0.05$），而观察组血清干扰素的改善比对照组更明显（$P < 0.05$）（表 2–22）。结果表明，氯雷他定并联合益生剂治疗慢性荨麻疹可以有效改善血清白介素 – 10 和干扰素 – γ 水平，且疗效确切、安全、可靠。

刘金花等探讨益生剂并联合盐酸西替利嗪对慢性荨麻疹患儿疗效和安全性。选 66 例慢性荨麻疹患儿随机进入观察组和对照组：观察组 34 例，盐酸西替利嗪滴剂 1 mL，口服，1 次/天；同时加用思益生菌片 1 g，3 次/天，共 14 天；对照组，32 例，盐酸西替利嗪滴剂 1 mL，口服，1 次/天，共 14 天。治疗 2 周后进行疗效评价。结果：观察组有效率 88.2%，对照组有效率 62.5%，两组比较差异有统计学意义（$P < 0.05$）；且均无明显不良反应（表 2–23）。结果表明，益生剂并联合西替利嗪治疗儿童慢性荨麻疹短期疗效较高，安全性高。

表 2–21 两组临床疗效比较

组别	例数	痊愈	显效	好转	无效	总有效率
观察组	43	30（69.77%）	9（20.93%）	1（3.32%）	3（6.98%）	39（90.70%）*
对照组	43	27（62.79%）	7（16.28%）	5（11.63%）	4（9.30%）	34（79.07%）

* 与对照组比较，$P < 0.05$。

表 2–22 两组患者治疗前后血清白介素 – 10、干扰素 – γ 水平比较（$\bar{x} \pm s$）

组别	治疗时间	例数	白介素 – 10/（ng/L）	干扰素 – γ/（μg/L）
观察组	治疗前	43	29.84 ± 7.53	28.8526.058.67
	治疗后	43	20.05 ± 5.62△	43.96 ± 10.05△*
对照组	治疗前	43	29.92 ± 7.65	28.96 ± 8.78
	治疗后	43	22.85 ± 6.34△	38.82 ± 11.26△

△ 与本组比较，$P < 0.05$；* 与对照组比较，$P < 0.05$。

表 2–23 两组疗效比较

组别	例数	痊愈	显效	有效	无效	有效率
观察组	34	17（50.0%）	13（8.8%）	3（8.8%）	1（3.3%）	88.2%*
对照组	32	11（34.4%）	9（28.1%）	8（25.0%）	1（12.5%）	62.5%

* 与对照组比较，$P < 0.05$。

五、益生剂辅助治疗特发性皮炎

特应性皮炎的特征为患者或其家族中可见明显的"特应性"特点：①容易罹患哮喘、过敏性鼻炎、湿疹的家族性倾向；②对异种蛋白过敏；③血清中免疫球蛋白E高；④血液嗜酸性粒细胞增多。典型的特应性皮炎具有特定的湿疹临床表现和上述4个特点，又称异位性皮炎、特应性湿疹、Besnier体质性痒疹或遗传过敏性湿疹，其实是一种特殊的湿疹。

特应性皮炎的病因尚未明确，包括遗传易感性、食物过敏源刺激、吸入过敏源刺激、自身抗原、感染及皮肤功能障碍。

特应性皮炎临床表现分为三期：①婴儿期：在出生后第二或第三个月开始发病，皮疹分渗出型和干燥型，均伴有剧烈瘙痒。②儿童期：多数在5岁前发病。皮损分湿疹型和痒疹型。③青年及成人期：皮损与儿童期类似。

根据个人或家族"特应性"病史及皮损特点进行诊断：婴儿期呈急性或亚急性湿疹状，好发于面颊部及额部（图2-50）；儿童期与青年及成人期则为亚急性或慢性湿疹状，好发于四肢屈侧，特别是肘、腘窝；或呈现痒疹状，则好发于四肢屈侧。

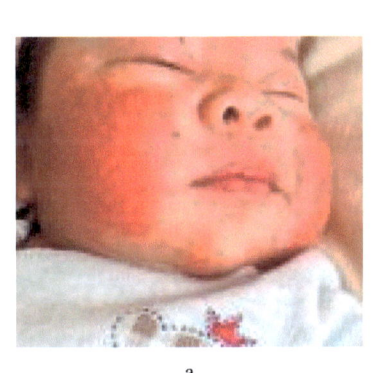
a

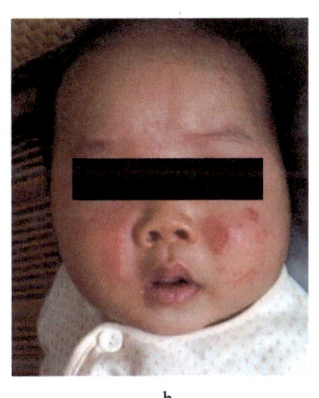
b

图2-50 婴儿特应性皮炎

传统治疗方法：去除并避免可能的致病因素，对症治疗。包括润肤膏的常规应用、局部外用糖皮质激素、合并感染的抗感染治疗、非激素类的局部免疫调节剂、抗组胺药口服治疗、光疗、大剂量静脉注射免疫球蛋白等。

近年来特应性皮炎肠道菌群异常受到重视，有报道特应性皮炎婴儿肠道菌群失调，益生剂治疗特应性皮炎有效。姜丽亚等（2014）用益生剂治疗成年人特应性皮炎进行了探讨，对37例成年特应性皮炎患者肠道菌群情况及益生剂治疗效果进行研究。随机分为两组：A组，19例（男9，女10），年龄10～42岁，平均32.21±1.46岁，病程14～43年；B组18例（男10，女8），年龄19～44岁，平均30.71±2.06岁，病程14～42年，平均32年。以体检的健康人20名作为正常对照，男11名，女9名，年龄20～43岁，平均31.67±1.89岁。

治疗方法：A组给予抗组胺药、0.005%地奈德乳膏及益生剂，益生剂选用三联活菌片

（国药准字 S19980004），成分为长型双歧杆菌、保加利亚乳杆菌和嗜热链球菌，4 片/次，3 次/日，共 12 周。B 组给予抗组胺药及 0.005% 地奈德乳膏。治疗期间避免含有任何活菌的发酵食品，避免系统应用抗生素。治疗前后所有患者均进行血常规、尿常规及肝肾功能检测。

采用 SCORAD 计分系统对患者皮损及临床严重度进行评估，包括皮肤病变范围、皮肤损害严重程度、瘙痒和影响睡眠严重程度；采用视角模拟尺度分法（VAS）对瘙痒程度进行评价；分别从患者治疗前后、停药 2 个月时及健康对照者的新鲜粪便中提取粪便细菌 DNA，用聚合酶链反应荧光定量检测粪便内的乳酸杆菌、双歧杆菌、大肠杆菌类肠球菌、屎肠球菌含量。

治疗前后用 SCORAD 和 VAS 进行病情评分，结果列于表 2-24，各组粪便标本细菌定量检测结果列于表 2-25。

表 2-24 治疗前后 SCORAD 和 VAS 评分比较

	A 组（19 例）			B 组（18 例）		
	治疗前	治疗后	停药后 2 个月	治疗前	治疗后	停药后 2 个月
SCORAD 评分	43.53±2.52	26.05±2.37*	27.84±2.47*※	42.89±2.64	30.39±2.33*	38.28±2.66
VAS 评分	6.53±0.40	3.63±0.30*	3.68±0.34*※	6.22±0.30	4.33±0.29*	5.67±0.26

*与治疗前比较有统计学差异（$P<0.001$）；※与非益生剂组同期疗效比较有统计学差异（$P<0.001$）。

表 2-25 各组粪便标本细菌定量检测结果

细菌名称	健康对照	益生菌组（19 例）			无益生菌组（18 例）		
		治疗前	治疗后	随访 2 个月	治疗前	治疗后	随访 2 个月
双歧杆菌	8.57±0.32	6.98±0.33#	8.18±0.29*※	8.08±0.27*※	6.69±0.24#	6.70±0.23	6.62±0.20
乳酸杆菌	7.26±0.18	5.91±0.28#	6.94±0.23*※	6.71±0.22*※	5.68±0.23#	5.72±0.23	5.67±0.22
大肠杆菌	4.66±0.17	5.15±0.24	5.08±0.23	4.77±0.21	5.17±0.19	4.80±0.22	4.82±0.16
粪肠球菌	4.72±0.15	4.97±0.18	4.73±0.11	4.59±0.16	4.54±0.16	4.77±0.20	4.67±0.12
屎肠球菌	4.43±0.06	4.47±0.18	4.65±0.12	4.78±0.18	4.46±0.15	4.49±0.13	4.79±0.17

#与健康对照组比较有统计学差异（$P<0.01$）；*与治疗前比较有统计学差异（$P<0.01$）；※与非益生剂组同期疗效比较有统计学差异（$P<0.01$）。

由表 2-24、表 2-25 可知治疗结束时，A 组、B 组评分比较治疗前均显著降低（$P<0.01$）；停药 2 个月时，A 组评分仍低于治疗前（$P<0.001$），而此时 B 组评分与治疗前相比无统计学差异。治疗前两组双歧杆菌及乳酸杆菌的数量明显低于健康对照组（$P<0.01$）。治疗结束及停药 2 个月时，A 组两种杆菌较治疗前均显著增加（$P<0.01$），B 组两种杆菌较治疗前均无显著差异。结果表明，益生剂可通过增加肠道双歧杆菌及乳酸杆菌菌群而改善病情并延缓复发。

早期服用益生剂可降低特应性过敏症状，生命早期服用益生剂能有效降低免疫球蛋白 E

水平,降低特应性过敏症状,特别是对过敏高危患儿早期预防很重要。研究证实有效的菌株为鼠李糖乳杆菌 GG 株、乳双歧杆菌,体外和临床研究表明乳酸杆菌和双歧杆菌可能有协同作用。因此,使用混合菌株可能是一个有效减少婴幼儿湿疹的策略。有研究表明,母亲在怀孕和哺乳期间补充鼠李糖杆菌,能增加母乳中免疫调节细胞因子转移生长因子(TGF)-2 的浓度,与降低婴儿湿疹有关。孕产妇益生剂干预似乎是安全便宜,而且相对容易实施。怀孕最后两个月和母乳喂养前两个月,产妇补充益生剂可显著降低高危婴儿的湿疹风险,然而,可能还需要更多的证据来进一步支持这一观点。当然,人人补充显然未必明智,合理利用才行。

第11节 益生菌辅助防治龋齿

第四军医大学王胜朝教授对益生剂辅助防治龋齿进行了系统的综述和全面的介绍,详见《中华口腔医学杂志》286~289 页。

一、口腔细菌

作为慢性感染性疾病,无论是局限于牙龈组织的菌斑性牙龈病,还是破坏牙周支持组织的各类牙周炎,都是以菌斑微生物为主要病因。20 世纪 60—70 年代的研究表明,去除龈上和龈下细菌沉积物是牙周治疗的首要环节;80 年代后的研究则认为通过龈下机械性治疗使得微生物转向非致病菌或益生菌,可以大量改善临床症状。迄今为止,以清除和控制菌斑微生物为核心内容的牙周基础治疗是控制牙周疾病的主要方法。

口腔内的细菌种类繁多,Paster 等发现人类口腔内的细菌有 500~600 种,随后 Kazor 等又在舌背检出 200 种新的未知菌种,这样口腔内的细菌种类就多达 700 余种。在口腔微环境中最常见的两大类益生菌分别是乳杆菌类和双歧杆菌类。最常见的乳杆菌类有鼠李乳杆菌、罗伊乳杆菌、唾液乳杆菌、干酪乳杆菌、嗜酸乳杆菌、发酵乳杆菌和植物乳杆菌等。双歧杆菌类主要包括两歧双歧杆菌、长双歧杆菌、短双歧杆菌、婴儿双歧杆菌、青春双歧杆菌、动物双歧杆菌(乳双歧杆菌)。Teanpaisan 等研究认为,大部分口腔益生菌种发现于唾液中。口腔益生菌群应具备在口腔黏膜和牙表面有黏附和增殖的作用。

近年来,越来越多的研究发现,益生菌在口腔健康的维护、口腔疾病的预防和治疗方面都有着积极的作用。口腔益生菌能够抑制致龋齿菌,尤其可减少唾液变形链球菌的数量,降低龋病的发生率;而在牙周病的防治方面,很多实验均发现益生菌中的乳杆菌有抑制牙周病原微生物生长的作用,例如,对牙龈卟啉单胞菌、中间普氏菌、伴放线杆菌(Actinobacillus actinomycetemcomitans,Aa)的抑制作用。此外,有学者发现食窦魏斯菌和唾液链球菌对产挥发性硫化合物的菌群有抑制作用,推测益生菌对口臭的治疗也有一定的效果。

二、口腔益生剂的防龋作用和机制

龋齿病是以细菌为主的多种因素影响下,牙体硬组织发生慢性进行性破坏的一种疾病。

口腔微生物内环境的变化，导致菌斑（尤其是变形链球菌）生物膜的增殖，生物膜中的内源性细菌进行代谢时产生弱酸，并导致 pH 下降和牙体硬组织脱矿的发生，当脱盐过程未加以干预时，将会导致龋洞的形成（图 2-51）。

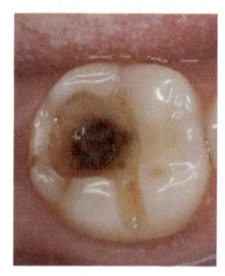   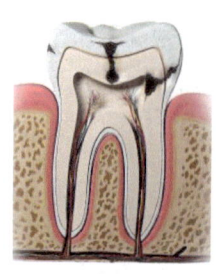   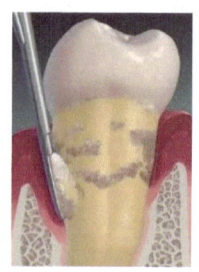

　　a 龋齿洞　　　　　　b 龋齿模式　　　　　　c 牙菌斑

图 2-51　龋齿洞、龋齿模式及牙菌斑（探针所指处）

　　许多体内和体外实验证实，益生菌株能够对抗致龋齿菌，尤其减少唾液变形链球菌的数量、减低龋齿病的发生率。Caglar 等研究了罗伊乳杆菌 ATCC 55730 对年轻成年人唾液中变形链球菌水平的影响，120 名健康的年轻成年人随机分为 4 组，第 1 组每日饮用含有罗伊乳杆菌 ATCC 55730 的纯净水 200 mL，1 次/日；第 2 组在相同的时间内，每日饮用纯净水 200 mL，作为空白对照；第 3 组每日口服含有罗伊乳杆菌 ATCC 55730 的片剂，1 次/日；第 4 组每日口服不含任何益生菌的安慰片剂。3 周后检测结果发现，成年人通过摄入两种益生菌后，唾液中变形链球菌的数量均明显减少。Näse 等针对 1~6 岁的儿童采用随机、双盲、安慰剂对照研究，实验组饮用含有鼠李乳酸杆菌 GG 的牛奶，而对照组饮用普通牛奶，7 个月后发现实验组的龋齿病发生率明显下降。Strahnic 等从健康的牙齿表面、口腔黏膜、中浅龋齿表面和深龋齿表面 4 个部位取样，并进行形态学和生物化学方面的研究，发现唾液乳杆菌和发酵乳杆菌均能抑制变形链球菌，其中唾液乳杆菌能在由变形链球菌产生的低 pH 环境中生存。Koll – Klais 等从 20 例慢性牙周炎和 15 名健康者的唾液和牙龈下分离到 238 株乳杆菌进行研究，总共 115 株采用快速扩增核糖体脱氧核糖核酸限制性分析确定，发现 69% 的乳杆菌抑制了变形链球菌，82% 的乳杆菌抑制了牙龈卟啉单胞菌。此外，Petti 等发现，嗜热链球菌和保加利亚乳杆菌可以选择性地抑制变形链球菌，进而起到预防龋病的作用。Comelli 等则认为罗伊乳杆菌对变形链球菌有较好的抑制作用。胡文杰教授在幼儿园选取年龄 5~6 岁患龋齿儿童组和无龋组各 30 人，将其唾液取样并进行培养，发现乳杆菌和双歧杆菌在无龋组中的数量分别是高龋齿组的 180 倍和 120 倍。Caglar 等还对双歧杆菌的口腔益生作用做了短期的人体实验，发现双歧杆菌 DN-173 010 和乳酸双歧杆菌 Bb-12 使健康成年人唾液中变形链球菌水平明显减低，双歧杆菌 DN-173 010 对唾液中乳酸杆菌水平的影响也有相同趋势，但未达到统计学差异。提示：双歧杆菌也可被应用于口腔保健、预防龋病的发生。口腔益生菌的可能作用机制是通过竞争在宿主牙面的黏附位点和竞争营养来扰乱菌斑生物膜的增殖；或者分泌抑菌复合物，如有机酸、过氧化氢、小分子抗菌复合物、细菌素和黏附抑制因子等，来抑制致龋齿菌的生长和繁殖；再次，在同样的微环境中，益生菌的糖分解代谢产生的酸性产物量相对于导致龋齿菌应该较少。Silva 等早期实验提示，乳杆菌 GG 可以产生不同种类的抗菌物，包括有机酸、过氧化氢、细菌素、小分子抗菌物质，并能有效抑制变形链球菌。Comelli 等发现，乳酸乳球菌 NCC2211 能够调节口腔细菌的生长，尤其能减少口腔内致龋齿菌的定植。乳酸乳球菌 DPC3147 产生的乳链球菌素 3147 能够有效抑制口腔变形链。Tong 等将下颌第三磨牙切取 3 片釉质片，分别放置于 3 份人工唾液中，第 1 份注入 100 μL 乳酸菌培养液，第 2 份注入 100 μL 变形链球菌培养液，第 3 份注入 50 μL 乳酸菌和 50 μL 变形链球菌的混合培养液注。30 天后用电子显微镜观察发现，与乳酸菌混合的变形链球菌产生的细胞外基质要明显少于单独变形链球菌产生的细胞外基质，说明乳酸菌可能抑制变形链球菌在牙表面的黏附。

三、口腔益生剂防龋的应用

目前，随着对益生剂研究的深入及相关机制研究的进展，益生菌在食品、保健品、药品等领域已有众多种的益生剂问世，并且在食物中的应用更为广泛，普遍受到广大消费者的欢迎。益生剂一般以 4 种方式用于食品中：①浓缩后添加到饮料和食物中；②预防性注入益生菌纤维；③添加入奶制品中，如牛奶、酸奶、奶酪等；④作为干冻粉，制作膳食补充品。随着口腔益生剂预防龋齿等作用的逐步明确，一些口腔益生剂保健产品也已经上市，主要类型为口香糖、咀嚼片、漱口液、口腔冲洗液、滴剂、吸管、缓释装置等。由于国内外研究进展和生产工艺的不同，在口腔益生剂的应用状况也存在差异。

在日本，益生菌的作用受到重视，日本特定健康食品组织（FOSHU）列出的 579 件产品中共有 65 个益生菌产品，包括 16 个不同的菌株。益生剂一般可被添加到食品和药品当中，大多数应用在乳制品中，如日本的明治乳业、永森乳业、养乐多等都有添加益生菌的乳产品出售；日本富莱台公司开发生产出配合"乳酸菌 LS1"对口腔内有益生功效的新型片剂"克利休"，也受到了人们的青睐；市场上也有一些漱口水、胶囊、口香糖中添加口腔益生菌的商品。

在美国市场上，益生剂产品常以两种形式销售：食品和膳食补充剂。2007 年美国国民健康访问调查显示，益生菌在儿童天然健康用品中排第 15 位。含有益生菌的美式奶制品的配方多由生产商自己制定。美国要求酸奶产品至少要用保加利亚乳杆菌和嗜热链球菌进行发酵，但没有明确活菌含量。美国食品药品监督管理局公布了可以直接饲喂、一般认为安全的微生物菌种名单，共 42 种，如乳酸乳杆菌、胚芽乳杆菌、罗伊乳杆菌、长双歧杆菌、嗜酸乳杆菌、保加利亚乳杆菌、干酪乳杆菌、嗜热链球菌等。近几年，口腔益生剂产品慢慢走进市场，美国主要口腔益生剂产品类型有片剂（添加罗伊乳杆菌）、酸奶（添加双歧乳酸杆菌）、奶酪（添加鼠李糖乳杆菌）、冲洗液（添加魏斯菌）、口香糖（添加唾液链球菌）。尽管益生剂产品在欧洲和日本较美国更受青睐，但是美国益生剂的消费市场也正在快速发展。

我国在益生剂研究起步比较晚，相关规定较为缺乏。2001 年卫生部公布了可用于保健食品的益生菌菌种名单。2010 年根据《食品安全法》及其实施条例的有关规定，卫生部组织制定了《可用于食品的菌种名单》，其中包括乳杆菌属 14 种、双歧杆菌属 6 种、链球菌属1种，共计21种。我国益生剂产品有食品、药品与保健品，种类较多。但口腔益生剂研究和产品研发在我国仍处于刚起步阶段，市场上可见的口腔益生剂产品一般为进口产品。

随着口腔益生剂研究的逐步深入和人们口腔健康意识的提高，其益生剂作用越来越受到人们的重视。但口腔益生剂研究和应用仍有许多问题有待解决：①将口腔益生菌从实验研究结果转化为临床实践还有待规范，如菌株的选择、菌量的规定、载体的种类等都还没有明确的标准；②许多种益生剂的口腔益生作用还需要大量循证医学的支持，才能投入大规模的工业化生产；③口腔益生菌的相互作用研究还较为缺乏，其对口腔环境菌群平衡的作用机制还不是很明确。益生剂在口腔疾病干预中作用和应用研究可从以下方面着手：益生菌对牙面菌斑生物膜形成、结构、口腔微生态作用的深入研究从细胞水平和分子水平上进一步阐明益生菌的作用机制；益生剂对口腔感染性疾病的临床实验研究；益生剂并联合应用的效果研究；益生剂与低聚糖类添加剂的协同效应和作用机制研究；通过基因工程手段获得能永久性定居的口腔益生菌和多功能益生剂。相信通过口腔医学、微生物学、细胞和分子生物学等多学科联合努力，口腔益生剂的研究和应用必将呈现光明的发展前景，更好地服务于人们的口腔疾病预防与治疗。

四、益生剂与口腔溃疡的防治与康复

口腔溃疡俗称"口疮"，是一种常见的发生于口腔黏膜的溃疡性损伤病症，多见于唇内侧、舌头、舌腹、颊黏膜、前庭沟、软腭等部位，这些部位的黏膜缺乏角质层细胞或角化较差。男女老幼都可以发生口腔溃疡，以中青年为多见。口腔溃疡发作时疼痛剧烈，局部灼痛明显，严重者还会影响饮食、说话，对日常生活造成极大不便，并可诱发口臭、慢性咽炎、便秘、头痛、头晕、恶心、乏力、烦躁、发热、淋巴结肿大等全身症状。一般口腔溃疡多会在7~10天自行痊愈。但许多患者的病情往往显得反反复复，时好时坏，因而影响饮食和起居，令患者感到困扰，甚至影响情绪。

口腔中的另外两大组织——牙龈和舌体也会出现溃疡，但其致病原因与口腔黏膜溃疡不大相同，中医认为多与"上火"引起的炎症有关。

舌溃疡是口腔溃疡的一种。舌溃疡，民间一般称之为"口腔上火"或"口疮"，舌溃疡又称为复发性阿弗他口炎（RAS）、复发性口腔溃疡（ROU）、复发性口疮或口腔溃疡。

（一）病因

口腔溃疡的发生是多种因素综合作用的结果，如局部创伤、精神紧张、食物、药物、营养不良、激素水平改变及维生素或微量元素缺乏等。系统性疾病、遗传、免疫及微生物等在口腔溃疡的发生、发展中可能起重要作用。如缺乏微量元素锌、铁，缺乏叶酸、维生素B_{12}及营养不良等，可降低免疫功能，增加口腔溃疡发病的可能性；血链球菌及幽门螺杆菌等细菌也与口腔溃疡关系密切。口腔溃疡通常预示着机体可能有潜在系统性疾病，口腔溃疡与胃溃疡、十二指肠溃疡、溃疡性结肠炎、局限性肠炎、肝炎、女性经期、维生素B族吸收障碍症、自主神经功能紊乱症等均有关。

口腔溃疡的病因为病毒感染，这类病毒属于原发性病毒，人们被感染后病毒进入人体

内,并藏在表皮下的血管里,在细胞核中繁殖,当身体免疫系统异常时,这些病毒会特别活跃,溃疡也会明显恶化。

需要提醒的是,口腔内经久不愈的溃疡,由于经常受到咀嚼、说话的刺激,日久也有可能会发生癌变。特别是在与牙齿接触的那些部位,如存在着未拔除的残存破损的牙齿,或者佩戴的假牙引起的不合适,其锐利边缘不断刺激,刮破了黏膜,产生溃疡,如不及时去除刺激因素,溃疡不但不会痊愈,还会日益加重。这种经久不愈的溃疡,也有可能是一种癌前病损,极易癌变。如果经常罹患口腔溃疡,就需要注意上述的问题。

(二)临床表现

临床表现为口腔黏膜溃疡类损伤的疾病有以下几种。

1. 复发性阿弗他性口炎

又称复发性口腔溃疡,灼痛是其突出特征,顾冠以"阿弗他"名(希腊文 aphthous 为"灼痛"之意),外观为单个或者多个大小不一的圆形或椭圆形溃疡,表面覆盖灰白或黄色假膜,中央凹陷,边界清楚,周围黏膜红而微肿(图2-52)。具有周期性、复发性、自限性的特征,年龄不拘,发病年龄估计在 10~20 岁,女性较多。一年四季均能发生,能在10天左右自愈。

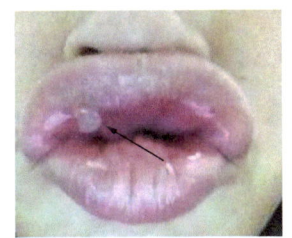
a 唇面口腔溃疡

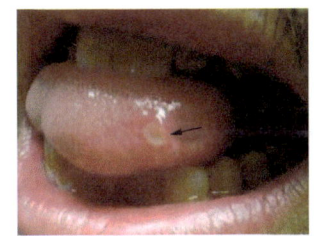
b 舌面口腔溃疡

图2-52 唇、舌面口腔溃疡(箭号所指处)

2. 贝赫切特综合征

其口腔黏膜损害症状和发生规律与复发性阿弗他溃疡类似,除此之外,本病累及多系统多脏器,且有先后出现的口腔外病损症状。眼、生殖器、皮肤病损害也是其主要临床特征,表现为反复性生殖部位溃疡、皮肤结节性红斑、毛囊炎、葡萄膜炎。严重者可发生关节、小血管、神经、消化、呼吸、泌尿等多系统损害。

3. 创伤性溃疡

与机械性刺激、化学性灼伤或者热冷刺激有密切关系,其发病部位和形态与机械刺激因子相符合。无复发史,去除刺激后溃疡很快愈合;但如果任其发展,则有癌变可能。

4. 癌性溃疡

老年人多见,形态多不规则,其边缘隆起呈凹凸不平状,与周围组织分界不清,溃疡面的基底部不平整,呈颗粒状,触之硬韧,和正常黏膜有明显的区别(图2-53),疼痛不明显。恶性溃疡病程长,数月甚至一年多都不愈合或逐渐扩大,常规消炎防腐类药物治疗效果不明显。良性口腔溃疡患者较少出现全身症状;恶性口腔溃疡患者则相反,可出现发热、颈部淋巴结肿大、食欲缺乏、消瘦、贫血、乏力等表现。

5. 单纯疱疹

好发于婴幼儿,早期以成簇的小水疱为主要表现,疱破后会融合成较大的糜烂面或不规则的溃疡(图2-54)。复发与诱因有明确关系,复发前常伴有咽喉痛、乏力等前驱症状,发病期间多伴有明显全身不适。

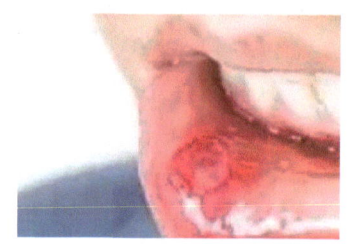

图 2-53　口腔恶性溃疡

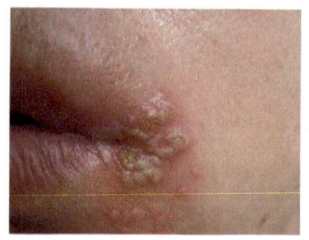

图 2-54　口腔单纯疱疹

6. 放射性口炎

有放射线暴露史,出现上述急、慢性口腔损害是其特征。放射性口炎黏膜损害程度较轻时出现口腔黏膜发红、水肿、糜烂、溃疡、覆盖白色假膜、易出血、触痛明显、口干、口臭等,可以合并进食困难等功能障碍和头昏、失眠、厌食、脱发等全身症状,较重时可以伴发出血、继发感染等全身损害。

7. 结核性溃疡

病灶深在,形态不规则,呈鼠噬状,基底暗红色桑葚样肉芽组织增生,溃疡经久不愈,多伴有肺结核的体征和症状。

8. 坏死性涎腺化生

男性多见,好发于软腭、硬腭交界处,溃疡深及骨面,周围充血明显,边缘可隆起,底部有肉芽组织,病理表现为小涎腺坏死,患者全身情况较好。

现代医学认为,口腔溃疡首先与免疫有着很密切的关系。有的患者表现为免疫缺陷,有的患者则表现为自身免疫反应;其次是与遗传有关系,在临床中,口腔溃疡的发病有明显的家族遗传倾向,父母一方或多方若患有口腔溃疡,他们的子女就比一般人更容易患病;另外,口腔溃疡的发作,还与一些疾病或症状有关,例如,消化系统疾病(胃溃疡、十二指肠溃疡、慢性或迁延性肝炎、结肠炎等),以及偏食、消化不良、发热、睡眠不足、过度疲劳、工作压力大、月经周期的改变等。随着一种或多种因素的活跃、交替出现机体免疫力下降,致使口腔溃疡频繁发作。

(三)防治

口腔溃疡病因尚不明确,目前仍无根治的特效方法。治疗原则是消除病因、增强体质、对症治疗,以减少复发次数,延长间隙期,减轻疼痛,促进愈合。治疗主张全身和局部、中医和西医、生理和心理相结合。

由于非传染性原因而引起的口腔炎,最好的办法是首先除去病因。平常应注意保持口腔清洁,常用淡盐水漱口,戒除烟酒,生活起居有规律,保证充足的睡眠。坚持体育锻炼,饮食清淡，多吃蔬菜水果，少食辛辣、厚味的刺激性食品，保持大便通畅。妇女经期前后要注意休息，保持心情愉快，避免过度疲劳，饮食要清淡，多吃水果、新鲜蔬菜，多饮水等，以减少口疮发生的机会。

尹忠贤等（2016）通过实验证明：益生剂对 ROU 模型（口腔溃疡）小鼠口腔黏膜中分泌型免疫球蛋白 A 的影响，为倡导益生剂的具体使用提供理论依据。选用 40 只口腔溃疡模型小鼠匹配分为 2 组，分别给予常规饮食和益生剂添加辅食的喂养，2 周后进行实验后测，测定不同组别小鼠口疮愈合时间、口腔黏膜中分泌型免疫球蛋白 A 含量水平。结果：实验组小鼠口腔黏膜内分泌型免疫球蛋白 A 含量 [（112.47 ± 7.68）μg] 显著高于对照组 [（56.10 ± 13.44）μg]，其差异有统计学意义（$t = 31.45$，$P = 0.00$）。口腔黏膜内分泌型免疫球蛋白 A 含量与口疮痊愈时间呈现出高度相关（$P < 0.05$）。结论认为，益生剂能促进小鼠口腔黏膜内分泌型免疫球蛋白 A 的分泌，提高其自身免疫力，进而促进其口疮的愈合。

陈廷涛等（2015）亦证实，用一种人工培养口腔细菌移植在口腔疾病治疗中的应用，其特征是通过采集经过多项条件筛选的健康人群口腔内细菌样品，例如，至少近 3~6 个月内没有使用过抗生素、无口腔疾病、没有不良生活习惯等多项筛选条件；采用平板分离技术，分别在厌氧和需氧的条件下培养，挑选可培养的口腔内的益生菌群；获得的益生菌制成喷剂，用于口腔疾病的治疗。该发明采用细菌间的拮抗作用替代抗生素及其他药物，通过恢复口腔微生态平衡来达到治疗和预防口腔疾病的效果；且喷剂的治疗形式简单、安全，适用于各类口腔疾病患者，能起到预防和治疗如牙髓炎、牙尖周炎、牙龈炎、牙周炎、急性坏死性溃疡性牙周炎、口腔炎等口腔疾病的作用。

研究证明，经过对口腔溃疡微生物菌群研究对比，对溃疡期、愈合期及正常人员口腔微生物菌群状况进行检测分析。口腔中存在许多菌落，这些菌落群使得口腔内部状况处于稳定状态。而当口腔内部微生物菌落群出现改变时，将直接引起菌群之间失衡，导致患者出现口腔疾病。观察证实了口腔微生物菌落群中革兰氏阴性球菌及链球菌、韦荣氏菌计数变化是引起口腔溃疡的重要因素。在复发性口腔溃疡治疗时，需加强对患者口腔微生物菌群平衡维持，以提高治疗效果。

崔泰兴教授提出了"以菌抑菌，以菌治菌"的益生剂治疗理念，应用精准有效的益生菌菌群，对由细菌病毒菌引发的口腔症状进行针对性的修复和改善，实现口腔微生态平衡，研发出了专门针对口腔系统的益生剂口腔含片（一款类药功能性纯益生剂，无任何食品原料添加）。它既不属于药品，也不属于保健品和食品，而是益生剂。这就是所谓知己知彼百战不殆的针对性。

（四）机制

现已证实多数口腔溃疡发病与人体免疫功能强弱有关，而益生剂正是提高人体免疫功能的有效品，因而能从根本上促进口腔溃疡的康复；此外益生剂中的各种益生菌含有丰富的溶菌酶，可以溶解相关的致病菌，因而也有利于口腔溃疡的愈合。

第12节 益生剂防治其他疾病与康复

一、益生剂防治乳糖不耐症

(一)概述

乳糖是哺乳动物乳汁中特有的糖类,它由1分子D-葡萄糖和1分子D-半乳糖以β-1,4糖苷键结合而成的双糖,是人体的能量来源之一,对人体具有重要的生理机能,具体表现为促进人体对钙的吸收;调整肠道菌群;参与细胞活动;水解后所产生的半乳糖对婴幼儿的智力发育具有促进作用。由此可见,乳糖与人体的健康密切相关。

乳糖酶,别名β-半乳糖苷酶,能催化乳糖水解,生成半乳糖和葡萄糖后,易被肠道吸收。由于遗传功能紊乱造成的合成乳糖酶的功能失灵,会引起先天性乳糖酶缺乏。

葡萄糖是人体各组织器官代谢的能量主要来源;半乳糖则是人大脑和黏膜组织代谢时必需的结构糖,是婴幼儿脑发育的必要成分,与婴儿大脑的迅速成长有密切联系。乳糖酶还可在人体内使半乳糖和其他单糖(如葡萄糖、果糖等)聚合而成低聚糖,这些低聚糖是一种低分子量、不黏稠的水溶性膳食纤维,它在肠道内作为增殖因子仅被双歧杆菌利用,却不会被腐败细菌利用,为此可大大减少肠道有害毒素的产生,对预防便秘和腹泻有很重要的作用。

牛奶含有适量的脂类、蛋白质、乳糖、无机盐和微量的维生素,是一种最接近人体需要的、完善的营养食品,牛奶中的糖类是乳糖,正常情况下,这些乳糖应该在人体内的乳糖酶的作用下,水解成葡萄糖和半乳糖后吸收并进入血液。但是有很多人,由于体内缺乏这种酶,饮用牛奶后常会引起对乳糖的消化不良现象,出现腹胀、肠鸣、急性腹痛甚至腹泻等症状,医学上称之为乳糖不耐症。

昆明理工大学生命科学与技术学院应用微生物研究室宋园亮等对益生剂治疗乳糖不耐症进行了系统的综述与归纳。

(二)乳糖不耐症的分型

根据发生原因,可将乳糖不耐受症分为三类:①先天性乳糖不耐受症是一种常染色体隐性遗传疾病,由于遗传功能紊乱造成的合成乳糖酶的功能失灵,会引起先天性乳糖酶缺乏,婴儿在出生时其乳糖酶活性低下或缺乏,最终导致肠胃功能严重失调,该类型较为少见。②原发性乳糖不耐受症(又称成人型乳糖酶缺乏)为最常见的一种,随着年龄增长,绝大多数人的乳糖酶活性逐渐降低,直至成年期时,其酶活性几乎完全消失,从而引发机体发生该病症。③继发性乳糖不耐受症是由于小肠上皮细胞破损、小肠黏膜疾病或某些全身性疾病导致暂时性乳糖酶活性低下,从而引起机体发生该病症,而此类变化则具有可逆性,随着病因的消除,乳糖酶活性亦可恢复正常,乳糖不耐受症也随之治愈。此外,还受很多高危因素的影响,包括怀孕母亲接触放射线、污染物等外部环境的影响;自身发育过程中染色体异常或基因突变是它的内因;此外,如果其家族中有某一种先天性心脏病的病史,也可能成为该种先天性疾病的易患因素，只是目前尚未有证据明确支持先天性心脏病发病与遗传因素有关。

中国人还没有养成全民饮奶的习惯，很多孩子断奶以后就不再摄入任何乳类及乳制品。经研究，即使有饮奶习惯的人中乳糖酶缺乏者也占 41.0%；而平时无饮奶习惯的人中有乳糖酶缺乏者占 69.0%。说明饮奶习惯与乳糖酶缺乏存在一定的联系，平时无饮奶习惯的人乳糖酶缺乏发生率显著高于平时有饮奶习惯的人。乳糖酶缺乏存在个人差异性，乳糖酶缺乏症状的强弱与摄入的乳糖量、胃排空时间、结肠菌群等因素有关。

乳糖不耐症普遍存在于常染色体隐性遗传，其发病率没有明显的性别差异，然而存在种族差异，以亚洲人群的情况最为严重，其发生率为 75%～100%，我国成年人的乳糖不耐受症指数为 0.9。

正常生理条件下，乳糖在小肠中受位于小肠黏膜上皮细胞刷状缘的乳糖酶水解成为葡萄糖和半乳糖被吸收。然而当人体内缺乏乳糖酶或其活性降低时，乳糖将不能被水解吸收，而是直接到达小肠下段和结肠，最终在结肠细菌的酵解作用下，乳糖被发酵成为如乙酸、丙酸、丁酸等短链脂肪酸及甲烷、H_2、CO_2 等气体，从而增加肠内渗透压，引发胃肠道功能紊乱，使得人体出现腹泻、腹痛、腹胀等症状，临床上表现为乳糖不耐症的相关症状。

为预防乳糖酶缺乏，早在 20 世纪 90 年代就有国外学者指出，每天随其他食物一起摄入一定量的牛奶或其制品，能减轻乳糖不耐受患者的腹胀、腹痛、腹泻等症状，并能使乳糖酶缺乏者逐渐耐受较大剂量、有规律地摄入牛奶或其制品。同时，也可选择酸奶、奶酪等乳制品。因其在发酵过程中，有 20%～30% 的乳糖已被乳酸菌分解。

有研究表明，口服经乳酸菌发酵的乳制品能够有效缓解乳糖不耐症的症状，并对人体健康发挥有益作用。乳酸菌对人体健康的作用，最早是由俄国科学家梅杰尼可夫（Metchnikoff）提出，他认为肠道中的乳酸菌能通过抑制腐败细菌的生长而起到维护人体健康的作用。乳酸菌不仅可以提高食品的营养价值、改善食品风味、提高食品的保藏性与附加值，而且，近年来乳酸菌的特殊生理活性与营养机能也日益深受人们的关注与研究。

（三）乳酸菌代谢乳糖及缓解乳糖不耐受症的机制

1. 乳酸菌代谢乳糖的机制

乳酸菌代谢乳糖的方式主要有两种：乳酸乳球菌和干酪乳杆菌等细胞内存在运送乳糖的磷酸烯醇式丙酮酸磷酸转移酶系统（PTS 系统），乳糖以磷酸乳糖的形式进入细胞，然后被磷酸 β - 半乳糖苷酶（P - β - gal）水解成葡萄糖和 6 - 磷酸半乳糖。葡萄糖被葡萄糖激酶磷酸化成为 6 - 磷酸葡萄糖，随后通过糖分解途径分解；而 6 - 磷酸半乳糖则通过 6 - 磷酸塔格糖途经分解。乳糖磷酸烯醇式丙酮酸转移酶系统和磷酸 β - 半乳糖苷酶通常都是诱导酶，其活性可被葡萄糖所抑制。另外一种代谢方式是通过乳酸菌细胞膜上的乳糖透性酶的作用，将乳糖摄入细胞，然后由 β - 半乳糖苷酶水解成为葡萄糖和半乳糖进入主要的代谢途径，最终被分解成为乳酸和其他有机酸。

2. 乳酸菌缓解乳糖不耐症的机制

①乳酸菌能产生 β - 半乳糖苷酶：β - 半乳糖苷酶将乳糖分解成为葡萄糖和半乳糖，进而转化为乳酸和其他有机酸。该酶在水解过程中还会发生转糖苷反应，生成具有多种生理机

能的低分子聚半乳糖,它在人体肠道内作为益生原仅能被双歧杆菌所利用,而不能被腐败细菌所利用,从而减少肠道内有害细菌产生的有毒物质,对预防便秘和腹泻具有重要作用。

②延缓胃排空速率,减慢肠转运时间:胃排空速率和肠转运时间的减慢,从而有效延长小肠乳糖酶和β-半乳糖苷酶水解乳糖的作用时间,提高乳糖的水解率及减少乳糖的渗透负荷,从而达到改善乳糖不耐受症的目的。

③改善肠道微生态平衡:人体对乳糖的耐受性与肠道微生态紧密相关。肠道微生态的变化影响乳糖不耐症的胃肠道症状,一旦不能被小肠完全消化与吸收的乳糖进入结肠后,由于容易被细菌代谢产生过多的短链脂肪酸而导致腹泻,同时由于产生过多的气体引起肠胃胀气、肠鸣和腹部绞痛等症状。乳酸菌可以产生如乳酸、过氧化氢及细菌素等一些抗菌物质,从而降低肠道局部 pH,拮抗沙门菌属、李斯特菌属、弯曲菌属、志贺菌属和霍乱弧菌中的一些菌株及产气荚膜梭菌、大肠埃希菌等的生长,改善微生态环境,恢复肠道内环境的稳定。乳酸杆菌和双歧杆菌能恢复结肠黏膜的通透性,从而增加短链脂肪酸的重吸收,减少其对肠道的不良反应。

(四) 乳酸菌治疗乳糖不耐受症临床应用

乳酸菌是公认的安全性高且具有产乳糖酶能力的益生菌,它们具有肠道定植与黏附能力强而不引起肠道炎症反应等特性,从而使它们成为一种极佳的生物酶释放活体。至今大部分研究表明,乳酸菌在乳糖不耐受症治疗方面具有一定疗效。钟燕等研究表明,让乳糖不耐症患者服用乳酸菌发酵酸奶,11名患者在持续服用14天后,其乳糖不耐症症状明显改善。可以推测患者在服用该发酵奶后,乳酸菌在肠道内定植增加,引发β-半乳糖苷酶分泌增强,从而改善乳糖的消化与吸收,最终改善患者的病症。吴叶健等应用含有长双歧杆菌、保加利亚乳杆菌及嗜热链球菌的金双歧片剂治疗婴儿的继发性乳糖不耐受症,治疗组86例,对照组40例。全部患儿的母乳或牛奶喂养次数减半,间隔以无乳糖奶粉替代,治疗组服用金双歧1片/次,3次/天,治疗组中显效49例(显效率为57.0%),有效34例,无效3例,总有效率为96.5%;对照组中显效14例(显效率为35.0%),有效18例,无效8例,总有效率80.0%,结果表明该治疗方法疗效显著。陈青应用含有双歧杆菌的益生剂治疗幼儿继发性乳糖不耐症72例,将114例患儿随机分为2组,全部患儿均减少一半母乳喂养次数,间隔以低乳糖饮食补充,治疗组加用益生剂,对照组给予口服维生素。治疗组总有效率为98.6%,对照组为87.5%,治疗组疗效优于对照组。原庆辉用金双歧治疗婴儿的继发性乳糖不耐症86例,腹泻患儿口服金双歧后,母乳喂养顺利进行,表明金双歧治疗婴儿继发性乳糖不耐受症取得良好的临床效果。其原因是,乳酸菌中的长双歧杆菌繁殖速度快、产酶能力强、能迅速适应环境,患者口服金双歧益生剂后,能迅速定植于肠黏膜表面,形成一个生物学屏障,抑制其他病原菌的生长,促进肠道微生态环境恢复平衡,有利于小肠黏膜上皮结构与功能恢复正常。而且,双歧杆菌通过代谢产酸,调节肠道的正常蠕动,并产生细胞外糖苷酶,降解肠黏膜上皮细胞的复杂多糖,以达到保护小肠上皮细胞,阻止致病菌对肠黏膜上皮细胞的进一步破坏,从而减少小肠表面绒毛的损伤,正常分泌β-半乳糖苷酶,进而改善乳糖不耐症。

二、益生菌辅助防治骨质疏松

骨骼、肌肉和关节组成人的运动系统,骨骼是运动系统的支撑,肌肉收缩是运动的动力,关节是运动的关键。骨骼具有支撑、固定、保护、协调等重要功能。骨质疏松是多种原因引起的一组骨病,骨组织钙化、钙盐与骨基质虽呈正常比例,但是以单位体积内骨组织量减少为特点的代谢性骨病变(图2-55)。在多数骨质疏松中,骨组织的减少主要由于骨质吸收增多所致。以骨骼疼痛、易于骨折为特征。

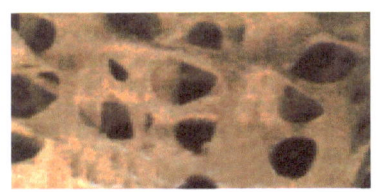
a 骨质正常

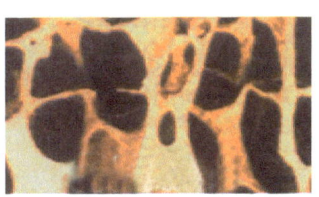
b 骨质疏松

图2-55 正常骨质与骨质疏松

骨的钙化是指无机盐有序地沉积于有机质内的过程。首先是骨胶原基质的形成,继之通过成核作用,在多种物质如磷酸酶、蛋白多糖、黏多糖和其他离子的作用下,钙和磷相结合形成羟基磷灰石[羟基磷酸钙 $Ca_{10}(PO_4)_6(OH)_2$],并沉积于胶原纤维的特定部位。在这一过程中基质小泡发挥重要的作用,它是成核作用的核心部位。最初沉积的磷酸钙盐是非晶体状的,以后逐渐形成羟基磷灰石结晶,并且晶体的方向基本与胶原纤维相平行。在骨的钙化过程中,甲状旁腺素促进骨盐的溶解、降钙素促进血钙和磷沉积,维生素 D_3 也促进钙磷的吸收和骨盐的形成、提供适宜的血钙及磷浓度,既促进骨盐的生成也促进骨盐的更新。

(一)骨质疏松的病因

1. 特发性或原发性骨质疏松

特发性或原发性骨质疏松包括幼年型、成年型、经绝期、老年性。

2. 继发性骨质疏松

①内分泌性皮质醇增多症、甲状腺功能亢进症、原发性甲状旁腺功能亢进症、肢端肥大症、性腺功能低下、糖尿病等。②多次妊娠、哺乳。③营养性蛋白质缺乏、维生素C及维生素D缺乏、低钙饮食、酒精中毒等。④遗传性成骨不全染色体异常。⑤严重肝肾疾病时不能使维生素D活化成有活性的1,25-二羟维生素 D_3 致使维生素 D_3 不能促进钙的吸收,血钙过低骨质不能钙化。⑥药物:皮质类固醇、抗癫痫药、抗肿瘤药(如甲氨蝶呤)、肝素等。⑦失用性全身性骨质疏松见于长期卧床、截瘫、太空飞行等;局部性的见于骨折后、Sudecks骨萎缩(又称创伤后骨萎缩)等。⑧胃肠性吸收不良、胃切除。⑨类风湿关节炎。⑩肿瘤多发性骨髓瘤转移癌、单核细胞性白血病、肥大细胞病等。⑪其他原因骨质减少、短暂性或迁徙性骨质疏松。

（二）骨质疏松的临床表现

1. 疼痛（说明骨钙量已丢失12%）

疼痛是原发性骨质疏松症最常见的症状，以腰背痛多见，占疼痛患者的70%~80%。疼痛常沿脊柱向两侧扩散，仰卧或坐位时疼痛减轻，直立时后伸或久立、久坐时疼痛加剧，弯腰、咳嗽、大便用力时加重。老年骨质疏松症，因椎体压缩变形、脊柱前屈、肌肉疲劳甚至痉挛，产生疼痛。新近胸腰椎压缩性骨折，亦可产生急性疼痛，相应部位的脊柱棘突可有强烈压痛及叩击痛。若压迫相应的脊神经可产生四肢放射痛、双下肢感觉运动障碍、肋间神经痛、胸骨后疼痛类似心绞痛。若压迫脊髓、马尾神经还影响膀胱、直肠功能。

2. 身长缩短、驼背

身长缩短、驼背多在疼痛后出现。脊椎椎体前部负重量大，尤其第11、第12胸椎至第3腰椎，负荷量更大，容易压缩变形，使脊椎前倾，形成驼背（图2-56）；随着年龄增长，骨质疏松加重，驼背曲度加大，老年人骨质疏松时椎体压缩，每个椎体缩短2 mm左右，身长缩短3~6 cm。

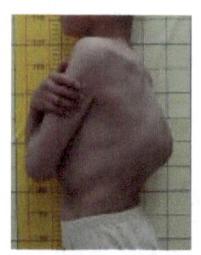 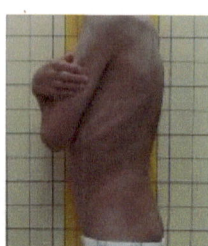 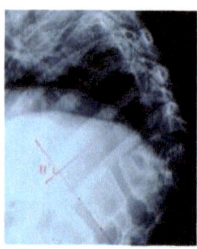 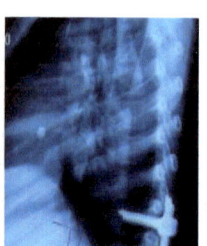

a 驼背脊柱　　b 正常脊柱　　c 驼背脊柱X片　　d 正常脊柱X片

图2-56　正常脊柱与异常脊柱及X片所见

3. 骨折

骨折是退行性骨质疏松症最常见和最严重的并发症。

4. 呼吸功能下降

胸、腰椎压缩性骨折，脊柱后突，胸廓畸形，可使肺活量和最大换气量显著减少，患者往往可出现胸闷、气短、呼吸困难等症状（图2-57）。

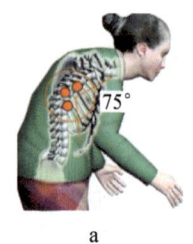 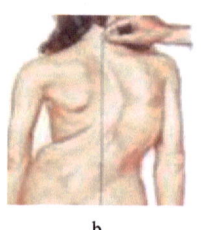 

a　　　　　　　　b　　　　　　　　c

图2-57　脊柱畸形后导致胸廓畸形

（三）骨质疏松的治疗

1. 运动

在成年人，多种类型的运动有助于骨量的维持。绝经期妇女每周坚持 3 小时的运动，总体钙增加。但是运动过度致闭经者，骨量丢失反而加快。运动还能提高灵敏度及平衡能力。

2. 营养

良好的营养对于预防骨质疏松症具有重要意义，包括足量的钙、维生素 D、维生素 C 及蛋白质。从儿童时期起，日常饮食应有足够的钙摄入，钙可直接影响骨盐沉积峰值的形成。欧美学者们主张钙摄入量成人为 800~1000 mg，绝经后妇女每天 1000~1500 mg，65 岁以后男性及其他具有骨质疏松症危险因素的患者，推荐钙的摄入量为 1500 mg/天。维生素 D 的摄入量为 400~800 单位/天。

3. 预防摔跤

应尽量减少骨质疏松症患者摔倒的概率，以减少髋骨骨折及腕关节骨折。

4. 药物治疗

有效的药物治疗能阻止和治疗骨质疏松症，包括雌激素代替疗法、降钙素、选择性雌激素受体调节剂及二磷酸盐，这些药物可以阻止骨吸收但对骨形成的作用特别小。用于治疗和阻止骨质疏松症发展的药物分为两大类，第一类为抑制骨吸收药，包括钙剂、维生素 D 及活性维生素 D3、降钙素、二磷酸盐、雌激素及异黄酮；第二类为促进骨成形药，包括氟化物、合成类固醇、甲状旁腺激素及异黄酮等。

（四）益生剂防治骨质疏松

骨质疏松症已成为威胁中老年人健康的主要疾病之一，它由多种原因引起，且随着年龄的增长和社会老龄化，尤其是更年期后的女性由于雌激素减少，对破骨细胞的抑制作用下降，活跃的破骨细胞释放酸性磷酸酶溶解骨质钙盐，因而越来越多的人受到骨质疏松症的危害。近年来研究发现，肠道菌群所引起的炎症反应，肠道菌群能够影响宿主的免疫系统，而免疫系统的改变与骨代谢密切相关。维生素 K（脂溶性维生素）在调节骨骼钙化中扮演重要角色，修复损伤的骨细胞，强壮骨骼。而益生剂能合成维生素 K 供人体利用，可有效提高骨密度和骨骼强度，减少骨质流失，进而促进骨骼健康，并预防骨质疏松症。此外，根据对人体的研究也发现，益生剂能促进骨骼健康。有研究显示，使用益生剂有助于改善停经后妇女的骨密度，以青少年女性为实验对象，利用低聚半乳糖（发挥益生原作用）治疗 3 周后发现食用低聚半乳糖后能够增加人体内钙的吸收及人肠道菌群双歧杆菌的比例。益生剂能有效调节肠道菌群，改善消化功能，提高肠道对钙和维生素 D 的吸收，防治便秘，是骨质疏松症高发人群饮食补钙的优先选择之一。

美国艾墨立大学医学院和佐治亚的州立大学的研究人员发现，益生剂可以防止卵巢移除的雌性小鼠骨密度减少。对于小鼠而言，移除卵巢会导致体内雌激素的变化，与妇女处于更年期类似。此发现表明，益生剂具有防止女性绝经后骨质疏松症的潜力。研究人员通过小鼠实验发现，雌性激素的减少会增加肠道渗透性，这使得细菌产物可以激活肠道中的免疫细胞。反过来，免疫细胞会释放导致骨质疏松的信号。益生剂可以使肠道更紧实，并抑制驱动免疫细胞的炎症信号。这表明免疫系统与女性绝经后骨质疏松症相关。Pacifici 的研究团队使用鼠李糖乳杆菌（LGG）对小鼠进行每周 2 次的治疗（LGG 从属于乳杆菌属，是人体正常菌群之一）。在移除卵巢一个月之后，没有接受益生剂治疗的小鼠骨质密度损失一半，但是使用益生剂治疗的小鼠骨质密度没有变化。细菌种类非常重要，使用没有益生特性的实验室大肠杆菌菌株没有效果，使用无法附着在肠道细胞的突变 LGG 所起的保护作用也有限。对于没有移除卵巢的小鼠而言，使用益生剂治疗可以增加骨密度。Rheinallt Jones 博士认为，雌性激素减少引起的骨质疏松需要有一些肠道细菌起作用。实验证实，在雌性激素减少后肠道渗透性会增加，这意味着有更多的肠道细菌会进入肠道组织并激活引起骨质疏松的免疫细胞。

Jones 说，目前的研究重点是评估雌性激素减少后的肠道微生物的多样性。其中一种可能性是，这会导致微生物多样性的减少，从而加剧骨质流失，而益生剂会保护这种多样性。

现已证实，肠道菌群内的某些菌群发生变化时，可以出现相应的炎症因子水平的改变，与此同时，成骨细胞和破骨细胞的数量也随之发生改变。实验还证实了益生菌 *L. reuteri* 6475 的治疗能够增加雄性小鼠的股骨远端干骺区及腰椎的松质骨参数，如骨盐密度、骨体积分数、骨小梁数和小梁厚度，但对皮质骨的相关参数没有影响。但在雌性小鼠的实验中并未得出以上结论，可见益生剂干预骨质疏松存在受体性别的差异。因此，益生剂可能是通过调节与相关炎症因子的表达来控制破骨细胞的生成和分化，以实现对骨质疏松的干预。

益生剂能影响基因表达，*Sparc* 基因和骨形态发生的蛋白（Bmp-2）与骨骼的钙化、形成及发育关系密切。酸性和富含半胱氨酸的酸性分泌蛋白（Sparc）是一种细胞基质糖蛋白，它与组织重塑、修复、发育、细胞转化及骨的钙化有关，也是一种钙结合的受体，其基因的表达能够增加骨的钙化。骨形态发生蛋白（BMPs）是骨髓间充质干细胞向成骨细胞分化的关键因素，而其中的重组人骨形态发生蛋白-2（BMP-2）主要参与出生后骨骼内稳态的维持，提供骨固有的修复能力所需的成骨信号。Parvaneh 等在实验中发现饲喂了长双歧杆菌（*B. Longum*）的切除卵巢小鼠的股骨微观结构发生了改变，其中与骨形成的相关参数如血清骨钙蛋白、成骨细胞增加，而骨吸收的相关参数如血清 C-末端肽、破骨细胞减少。该研究发现 *B. Longum* 引起切除卵巢小鼠股骨的骨密度增加是由富含半胱氨酸的酸性分泌蛋白和骨形态发生的蛋白-2 基因表达的上调引起的。由此可见，益生剂可以通过调节基因表达、参与配体及信号通路的调节方式干预骨质疏松，其中成骨细胞扮演重要角色。

成骨细胞及破骨细胞参与骨代谢的调节，两者数量及活性的相对平衡状态对骨量的维持极其重要。Britton 等使用益生菌罗伊氏乳杆菌（*L. reuteri*）治疗卵巢切除小鼠，发现破骨细胞的数量显著减少，并显著保护了卵巢切除小鼠免受骨质的流失。在体外实验中发现罗伊氏乳杆菌能够直接抑制破骨细胞形成。由此可见，益生剂可以直接或间接的方式抑制破骨细胞形成，实现骨质疏松的预防。

益生剂可影响钙离子的吸收，骨骼的主要矿物质是钙，美国膳食指南已将钙认定为机体缺乏的营养素，钙的摄入量增加能够提升骨量。机体钙的来源主要来自肠道吸收的钙离子，影响钙离子吸收的因素包括活性维生素 D_3、肠道内酸碱度、钙离子通道中的钙结合蛋白和载体数量、体内相关的激素水平变化等。Gilman 等发现唾液乳杆菌能够增加钙的吸收，这种钙代谢的调节可能是通过促进肠上皮细胞钙结合蛋白合成增加，从而增加对钙离子吸收实现的。但其他益生菌（如双歧杆菌）无此作用，由此可见，益生剂影响钙离子的吸收因菌种不同而有差异。

益生剂与骨质疏松关系的研究是一个全新、充满未知和挑战的领域。益生剂干预骨质疏松是通过复杂的方式实现的，并且存在菌种、菌属和受体性别等的差异。根据目前的研究认为，益生剂干预骨质疏松的可能机制包括：①通过免疫系统（如炎症因子、免疫细胞等）、基因、配体及信号通路等影响成骨和破骨细胞生成和分化，实现骨质疏松的干预；②直接影响成骨和破骨细胞生成和分化干预骨质疏松；③增加钙离子的吸收干预骨质疏松等。益生剂作为一种不良反应小甚至是没有不良反应的治疗方法，其干预骨质疏松的具体机制仍需进一步的实验研究及临床实验来阐明。相信未来益生剂在骨质疏松治疗方面的研究会有巨大的突破，并且益生剂对于其他疾病的治疗也会有新的进展，甚至会改变未来诸多疾病治疗的理念，为患者创造福音。

三、益生剂辅助唐氏综合征的治疗

唐氏综合征即21-三体综合征，又称先天愚型、"先天性痴呆"或Down综合征，俗称"傻子"，是由染色体异常（多了一条21号染色体）而导致的疾病。60%患儿在胎内早期即流产，存活者有明显的智能落后、特殊面容、生长发育障碍和多发性畸形。发育迟缓，容易产生各种胃肠道畸形等。而且50%患儿伴有先天性心脏病，患急性白血病的概率是正常人群的20倍。患者一般寿命较短。

1866年，Dr. John Langdon Down第一次对唐氏综合征的典型体征包括这类患儿具有相似的面部特征进行完整的描述并发表，因此，这一综合征以其名字命名为唐氏综合征（Down综合征）。1959年证实了唐氏综合征是由染色体异常而导致的。现代医学证实，唐氏综合征发生率与母亲怀孕年龄相关，系21号染色体的异常，有三体、易位及嵌合3种类型。高龄孕妇、卵子老化是发生不分离的重要原因。

（一）病因

要了解唐氏综合征发病原因，必须理解人类染色体的结构和功能。人体由细胞组成，而所有细胞核中都包含有染色体，即一种传输基因信息的结构。大多数人体细胞中都含有23对染色体，一半遗传自母亲，一半遗传自父亲。只有人类的生殖细胞——也就是男性体内的精子和女性体内的卵子——包含23个染色体，不是23对。为了识别这些染色体，科学家用XX表示女性染色体，用XY表示男性染色体，并把它们按照1~22进行编号，加上1对表示性别。

当生殖细胞，即精子和卵子，在受孕过程中结合时，它们产生的受精卵含有23对染色体。将要发育成女孩的受孕卵包含1~22号染色体和XX对染色体。将要发育成男孩的受精卵包含1~22号染色体和XY对染色体。如果受精卵自21号染色体后出现了多余物质，其结果就是唐氏综合征。其发生机制系因亲代（多数为母方）的生殖细胞在减数分裂时，染色体不分离所致，系21号染色体的异常，有三体、易位及嵌合3种类型（图2-58）。孕妇年龄越大，唐氏综合征发生的可能性越大。

调查结果表明，30岁以下的女性所生的孩子患上这种病的概率不足1/1000；而35岁的

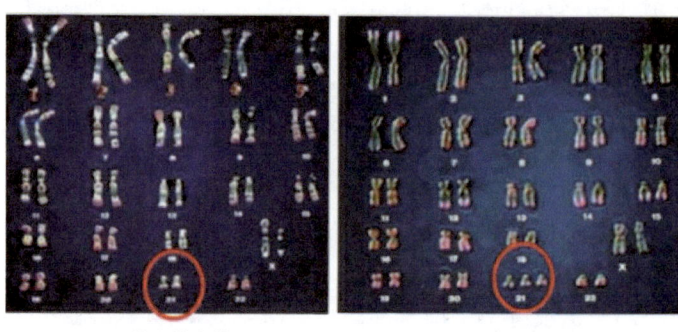

a 正常人染色体　　　　b 唐氏综合征染色体

图 2-58　正常人染色体和唐氏综合征染色体

女性所生的孩子患上这种病的概率却会增加到 1/400。到了 42 岁，这种概率会增加到 1/60；而到了 49 岁，这种概率就会增加到 1/12。为什么母体年龄如此重要呢？因为随着年龄的增长，女性生殖细胞中产生多余的 21 号染色体复制品的可能性会大大增加。因此，年龄较大的母亲所生的孩子比年轻的母亲所生的孩子患上这种病的可能性要大。

鉴于母亲年龄与唐氏综合征之间存在这样的关系，很多专家建议 35 岁以上（包括 35 岁）的孕妇应在产前接受唐氏综合征检查。这是一种相对较简单的非倒装检查，对母亲的血液进行化验，测量 3 种唐氏综合征标志的含量，包括 α-胎蛋白（MSAFP）、绒（毛）膜促性腺（hGG）和非结合雌激素三醇（uE3）。虽然这种测量并不能确定胎儿一定患有唐氏综合征，但是如果上述 3 种物质的含量较低，那就说明胎儿患有这种病的可能性会增加。

（二）临床表现

绝大多数患有唐氏综合征的人患有腹腔疾病，即一种肠吸收障碍综合征。这种腹腔疾病包括痢疾和营养不良，主要特征可能是发育不良和消瘦。这是一种胃肠道功能紊乱。在唐氏综合征人群中，患有腹腔疾病的人可占 1/14～1/6（而普通人群中的比例是 1/300）。其具体表现大致如下。

1. 患儿具明显的特殊面容体征

眼距宽，鼻根低平，眼裂小，眼外侧上斜，有内眦赘皮，外耳小，舌胖，常伸出口外，流涎多。身材矮小，头围小于正常，头部前后径短，枕部扁平呈扁头。颈短、皮肤宽松（图 2-59）。骨龄常落后于年龄，出牙延迟且常错位。头发细软而较少。前囟闭合晚，顶枕中线可有第三囟门。四肢短，由于韧带松弛，关节可过度弯曲，手指粗短，小指中节骨发育不良使小指向内弯曲，指骨短，手掌三叉点向远端移位，常见通贯掌纹、草鞋足，拇趾球部约半数患儿呈弓形皮纹。

2. 常呈现嗜睡和喂养困难

其智能低下表现随年龄增长而逐渐明显，智商 25～50，动作发育和性发育都延迟。

3. 生育能力异常

男性唐氏婴儿长大至青春期，也不会有生育能力。而女性唐氏婴儿长大后有月经，并且有可能生育。

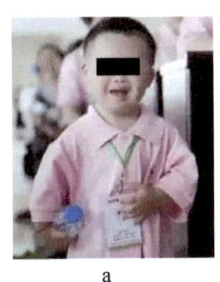
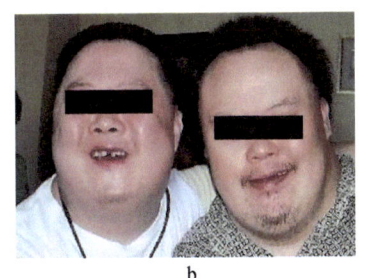

图 2-59 唐氏综合征患者

4. 常伴其他畸形

患儿常伴有先天性心脏病、各种胃肠道畸形、胰腺功能损害等，因免疫功能低下，易患各种感染，白血病的发生率比一般增高 10～30 倍。如存活至成人期，则常在 30 岁以后即出现阿尔茨海默病症状。

（三）治疗

目前没有可以根治唐氏综合征的医疗手段。尽管如此，如果发现得较早，很多症状就可以得到矫正。这些病症包括心脏缺失和胃肠道问题等。美国 Brudank 博士在其《益生菌是最好的药》一书中对益生剂辅助治疗唐氏综合征进行了详细的阐述。

近年来研究发现益生菌制剂有助于唐氏综合征的辅助治疗。首先要矫正小肠中胰腺分泌不足的症状，那也是唐氏综合征的特征之一。胰腺不能自我修复，但是通过大量地补充益生剂可以替代多数已流失的酶。事实上，很多的益生剂产品是能够对胃肠道的某些领域起作用的有机体进行相关研究的基础上被特殊设计的。有一种包含嗜酸乳杆菌和双歧杆菌的制剂，这两种天然存在于小肠和结肠中的乳杆菌，已被证明可发挥重要作用。大多数乳杆菌都能从胃肠道中找到，如十二指肠中。较大剂量（每剂包含 400～1000 亿个菌体）的这种菌群，可被安全并有效地使用。正常的胃肠道中更需要这种最终的"增补作用"，用以保持稳定。

事实上，实际使用的剂量要大于 400 亿个菌体，而且没有任何不良反应。假设酸乳酪是新鲜发酵的，那么，它所包含的益生菌数可能会多于 1000 亿个/mL。一般情况下，每毫升的含量是 400 亿～600 亿个，所以食用酸乳酪是一种非常简单的补充益生菌和恢复肠胃活力的方法。这对唐氏综合征患者尤其重要。

当益生菌的数量增长时，它们会消耗一些食物，还会产生能够保证身体健康的化合物和酶。例如，被称作双歧杆菌的结肠益生菌能产生丁酸盐，而这种丁酸盐是结肠细胞最重要的食物来源，能帮助结肠细胞吸收和排便等。

要修复胰腺分泌不足，可使用有多种益生菌的组合剂，因为并不是所有的乳杆菌都是一样的，虽然它们看起来很相似。使用多菌种、大数量菌的益生剂的好处就是能产生多种酶，因为不同的益生菌能制造出不同种类和等级的酶。这样，将至少会得到 400 亿～1000 亿种酶。

益生菌也能制造大量的酶。大量的益生菌制造的酶被储存在细胞中，细胞死后，酶就会被释放出来。

很多唐氏综合征患者的十二指肠都有异常，它可能会被提前关闭，而大量的嗜酸乳杆菌和鼠李糖乳杆菌可被用于治疗这种病。它们都有大量的临床依据，并都是已知的非常有耐性的菌体群。

益生剂还被广泛地使用于对唐氏综合征患者中普遍存在的腹腔疾病的治疗中。其中一种能治疗这种病的物质叫作胍乙酸，是少数的含有双歧基因（能够为益生菌供给食物的物质）的益生原之一，也就是说，它能够促进双歧杆菌（只有极少数化合物可以有选择地产生这种益生菌）的生长。双歧杆菌主要存在于结肠中，没有它们，就会遭遇大规模感染。

双歧杆菌是最早存在于婴儿胃肠道中的益生菌，为年轻人建立起了第一道防线。胍乙酸是一种母乳中含有的双歧基因物质。所以，母乳中之所以含有胍乙酸，很可能是因为孩子的发育需要它。事实上，胍乙酸刺激了胎儿结肠中双歧杆菌的成长。

使用益生剂治疗唐氏综合征相关病症的成功支持了这样的观点：肠和脑中发生的状况存在某些联系。神经的发展与胃肠道的成熟似乎也是不可分割的。

在不久的将来，益生剂可能最终会被与所有的唐氏综合征及其相关治疗联系在一起。久经研究的高质量菌种的出现将为更多特殊药物的应用搭建一个关键。使用益生剂治疗唐氏综合征的前景的确是光明的。这一领域取得的所有成功都只是为了让唐氏综合征患者能够生活得更幸福、更健康。

四、益生剂辅助阿尔茨海默病的防治

阿尔茨海默病（Alzheimer's disease，AD），现已被称为世界上当前的"流行病"之一，在发达国家被估计是继心血管病、脑血管病和癌症之后，成了老人健康的"第四大杀手"，成为第四位最常见的死亡原因。目前，全世界约有2430万阿尔茨海默病患者；中国有阿尔茨海默病患者500万人之多，占世界总病例数的1/5，而且每年平均有30万新发病例。目前中国阿尔茨海默病的患病率已随着年龄的升高呈显著增长趋势：75岁以上达8.26%，80岁以上高达11.4%；阿尔茨海默病的患者女性多于男性，60岁以上妇女患阿尔茨海默病通常是相匹配男性的2~3倍。众所周知，美国前总统里根因患阿尔茨海默病而死亡。随着人均寿命的不断增长，至今一对夫妻赡养的4位80岁以上老人中，可能就有一位是阿尔茨海默病患者。

阿尔茨海默病是一种起病隐匿的进行性发展的神经系统退行性疾病。临床上以记忆障碍、失语、失用、失认、视觉空间技能损害、执行功能障碍及人格和行为改变等全面性痴呆表现为特征，病因迄今未明。65岁以前发病者，称早老性痴呆；65岁以后发病者称老年性痴呆。

（一）病因

1. 家族史

绝大部分的流行病学研究都提示，家族史是该病的危险因素。某些患者的家属成员中患同样疾病者高于一般人群，此外还发现先天愚型患病危险性增加。进一步的遗传学研究证实，该病可能是常染色体显性基因所致。最近通过基因定位研究，发现脑内淀粉样蛋白的病理基因位于第21对染色体。可见痴呆与遗传有关是比较肯定的。

先天愚型有该病类似病理改变，如活到成人发生该病概率约为100%，已知阿尔茨海默病致病基因位于21号染色体，乃引起对该病遗传学研究极大兴趣。但该病遗传学研究难度大，多数研究者发现患者家庭成员患该病危险率比一般人群高3~4倍。St. George-Hyslop等（1989）复习了该病家系研究资料，发现家庭成员患该病的危险，父母为14.4%；同胞为3.8%~13.9%。用寿命统计分析，家族性阿尔茨海默病（FAD）一级亲属患该病的危险率高达50%，而对照组仅10%，这些资料支持部分发病早的，家族性阿尔茨海默病是一组与年龄相关的显性常染色体显性遗传；而多数散发病例可能是遗传易感性和环境因素相互作用的结果。

与阿尔茨海默病的有关遗传学的位点，目前已知的至少有以下4个：早发性阿尔茨海默病基因座分别位于21、14、1号染色体，相应的可能致病基因为 *APP*、*S182* 和 *STM-2* 基因；迟发性阿尔茨海默病基因座位于19号染色体，可能致病基因为载脂蛋白 *E*（*APOE*）基因。

2. 一些躯体疾病

如甲状腺疾病、免疫系统疾病、癫痫等，曾被作为该病的危险因素研究。有甲状腺功能减退史者，患该病的相对危险度高。该病发病前有癫痫发作史较多。偏头痛或严重头痛史与该病无关。不少研究发现抑郁症史，特别是老年期抑郁症史是该病的危险因素。最近的一项病例对照研究认为，除抑郁症外，其他功能性精神障碍如精神分裂症和偏执性精神病也有关。曾经作为该病危险因素研究的化学物质有重金属盐、有机溶剂、杀虫剂、药品等。铝的作用一直令人关注，因为动物实验显示铝盐对学习和记忆有影响；流行病学研究提示痴呆的患病率与饮水中铝的含量有关。可能由于铝或硅等神经毒素在体内的蓄积，加速了衰老过程。

3. 头部外伤

头部外伤指伴有意识障碍的头部外伤，脑外伤作为该病危险因素已有较多报道。临床和流行病学研究提示严重脑外伤可能是某些人患该病的病因之一。

4. 其他

免疫系统的进行性衰竭、机体解毒功能削弱及慢病毒感染等，以及丧偶、独居、经济困难、生活颠簸等社会心理因素可成为发病诱因。

（二）临床表现

该病起病缓慢或隐匿，患者及家属常说不清何时起病。多见于70岁以上（男性平均73岁，女性为75岁）老人，少数患者在躯体疾病、骨折或精神受到刺激后症状迅速明朗化。女性较男性多（女：男为3：1）。主要表现为认知功能下降、精神症状和行为障碍、日常生活能力的逐渐下降。根据认知能力和身体机能的恶化程度分成3个时期。

第一阶段（1~3年）：为轻度痴呆期。表现为记忆减退，对近事遗忘突出；判断能力下降，患者不能对事件进行分析、思考、判断，难以处理复杂的问题；工作或家务劳动漫不经心，不能独立进行购物、经济事务等，社交困难；尽管仍能做些已熟悉的日常工作，但对新的事物却表现出茫然难解，情感淡漠，偶尔激惹，常有多疑；出现时间定向障碍，对所处的场所和人物能做出定向，对所处地理位置定向困难，复杂结构的视觉空间能力差；言语词汇少，命名困难。

第二阶段（2～10年）：为中度痴呆期。表现为远近记忆严重受损，简单结构的视觉空间能力下降，时间、地点定向障碍；在处理问题、辨别事物的相似点和差异点方面有严重损害；不能独立进行室外活动，在穿衣、个人卫生及保持个人仪表方面需要帮助；不能计算；出现各种神经症状，可见失语、失用和失认；情感由淡漠变为急躁不安，常走动不停，可见尿失禁。

第三阶段（8～12年）：为重度痴呆期。患者已经完全依赖照护者，严重记忆力丧失，仅存片段的记忆；日常生活不能自理，大小便失禁，呈现缄默、肢体僵直，查体可见锥体束征阳性，有强握、摸索和吸吮等原始反射。最终昏迷，一般死于感染等并发症。

（三）治疗

1. 对症治疗

对症治疗的目的是控制伴发的精神病理症状。

①抗焦虑药：如有焦虑、激越、失眠症状，可考虑用短效苯二氮䓬类药，如阿普唑仑、奥沙西泮（去甲羟安定）、劳拉西泮（罗拉）和三唑仑（海乐神）。剂量应小且不宜长期应用。警惕过度镇静、嗜睡、言语不清、共济失调和步态不稳等不良反应。增加白天活动有时比服安眠药更有效。同时应及时处理其他可诱发或加剧患者焦虑和失眠的躯体病，如感染、外伤、尿潴留、便秘等。

②抗抑郁药：阿尔茨海默病患者中20%～50%有抑郁症状。抑郁症状较轻且历时短暂者，应先予劝导、心理治疗、社会支持、环境改善即可缓解。必要时可加用抗抑郁药。去甲替林和地昔帕明不良反应较轻，也可选用多塞平（多虑平）和马普替林。近年来我国引进了一些新型抗抑郁药，如5-羟色胺再摄取抑制剂（SSRI）帕罗西汀（赛乐特）、氟西汀（优克，百优解），口服；舍曲林（左洛复），口服。这类药的抗胆碱能和心血管不良反应一般都比三环类轻。但氟西汀半衰期长，老年人宜慎用。

③抗精神病药：有助控制患者的行为紊乱、激越、攻击性和幻觉与妄想。但应使用小剂量，并及时停药，以防发生毒副反应。可考虑小剂量奋乃静口服。硫利达嗪的体位低血压和锥体外系不良反应较氯丙嗪轻，对老年患者常见的焦虑、激越有帮助，是老年人常用的抗精神病药之一，但易引起心电图改变，宜监测心电图。氟哌啶醇对镇静和直立性低血压作用较轻，缺点是容易引起锥体外系反应。

近年临床常用一些非典型抗精神病药如利培酮、奥氮平等，疗效较好。心血管及椎体外系不良反应较少，适合老年患者。

2. 益智药或改善认知功能的药

目的在于改善认知功能，延缓疾病进展。这类药物的研制和开发方兴未艾，新药层出不穷，对认知功能和行为都有一定改善，认知功能评分也有所提高。按益智药的药理作用可分为作用于神经递质的药物、脑血管扩张剂、促进脑代谢药等类，各类之间的作用又互有交叉。

（四）预后

由于发病因素涉及很多方面，绝不能只靠单纯的药物治疗。临床细致科学的护理对患者行为矫正、记忆恢复有着至关重要的作用。对长期卧床者，要注意大小便，定时翻身擦背，防止压疮发生。对兴奋不安患者，应有家属陪护，以免发生意外。注意患者的饮食起居，不能进食或进食困难者给予协助或鼻饲。加强对患者的生活能力及记忆力的训练。

（五）益生剂辅助阿尔茨海默病防治

最近的一些研究表明肠道微生物通过高度互通的宿主-微生物系统肠-脑微生物轴在调节多个神经生化通路中发挥重要作用。口服益生剂疗法正成为一种预防和治疗过敏、胃肠道感染、炎症甚至癌症的新方法。乳酸菌和双歧杆菌在中枢神经系统相关的疾病中的有益作用也有报道，如多发性硬化、认知缺陷和应激相关的疾病。补充益生剂可以逆转糖尿病大鼠的认知障碍和改善其空间记忆。亦有研究表明一种复合益生剂能够调节老年大鼠大脑皮层的基因表达，对炎症和神经过程产生积极影响。此外，细菌的代谢产物，如短链脂肪酸，也能通过直接作用于胃肠道细胞，刺激一些激素的合成，并表现出一系列的神经调节作用。最近，一项发表在《科学报告》 Scientific Reports 上的研究表明，通过口服一种复合益生剂（嗜热链球菌、长双歧杆菌、短双歧杆菌、婴儿双歧杆菌、嗜酸乳杆菌、植物乳杆菌、副干酪乳杆菌、保加利亚乳杆菌和短乳杆菌）调节肠道菌群组成，能够对神经元通路产生积极影响，进而延缓阿尔茨海默病的进程。

《美国医学快报》报道，伊朗卡尚医科大学和伊斯兰自由大学的科学家首次发现，每天喝一杯酸奶能改善阿尔茨海默病患者的认知功能。研究者选用了 52 名 60~90 岁的阿尔茨海默病患者。在 12 周内一半参与者每天喝 200 mL 添加嗜酸乳杆菌、干酪乳杆菌、发酵乳杆菌和双歧杆菌的酸奶；而另一半喝一般牛奶。在实验开始前和结束后抽取、化验了参与者的血液样本并测试了他们的认知功能。饮用酸奶者的认知水平了到了显著的提高（从 8.6 分提高到 10.6 分）；而对照组没有明显的改变（8.5 分降至 8.0 分），结果表明"首次证实了益生剂能够改善阿尔茨海默病患者的认知功能"。研究者还发现酸奶中的益生菌能帮助降低阿尔茨海默病患者三酰甘油、低密度脂蛋白、应激反应 C 蛋白；患者胰岛素抵抗和胰腺中生成胰岛素细胞的活性也有所下降。

山东中医药大学李先强等认为，双歧杆菌具有抗菌、抗衰老、增强免疫等多方面作用。国外的微生态学研究表明，长寿老人粪便中的双歧杆菌与青少年粪便中的数量相当。双歧杆菌能减少自由基对人体细胞的损伤，起到抗衰老的作用。有研究表明，乳酸菌具有抗氧化活性，具有免疫调节功能，可增强细胞活性的作用。维持肠道菌群的平衡状态，会对致病微生物起到抑制作用，减少有毒物质的吸收，增加细胞活性，减少衰老。

肠道菌群失调在阿尔茨海默病发病中的作用：肠道菌群失调导致炎症抗氧化能力下降。严梅祯等通过实验证实痴呆小鼠肠道内双歧杆菌、乳杆菌和拟杆菌菌量下降，大肠杆菌数量显著上升，痴呆动物的肠道菌群是紊乱的。王豪等研究表明持续性慢性炎症可能导致机体抗氧化能力下降，炎症感染合并脂类代谢异常所致的炎性细胞浸润、脂质沉积是早老性痴呆症发生、发展的病理学基础。

Lincliar 等研究亦证实抗氧化物质的降低是阿尔茨海默病发病的重要因素。肥胖可能与肠道菌群失调导致脂质代谢异常有关，肠道菌群失调可引起脑-肠-微生物轴（gult-brain axis）信号传递异常激活内脏植物性神经系统，史氏甲烷短杆菌促进脂肪聚集，导致肥胖。肠道细菌及其短链脂肪酸产物可调控脂肪的乳化和吸收效率，菌群失调可导致肥胖继而引起动脉硬化、粥样斑块形成、血管脆性增加，使脑供血供氧能力下降，颅内长期缺血缺氧加重神经系统疾病的发生率。研究显示肥胖对血管的作用可能增加患阿尔茨海默病的危险。

蒋常德等研制一种防治阿尔茨海默病的益生菌活性保健液：由光合细菌、酿酒酵母、乳杆菌、木醋杆菌、双歧杆菌、红糖、脱脂大豆粉、蜂蜜、氯化钠、低聚糖、去离子水；益生菌保健液通过补充大量的益生菌，改善肠道菌群，防止肠渗漏综合征，防止未被消化的化学物质（包括重金属和其他有害物）渗透进肠道内层，防止其进入血液循环，从而防治因为重金属中毒而导致的阿尔茨海默病。益生菌产生大量活性酶，可以快速降解体内制造的肽，减少体内血小板的形成，从而延缓阿尔茨海默病的退化过程。与现有技术相比，对防治阿尔茨海默病具有高效性、高稳定性、无不良反应的优点。但其效果还需进一步经过科学实验和临床验证所证实。

五、益生剂治疗烫伤的辅助作用

实验造成 Wister 大鼠体表总面积 30% 的 III 度烫伤，除抗休克、抗感染治疗外，实验组灌喂双歧杆菌制剂（2.6×10^9/mL），结果发现肠内容物黏蛋白量、肠道细菌移位率、腔静脉内毒素含量，实验组均明显低于烫伤对照组；而实验组肠内容物分泌型免疫球蛋白 A 含量高与对照组，肠道菌群改变亦比对照组轻。由此表明双歧杆菌有助于预防烫伤肠源性感染的发生，从而减轻或防止因此而出现的顽固性休克、早期暴发性脓毒血症和多脏器功能衰竭。

益生剂治烫伤（小面积的水烫或火烫）均有效。对烫伤的部位立即用纯的活性益生剂涂擦，会产生一种清凉感觉，辣痛感可即刻消失，2 小时一次，一般一天左右便感觉好了。此法对小面积脱皮烫伤效果都非常理想，烫伤部位不会发炎（烫伤部位不要接触生水）。大面积烫伤为安全起见，还应马上去医院治疗。

齐涵等将枯草芽孢杆菌制剂应用于烫伤患者的治疗，获得良好的效果。制剂中枯草芽孢杆菌活菌数为 5×10^8 个/mL 直接喷涂于创面，对创面有良好的抗感染作用，可明显抑制创面致病菌生长，创面细菌培养阳性率明显下降，对铜绿假单胞菌效果更为显著，可基本控制该菌生长。枯草芽孢杆菌喷涂后有较好的收敛作用，创面可形成薄痂，大部分可达到痂下愈合，速度较国内外公认疗效最好的磺胺嘧啶银快。

第3章 益生剂的选择及适用人群

我们生活在一个竞争激烈的时代，压力重重，环境日趋恶化，污染比较严重；饮食结构不合理，畜肉类和油脂类食物消费过多，而谷类与杂粮食物摄入不足，食品加工过精、过细，还有抗生素类药物使用过多、过滥等。这些饮食和环境的变化，都使我们体内菌群的组成、数量和平衡发生了很大的改变，使我们处于亚健康状态。而体内肠道菌群失调又会引起一系列潜在的疾病。因此，我们十分有必要科学地补充益生剂。

适合服用益生剂的人群包括：①剖腹产儿、早产儿、低体重儿、人工喂养儿，这些孩子免疫力低下，经常易患感冒或肠炎等疾病；②腹泻或便秘人群，不论细菌、病毒、原虫引起的感染性腹泻，还是非感染性腹泻，都有肠道菌群失调；③接受化疗或放疗的肿瘤患者，因化疗药物及射线会杀死益生菌，导致肠内菌群失调，表现为腹胀、便秘、营养物质丢失及毒素被吸收，不但影响患者康复，还有可能迫使化疗、放疗中断；④肝硬化、腹腔炎患者，他们不仅有菌群失调，还有轻重不等的脂源性内毒素血症，补充益生剂可抑制肠内产胺的腐败菌，降低肠内酸度和血中内毒素含量；⑤肠炎患者，益生剂可促进消化，溃疡性结肠炎虽然病因尚未明确，但补充益生剂可取得一定疗效；⑥消化不良者，功能性消化不良表现为反复发作或持续的上腹胀满、厌食、胃灼热等症状，检查并无胃肝胆胰疾病；⑦乳糖不耐受（"牛奶过敏"）者，先天性缺乏乳糖酶，或因肠道感染、营养不良等使乳糖酶缺少时，乳糖不能被分解而导致腹胀、腹泻，益生剂可帮助分解牛奶中的乳糖，促进对牛奶中营养成分的吸收；⑧中老年人，人体肠道内双歧杆菌等益生菌群会随年龄老化而减少，补充益生剂可作为老年人一种保健方法；⑨高血压、高血脂、高胆固醇、动脉粥样硬化、糖尿病患者，都应适量补充益生剂。

胃酸过多的人、胃肠道手术后的患者、心内膜炎和重症胰腺炎患者不宜多喝益生菌酸奶，最好事先咨询医生；其他人则可以尽情享用。一般出生3个月后的婴幼儿即可开始逐渐补充一些含有益生菌的乳制品。对于孕期容易产生便秘等问题的孕妇，补充益生剂也是非常有帮助的。

第1节 益生剂的选择

随着肠道菌群研究的深入，含有益生菌的产品广泛应用，越来越多的论文指出，从肥胖、糖尿病到癌症、自闭症，各种疾病的背后似乎都有菌群失调的阴影与之相随。于是，以调节菌群为核心功能的益生剂也开始进入火热销售的状态，各类产品层出不穷，各型广告无奇不有，各种健康功能的宣称也是令人眼花缭乱，到底自己该不该服用益生剂产品？到底如何选择益生剂产品？到底吃了益生剂产品后对自己的健康状况的改善有没有帮助？这些问题不仅困惑着普通消费者，连医生也拿不准到底该给患者使用什么样的益生剂产品！

中科院微生物所博士段云峰在接受《中国科学报》记者采访时表示：发酵食品往往都含有益生菌，所以不少发酵乳制品中都标注有菌种的名称。例如，在酸奶中，保加利亚菌和嗜热链球菌是常见的两种菌，两者通过互配共生共同造就了酸奶的良好口感，前者主要负责产生乳酸，促进蛋白质凝固，增加酸奶的黏稠度，后者则主要负责产生香味物质，使酸奶呈现出特有的香味。这两种益生菌对于制作好吃的酸奶必不可少，但有研究表明，这两种菌本身对人体的有益作用并不明显，也就是说从对人体健康的促进角度来说，这两种细菌并不算是好的益生菌。

段云峰博士解释说，世界粮农组织和世界卫生组织委员会对益生菌给出的官方定义是"益生菌是活体微生物，当以足够的量食用时，向宿主赋予健康益处"。按照此标准，乳酸杆菌和双歧杆菌及一些球菌和酵母菌均属于益生菌范畴。添加了益生菌的产品往往会在包装上明显标识，甚至有些还有个"蓝帽"的保健食品标识，这说明这类酸奶具有一定的健康促进作用。在选择益生剂产品时，应该依据产品的质量和作用进行选择，好的益生剂产品应该标明产品中所含的所有益生菌的菌株名称和活菌总数量；每种菌株可以从专业资料库中查到背景信息，菌株的安全性和功效应有充足的证据，最好是做过人体或临床实验，其效果是经过验证的；菌株可以定植到肠道，对人体微生物具有有益作用；含有多菌株的产品，效果要优于单菌株产品；添加益生原的优于不添加的产品。菌株活性与稳定性是益生剂所必需的最低标准。此外，益生剂中所含的益生菌还应需要经得起胃液、胆汁和胰酶的消化的考验，在经消化道到达肠道后仍维持活性。这就对益生剂的加工、生产、流通及保存技术提出了较高的要求。研究表明，与液体保存相比，冷冻干燥技术可在长时间内更好地保持益生菌活力，是最安全可靠的菌株保存方法之一。

一、选择优质菌种

益生菌株的选择必须具备以下条件：①对宿主有益；②无毒性和无致病作用；③能在动物消化道内存活；④能适应胃酸和胆盐的考验；⑤能在消化道表面定植；⑥能产生有用的酶类和代谢物；⑦在加工和储藏过程中能保持活性；⑧具有良好的感官特性；⑨来源于宿主相同的物种，即宿主源性。可见选择益生菌株时要考虑菌株的安全性、有效性和可控性。

要选择优质的益生剂，就是要选择"安全、高活性、有着经临床验证功效"的益生剂。因此，要有针对性，要选择历史悠久，在国际上有着较高威望的知名品牌是很重要的。

选择益生剂时应注意要有足够数量的益生菌数，才能发挥其作用。益生菌到达肠道前会经过胃酸、胆汁等的消化，大量损耗，到达肠道并具有活性的可能只是其中一部分，即"漏斗效应"。因此，选择高浓度活菌产品以保证益生菌在肠道维持足够数量也是其发挥作用的前提。目前，我国乳酸菌标准明确规定，只有活菌数量达到每毫升100万个，才能保证最终到达肠道的活菌量，保证其作用。

菌数量高的益生剂比菌数量低的益生剂能更好地缓解多种肠道不适症状。例如，在给予受试者抗生素后的36小时内，与安慰剂相比，补充益生剂可有效降低抗生素相关性腹泻

(AAD)和难辨梭状芽孢杆菌相关性腹泻（CDAD）的发生率，而益生菌数量高的益生剂（$10×10^{10}$个）比菌数量低（$5×10^{10}$个）的益生剂能进一步降低抗生素相关性腹泻和难辨梭状芽孢杆菌相关性腹泻的发生。

多菌株疗效优于单菌株，不同益生菌菌株所执行的功能不同，单一使用一种菌株效果有限。多菌株可引发"协同效应"，这使得菌株生存能力增强，发挥更稳定有效的作用。研究表明，多菌株益生剂对改善肠道功能、免疫功能及肠易激综合征患者症状等有良好的效果。有16项研究对比了多菌株益生剂与仅包含单一菌株的治疗效果，其中有75%显示多菌株益生剂比单一菌株的益生剂更加有效。

无糖也是挑选益生剂的标准之一，无糖益生剂所含益生菌在人体肠道内定植，有一定的降胆固醇、降血脂和防止有害细菌滋生等作用。对糖尿病患者和高血脂患者大有裨益。

Mah等医学研究者发现，人体在健康状态时，肠道双歧杆菌占益生菌总量的90%。对于缺乏双歧杆菌的患者，过量补充双歧杆菌6个月后，双歧杆菌也只占到益生菌总量的90%，并没有达到100%，表明过量补充双歧杆菌也不会对人体造成危害。

值得注意的是益生菌株如果含有可转移的耐药性因子，那么对宿主生物体安全是有害的。目前认为由于基因转移获得致病基因可能是造成益生菌转变成有害菌的一个重要因素。

益生剂类产品是活菌制剂，在中国也叫微生态制剂或益生剂。这些产品里都含有一定数量的活的细菌。细菌的种类很多，不同种类的功效也千差万别，一种益生剂用哪种细菌作为菌种，显然就成了选择益生剂必须考虑的最重要的问题。一个好的益生剂必须标出是用哪种益生菌做菌种。对于普通消费者来说，一个简单、可靠的选择益生菌类产品的方法是看看食品标签上有没有列出产品里面含有的益生菌菌种的名称。原卫生部曾于2010年4月22日发布了一个《可用于食品的菌种目录》。该目录一共列举了允许用于制作含有益生剂食品的菌种有21种，包括双歧杆菌6种、乳杆菌14种和链球菌1种。是不是只要产品标签上列出的菌种名称是《可用于食品的菌种目录》中的，就可以选择使用呢？其实，这还是不够的。《可用于食品的菌种目录》里公布的是21种细菌的"种名"，还要了解益生剂里面使用的具体菌种的信息，还必须看看厂家使用的菌种是哪一种菌株，因为同一个"种"的细菌里面的细菌菌株之间可以有很大的差别，有些具有很好的益生菌功效，有的可能无效，个别还可能有害。例如，携带抗生素抗性基因等有害特性。为什么同一"种"细菌里面的不同菌株会有很大的益生菌功效的差别呢？这是因为细菌"种"的划分和大动物的"种"的划分有着本质的不同。大动物的"种"的划分有着比较可靠的标准，那就是"生殖隔离"。判断两种非常相似的动物是不同"种"的动物，还是同一个"种"的动物，只要看它们之间有没有生殖隔离。如果它们交配以后不能产生有生育能力的后代，它们之间就有所谓的"生殖隔离"，就是不同的"种"。例如，马和驴就非常相似，它们交配的后代骡子虽然体格强壮，具有杂交优势，但是没有生育能力。因此，马和驴就不是同"一种"的动物。细菌的"种"的划分就没有这么明确的办法了，因为细菌是无性繁殖的，还特别容易从亲缘关系很远的细菌种类那里获得一些新的基因，也就是所谓的基因的水平转移，不能用"生殖隔离"来划分物种。自细菌被发现以来，微生物学家一直在探索如何对细菌的"种"进行划分，随着技术的进步，标准也一直在变化，实在难以解决。经过多年的努力，微生物学家到目前为止对细菌"种"的划分达成一个共识，那就是看两个细菌菌株的基因组序列的相似性，如果超过70%，就认为它们是一个种的。换句话说，同一个"种"的细菌里面的不同的菌株之间可以有不超过30%的基因差别。

基因不一样，功能就会不一样。那么，基因差别30%是什么概念呢？即同一种细菌内不同菌株之间的基因组差别竟然是人与小鼠之间差别的3倍，人与小鼠在形态、解剖和生理功能方面的差别已经很惊人了，如果同一种细菌里面的不同菌株的差别可以比人和小鼠的差别还要大3倍，那它们之间的功能的差别就难以估计和想象了。

（一）选择优质菌种和菌株

如何选择益生剂？益生剂有提高人体的免疫功能、缓解腹泻和便秘、提高营养物质在肠道内的消化吸收等作用。要符合前已述及的具备益生菌的9种条件。其中最主要是选择益生菌株时要考虑菌株的安全性、有效性和可控性。

益生菌有很多种，如嗜酸乳杆菌、婴儿双歧杆菌、乳双歧杆菌、嗜热链球菌、肠球菌……其中嗜酸乳杆菌、乳双歧杆菌是当今最受瞩目、效果最显著的益生菌种。选择益生菌，首先要选择优秀的菌种，其次，同类菌种中，也会有成千上万不同的菌株，就像一片树林中，同样是杨树，有的长得粗壮、笔直，有的却是矮小、弯曲。益生菌菌株亦如此，只有那些优秀的强壮的菌株，才有顽强的生命力，能够最终抵达肠道发挥作用。全世界有许多厂家可对外提供相同种类的益生菌，但是，未经临床验证的菌种和菌株作用是不可靠的。

益生剂的功效具有"高度的菌株特定性"，不同菌种、不同菌株、不同的供应商、不同的菌株配比，都可能产生完全不同的功效（当然，这种功效一定要经过临床验证的）。因此，我们选择益生剂也应该根据不同的功能需要，来选择适合各人所需要的益生剂产品。

只有那些研发历史久、技术成熟、设备完善的厂家供应的益生剂才是值得信赖的。只有优秀菌种，优选菌株，才能确保活菌的功效强大。

在选择益生剂产品时，需要看看标签上有没有列出所用菌种的种名和菌株名称。如果只有种名，没有菌株名称，这个产品的菌种来源就很可疑了。

如果厂家生产的益生剂产品使用的菌株是自己分离研究出来的，他们一定会给自己的菌株起一个独一无二的名字。要证明自己的菌种有很好的益生菌功效，需要做大量的实验室研究、动物实验和临床研究。他们围绕这个菌株申请的专利和发表的论文都会写清楚菌株的名称。因为只有这样，才能围绕自己的菌株积累数据和证据，才能有效地进行菌种知识产权的保护，才能让自己的产品有别于其他竞争者的产品。

因此，选择益生剂产品的第一个窍门，就是看看食品标签上有没有列出菌种的种名和菌株名称，只有两个名称都齐全，如双歧杆菌BB-12、鼠李糖乳杆菌LGG，才能说明这个厂家使用的菌种有清楚的来历，应该做过必要的功效学和安全性实验，这才符合选择益生剂产品的最基本的条件。

用于益生剂生产的菌种很多，美国食品药物管理局认为安全的益生菌就有40种。一般我们将其分为乳杆菌、双歧杆菌、革兰氏阳性球菌三大类。

各国选用的益生剂菌种各不相同。我国1994年农业部批准使用的微生物菌种有蜡样芽孢杆菌、枯草芽孢杆菌、屎链球菌、双歧杆菌、乳酸杆菌、乳链球菌等。按照卫生部《益生菌类保健食品评审规定》，可用于保健食品的益生菌菌种有两歧双歧杆菌、长双歧杆菌、短双歧杆菌、青春双歧杆菌、婴儿双歧杆菌、德氏乳杆菌保加利亚亚种、嗜酸乳杆菌、干酪乳杆菌干酪亚种、嗜热链球菌。目前市场上公认功能强大的产品主要是以乳酸菌和双歧杆菌为主的复合的活性益生剂。2011年11月2日，卫生部制定了《可用于婴幼儿食品的菌种名单》。2016年6月8日，国家卫计委对其进行补充，加入两种新菌种（表3-1）。

表3-1 可用于婴幼儿食品的菌种名单

菌种名称	拉丁学名	菌株号
嗜酸乳杆菌*	*Lactobacillus acidophilus*	NCFM
动物双歧杆菌	*Bifidobacterium animalis*	Bb-12
乳双歧杆菌	*Bifidobacterium lactis*	HN019 Bi-07
鼠李糖乳杆菌	*Lactobacillus rhamnosus*	LGG HN001
发酵乳杆菌	*Lactobacillus fermentum*	CECT5716
短双歧杆菌	*Bifidobacterium breve*	M-16V

* 仅限用于1岁以上幼儿的食品。

一定要选择不含肠球菌的益生剂，肠球菌是条件致病菌，国内外关于肠球菌耐药性和致病性的文献已达上万篇。2002年食品添加剂品种名称中英文对照（世界卫生组织和联合国粮农组织）联合发表报告建议，益生菌中不宜使用肠球菌。2006年《中华消化杂志》也发表文章表明，由于肠球菌是院内感染的重要来源，且对万古霉素耐药性的不断增加，故不推荐此类活菌作为益生菌制剂。

（二）选择含活菌数量多的品种

益生剂中所含活性益生菌是关键。卫生部在GB 16321—2003《乳酸菌饮料卫生标准》中指出，酸奶中活菌的数量必须高于100万个/mL。否则，最终到达大肠的活菌量无法保证，功效也会受到影响。同时，原中国奶业协会常务理事王丁棉也说过，含有益生菌的酸奶或乳酸菌饮料，其起保健功能的主要是在"活"性菌。只有足够数量的"活"性细菌才能存活到进入大肠并定居下来，才会起到保健作用。因此，选用正确的益生剂是一种更为有效的选择。以含有罗伊式乳杆菌的瑞典拜奥BioGaia益生菌滴剂为例，只需要5滴，就有超过一亿个罗伊式乳杆菌保护宝宝的肠胃健康，效果远比乳酸制品要好得多。益生剂要在人体中起作用，在被摄入时必须是活的，并且还要进入到胃肠道中也能保持活性。另外，不同活菌的数量也影响实际效果，每剂量包装内活菌数越多的，能活着到达胃肠道的菌体数就越多，效果也就越好。最好数量能达到100亿个。

益生菌的需要量与肠道正常菌群缺失的程度和有害菌的存在数量有关。每天食用含19亿～20亿个益生菌被认为是维持肠道正常菌群的最低限。目前我国乳酸菌标准也明确规定，酸奶中活菌的数量需达到每毫升含有100万个，否则，就不能保证最终到达大肠的活菌量。

活的益生菌非常脆弱，一般情况下，在储藏、运输的过程中即消耗大半，在通过胃的酸性环境时，往往被破坏殆尽，活菌必须要有超强的耐酸、耐胆盐能力，才能顺利通过胃肠屏障，安全抵达肠道。这也是益生剂提供厂家正在不断解决的问题。请记住"活菌"的含义——保质期内是活菌，而非出厂时的活菌数：有些产品只能保证产品出厂时的活菌数，这与到达人体内起作用的活菌完全是两码事。

益生菌粉中起作用的是嗜酸乳杆菌、乳双歧杆菌、鼠李糖乳杆菌、干酪乳杆菌等益生菌，而且只有活着的菌群才有活性，才能起到调理肠道、提高免疫的功效。活菌数量影响功效，市面上从30万个、50万个、100万个、50亿个、300亿个活菌数含量的益生剂产品各不相同。人体摄入数量不是越高越好，要根据厂家安全指示正确摄入。效果验证并不是所有的益生剂产品都具有类似的营养保健和预防治疗疾病的价值。要选择经过国家食品药品监督管理局批准的健字号食品，其功效是通过动物实验和人体试食实验证明的，效果是有保证的。

要选择配送环节少的益生剂产品。益生菌对生存环境的要求很高，任何一个生产配送环节都有可能导致益生菌死亡或发生污染菌的情况。本地化的益生剂在物流方面有着得天独厚的优势，因此建议选择规模大的、专业且有历史的国内的益生菌研发和生产企业的产品。

冻干粉形式是益生菌的最佳载体，冻干粉形式的益生菌活性最强。

要选择多层包埋技术的益生菌。益生菌从进入嘴里到到达肠道要经历胃酸和胆汁这两关的考验。胃液的强酸性和所含的消化酶能够杀死、消化掉大多数益生菌。而肠道里的胆汁酸和消化酶也会对细菌造成破坏，而且由于小肠的环境是碱性的，那些不怕胃酸的细菌到了小肠也会无法存活。因此，有多层包埋技术的益生菌才具有耐酸抗碱性，可以对抗胃酸和耐胆汁的侵蚀，充分保证活性。

（三）菌株必须有较强的生存耐受性

不能单纯只看所含益生菌的数量，益生菌是有生命活力的微生物，从生产（包括菌种的筛选、生产环境、包装等）、在货架待售、食用后通过胃酸、胆汁等极端环境到达肠道——这层层考验均会消耗益生菌的活性，只有通过这些关卡并最终在肠道定点繁殖存活的益生菌才有可能真正发挥作用。因此，有的益生剂产品虽然含菌数高，但由于缺乏保护，能成功到达肠道繁殖的活菌数量其实很少。

益生剂一定需要在到达肠道时仍然有活性。为此，这些细菌在通过胃肠道的时候都应该是活的。所以，考察细菌对胃酸和胆盐的耐受性，是筛选益生菌的一个基本步骤，即使这一步的实验是在体外进行的。

1. 对胃酸的耐受性

胃液的pH在一天当中是不断变化的：胃液pH在早餐时是6，在午餐时是5，在晚餐时高于4低于5。而嗜热链球菌在pH为6.8的酸性溶液中的存活率是100%，在pH为4的酸性溶液中的存活率约为75%，在pH为3的酸性溶液中的存活率约为70%。

2. 对胆盐的耐受性

分泌胆盐是身体对抗外来微生物的一种生理机制。实验结果表明，胆盐对嗜热链球的生长有一定的抑制作用（抑制率为28%）。然而，该种益生菌能够在较高浓度的胆汁中生存，所以应该可以在体内免受胆汁的损害而到达小肠的远端。

3. 选择可室温保存的益生剂

根据患者服药依从性好的益生剂，由于受到生产工艺的限制，传统益生剂均需要2~8 ℃温度储运或阴凉条件下储存，这既增加了储运成本，又使得患者的服药依从性差。新一代益生剂克服了此项技术瓶颈，可直接在室温保存，既降低了储运成本，又提高了患者的服药依从性。

（四）对肠道致病菌要有抑制作用

嗜热链球菌对肠道致病菌的抑制程度是以其在体外与这些致病菌共同培养时，使这些致病菌在培养基上形成的菌落直径减少的百分比来衡量的。如果致病菌菌落直径因为益生菌的抑制而减少90%，则可以说该益生剂所含的益生菌已经完全抑制了该致病菌的生长。

嗜热链球菌能使艰难梭菌、鼠伤寒沙门氏菌、大肠杆菌的菌落直径减少约30%；能使金黄葡萄球菌、单核细胞增生李斯特菌、产气荚膜梭菌的菌落直径减少约20%；但该益生菌对白色念珠菌没有抑制效应。

（五）免疫调节作用

嗜热链球菌似乎能够调节作为炎症指标的几种免疫因子，在体外，用人类肠表皮细胞做的实验显示了嗜热链球菌能明显下调白介素-6的产量。但是嗜热链球菌对于白介素-8、白介素-10、T细胞生长因子（TGF-β）、肿瘤坏死因子（TNF）-α的产量却没有什么调节作用。

（六）选择能够修复肠黏膜的益生剂

中国有句古话："皮之不存，毛将焉附"。对于溃疡性结肠炎、伪膜性肠炎等肠黏膜受损的患者，此时服用益生剂，则有益菌很难在肠黏膜上定植。

研究证实，丁酸（又称酪酸）是肠黏膜再生和修复的重要营养物质，能修复受损伤的肠黏膜，营养肠道，而丁酸就来源于肠道内的产酪酸菌。因此，补充产酪酸菌（如酪酸梭菌），能够在修复肠黏膜的基础上，恢复肠道菌群平衡，有效预防肠功能紊乱和内源性感染的发生，效果更佳。

（七）要有权威性和可靠性

面对市面上琳琅满目的益生剂，一定要选择"有着经临床验证功效"的产品。目前，大家给儿女食用的主流益生剂一般是粉剂、颗粒、片剂或者滴剂。

而2001年卫生部发布的益生菌类保健食品评审规定指出，不提倡以液态形式生产益生菌类保健食品活菌产品，因为益生菌在液态下的存活率较其他剂型低。相反，益生菌被制成冻干粉，其活性、稳定性高，能在常温中保存，是一个很好的选择。

（八）看原料

益生菌制剂产品都会添加除菌株外的原料，如益生原、维生素、矿物质、奶粉、麦芽糊精等。其中，益生原不但对人体有益处，还能与益生菌产生相互促进的作用。

（九）选择复合型益生剂

目前国内外均肯定选择复合型益生剂比单一菌株益生剂的效果更为理想。据中国台湾地区学者最新系统研究结果表明,由鼠李糖乳杆菌 LCR101、干酪乳杆菌 LCC102、副干酪乳杆菌 LPC106、植物乳杆菌 LP103、乳酸球菌亚种 LL301、乳酸片球菌 PA302、动物双歧杆菌 BLA201、嗜酸乳杆菌 LA107、两歧双歧杆菌 BB202、罗伊氏乳杆菌 LR108、凝结芽孢杆菌 BC707、长双歧杆菌 BL203 组成的"益菌",对便秘、腹泻、疲倦、青春痘、黑斑、慢性肝炎及肝硬化、过敏性肠症候群、老化、乳糖不耐症、免疫力低下、大肠癌等有良好的辅助作用;由乳酸片球菌 PA302、副干酪乳杆菌 LPC186、鼠李糖乳杆菌 LCR181 配方而成的"益生糖"对减肥、预防糖尿病及其并发症效果良好;由乳酸球菌亚种 LL301、唾液乳杆菌 LS109、约氏乳杆菌 LJ111 配方而成的"益生甘顺"适合口臭、青春痘、四肢水肿、易倦怠疲劳者服用;由鼠李糖乳杆菌 LCR181、乳酸片球菌 PA382、青春双歧杆菌 BA206 配方而成的"益生纤",对减肥并预防复胖、"三高"(高血脂、高血压、高血糖)代谢综合征及更年期综合征的作用明显;由乳酸片球菌 PA366、植物乳杆菌 LP116、植物乳杆菌 LP118 组成的"益生敏",能有效地辅助各种过敏性疾病(如过敏性鼻炎、过敏性皮炎、哮喘、失眠等)康复。

此外需要注意的是,益生剂是一种健康类食品,并不能包治百病,小儿只有在出现腹泻、便秘、肠绞痛、胀气、免疫力低下、过敏、服用抗生素等情况时,才可在医师建议下选择合适的益生菌。特别是针对一岁以内的婴幼儿,选择来自母乳的罗伊氏乳杆菌滴剂更为安全有效。

二、益生剂的最佳服用方式

益生剂的最佳服用方式:将益生剂溶入温豆浆、牛奶或粥中同时服用,此时,食物相当于益生菌的天然培养基,有利于其增殖和产生人体需要的营养物质,更好地发挥药效。

1. 服用温度应低于体温(37 ℃)

以免活菌被杀死。服用时不要加热,粉剂只能冲入凉开水,也可以倒入口中,直接冲凉开水喝下。为保持菌群活性及浓度,建议冲调水量不超过 80 mL,且冲泡完成后,请在半小时内服用完。益生菌饮料从冰箱内拿出后可直接饮用。

2. 最好饭后 20 分钟再服用

因饭后胃酸浓度降低,更有利于让活菌顺利到达肠道发挥作用。进入胃的食物可稀释或中和大部分胃酸,更有利于让大部分益生菌活着进入小肠,否则即使是被选出的已确定能到达小肠的益生菌菌株也难免会遭受损失,令其功效打折。

3. 建议益生菌与益生原合用

与益生原合用效果最佳。益生原可为肠道益生菌提供能量,促其迅速增殖,研究发现益生原可以增殖益生菌 10~100 倍,所以益生菌和益生原合用,益生剂效果更好,更有保障。

4. 避免与抗生素一起服用

若使用抗生素需间隔 2~4 小时后服用。抗生素不仅会杀死有害的细菌也会杀死益生菌,因此在连续使用抗生素后,易发生肠胃菌群不平衡。实践证明,投入抗生素造成肠胃菌群不平衡后再投入益生菌,不如两者同时使用的效果好,不过要记得服用时间一定要有间隔。

5. 坚持服用 10 天以上

坚持服用才有较明显的效果，巩固效果最好连续服用 1~2 个月，并在之后保持良好均衡的饮食及生活习惯。服用初期发生一些腹胀、放屁、大便次数增多甚至轻度腹泻的症状，都是肠道调节的正常反应，此时不应停止服用益生菌。

一般来说，益生剂对绝大多数人都是安全的，但是有少数人是不适合使用的，如免疫系统功能紊乱及其他严重的全身性疾病的患者。免疫系统功能低下如艾滋病患者及长期服用免疫抑制剂的人群，服用益生剂后有可能会导致感染的发生；而免疫系统亢进的患者服用之后可能会出现过敏的症状。因此，在尝试使用益生剂时应及时咨询消化科医生或者原有基础疾病相应科室医生的建议，切勿盲目相信电视上的广告。

第 2 节　益生剂产品的选择

一、奶类、奶酪

（一）酸奶

大部分酸奶或酸奶制品一般只含有保加利亚乳杆菌和嗜热链球菌两种菌，不会含有活性益生菌，或是加入的益生菌已被灭活。在酸奶中添加益生菌，可包括嗜酸乳杆菌、乳双歧杆菌、干酪乳杆菌、罗伊氏乳杆菌等菌种。虽然酸奶并不是益生菌的最好补充来源，但酸奶具有乳酸菌发酵过程中产生的一系列有益于人体的代谢产物，如维生素、酶，以及丰富的蛋白质和钙，也是非常值得吃的食物。

选购含有活性益生菌的酸奶时需要注意这几点：①益生菌种类和活菌数量；②生产日期或保质期；③尽量选择原味低糖低脂酸奶；④标识含有膳食纤维如低聚果糖、菊粉等益生原的酸奶则更好。

（二）奶酪

一些用发酵方法制成的奶酪中含有活性的益生菌，奶酪中常用的益生菌有植物乳杆菌、双歧杆菌、丙酸杆菌等。一般发酵时间越长，奶酪中有益于健康的益生菌代谢产物也就越多。平时可以适当多吃一些纯奶酪。

二、益生菌饮料

常见的益生菌饮料主要是指乳酸菌饮料，分为未杀菌乳酸菌饮料和杀菌乳酸菌饮料两种。根据《乳酸菌饮料卫生标准》（GB 16321—2003）的规定，前者出厂时每毫升含有的乳酸菌数量必须≥100 万个（10^6 个）单位（CFU）。卫生部在 2001 年《益生菌类保健食品评审规定》中规定，不提倡以液态形式生产益生菌类保健食品活菌产品。因为在运输、销售、储藏过程中难以保证益生菌的存活率。建议购买时到正规超市、选择冷藏的（一般是未杀菌的乳酸菌饮料）、接近生产日期、低糖低能量的乳酸菌饮料。

三、市售益生剂

目前市场上含益生剂的产品的剂型种类繁多，有胶囊、片剂或固体饮料等，既有益生菌食品，也有以"蓝帽子"注册获批的益生菌保健产品，甚至药品。

选购益生菌补充剂时应注意：①选择可靠的品牌和生产厂家，如为食品则需有 QS 标识，如为保健食品则需具有有效的"蓝帽子"标识；②选择符合需求的益生菌补充剂，根据不同人群的不同需求，来选择符合改善相关功能的益生菌补充剂，如缓解腹泻/便秘、辅助降血脂或缓解肠易激综合征等；③查看所标注益生菌菌种或者菌株的具体信息，查看所标注菌种是否在国家公布的《可用于食品的菌种名单》或《可用于保健食品的益生菌菌种名单》里，详情可参考中华人民共和国国家卫生和计划生育委员会官方网站；④不要被夸大其词的广告迷惑，例如，某些生产商宣称"干酪乳杆菌对抗生素相关腹泻的疗效早已在临床上得到了验证"。这种宣传语听起来似乎很可信，但是问题在于干酪乳杆菌有多种菌株，其中只有某些菌株如干酪乳杆菌 DN-114001 被证实对抗生素相关腹泻有明确的预防或缓解作用，其他干酪乳杆菌可能没有类似的功能，甚至还有一些菌株早已被证实对抗生素相关腹泻毫无益处。

第 3 节　婴幼儿补充益生剂

医学上根据人生不同年龄的特点分为妊娠胎儿期、婴儿期（0～1 岁）、幼儿期（2～3 岁）、学龄前期（4～6 岁）、儿童期（7～11 岁）、少年期（又称青春发育期，12～17 岁）、青年期（18～24 岁）、壮年期（25～45 岁）、中年期（46～59 岁）、老年期（60～89 岁）、长寿期（90 岁以上），其中青年期至中年期又称为成人期。

我国民间流行一套顺口溜，也基本反映了人生的短暂历程，具体如下。

生老病死是自然规律：0 岁登台亮相；10 岁天天向上；20 为情彷徨；30 奋发图强；40 基本定向；50 处处吃香；60 告老还乡；70 搓搓麻将；80 晒晒太阳；90 躺在床上；100 挂在墙上；生的伟大，死得凄凉！

人和哺乳动物出生前都是无菌的，出生时来自母亲产道、周围环境和空气中的细菌在 2～3 小时内就开始在新生儿的肠黏膜定植。开始是肠球菌和大肠杆菌，随后是梭杆菌、酵母菌、葡萄球菌链球菌和乳杆菌。喂养方式影响肠道菌群的定植顺序，如人工喂养儿的肠道内第 1 天就有大肠杆菌、肠球菌及消化链球菌；母乳喂养儿的第 1 天双歧杆菌就定植在肠黏膜，乳杆菌第 2 天定植，类杆菌和酵母菌则在第 4 天才定植；而人工喂养儿双歧杆菌要到第 6 天才定植，类杆菌第 11 天才定植，乳杆菌和酵母菌第 13 天定植，而梭形杆菌第 14 天定植。可见一个人肠道正常菌群的建立需要 7～14 天完成。

人的一生一般要经历两次正常微生物的演替过程，第一次是从出生到第 1 周至第 2 周，肠道从无菌到有菌，从最初出现的需氧菌与兼性厌氧菌占优势的状态转化为专性厌氧群占优势，这一转变过程也是正常菌群定植时期，这个时期完成以后，菌群就趋于稳定，形成具有婴幼儿特点的肠道菌群；第二次是从母乳喂养到混合喂养，尤其是向成人饮食转型，肠道菌群会发生大的变动。成人肠道菌群是相对稳定的，一般因患病或用药才会发生变动。但是随着人进入老年期，肠道菌群也会发生变化，这种菌群的变化会加速人的老化，从而形成一个恶性循环。人体肠道菌群变化概况详见图2-9。

一、婴幼儿的生理特点

婴儿期是指出生到1周岁以前的一段时期，这是人一生中生长发育最快的时期，直接影响人的一生。婴儿期身体躯干生长最快，前6个月每月体重增长0.6 kg，后6个月每月增重0.5 kg，1岁时体重超过出生时的3倍。新生儿身长平均为50 cm，到1岁时约增长50%，达到75 cm。出生时头围34 cm，婴儿期每月增长1 cm，6~12个月后胸围和头围尺寸基本相等。新生儿胃容量25~50 mL，出生10天后增加到100 mL，6个月时200 mL，1岁时300~500 mL，胃蛋白酶活力弱，消化能力有限。新生儿小肠长度为身长的6~8倍，肠黏膜绒毛较多有利于营养吸收，但消化酶消化能力有限，胰淀粉酶要等到4个月后才能达到成人水平。幼儿虽不及婴儿那么迅猛，但也很旺盛。体重每年增加约2 kg，身高每年增长约10 cm，头围每年以1 cm的速度增长。

出生后前6个月易缺乏维生素A和维生素D；婴儿基础代谢旺盛所需能量高，必需氨基酸需要量比成人多5~10倍，每日需要补充足量的蛋白质，应注意补充多不饱和脂肪酸，保证大脑和智力发育；4个月后能消化淀粉，可添加米糊类食品；需注意补钙、铁和锌；出生两周后需加服浓缩鱼肝油，补充维生素A、D。

婴幼儿肠道消化功能不成熟，肠道菌群不稳定，故应更加重视合理补充益生剂。

二、合理补充益生剂

婴幼儿补充益生剂可为肠道迅速建立和保持正常菌群。益生菌的两大家族包括乳杆菌属和双歧杆菌属。其中乳杆菌对婴儿的作用与成人基本相似，而双歧杆菌对婴幼儿有着重要的意义，因为在人乳中发现了双歧因子。母乳中的双歧因子是由含N-己酰葡萄糖糖胺的多糖组成的。婴幼儿属于免疫力较弱的群体，如果使用化学药物又会给这些敏感的婴幼儿带来伤害。同时婴幼儿又是一个很麻烦的群体，不能较准确地表达各种不适，经常表现出全身性不适。益生剂有独特的以菌制菌的天然生态疗法，对婴儿来说显得必需而且十分重要。如今婴幼儿食品中添加益生剂已成为一种潮流。

婴幼儿需要补充益生菌的理由大致分为两个方面：一是改善免疫力，预防多种疾病；二是促进消化，让婴幼儿健康快乐地成长。

（一）改善免疫力，预防多种疾病

在出生几天后，婴幼儿的胃肠道中就会定植细菌。随着肠道内、皮肤上正常细菌的寄存，人体的免疫系统就开始启动、发育，直到基本成熟。婴儿的肠胃系统占到了免疫系统的2/3，所以胃肠道中正常菌群的建立就显得至关重要。如果菌群建立过迟或不良，就会出现相应的疾病。

不论是细菌、病毒或原虫引起的感染性腹泻，还是非感染性腹泻，都会引起肠道菌群失调。益生剂可以抑制有害菌的生长，抑制和清除有害细菌产生毒素。所以，适当添加益生剂可以协助体内菌群平衡，与肠道黏膜共同形成屏障，一起抵御致病病原体的侵害。

婴幼儿腹中常见的益生菌能够抵抗致病菌从肠道上入侵并定植。因为它们是夺取营养素的强者且紧紧地黏附于肠道壁。当肠道中"居住"足量的婴儿菌时，有害菌就无立足之地。益生菌产生的乙酸和乳酸增加了肠道的酸度，进一步阻止了不良菌的生长。这些友善细菌还有助于氮素的保留，保证幼儿正常的体重。

研究表明超过20%的婴儿可能会受到过敏性症状的侵袭，多达25%的新生儿和幼儿受到激烈的、过度的绞痛影响。美国每年有超过1000位小于12个月的婴儿在经受腹泻后死亡。国内一项调查显示，在未满1周岁的婴儿中间，上呼吸道感染的发病率竟高达79%。益生剂通过代谢可产生短链脂肪酸，该脂肪酸为肠道细胞提供能量，用以强化黏液层。这个黏液层是阻挡病原体和过敏源的屏障。益生剂对绞痛研究的结果公布在2007年1月发行的儿科杂志上，婴儿由于益生剂的影响减少哭泣时间显著，95%的婴儿减少了50%或以上哭泣时间。

（二）促进消化吸收，利于健康成长

婴儿期是人类生命生长发育的第一高峰期。婴儿的体重平均每月增长0.5 kg以上，身体平均增长25 cm，还有脑重达到成人的2/3。幼儿虽不及婴儿那么迅猛，但也很旺盛。体重每年增加约2 kg，身高每年增长约10 cm，头围每年以1 cm的速度增长。

另外，婴幼儿的口腔狭小，唾液分泌少，乳牙正处于萌出阶段。胃容量在不断长大的过程中，胃肠道消化酶的分泌及蠕动能力也很低。发育迅猛与消化吸收功能的局限形成了很大的反差，而益生剂能促进消化吸收的功能，可以很好地缓和这一矛盾，有效避免了消化功能的紊乱和营养不良，使婴幼儿健康成长。例如，在中国婴幼儿缺钙问题较突出，这种钙的缺乏关键是吸收功能弱。益生剂能提供重要的营养物质，益生菌能产生维生素，包括泛酸、尼克酸、维生素B_1、维生素B_2、维生素B_6及维生素K等，对幼儿骨骼成长和心脏健康有重要作用。

益生剂给婴幼儿带来益处的同时它们也可以促进钙的吸收。益生菌产生的酸性物质能增加肠道的酸度，益生菌的运动可以增加肠的蠕动，有利于钙的吸收。益生剂还能分解乳糖和提高蛋白质消化率。Rasic博士发现当体重过轻的婴儿膳食补充婴儿双歧杆菌后，能够增加氮的潴留（即能增加蛋白质的消化吸收），进而帮助婴儿达到正常体重。

由于一些很小的疾病，婴幼儿常常又哭又闹，表现出对打针、喝药的排斥，对此父母感到很头疼。不少的益生剂就可以加快某些疾病的恢复，甚至一些益生菌还可以直接用于治疗如腹泻等类的疾病。当人体生病时，食欲缺乏，消化吸收功能减弱主要是肠道菌群偏离了正常平衡。同时缺乏运动来强化自己的身体。益生剂的作用在于强化消化功能，提升食欲，使婴幼儿尽快从疾病的痛苦中恢复，健康快乐地成长。

首先并不建议婴幼儿常规饮用益生菌饮料。婴幼儿补充益生菌，可通过服用益生剂来达到目的。其次，益生菌并不需要长期使用，要在婴幼儿有指征的情况下使用。

三、婴幼儿补充益生剂的情形

（一）服用抗生素

抗生素尤其是广谱抗生素不能识别有害菌和有益菌，所以把它们全部杀死。补充益生剂会对维持肠道菌群的平衡起到很好的作用。

（二）胃肠道功能差

食欲缺乏、消化不良、急慢性腹泻、大便干燥和颜色深及吸收功能不好引起的营养不良，都可以给婴幼儿补充益生剂。

（三）早产儿、剖宫产儿

早产、剖宫产和非母乳喂养的孩子不能从母亲那儿得到足够的益生菌和益生原，为了肠道菌群的正常化，应该适量补充益生菌和益生原。

（四）免疫功能低下

对于免疫力低下或者需要增强免疫力的特殊时刻（如某种流行疾病期间），能够起到预防作用。

（五）外出旅游

带孩子出行或旅游时带上益生剂类产品，如果孩子肠胃不舒服，服用后能够有效缓解。

益生菌属于厌氧菌，不宜长时间暴露于空气中。宜随吃随调制，减少在空气中的暴露时间。食用含有益生菌的奶粉，要随手盖严奶粉罐。婴幼儿免疫功能的完善和健全需要自身发育，如果长期服用益生剂会影响孩子自身免疫系统的发育，不宜长期服用。

6个多月的婴幼儿添加辅食以后，排便费力，大便干结，应给予喂食酸奶，目的是补充益生菌。有人认为酸奶为食品，至少比药物安全。如果两次喂养后，孩子开始哭闹、腹泻、大便带血丝、湿疹加重，乃是典型的牛奶蛋白过敏现象。因此，孩子1岁以内不应接受鲜奶及制品。酸奶也是鲜奶制品，不能代替益生剂给婴幼儿服用。

张晋雷对230例早产儿进行的随机对照研究表明，早产儿出生后24小时内应用益生剂能显著降低坏死性小肠结肠炎患病率，减低小肠结肠炎进展程度和死亡率。

益生剂已越来越多地用于早产儿预防疾病，澳大利亚格里菲斯大学医学院Sun教授等查阅了从2013年1月至2017年6月各种期刊、数据库、文献、医学文摘资料。研究对象为体重极低的婴儿（体重<1500 g或胎龄<32周），以坏死性小肠结肠炎（NEC）和脓毒病为主要对象，观察其死亡率、住院时间、体重增加变化，附带研究脑室内出血的婴儿。最后分析包括132篇相关文献和32次（8998例婴儿）随机对照实验，按照性别开展了亚组分析，结果显示服用益生剂补充组坏死性小肠结肠炎降低了37%、住院时间减少了3.7天，这些结果与对照组比较均有意义差别。结果表明，服用益生剂的用量能明显降低坏死性小肠结肠炎和脓毒血症患儿的内科并发症、死亡率和住院时间，并能促进很不成熟早产儿的体重增加。益生剂对母乳和配方奶喂养婴儿更有效，小于6周的婴儿每天用量少于10^9个菌落并包括多种菌株，益生菌对血管内溶血和极低体重的婴儿无效。

第4节 中老年人补充益生剂

一、中老年人的生理特点

中老年人的身体变化主要体现为：身高（主要为脊柱）变短；脂肪减少（腹部增多），体重下降；毛发脱落，头发变白；皮皱增多，弹性下降。循环系统表现为心脏肌纤维减少，心肌收缩力及输出量均下降，心瓣膜钙化，心率变慢，血管硬化，血压升高。呼吸系统呈胸廓桶形变，呼吸肌萎缩，呼吸道黏膜变薄，腺体萎缩，毛细支气管变小和肺泡变大（因弹性纤维减少，胶原纤维增多有关），换气功能差，肺活量下降，肺粉尘增加。消化系统黏膜萎缩，分泌物减少，口干舌燥；牙齿容易脱落；胃酸和胃蛋白酶分泌减少，消化功能下降；肠道黏膜萎缩，消化与吸收功能下降；肠蠕动力不足导致便秘。内分泌功能全面下降，脑垂体调节功能减弱；甲状腺萎缩，基础代谢减弱；肾上腺萎缩，反应迟钝；性激素减少，性功能下降，女性停经；松果体退化，睡眠差。神经系统脑沟增宽，脑回缩窄（图3-1），神经细胞数（成人140亿～200亿，平均丧失10万个/天）90岁时仅剩20岁时的1/2，记忆力减退，继而出现渐进性视力衰退与痴呆，动作缓慢，反应迟钝；视、听、嗅、味、触、痛、温觉等迟钝；平衡功能差，步态不稳，易跌跤。

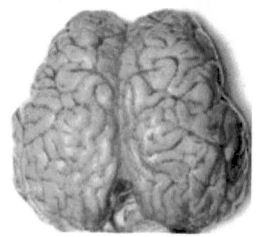 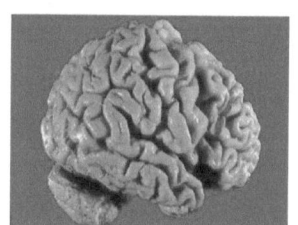

a 成年人大脑　　　　　　　　b 老年人大脑

图3-1　成年人大脑和老年人大脑（脑沟增宽、脑回缩窄）

泌尿系统肾单位减少（60岁时减少至1/2），肾功能下降；膀胱萎缩，排尿次数增加；逼尿肌松弛，发生尿潴留，残留尿增加；尿道括约肌松弛，易发生尿失禁及尿路感染；男性易发生前列腺肥大。运动系统肌纤维水分减少，弹性下降，功能减退，容易疲劳；骨骼胶原和弹性纤维减少，无机盐相对增多，易折断；成骨作用减少，骨吸收增强（女性雌激素减少，导致破骨增加，骨质钙盐可减少一半），引起骨质疏松。免疫系统具有免疫功能的T细胞、B细胞、红细胞、巨噬细胞减少，免疫球蛋白减少，抗感染和清除病原能力减弱，故易感染；突变细胞增多，容易癌变。

新陈代谢变化表现为：老年人基础代谢较中年人降低15%～20%；合成小于分解，呈氮的负平衡（即蛋白质的分解大于合成）。

二、衰老的机制

衰老的过程总是与各种慢性退行疾病即各器官的慢性病相伴而行,老人由于生理功能下降,适应能力减弱,细胞再生能力减弱,身体平衡易被打破,易患糖尿病、癌症、心血管疾病、骨关节疾病。

衰老是十分复杂的生命现象,受遗传因素、环境因素和体内因素等影响,至今尚未有共知的统一认识。

衰老受遗传基因的控制,人体内已发现有多个衰老基因(位于1、2、4、6、7、11、18及X号染色体)和抗衰老基因(又称长寿基因,这些基因突变或功能下降和老年病有关。8号染色体上编码脱氧核糖核酸的解旋酶的基因,如果突变即可发生成人早衰症)。酶活性尤其是端粒酶活性的下降或缺失,因不能继续修复端粒将导致端粒缩短,细胞不能再分裂,进而衰老而死亡。自由基(超氧阴离子$\cdot O_2^-$、羟自由基$\cdot OH$、过氧化氢H_2O_2)导致衰老会对生物体产生一系列损害:损害细胞膜;损害蛋白质和酶的活性;可使脱氧核糖核酸链断裂或碱基破坏、缺失。自由基可引发细胞膜脂质过氧化,并与生成的脂质过氧化物-蛋白质共聚物形成褐脂素,在人的手、脸部皮肤上沉积,形成老年斑(衰老的基本特征)。

一般成年人的肠道细菌中,30%~35%是有益菌。随着年龄的增长,数量会减少。老年时,肠道中的有益菌减少到1%以下。其中双歧杆菌的减少就是人体衰老的信号(图3-2)。首都医科大学许冬指出,老年人肠道菌群中双歧杆菌数量明显减少,需氧的肠杆菌、肠球菌数量明显增加;老年人肠道定植抗力下降;老年人肠黏膜免疫功能减低,并且与双歧杆菌的减少呈正相关关系;老年人血钙、血清铁、叶酸等含量减低,并且与双歧杆菌的减少相关。解放军第210医院朱伟报告,正常中年人肠道菌群具体比率情况报告如下:革兰氏阴性杆菌(55.5±5.7) CFU/mL,革兰氏阳性球菌(19.9±5.8) CFU/mL,革兰氏阳性杆菌(17.2±5.0)CFU/mL。老年人的肠道菌群具体比率情况报告如下:革兰氏阴性杆菌(69.5±6.4) CFU/mL,革兰氏阳性球菌(13.1±4.9) CFU/mL,革兰氏阳性杆菌(14.9±5.9) CFU/mL,真菌孢子(0.1±0.1) CFU/mL。经过粪便标本菌群分析,老年组的双歧杆菌数量明显下降。

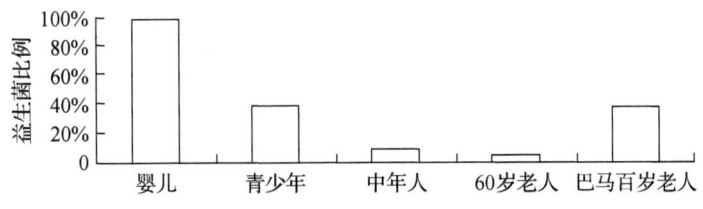

图3-2 不同年龄肠道益生菌所占比例概况

人的生命就像一棵小树,需要精心地浇灌、呵护才会茁壮起来。应该特别强调以下三点重要的结论。

第一,营养。完整的植物,多种类的植物,代表着营养。人如果比较喜欢吃蔬菜水果,少吃肉类,就会比较健康。美国现在提倡素食的汉堡,就是这个道理。

第二,保持一种很平静的心情。因为一旦有压力或生气、紧张,半小时以内身体免疫功能就会下降。

第三,适当的运动和休息。剧烈的运动对身体是没有好处的。奥林匹克的运动模式是自我牺牲的一种表现。适当的休息,免疫系统在白天会比较弱,晚上才做修补工作。举个例子,两个学生一个在运动后读书,另一个在睡觉,旁边有人因感冒而咳嗽,哪个有可能被感染呢?当然是那个运动后读书的学生。

国际卫生组织对世界第五长寿区——中国广西巴马地区百岁以上老人体内的双歧杆菌进行了系统的研究,发现长寿老人体内的双歧杆菌比普通老人要多50~100倍(图3-3)。

图3-3 广西巴马百岁老人神采奕奕

肠道微生态是人体最大、最复杂的微生物系统。正常情况下,这些微生物互相依存、互相制约,维持平衡,保持一定的数量和比例。肠道微生态系统具有代谢、营养及免疫防护等多种功能。但当肠道菌群紊乱时便对人体健康产生危害甚至导致各种疾病的发生。

三、中老年人合理补充益生剂

肠道内的菌群随着人的年龄增加变化显著,随着年龄的增大,双歧杆菌逐渐减少甚至消失,而产气荚膜梭菌等腐败细菌大量增加,再加上老年人牙齿松动、脱落或由于疾病、喜欢进食精细软烂的少渣食物,进食富含纤维素的食物较少,这种不合理的饮食习惯易使中老年人肠道内的益生菌数量减少,腐败菌增加,从而出现肠道菌群紊乱,诱发一些中老年肠道疾病,同时也加快衰老。

第3章 益生剂的选择及适用人群

合理膳食对肠道微生态的保护与调节起重要作用，其中可溶性膳食纤维所起的作用尤为重要。可溶性膳食纤维所包含的双歧成分是双歧杆菌等益生菌有效增殖的培养基，对于确保肠道的微生态平衡具有极其重要的作用。老年人可以选用黑木耳、魔芋、玉米、燕麦、荞麦、小麦麸、果冻、果酱、苹果、柑橘、葡萄、海藻类、豆类等食品，从中获得必要的可溶性膳食纤维，由此也就获得了所需要的双歧成分。

合理选择益生剂包括益生菌及其代谢产物和促进生长成分。目前已被确认的几种益生菌有双歧杆菌、嗜酸乳杆菌、干酪乳杆菌、屎肠球菌、鼠李糖乳杆菌等。至今已开发出的多种益生剂，在临床广泛用于改善肠道功能和辅助治疗中老年肠内外疾病。

人们饭桌上所常见的优酪乳是一种特殊的益生剂。优酪乳是保加利亚乳杆菌和嗜热链球菌发酵而成的乳制品，也就是说，在优酪乳中必须要有活性菌，即乳酸菌，没有活的乳酸菌的乳制品都不能称为优酪乳。在欧洲一些著名长寿之乡、高加索山区、保加利亚和地中海沿岸国家，当地成年人常饮自制的优酪乳，他们的健康水平明显更高。肠道微生态平衡还可以维护神经系统、内分泌系统等各大系统的健康，因此可以说肠道微生态平衡与否决定了我们的寿命长短。总之，对中老年人而言，补充益生剂应成为一种习惯或日常饮食的一部分。

小肠干细胞是保持肠道健康和正常功能的动力源泉，但是最近一项发表在国际学术期刊《细胞报告》*Cell Reports* 的新研究表明这些细胞也会随人类一同衰老逐渐失去再生能力。研究人员表示，这项研究首次表明小肠干细胞会随人类一起衰老，还首次提供了清晰证据表明小肠干细胞治疗衰老相关肠道疾病的新线索。

益生剂是能维持人类肠道菌群平衡及对人体具有潜在健康及促进作用的活的微生物。益生剂中的微生态调节剂不仅可以预防疾病，调整人体微生态失调，保持肠道微生态平衡，提高人体健康水平，增进健康，还可以利用生物拮抗原理，达到以菌治菌的治疗目的。

老年人多吃益生剂有助于健康，服用时需注意循序渐进及坚持服用。

尤其是益生菌见效快、作用持久，具有药物不可代替的治疗保健作用，在很大程度上改变了人类使用抗生素的方法和标准。随着微生态理论的崛起，医学从抑菌时代开始走向"促菌时代"，"以菌治菌"就是让有益菌在肠道定植，抑制有害菌的繁殖、增生，使人体达到健康状态。大量研究和医疗实践发现，应用肠道双歧杆菌、乳酸杆菌、粪链球菌等益生菌制成的微生态制剂，能有效补充人体肠道双歧杆菌、乳酸杆菌和粪链球菌，调节肠道微生态平衡，发挥保健功能，令肠道"更年轻"。

英国营养专家倡导，鼓励60岁以上的人每天应服食益生剂，以补充体内的"有益"菌类，让有益菌始终处于较高水平，从而抑制有害菌生长，减少肠道感染的发生率。在补充益生剂时，要多吃蔬菜和水果，因其富含促进益生菌生长的营养物质——益生原。常见的益生原如低聚果糖（FOS）和低聚半乳糖等都有调节肠道菌群的作用，可刺激双歧杆菌等有益菌的增殖，促进免疫。

中老年人补充益生剂可以达到如下效果。

（一）预防便秘

随着年龄的增加，肠道机能老化，动力不足。60岁以上的老年人，大约有1/3的人会饱受便秘之苦，不仅如此，便秘更可能成为诱发高血压、心脑血管疾病的危险因素。乳杆菌、双歧杆菌、凝结芽孢杆菌等乳酸菌能分泌乳酸促进胃肠蠕动，同时像凝结芽孢杆菌细胞膜中含有保水蛋白，能保持大便湿润，对治疗便秘效果更好。

（二）促进营养物质吸收

研究发现，在所有因消化道疾病而住院的老年患者中，约有 12% 的人有不同程度的吸收不良综合征。吸收不良综合征主要表现是脂肪泻，大便恶臭含有较多油脂，腹胀；营养不良主要突出表现是消瘦、体重下降、维生素缺乏等。益生剂可以平衡肠道菌群，营养肠黏膜细胞。同时，还可以分泌多种消化酶，促进营养物质的消化和吸收。另外，部分益生剂还可以产生维生素，防止维生素缺乏症的发生。

（三）提高免疫功能

人一旦进入中年，免疫力会随着年龄增长而下降，极易患病。益生剂能促进抗炎因子表达，降低"促炎因子"表达，从而减轻肠道炎症；促进免疫球蛋白 A 的表达，提高免疫力。同时，像酪酸梭菌还可以分泌酪酸，直接营养修复肠黏膜，增强肠黏膜屏障功能，阻止肠腔内大分子物质和细菌渗入肠壁。

（四）预防骨质疏松

45 岁之后，人体钙流失逐渐增加，随着年龄的增加，极容易出现骨质疏松。据统计，我国 60%~69% 的老年女性骨质疏松症的发病率高达 50%~70%，老年男性为 30%，常表现出腰腿疼、腿脚不灵便。

（五）减轻更年期综合征

研究发现，更年期综合征人群肠道双歧杆菌数量显著减少，肠杆菌科及肠球菌细菌数量显著增加。补充特定的益生剂，可以恢复更年期女性肠道菌群平衡。同时，有研究发现，益生剂可以促进食物中的类雌激素成分转化成更利于人体吸收的雌激素，减轻因雌激素分泌量降低引起的更年期综合征症状。

（六）延缓衰老

肠道微生态平衡时，肠内存在大量有益菌，这些益生菌具有抗氧化和调整神经内分泌作用。另外，也有研究发现，肠道微生态失衡会导致染色体端粒长度缩短，加剧衰老。补充益生剂可以恢复肠道菌群平衡，延长寿命。此外，肠道微生态平衡还可以维护我们的神经系统、内分泌系统等各大系统的健康，因此可以说肠道微生态平衡可有效地延缓衰老。

第 5 节 女性补充益生剂

一、女性的生理特征

神圣、崇高、伟大、光荣的母亲肩负着人类未来的艰巨使命，保证了人类的繁衍与种族延续，其生理变化显然比男性复杂得多。12 岁左右开始月经来潮，成年后要结婚、妊娠、分娩、哺乳，除上班工作之外还要操劳繁重家务、育儿教女，中年后又迎来更年期的巨大变化，老年期后又因雌激素减少易患心血管疾病和骨质疏松等老年性疾病。

（一）青春期

从月经初潮至生殖器官发育成熟的时期称为青春期。女性月经初潮多在青春发育期出现，一般年龄为 10～18 岁。极少数小于 10 岁或迟于 18 岁才来月经。月经来潮与卵巢和子宫膜的周期性变化有关。从青春期开始，卵巢内的卵细胞陆续发育成熟并排出。与此同时，卵巢分泌雌激素和孕激素，促使子宫内膜增厚和血管增生，为受精卵在子宫内发育创造条件。排出的卵子如果没有受精，卵巢的雌激素和孕激素的分泌会很快减少，引起子宫内膜组织坏死脱落，血管破裂出血。脱落的子宫内膜碎片连同血液一起由阴道排出，这就是月经。每个少女月经周期都有自己的规律，行经期 3～5 天，出血量 30～300 mL。少数两个月行经一次甚至半年行经一次，年年如此，也是正常的，不必为此担忧。随后，雌激素和孕激素的减少，又开始了下一个月经周期。

这个时期的生理特点是身体及生殖器官发育很快，第二性征形成，开始出现月经。①全身发育：随着青春期的到来，全身成长迅速，逐步向成熟过渡。②生殖器官的发育：随着卵巢发育与性激素分泌的逐步增加，生殖器各部也有明显的变化，称为第一性征。外生殖器从幼稚型变为成人型，阴阜隆起，大阴唇变肥厚，小阴唇变大且有色素沉着，阴道的长度及宽度增加，阴道黏膜变厚，出现皱襞；子宫增大，尤其子宫体明显增大，使子宫体占子宫全长的 2/3；输卵管变粗，弯曲度减少；卵巢增大，皮质内有不同发育阶段的卵泡，使表面稍有不平。③第二性征：第二性征是指除生殖器官以外，女性所特有的征象。此时女孩的音调变高，乳房丰满而隆起，出现腋毛及阴毛，骨盆横径的发育大于前后径的发育，胸、肩部的皮下脂肪更多，显现了女性特有的体态。④月经来潮：月经初潮是青春期开始的一个重要标志。由于卵巢功能尚不健全，故初潮后月经周期也无一定规律，须经逐步调整才接近正常。

（二）妊妇期

精子与卵子结合形成受精卵的过程称为受精或受孕。卵子由卵巢排出后生存 24 小时，由输卵管的伞端吮吸作用，进入输卵管，在壶腹部与精子相遇结合成为受精卵。借助输卵管的蠕动和纤毛的推动作用，向子宫腔方向移动。受精第 4 天进入宫腔，在受精后第 6～7 天开始种植在宫内膜上，第 11～12 天完成，称为着床（种植或包埋）。这是妊娠的开始，也就是一个小生命的开始。孕期就是怀孕周数，医学上的孕期是指从末次月经的第一天（并不是从同房的那天算起）开始，到分娩结束，通常为 40 周。

女性怀孕是繁衍后代的一个正常生理过程，怀孕后身体会有一定的变化，例如，内分泌代谢的改变，会有月经的停止不来，随着胎儿的增长，腹部会有隆起，乳房增大，分泌乳汁等。孕期代谢旺盛，代谢产物增加，且胎儿的代谢产物亦要经母体肾脏排出，使肾脏的负担加重，肾功能有所改变。所以，孕妇尿液中常有蛋白或糖出现（图3-4）。

子宫是胎儿生长发育的地方，怀孕以后子宫的改变最明显。例如，子宫血管变粗，增加对胎盘的血液供应，以保障供给胎儿足够的营养，子宫容积明显变大，到胎儿足月时，子宫容量比未孕前增大

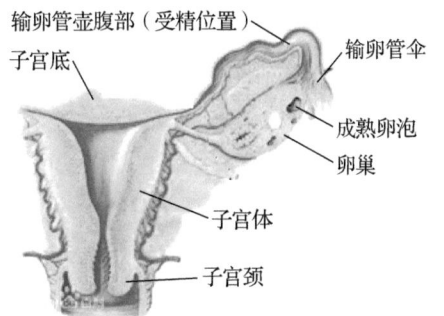

图 3-4 女性生殖系统示意

约1000倍，子宫颈黏液分泌增多，并聚集在子宫颈管内形成"黏液塞"，以阻止细菌进入子宫腔，防止发生感染。

随着胎儿在子宫内逐渐发育，胎儿的附属物，即胎盘、脐带和羊水也逐渐形成。妊娠后，从受精卵发育成熟为一个约3000 g重的胎儿，是一个很复杂的生理过程。由于胎儿生长发育的需要，在胎盘产生激素的参与下，孕妇体内发生一系列的适应性变化，包括生殖系统、循环系统、内分泌系统、皮肤及新陈代谢等。这些变化给孕妇带来很大的身体负担和生活的不便利，所以了解妊娠期身体各器官系统发生的生理变化，对顺利渡过妊娠期十分重要。

建议在怀孕后需要高蛋白的食物，如牛奶、鸡蛋等，还需要定期的孕检，如唐氏综合征筛查和彩超排除畸形等。

整个妊娠期是以280天计算。以月份计算是9个月零7天，以周（7天）计算为40周。推算预产期应清楚末次月经的日期，从末次月经的第一天算起，月份减3或加9，日数加7。例如，末次月经第一天为1997年9月1日，那么预产期为1998年6月8日。如果只记住阴历的末次月经第一天，应换算成相同日期的阳历，再推算预产期。但推算出的预产期不是绝对准确的日期，与实际分娩期可以提前或推后1~2周。若记不清末次月经的日期或哺乳未来月经，可根据早孕反应出现的时间，胎动开始的时间、子宫底在腹部的高度，结合超声检查，加以推算。

（三）分娩期

分娩，特指胎儿脱离母体成为独立存在的个体的这段时期和过程。分娩的全过程共分为3期，也称为3个产程。第一产程，即宫口扩张期；第二产程，即胎儿娩出期；第三产程，即胎盘娩出期。

自然阴道分娩是指在胎儿发育正常，孕妇骨盆发育也正常，孕妇身体状况良好，同时有安全保障的前提下，通常不加以人工干预手段，让胎儿经阴道娩出的分娩方式。孕妇在决定自然分娩时，应先了解生产的全过程。自然阴道分娩是最为理想的分娩方式，对产妇和胎儿没有多大的损伤，并且产后恢复得也比较快，并发症少，生产当天就可以下床走动。而且新生儿从产道出来时肺功能得到锻炼，皮肤神经末梢经刺激得到按摩，其神经、感觉系统发育较好，具有更强的抵抗力，新生儿经过产道时头部受到挤压也有利于新生儿出生后迅速建立正常呼吸。同时胎儿在娩出过程中可从阴道获得宝贵的益生菌。

分娩后随着胎盘排出，胎盘所分泌的各种激素在体内急剧减少或消失，并于产后2~6周逐渐恢复。

分娩是自然的生理现象，分娩痛是生理性疼痛，一般人都可以忍受。但是生产时必须经过一段时间的剧痛，如果没有充分的思想准备，孕妇会被意料不到的疼痛打垮。

（四）哺乳期

哺乳期是指产后产妇用自己乳汁喂养婴儿的时期，产妇经过妊娠分娩，由于人体疲惫，精神紧张，神经系统机能状态不佳，加上妊娠后期体内各种激素有不同程度增加，分娩后应注意护理与保健。

通常为10个月至1年。此期应包括产褥期，指从胎盘娩出至产妇全身各器官除乳腺外都恢复或接近正常未孕状态所需要的一段时间。

哺乳期的妇女一般都有着初为人母的喜悦，心理状态良好。但亦有产妇，特别是初产妇对哺乳、产后护理、身材恢复、性生活等有着不同程度的困惑，此时医务人员和家人应给予充分的指导和关怀，帮助乳母顺利地度过哺乳期。

母乳喂养和乳房护理及推荐母乳喂养，必须正确指导哺乳。应在产后半小时内开始哺乳，这个时候乳房内乳量可能不多，但是通过新生儿吸吮动作可刺激泌乳，还应该按需哺乳。

母乳是婴儿必需的和理想的营养食品，营养丰富，适合婴儿消化吸收。母乳喂养是婴儿健康生长发育提供理想食物的一个独特途径，用母乳喂育婴儿省时、省力、经济、方便。母乳含多种免疫物质，能增加婴儿的抗病能力，预防疾病。

通过母乳喂养，母婴皮肤频繁接触增加母子感情。促使母乳喂养成功的十点措施有书面的母乳喂养政策，并常规地传达到所有保健人员。

实行母婴同室，让母亲与其婴儿一天24小时在一起。鼓励按需哺乳，不要给母乳喂养的婴儿吸吮橡皮奶头，或使用奶头做安慰物。

必须掌握正确的乳房护理知识和保健知识，有利于乳汁的分泌和哺乳的顺利进行：哺乳前，柔和地按摩乳房，有利于刺激排乳反射。切忌用肥皂或酒精之类物品擦洗乳房及乳头，以免引起局部皮肤干燥皲裂，如需要只许用经过煮沸消毒的，含有清洁水的纱布清洗乳头和乳晕；哺乳时，应注意婴儿是否将大部分乳晕也吸吮住，如婴儿吸吮姿势不正确或母亲感到疼痛，应重新吸吮，予以纠正；哺乳结束时，不要强行用力拉出乳头，因在口腔负压下拉出乳头易引起局部疼痛或皮肤损伤，应让婴儿自己张口乳头自然地从口中脱出；每次哺乳，应两侧乳房交替进行，吸空一侧，再吸另一侧，这样可促进乳汁分泌增多，预防乳管阻塞及两侧乳房大小不等；哺乳期间，母亲应戴上合适的棉质乳罩，以起支托乳房和改善血液循环的作用。

（五）更年期

更年期是人生中的一个特定转换时期——退行性改变时期。女性更年期是指月经完全停止前数月至绝经后若干年的一段时间，可持续至绝经后2~3年（个别人可长达10年），多半在45~55岁。

此期间卵巢功能开始衰退，雌激素水平下降，较强的外因与雌激素水平的变化共同起作用，超过了人体和自主神经能承受的程度，有些人会出现一些生理性症状。另外，除了生殖、内分泌神经系统的变化外，此阶段机体适应调节能力也减退，抵抗力也随之降低，女性在此阶段或多或少都有些不适应。最常见的症状有面部潮红、出汗和心慌。其次是自主神经功能失调症状，如疲乏、注意力不集中、抑郁、紧张、情绪不稳、易激动、失眠、多疑、肢体感觉异常、头晕、耳鸣等。妇科专家认为，产生这些异常的心理状态，与本人原来的个性、体质、社会地位、情绪性格和心理平衡状态有关，和绝经期关系更大。因此，应重视更年期这些异常的精神心理现象，消除心理障碍，使之随着时间的推移，症状也慢慢减轻直至消失。重者应请医生帮助治疗。

尽管处于更年期的女性生理上会有这样或那样的变化和不适，但精神上应保持乐观情绪,对生活充满信心和追求。更年期也是人生最丰富最具魅力的时期,是人生的金色秋天,应尽情享受。如果此期能够顺利渡过,就会重新焕发青春,再创生命的辉煌。

二、益生剂辅助女性保健

(一)常见的女性阴道感染

妇科炎症是危害广大女性健康的一种,在现代社会较为高发的妇科疾病,而服用益生剂在一定程度上改善妇科炎症保护女性健康有较好帮助。益生剂可刺激女性体内负责免疫系统的调节性 T 细胞发生反应,增强女性生殖系统固有免疫机能,使得外来的和机体内部的细菌及病毒无法穿过生殖系统达到体内,减少炎症发生;同时维持阴道酸性 pH:女士专用益生剂能够使阴道和宫颈 pH 保持在 4.5 或者更低(阴道正常 pH 为 4.5),这种酸性环境对女性生殖系统有利,而感染性致发炎菌株和其他病原体则无法存活;恢复女性阴道正常菌群平衡,尤其是长期服用抗生素的患者,体内菌群已经严重失衡,而益生菌能缓解抗生素的不良反应,使女性私处有益菌群的数量和活性恢复正常,有效避免二次感染,强化私处微环境(详见第 2 章第 7 节)。

(二)降低血压

2016 年美国心脏协会(AHA)流行病学与生活会议指出,女性喝酸奶有助于降低血压。女性若每周至少喝 5 次酸奶则患高血压的风险降低,并指出,高血压易导致动脉硬化,增加心肌缺血、脑出血和肾脏疾病的风险。如果不加以控制,高血压还会导致脑卒中和失明。益生剂也被证明可以减少乳腺炎。

米兰大学德拉戈等微生态学家研究益生菌和阴道病发现,经过 6 天嗜酸乳杆菌和副乳杆菌 F19 的 6 天冲洗,92.5% 的妇女其阴道病治愈;阴道异味则是所有妇女都治愈。40 名妇女中有 34 名妇女的 pH 维持在正常化 4.5。实验证明,口服益生剂和用益生剂冲洗阴道可以防治阴道炎和乳腺病。

(三)减轻抗生素不良反应

生病了就要吃药,药物的种类是越来越多,而抗生素是较为常见的一种,经常服用抗生素对身体健康其实并不很好,不过喝益生剂对减轻抗生素不良反应有帮助。尽管抗生素药物往往会让人们感觉更好,但是抗生素引发的症状还是会令人感觉不适,而很多抗生素还会扰乱肠道微生物平衡,导致腹泻或念珠菌感染。与此相对的,益生剂可以减轻抗生素的这些症状,需要注意的是,服用益生剂要与抗生素相隔 2 个小时,以防止良好的细菌被杀死。

(四)保护肠道,调节菌群

在人体的肠道内是有很多的菌群的,不同的菌种之间只有保持了平衡的状态才能够维护好我们的身体健康,这应该引起重视。一旦失衡会导致很多身体疾病的发生,如便秘、腹泻、肠炎、肠道不适、食欲不振等。益生剂可调节肠道内菌群的平衡,增殖有益菌,抑制有害菌。特别是对于改善便秘、排毒养颜、保护肠道等效果显著。

总而言之,女性不仅可以喝益生剂,而且女性应经常喝。益生剂的功效与作用很多,对保护女性健康在很多方面都有不小的帮助。不过益生剂最好也不要一次性喝很多,把握好度,每天适量地喝才是对身体最好的。

（五）护肤防皱

皮肤具有防御和排泄双重功能。最外层皮肤是由 0.5 μm 的薄皮脂膜组织所覆盖，并防止化学物质和外界有害微生物的入侵。该层组织能被中性洗洁剂和肥皂清洗掉，但可迅速再生。皮脂膜下还有角质层起共同的防御作用。身体可通过皮肤排汗等功能来排出毒素，并散发体内热量，调节体温。皮肤的新陈代谢更新较快，一般 28 天为一周期。旧皮肤变成污垢排出体外并使皮肤表面呈酸性，阻止有害菌的侵袭。随着人们年龄的增长，皮肤会慢慢老化，出现皱纹。尤其是 20 岁以后，皮肤容易干燥且缺乏透明感，主要原因是皮肤老化，患病及外界紫外线长时照射，过量吸烟和睡眠不足，人体细胞的保水能力和皮脂分泌量下降等。据专家研究，即使使用品质很高的化妆品来进行肌肤护理，其效果也仅能到达角质层。如欲创造健康而真正美丽的皮肤，仍需通过服用益生剂来激活皮肤细胞，增加细胞抗氧化能力延缓皮肤细胞衰老，还能清除使用化妆品留下的毒素及时地排出体外。

有益菌在肠道内可以帮助消除毒素和自由基对皮肤造成的早期老化迹象和伤害。益生剂不仅能排除身体的毒素，以及修复自由基所造成的伤害。多年的生活经验的可见证据，它在减缓衰老的应用上可以提供一些希望的可能性。

益生剂已被证明能增强皮肤的屏障功能。皮肤扮演一个物理屏障，以保护内部器官，并阻挡病原体和其他毒素的入侵。不仅有微生物存在于人体肠道，也有皮肤的微生物，为保护有益的微生物。皮肤微生物已被证明能够防止有害的细菌污染和自由基造成的损伤，所有这些污染物和自由基都可以加速老化。

益生剂有助于保持水分滋润皮肤。水分充足的皮肤能有效减少皱纹的产生。如上所述，含有嗜热链球菌的护肤霜能帮助老化肌肤的女性增强水分保持滋润。

第 6 节 益生剂辅助外科手术后康复

最近益生剂获得了越来越多人的关注和青睐。因为它可以调节人体的肠道健康，提升人的免疫力，帮助人体对抗疾病。尤其是在生病或手术后补充益生剂，对身体有着异常的健康功效。

近年来，国内外研制出多种活菌益生剂，目前应用于人体的有双歧杆菌、乳酸杆菌、肠球菌、大肠杆菌、枯草杆菌、蜡样芽孢杆菌、地衣芽孢杆菌、丁酸梭菌和酵母菌等。益生剂根据其所含菌种数可分为多联活菌制剂和单一菌株制剂。近年研究发现益生剂具有广谱抗菌活性，不仅能提高消化道内其他有益菌的数量和活性，而且也可阻止条件致病菌（多为革兰氏阴性杆菌与球菌）对肠黏膜的黏附和定植，具备所谓的定植抗力，是防止细菌或（和）内毒素移位进而发生肠源性感染的重要因素。

外科手术尤其是胃肠道手术都会在不同程度上影响肠道微生态学，影响益生菌群的结构与功能，进而影响到全身的免疫功能，对术后伤口和全身情况的康复都具有十分重要的意义。

温州市中医院普外科娄朝胜探讨口服益生剂对腹部手术后患者炎症反应及肠黏膜屏障功

能的影响。将腹部手术患者 88 例随机分为观察组和对照组，各 44 例。两组患者术前术后均予以等氮量（主要是指蛋白质的量）、等热量营养、抗菌药物及支持治疗。观察组术后第 3 天加用益生剂双歧三联活菌胶囊 630 mg，口服，一天 2 次，连用 7 天。观察两组术前及术后 1 天、7 天后炎症介质及肠黏膜屏障功能指标的变化，比较两组全身炎症反应综合征（SIRS）、感染并发症及药品不良反应的发生率。结果证实，术后 1 天，两组血清白介素 – 6、应激 C 反应蛋白（hs – CRP）、D – 乳酸和二胺氧化酶（DAO）水平均较术前明显上升（$P=0.01$），两组间比较差异无统计学意义（$P=0.05$）；治疗 7 天后，两组血清白介素 – 6、应激 C 反应蛋白、D – 乳酸和二胺氧化酶的水平比手术后 1 天明显下降（$P=0.05$ 或 $P=0.01$），且观察组的各项指标下降幅度较对照组更明显（$P=0.05$）。观察组的患者感染并发症总发生率明显低于对照组（$P=0.05$），两组全身炎症反应综合征发生率与药品不良反应发生率比较，差异具有统计学意义（$P=0.05$）。结论认为，口服益生剂用于腹部手术后患者可进一步降低血清炎症因子水平，保护与修复肠黏膜屏障功能，减少肠道细菌和内毒素的移位，减少感染并发症的发生，且安全性较好。

现将有关益生剂在术后康复的中作用系归纳如下。

一、围手术期肠道菌群的变化

Correia 等研究发现，结肠直肠癌患者肠道菌群的种类、数量、比例、定位和生物学特性在术前就发生了变化，主要表现为以双歧杆菌为代表的厌氧菌显著减少，以大肠埃希菌为代表的需氧菌显著增加，厌氧菌与需氧菌比例倒置，术后变化更明显。21 世纪，随着以 16 核糖体核糖核酸（16rRNA）基因检测为基础的新检测方法的出现，对围手术期肠道菌群改变有更深入的认识。Ohigashi 等对 81 例结肠直肠癌患者在围手术期肠道环境变化的研究发现，术后肠道细菌总数和有益菌（球形梭菌群、肠道柔嫩梭菌群、脆弱拟杆菌类、双歧杆菌属、产气柯林斯菌属和普氏菌 6 组专性厌氧菌）的数量较术前显著降低，而致病菌或潜在致病菌（如肠杆菌、肠球菌、金黄色葡萄球菌和铜绿假单胞菌）的数量较术前显著增加，进一步证实围手术期存在肠道菌群紊乱现象。

严重疾病和创伤（如脓毒血症、严重创伤、烧伤等）发生时，肠道是重要的受损靶器官，由于缺血、药物、机体应激等因素的影响，肠道菌群严重紊乱，肠屏障功能受损，肠黏膜通透性增加，这些因素促使菌群易位及肠源性感染的发生，进一步导致全身炎症反应综合征和多器官功能衰竭，如伴发肠道菌群严重紊乱和运动功能障碍，使患者的死亡率提高。同济大学秦环龙教授认为，对于结肠直肠术后的肠道菌群紊乱，手术本身对机体的创伤是其根本原因，术后所致胃肠生理性改变、机械性损伤和肠黏膜屏障完整性破坏，则是加重肠道菌群紊乱的因素，如何有效防治在外科围手术期肠道菌群紊乱和由此导致的不良预后，是值得深入思考和研究的问题，也是临床亟待解决的问题。

二、益生剂与肠道在围手术期康复

综合国内外有关在围手术期肠道菌群紊乱的微生态制剂干预治疗研究报道，在外科围手术期维护肠道屏障功能，预防肠道菌群紊乱所致肠源性感染的主要措施的意义有：①改善组织灌注，使组织氧供与血液供应能满足代谢需要，防治休克；②根据微生物培养结果和药敏实验合理使用抗微生物药物；③采用消化道选择性去污（SDD），抑制病原菌，防止内毒素血症；④早期给予肠内营养，以维护肠道组织与功能的完整性；⑤添加益生剂，维持肠道微生态平衡。其中，防治休克是维护肠屏障功能完整性、降低肠源性感染的基础措施。手术、创伤后早期给予肠道营养，在维护黏膜正常结构和屏障功能、防止菌群紊乱、增强机体抗感染能力、手术和创伤后高代谢的营养支持等方面具有显著作用，是防治肠源性感染的重要措施。

一系列的研究均表明，益生剂能重建肠道微生态，阻遏病原菌的肠道定植，减轻术后应激对肠道黏膜上皮的直接刺激和破坏，有效维护肠黏膜屏障功能，减少菌血症、脓毒症和术后感染并发症的发生。双歧杆菌和乳酸杆菌作为微生态制剂是目前应用最多的菌种，在发酵乳制品中的长期应用已证实其安全性，且益生剂在外科围手术期的应用至今尚无不良反应的报道，但尚缺乏足够的证据证明益生剂是绝对安全的，尤其是在益生菌与免疫抑制剂或生物制剂联合应用及危重患者的临床疗效方面尚存在争议。现有研究报道，在益生剂给药途径、剂量、制剂类型及干预时间方面存在较大差异，期待规范的大规模临床实验进一步验证益生剂的安全性与有效性。注重个体化差异、提高肠道微生态营养疗效的个性化营养策略应是未来发展的方向，以上问题的解决将对益生剂的临床应用产生深远的影响。

中国医科大学附属盛京医院智伟等对采用传统开腹手术或腹腔镜手术围手术期患者进行了观察，探讨术前肠内免疫营养联合益生菌＋术后序贯肠内免疫营养联合益生剂的使用，在肠道手术围手术期的应用价值。方法：回顾过去该院普外科近三年的肠道手术患者91例。根据手术方式先将患者分为传统开腹组和腹腔镜微创组（以下简称开腹组和腔镜组），再根据术前肠道准备方式及术后营养给予方式的不同将开腹组和腔镜组各分为实验组和对照组。两组实验组均采用的是传统术前准备＋围手术期免疫微生态营养支持。而对照组采用的是传统术前准备＋传统静脉营养支持。开腹组中实验组21例，对照组25例。腔镜组中实验组18例，对照组27例。结果：①营养指标——开腹及腔镜的实验组患者术后血浆白蛋白、丙氨酸转氨酶（ALT）、门冬氨酸转氨酶（AST）水平均高于对应的对照组（$P<0.05$）。②免疫学指标——开腹及腔镜的实验组患者术后白细胞计数均低于相应的对照组（$P<0.05$）。而术后淋巴细胞两组无明显差异（$P>0.05$）。③肠道菌群指标——术后开腹及腔镜两组下的实验组和对照组的肠道菌群失调均有发生，实验组的菌群失调少于对照组（$P<0.05$）。④临床观察结果——开腹及腔镜两组的实验组肛门排气排便时间、术后住院时间均比对照组提前（$P<0.05$）。实验组腹泻发生率较对照组降低（$P<0.05$）。对照组及实验组营养费用较对照组水平减少明显（$P<0.05$）。术后并发症情况两组均无吻合口漏等严重并发症，无明显差异（$P>0.05$）。肛门排气排便时间、首次进食流质时间及术后住院时间均比对照组提前（$P<0.05$）。结果表明，对于在肠道围手术期患者，无论采用传统开腹手术还是腹腔镜手术，术前及术后应用益生剂的肠内免疫营养支持方法可以有效缩短患者住院时间，减少营养的费用，调节肠道菌群，促进术后肠道功能的恢复，降低炎症反应和降低肠源性感染的发生，并能够促进术后肝功能的恢复。

江苏省肿瘤医院程英梅等研究肠道益生剂对结直肠癌患者术后免疫功能及并发症的影

响，采用随机数字表法将江苏省肿瘤医院普通外科 2015 年 6 月至 2016 年 4 月手术治疗的 80 例患结直肠癌的患者分为观察组和对照组，每组 40 例。对照组术前给予常规肠道准备，观察组术前给予益生剂，比较两组手术前后菌群的变化、炎症因子、免疫功能及并发症。结果表明，观察组的患者术后 7 天的致病菌少于对照组，益生菌多于对照组，差异有统计学意义（$P < 0.05$）。观察组的患者术后 7 天的 C 反应蛋白、肿瘤坏死因子 $-\alpha$、白细胞介素 -6 水平均低于对照组，$CD4^+$ 高于对照组，差异有统计学意义（$P < 0.05$）。观察组术后伤口感染、全身炎症反应综合征、肺部感染、吻合口感染发生率均低于对照组，两组术后感染总发生率比较，差异有统计学意义（$P < 0.05$）。结果证实，肠道益生剂可减少结直肠癌患者术后菌群失衡，改善患者术后炎性状态和免疫功能，减少术后感染性并发症的发生。

澳大利亚格里菲斯大学医学院 Sun 教授查阅了 2013 年 1 月至 2017 年 6 月各种期刊含 8998 例婴儿坏死性小肠结肠炎（NEC）作为主要对象观察期死亡率、住院时间、体重增加情况，附带研究脑室内出血的不足月婴儿，结果也表明了服用益生剂的婴儿明显降低坏死性小肠结肠炎和脓毒血症的内科并发症、死亡率和住院时间，并能促进很不成熟早产儿的体重增加。

华西医科大学李树清等探讨益生剂联合营养支持对胃肠外科术后患者肠功能和肠道菌群的影响。对 36 例胃肠道中等以上手术的患者，随机分为研究组和对照组，每组 18 例。两组术后均接受等量氮（即蛋白质量）、等能量的营养支持，研究组患者于术后第 3 天开始每天加用益生剂，共 7 天。监测治疗期间患者的胃肠道症状、生命体征、腹泻情况和菌群比例等。结果：两组患者术后腹痛、腹胀、肠鸣音异常等胃肠道症状均无显著差异（$P > 0.05$），两组患者在术后第 8 天和第 9 天的腹泻比例和腹泻评分差异有显著性意义（$P < 0.05$）。治疗结束后，研究组患者肠道双歧杆菌和乳酸杆菌计数均较对照组高，两组间差异有显著性意义（$P < 0.05$）。结论认为，在胃肠外科术后患者中应用益生剂可改善胃肠道症状、减轻腹泻程度和纠正肠道菌群失调。

天津医科大学王开毫认为益生剂对人类健康的促进发挥着重要的作用，但是对于接受腹部外科手术的患者其临床价值仍不明确，尤其是对胰十二指肠切除患者更是研究甚少，探究术前口服益生剂对胰十二指肠切除术后患者的影响，从而为围手术期的益生剂应用提供理论依据。观察术前应用益生菌对胰十二指肠切除术后患者的影响：①选取该院普外科 50 名行胰十二指肠切除术患者作为研究对象，随机分为口服益生剂的患者组（$n = 25$）及空白对照组（$n = 25$），益生剂组患者术前予以口服益生剂准备，连续规律服用 7 天，而对照组不予特殊处理；②比较两组患者术后感染并发症发生情况，并统计两组患者术后抗生素使用时间；③记录两组患者术前及术后血液营养相关指标变化；④比较两组患者术后排气排便及进食时间，统计两组患者术后腹泻的发生率；⑤研究两组患者术后住院时间及住院花费等其他指标。结果：①益生剂治疗组患者术后感染发生率为 16.0%，低于对照组患者（44.0%），益生剂组的患者术后抗生素使用时间（8.4 ± 3.0 天）较对照组（10.8 ± 6.5 天）有所缩短，差异有统计学意义（$P < 0.05$）；②相对于对照组患者，口服益生剂患者术后 12 天红细胞计数，血红蛋白、总蛋白及白蛋白水平较高，两者间比较差异有统计学意义（$P < 0.05$）；③益生剂组的患者术后排气、排便时间及恢复进食时间均较对照组患者提前，两组间比较差

异有统计学意义（$P<0.05$）；④益生剂治疗组患者术后腹泻发生率为 8.0%，低于对照组患者（32.0%），差异有统计学意义（$P<0.05$）；⑤两组研究对象在术后胰瘘、胃排空延迟、住院时间及住院花费等方面未见明显差异（$P>0.05$）。结论认为：①术前应用益生剂能够降低胰十二指肠切除术患者术后感染并发症的发生，减少术后抗生素的使用时间；②术前应用益生剂有助于胰十二指肠切除术患者术后营养指标恢复，改善术后患者的营养状况；③术前应用益生剂能够改善胰十二指肠切除术患者术后胃肠功能，降低术后腹泻的发生率。

目前，前瞻性研究表明，肠道微生态制剂在外科围手术期肠源性感染的防治中起到重要作用。Rayes 等对 80 例接受保留幽门的胰十二指肠切除患者的研究发现，在围手术期添加由乳杆菌与纤维素组成的合生元，可明显降低术后感染发生率及抗生素使用的时间。Sugawara 等对 81 例接受肝门部胆管癌根治性切除手术患者的研究发现，在围手术期应用合生原能增强宿主免疫应答，降低术后炎症反应和术后感染并发症。与术后单独应用益生原相比，围手术期应用者显著降低术后感染并发症、缩短抗生素使用时间和住院时间。Giamarellos-Bourboulis 等对 72 例重度多发伤者随机辅以连续 2 周的合生原或安慰剂，发现合生原能显著降低重度多发伤患者菌血症和呼吸机相关肺炎的发生率。Eguchi 等对 50 例活体肝移植患者在围手术期添加合生原的研究发现，合生原能显著减少活体肝移植后感染并发症的发生。

钟雄东研究在围手术期用益生剂干预对患者痔术后康复的影响。方法：收集 2017 年 1—2 月该院收治的 42 例痔患者，患者入院后由护士分配床位，单号床位患者进入实验组，双号床位患者进入对照组，实验组口服益生剂（双歧杆菌乳杆菌三联活菌片），两组均采用相同手术方式 Miligan-Morgan 术式以及术后应用同一种抗生素，术后抽血查血常规、白细胞、中性粒细胞及 C 反应蛋白。结果：实验组和对照组两组痔患者年龄（岁）分别为（37.8 ± 13.3）对比（44.4 ± 12.5），$P=0.106$，术前血常规白细胞（6.98 ± 1.71）$\times10^9$/L 对比（44.4 ± 12.5）$\times10^9$/L，$P=0.089$，中性粒细胞（58.69 ± 8.03）% 对比（44.4 ± 12.5）%，$P=0.068$，术前 C 反应蛋白（CRP）分别为（0.43 ± 0.28）mg/L 对比（0.37 ± 0.21）mg/L，$P=0.496$，术后血常规白细胞（8.15 ± 2.09）$\times10^9$/L 对比（8.37 ± 2.31）$\times10^9$/L，$P=0.737$，中性粒细胞（63.21 ± 8.32）% 对比（64.14 ± 9.32）%，$P=0.735$，以上指标均没有明显统计学差异，术后 C 反应蛋白（3.61 ± 2.34）mg/L 对比（9.42 ± 4.96）mg/L，$P=0.003$，差异有统计意义。结论表明，在围手术期痔患者口服益生剂有效地改善患者术后 C 反应蛋白，从而有效地促进了痔患者术后康复。

三、益生剂与结直肠癌术后康复

益生剂也被用于大肠癌术后。夏阳等的实验中益生剂治疗组术后发热持续时间短于对照组，术后 5 天平均心率及白细胞计数恢复正常时间均明显低于对照组。术后第 8 天两组间外周血细菌 DNA 的聚合酶链反应（PCR）检测阳性率有明显差异。对照组和益生剂治疗组血浆 D-乳酸水平和尿乳果糖/甘露醇（L/M）比值在术后都有不同程度的下降，第 8 天益生剂治疗组 PCR 阳性率、血浆 D-乳酸水平、尿 L/M 下降，两组间差异有统计学意义。这说明益生剂改善了肠道屏障功能，减少细菌易位的发生，有利于术后早期炎症反应的恢复。

上海交通大学医学院附属仁济医院王平治教授认为，结直肠癌术前一般需做包括抗菌药物在内的肠道准备，在年老体弱及免疫力低下的患者容易出现肠道菌群失调，常表现为术后第 3 天出现腹痛、腹胀、腹泻、腹腔引流液增多及大便细菌培养阳性，严重者有可能危及生命。大多为结直肠癌患者，手术前后都应用过广谱抗菌药物。菌群失调现象呈阶段性发生，1997 年统计结直肠癌患者为 541 例，其中菌群失调者为 9 例，占 1.7%，死亡 1 例，可能是高效广谱抗生素用量较多所致。肠道菌群失调的原因有：①恶性肿瘤全身情况差，大多为中老年人，多表现为低蛋白血症，贫血及恶病质患者合并症也较多，有糖尿病，心肾功能衰竭等病史；手术和麻醉则进一步加重了病情，术后抵抗力更差，抗生素抑制了肠道敏感细菌而使耐药菌群及真菌繁殖；②应用放化疗使机体防御机能受到抑制，使白细胞和巨噬细胞及抗体的产生减少，削弱了机体对细菌侵袭防御的能力，使人体的防御能力下降；③抗生素抑制了肠道敏感细菌而使耐药菌群及真菌繁殖，破坏了肠道正常菌群生理组合，抑制了肠道的某些敏感菌群；④结直肠癌患者原有厌食、感染等临床表现，使本来机体处于应激状态，肠道手术后又使肠黏膜受到不同程度的损伤，屏障功能下降，通透性增加，内毒素吸收过多，可以使细菌移位造成多器官功能衰竭。

同济大学秦环龙教授等对 150 例接受结直肠癌根治术患者的研究发现，结直肠癌术后患者存在不同程度的炎症反应，而围手术期添加益生剂，则可抑制 p38 促分裂素原活化蛋白激酶信号通路，使肠黏膜分泌型免疫球蛋白 A 水平升高，促进紧密连接蛋白等的表达，下调外周血人连蛋白（zonulin）水平，降低菌血症的发生率。

郭世奎等观察结肠癌手术处理对肠道菌群微生态的影响（图 3-5）。方法：收集手术前后结肠癌患者的粪便标本 60 份，采用实时荧光定量聚合酶链式反应（PCR）法检测肠道拟杆菌属、梭杆菌属及梭菌属量的变化。结果：手术前后粪便中细菌数量分别为：拟杆菌属 [（9.64±0.58）CFU/mL 对比（6.21±0.37）CFU/mL]，梭杆菌属 [（9.87±0.72）CFU/mL 对比（6.36±0.68）CFU/mL]，梭菌属 [（7.01±0.37）CFU/mL 对比（5.30±0.29）CFU/mL]；拟杆菌属中的脆弱拟杆菌为 [（5.92±0.24）CFU/mL 对比（3.24±0.78）CFU/mL]，梭杆菌属中的坏死梭杆菌为 [（7.12±0.97）CFU/mL 对比（3.70±1.21）CFU/mL]，梭菌属中的肉毒梭菌为 [（5.68±0.36）CFU/mL 对比（1.52±1.06）CFU/mL]，艰难梭菌为 [（3.45±0.38）CFU/mL 对比（1.42±0.25）CFU/mL]。术后患者粪便

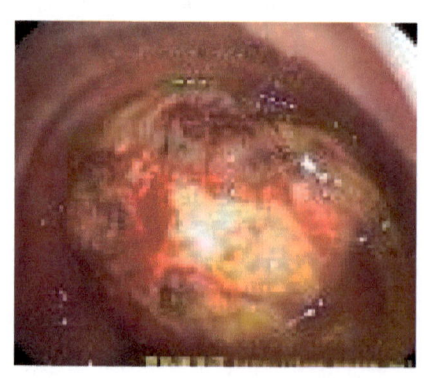
a

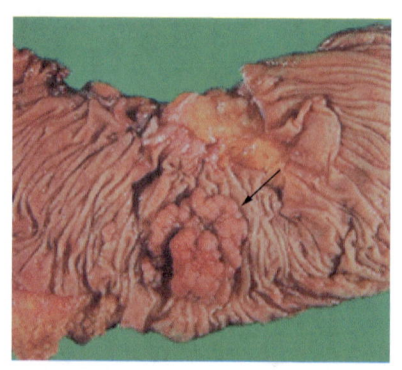
b

图 3-5　结肠癌（大体标本）

中细菌数量明显低于术前，$P<0.05$。结论表明，结肠癌患者粪便中拟杆菌属、梭杆菌属和梭菌属在术后数量较术前明显降低，提示手术对肠道菌群有一定抑制。

南方医科大学朱达坚主任等对结直肠癌的围手术期改用益生剂对肠道菌群及机体免疫功能的影响，以探讨结直肠癌患者在围手术期应用益生剂代替传统的术前口服肠道抗菌药对肠道菌群及机体免疫功能的影响。选取需施行腹腔镜结直肠癌根治术病例60例，随机分为对照组和实验组，30例一组。对照组术前肠道准备按传统方法（术前口服肠道抗菌药），实验组于术前5天起口服肠道益生剂（金双歧片）2.0 g，3次/天，代替术前肠道抗菌药的使用，术后24小时起口服金双歧片2.0 g，3次/天，至术后第7天。于入院时、术后第7天收集两组新鲜大便及空腹外周静脉血，比较两组肠道菌群比例及血清白介素－2（IL-2），免疫球蛋白A、G和M浓度，天然杀伤细胞活性，T淋巴细胞亚群$CD3^+$、$CD4^+$、$CD8^+$比例及$CD4^+/CD8^+$比值。结果：肠道菌群——术后第7天实验组的双歧杆菌、乳酸杆菌、肠球菌菌群数量显著高于对照组（$P<0.05$），大肠杆菌、葡萄球菌数量显著低于对照组（$P<0.05$）；体液免疫功能——术后第7天实验组白介素－2、免疫球蛋白A、G和M水平均显著高于对照组（$P<0.05$）；细胞免疫功能——术后第7天实验组$CD4^+$水平显著高于对照组（$P<0.05$）。结论证实，肠癌在围手术期应用益生剂代替传统的术前口服肠道抗菌药，不仅能有效地纠正肠道菌群失调，还具有改善术后患者免疫功能低下的作用。

李海波主任用双歧杆菌三联活菌胶囊对结直肠癌术后患者血浆D－乳酸和粪便分泌型免疫球蛋白A（S-IgA）含量的影响，68例结直肠癌患者术后随机分为观察组和对照组。两组患者均于术后第3天开始予以肠内营养及术后常规治疗，疗程1周。观察组在上述治疗基础上加用双歧杆菌三联活菌胶囊620 mg，口服，2次/天，疗程1周。观察并比较两组患者治疗后腹泻发生率、菌群失调发生率、血浆中D－乳酸及粪便中分泌型免疫球蛋白A含量变化及药品不良反应。结果：治疗后，观察组腹泻及菌群失调发生率明显低于对照组（$P<0.05$）。治疗后两组患者血浆D－乳酸含量均较治疗前降低，粪便分泌型免疫球蛋白A含量均较治疗前升高，且观察组的下降和上升幅度均大于对照组（$P<0.05$或$P<0.01$）。两组患者治疗中未发生明显的药品不良反应。结果表明，结直肠癌患者术后采用双歧杆菌三联活菌胶囊治疗降低血浆D－乳酸水平，升高粪便分泌型免疫球蛋白含量，从而能有效恢复肠黏膜的屏障功能和局部免疫力，减少肠道菌群失调及腹泻发生，且安全性好。

中山大学第一附属医院左继东医师等研究认为，补充双歧杆菌与鼠李糖乳杆菌三联活菌制剂对肠道术后肠道菌群的作用较为理想。将2015年3月至2016年11月收治的90例大肠癌患者按照入院顺序抽签后随机分为益生剂治疗组和对照组，各45例。两组患者均常规行根治性切除手术，益生剂治疗组在术前进行7天益生剂治疗，比较两组患者术后恢复情况、手术前后肠道菌群分布、术后免疫功能指标水平。结果：益生剂治疗组患者术后肠鸣音恢复时间、排气时间、进食时间、排便时间、腹痛减轻时间均显著短于对照组，差异有统计学意义（$P<0.05$）。益生剂治疗组患者术后双歧杆菌、乳酸杆菌数量及双歧杆菌/大肠杆菌计数比值（B/E）水平均显著高于对照组，大肠埃希菌数量显著少于对照组，差异有统计学意义（$P<0.05$）。益生菌治疗组的患者术后免疫球蛋白A、免疫球蛋白G、$CD4^+/CD8^+$水平均显著高于对照组，差异有统计学意义（$P<0.05$）。结果表明，术前补充使用三联活菌制剂能

够有效改善肠道手术后肠道菌群和免疫指标，缩短术后肠道功能恢复时间，应用价值较高。

采用前瞻性研究随机安慰剂对照方法，对限期手术的结肠癌患者进行的围手术期益生剂干预，以期明确益生剂对肠道菌群、肠黏膜屏障功能及术后并发症的影响，并力图阐明其作用机制。上海市第六人民医院普外科的陈红旗医师等（2014）根据2011年5—7月诊治的结直肠癌手术患者70例为研究对象，按随机数字表法分成试验组（$n=35$）和对照组（$n=35$）。本研究中采用的益生剂为酪酸梭菌二联活菌胶囊，其主要成分是酪酸梭菌和婴儿型双歧杆菌活菌菌粉。安慰剂胶囊由酪酸梭菌二联活菌的底物成分制成，两者外包装完全一致。

实验组术前肠道准备同对照组，术前接受1天快速肠道准备：入院至术前2天均不控制饮食，于术前1天下午5点起禁水禁食，开始服用全肠道灌洗液，直至排出清水样便。于术前5天起至术后7天（共12天）每天口服安慰剂胶囊，3粒/次，3次/天（胃管未拔除时，在给药后夹紧胃管3小时）。于术前5天起至术后7天每天口服酪酸梭菌二联活菌胶囊，3粒/次，3次/天（胃管未拔除时，在给药后夹紧胃管3小时）。所有患者均接受根治性结直肠癌切除手术。实验组和对照组各有30例均完成实验，两组在性别、年龄、体重指数、肿瘤部位、肿瘤分期、手术时间、术中出血量及抗生素使用时间等方面的差异均无统计学意义。

细菌培养结果显示，实验组肠道双歧杆菌和乳酸杆菌的含量较对照组明显增加[（143.4±35.9）对比（100.0±0.0），$P=0.002$；（111.3±52.9）对比（100.0±0.0），$P<0.001$]，而肠道产气荚膜梭菌含量较对照组显著降低[（66.2±23.7）对比（100.0±0.0），$P<0.001$]。两组肠杆菌含量差异无统计学意义[（103.5±38.1）对比（100.0±0.0），$P=0.710$]。

两组术后临床指标比较：与对照组比较，实验组首次排气时间和首次排便时间显著缩短（$P<0.001$，$P=0.002$），腹泻和腹胀发生率显著降低（$P=0.005$，$P=0.021$）；且实验组SIRS［指全身的炎症反应（身体对多种细胞因子/炎症介质的反应），内毒素是全身性炎症反应（SIR）的触发剂］和术后感染并发症发生率降低，发热持续时间、抗生素使用时间和住院时间均缩短，但差异均无统计学意义。

结直肠手术患者口服抗生素、合生原和机械肠道准备协同作用的研究，结果表明三者联合应用能显著降低肠杆菌定植发生率和肠道细菌移位，而对肠道通透性、炎症反应及菌血症发病率的影响无统计学意义。Kinross等对外科择期手术患者的围手术期应用益生剂的研究进行了Meta分析，涉及13个共962位患者的随机对照临床实验，结果表明，尽管益生剂治疗组和对照组在术后肺部感染、尿路感染和伤口感染方面的差异无统计学意义，但益生剂治疗组患者手术后败血症的总体发生率比对照组显著降低，且合生原组比益生菌治疗组更低，术后感染发生率和本研究组利用植物乳杆菌、嗜酸乳杆菌和长双歧杆菌三联活菌对结直肠癌患者的围手术期的干预研究发现，益生剂能调节肠道菌群。本研究采用酪酸梭菌和婴儿型双歧杆菌组成的二联活菌制剂进行结直肠癌患者的围手术期干预研究，结果显示，益生剂干预可显著缩短术后首次排气、排便时间，降低腹泻、腹胀发生率，促进肠道功能尽早恢复，而对可溶性免疫反应抑制剂（SIRS）、术后感染并发症、发热持续时间、抗生素使用时间和住院时间的影响均无统计学意义，这可能与益生剂的种类、浓度和干预时间长短等因素有关。尽管如此，研究结果提示益生剂对结直肠癌患者术后肠功能恢复具有促进作用。研究表明，益生剂对肠黏膜上皮具有保护作用，增强肠屏障功能，降低术后感染并发症，缩短术后抗生素使用时间的作用更强。已有研究表明，肠道菌群稳态对维护机体健康状态起着重要作用，肠道菌群紊乱与多种疾病的发生发展密切相关，如结直肠癌。Correia等的临床研究发现，结直肠癌患者肠道菌群种类、数量、比例、定位和生物学特性在术前就发生了变化，主要表现为以双歧杆菌为代表的厌氧菌显著减少，以大肠杆菌为代表的需氧菌显著增加，厌氧菌和需氧菌比例倒置，术后上述变化则更加明显。Ohigashi等对81例结直肠癌的患者在围手术期肠道环境变化的研究发现，术后肠道细菌总数及有益菌的数量较术前显著降低，而致病菌或潜在致病菌（如肠杆菌、肠球菌、金黄色葡萄球菌和铜绿假单胞菌）的数量较术前显著增加，进一步证实了围手术期存在肠道菌群紊乱。对肠道菌群的多样性和特定细菌的检测发现，结直肠癌患者术后菌群多样性降低，肠道有益菌含量降低，致病菌含量增加。

结直肠癌患者在围手术期应用益生剂（酪酸梭菌二联活菌）能增强肠黏膜屏障功能，有效维护肠道菌群稳态和多样性，缩短术后首次排气、排便时间，显著降低腹泻和腹胀发生率，促进肠功能恢复。

另外，关于铜绿假单胞菌注射液（PA-MSHA）在结直肠癌方面的研究尚不及胃癌，仅有一项临床实验表明，晚期结直肠癌患者术中使用铜绿假单胞菌注射液，具有提高1年生存率和延长中位生存期的倾向，该制剂在结直肠癌中的应用还有待人们进一步实验。

四、益生剂对胃癌在围手术期的辅助作用

王克俭等将60例胃肿瘤患者随机分为4组，术前1天检测血清转铁蛋白进行营养状态评估，术后分别给予常规补液（A）、肠外营养（B）、普通肠内营养（C）及添加益生剂的肠内营养（D）。监测各组患者手术前1天及手术后7天的外周血内毒素、肿瘤坏死因子（TNF）水平变化及淋巴细胞计数改变，同时以细菌学方法检测各组患者手术前后粪便菌群失调情况并分类。结果：术后C组及D组患者均低于A组和B组（$P<0.01$），而D组内毒素水平低于C组（$P<0.01$），各组患者术后肿瘤坏死因子水平均低于术前水平，且D组肿瘤坏死因子水平又明显低于其他各组（$P<0.01$），A、B、C三组手术前后外周血淋巴细胞计数差异均无显著性（$P>0.05$）。D组患者术后外周血淋巴细胞计数较术前增加（$P<0.05$）。各组患者术后第一次排便后的细菌油镜计数结果C组及D组菌群失调患者例数明显少于A组及B组（$P<0.01$），而D组又低于C组（$P<0.05$）。结果表明，益生剂肠内营养可以增强胃恶性肿瘤术后患者的机体免疫功能及降低感染概率（图3-6）。

Linsalata等发现鸟氨酸脱羧酶（ODC）和精脒/精胺N1乙酰基转移酶（SSAT）是聚胺合成和分解代谢的关键酶，这些化合物不但与癌症的发生密切相关，而且是肿瘤扩增的特定标记物。他们通过实验得出LGG匀浆可以降低ODC mRNA的含量和活性，而且可以增加SSAT mRNA的含量和活性，从而降低聚胺的含量和肿瘤的扩增，所以LGG可作为一种预防胃肿瘤的替代疗法，并且可以克服治疗药物所带来的不良反应。

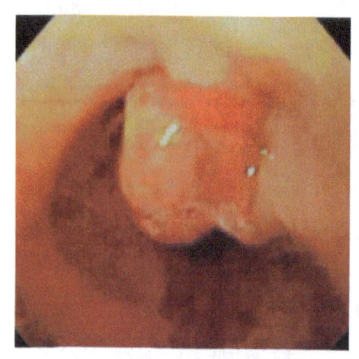
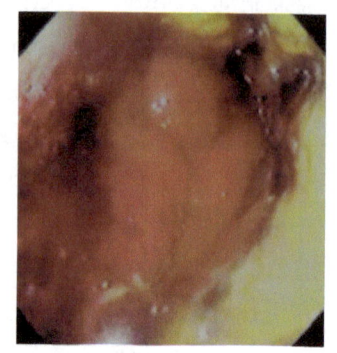

a 胃腺癌（内镜）　　　　　　b 胃癌（大体）

图 3-6　胃腺癌（内镜）及胃癌（大体）

五、益生剂与胆囊切除后康复

付俊俐等研究胆囊切除后肠道菌群及肠道分泌型免疫球蛋白 A（s-IgA）含量的变化。60 例研究对象中，20 例为体格检查健康者，40 例为胆囊良性病变行胆囊切除术后患者，其中 20 例术后大便正常，20 例术后大便次数或性状比术前有改变。用培养的方法检测肠道菌群，透射比浊法测定粪便中分泌型免疫球蛋白 A。结果：胆囊切除后肠道双歧杆菌、乳酸杆菌明显减少，大肠杆菌、肠球菌明显增加；粪便中分泌型免疫球蛋白 A 的含量明显下降。结论表明，胆囊切除术对肠道菌群及肠道免疫功能均有影响，即肠道有益的菌群下降，免疫功能降低。

王梦华探讨双歧杆菌三联活菌胶囊对胆囊切除术后腹泻患者肠道菌群及分泌型免疫球蛋白 A 水平的影响。方法：选取胆囊切除术后腹泻患者 68 例，分为观察组和对照组。两组患者均予以低脂饮食和止泻药等常规治疗。观察组患者予以口服双歧杆菌三联活菌胶囊 420 mg，3 次/天，连用 4 周。对照组除不口服双歧三联活菌肠溶胶囊外其余治疗基本同观察组。观察两组患者治疗前后肠道菌群和分泌型免疫球蛋白 A 水平的变化，并比较其临床疗效。结果：治疗 4 周后，观察组患者双歧杆菌和乳酸杆菌数量较前明显上升，肠杆菌和肠球菌较前明显减少（$P<0.05$），而对照组治疗前后肠道菌群数量均无明显变化（$P=0.05$）；两组患者肠道分泌型免疫球蛋白 A 水平较前明显上升（$P<0.05$ 或 $P=0.01$），且观察组上升值明显大于对照组（$P<0.05$）；同时观察组患者临床总有效率明显高于对照组（$\chi^2=5.31$，$P<0.05$）。结果表明，双歧杆菌三联活菌胶囊治疗胆囊切除术后腹泻的疗效确切，能调节患者肠道菌群失调，从而重建肠道微生态平衡，提高肠道免疫力，改善和保护肠道功能。

朱剑南研究双歧三联活菌胶囊对胆囊切除术后腹泻（PCD）患者的临床疗效及对肠道菌群的影响。选取胆囊切除术后腹泻患者 80 例，随机分为观察组和对照组，每组 40 例。对照组患者给予常规治疗，观察组患者在对照组的基础上给予双歧三联活菌胶囊口服治疗（420 mg/次，3 次/天），连用 4 周。比较两组患者治疗后的临床疗效及不良反应，并检测两组患者治疗前后肠道菌群组成及血清 D-乳酸和 5-羟色胺（血清素，5-HT）的水平。治疗后结果：观察组患者的总有效率为 92.50%，显著高于对照组的 70.00%（$\chi^2 = 6.646$，$P < 0.05$），两组患者均无明显不良反应。与对照组患者相比，观察组的双歧杆菌和乳酸杆菌数量显著增加 [log (CFU/g)：(9.88 ± 1.01) 对比 (7.35 ± 0.72)，(8.96 ± 0.69) 对比 (7.61 ± 0.58)，$t = 12.9004$、9.4722，$P < 0.01$]，大肠埃希菌和肠球菌数量下降 [log (CFU/g)：(7.86 ± 0.81) 对比 (8.41 ± 0.80)，(8.06 ± 0.69) 对比 (8.56 ± 0.78)，$t = -2.9626$、-3.0366，$P < 0.01$]。观察组患者血清 D-乳酸和 5-羟色胺的水平明显低于对照组 [(5.69 ± 0.76) μg/mL 对比 (8.12 ± 0.92) μg/mL，(1.24 ± 0.21) ng/mg 对比 (1.68 ± 0.19) ng/mg，$t = -12.8790$、-9.8264，$P < 0.01$]。结果表明，应用双歧三联活菌胶囊治疗胆囊切除术后腹泻患者疗效确切，可降低患者血清 D-乳酸和 5-羟色胺的水平，纠正患者肠道微生态失衡。

六、益生剂与重度创伤的康复

张荣莲等探讨益生剂对重度创伤患者术后免疫功能及预后的影响，选择 AIS-90 创伤评分 16~20 分的重度创伤患者 63 例，按随机数字表法分为实验组（$n = 31$）和对照组（$n = 32$），两组患者于术后第 1 天给予热量 30 kcal/(kg·d)、蛋白质 1.2 g/(kg·d) 的治疗饮食，实验组在此基础上给予益生剂 2 g，2 次/天，观察 14 天。比较两组患者术后第 1 天、第 14 天的体液免疫指标（免疫球蛋白 A、免疫球蛋白 G、免疫球蛋白 M）、胃肠道症状、感染并发症，利用 SPSS18.0 统计分析。结果：两组患者术后第 1 天比较差异没有统计学意义（$P = 0.05$），第 14 天实验组的免疫球蛋白 G、免疫球蛋白 A 与对照组比较差异有统计学意义（$P = 0.01$；$P = 0.03$,）；实验组的便秘、腹泻、腹胀与对照组比较差异均有统计学意义（$P = 0.01$；$P = 0.01$；$P = 0.02$）；两组感染率比较差异有统计学意义（$P = 0.02$）。结果表明，益生剂可提高重度创伤患者的体液免疫指标，改善胃肠道功能及降低感染率。

石云峰观察了益生剂联合肠内营养对重度颅脑损伤患者干扰情况，选取 2015 年 1 月至 2016 年 4 月收治的重度颅脑损伤患者 200 例患者作为研究对象，随机将其分为对照组和观察组，各 100 例，对照组给予一般肠内营养治疗，观察组在对照组治疗的基础上，在肠内营养中添加益生剂。观察患者的菌群失调、肺部感染和腹泻发生率，比较两组患者营养支持前后血清蛋白、血红蛋白和淋巴细胞计数等。结果：观察组的菌群失调、肺部感染和腹泻发生率低于对照组，差异有统计学意义（$P < 0.05$），而观察组的营养情况优于对照组，差异有统计学意义（$P < 0.05$）。对两组患者的感染性并发症的发生比较进行，观察组明显低于对照组。结果表明，益生剂联合肠内营养能有效调整重度颅脑损伤患者的肠道菌群，降低菌群失调、肺部感染和腹泻发生率，改善了患者的营养状况。

葛红娟等探讨益生剂联合早期肠内营养对重型颅脑损伤患者感染的影响，以期提高临床治疗水平。方法：随机选取 2010 年 1 月至 2013 年 2 月 70 例重型颅脑损伤感染患者为研究对象，将其随机分为对照组和观察组，各 35 例，对照组患者予以早期肠内营养，观察组在对照组的基础上加用益生剂治疗，观察两组治疗效果。结果：对照组与观察组在治疗后的第 1 天白细胞计数、淋巴细胞计数、C-反应蛋白（CRP）、肿瘤坏死因子-α（TNF-α）、白介素-6（IL-6）比较，差异无统计学意义；而在治疗后的第4、第7、第15天两组比较，各项指标差异均有统计学意义（$P<0.05$）；对照组感染率为48.57%，死亡率为14.29%，观察组分别为25.71%和5.71%；两组治疗后在GCS评分、SOFA评分、APACHE-Ⅱ评分上比较，差异有统计学意义（$P<0.05$）。结果表明，益生剂联合早期肠内营养对重型颅脑损伤患者发生感染性低，临床效果满意。

苏惠崧等探讨益生剂联合含有可溶性膳食纤维的肠内营养（EN）制剂对预防重度颅脑损伤患者并发肺部感染、腹泻和营养不良的疗效。选择重度颅脑损伤患者132例，分为实验组（采用益生剂联合含有可溶性膳食纤维的肠内营养制剂）和对照组（采用单纯肠内营养制剂），两组患者均由鼻胃管连续滴注肠内营养液。并观察患者的菌群失调、肺部感染率和腹泻的发生率，比较两组患者营养制剂前后血清蛋白、血红蛋白和淋巴细胞计数等。结果：实验组患者菌群失调发生率、肺部感染率、腹泻率明显低于对照组（$P<0.05$），营养状况亦优于对照组（$P<0.05$）。结果表明，益生剂联合含有可溶性膳食纤维的肠内营养制剂能调整重度颅脑损伤患者的肠道菌群，降低肺部感染率和腹泻率，改善患者的营养状况。

参 考 文 献

[1] 李凡,徐志凯.医学微生物学[M].8版.北京:人民卫生出版社,2016.
[2] 郭兴华.益生菌基础与应用[M].北京:科学技术出版社,2002.
[3] 王坤,宋茂清.实用肿瘤康复学[M].北京:科学技术文献出版社,2016.
[4] 葛君波,徐永健.内科学[M].8版.北京:人民卫生出版社,2017.
[5] 熊德鑫.肠道微生态制剂与消化道疾病的防治[M].北京:科学出版社,2017.
[6] 宋茂清.酶与健康[M].北京.科学技术文献出版社,2018.
[7] 龚春华,王渝华.益生菌临床应用研究进展[J].现代医药卫生,2015,31(24):752-754.
[8] 许珂,魏萍.益生菌作用机制的研究进展[J].中国微生态学杂志,2009,21(1):90-92.
[9] 崔振武,齐建华.益生菌的研究进展[J].中国医药指南,2014,12(32):58-59.
[10] 施昕琦,杨飚.益生菌的研究进展[J].实用药物与临床,2017,12(32):349-352.
[11] 白卫东,赵文红,梁桂凤,等.保加利亚乳杆菌的特性及其应用专论与综述[J].中国酿造,2009,(8):10-14.
[12] 邓志斌.口服双歧杆菌、乳杆菌、嗜热链球菌、三联活菌片治疗婴幼儿腹泻的临床研究[J].中国中医药咨讯,2010,2(30):300.
[13] 王占锋,张萍,魏萍.肠道益生菌抗病毒作用及其机制研究进展[J].中国微生态学杂志,2010,(22)2:184-185.
[14] 陈有容,郑小平,方继东,等.益生菌的健康功效及其应用[J].上海水产大学学报,2001,10(3):269-275.
[15] 陈秀琴,黄小沾,石达友,等.中药与肠道菌群相互作用的研究进展[J].中草药,2014,45(7):1031-1036.
[16] 匡栩源,庄权,吴金泽,等.益生菌在肿瘤防治中的机制和应用[J].中国微生态学杂志,2011,23(3):274-276.
[17] 廖文艳,王豪,周杰,等.益生菌在肥胖及其代谢综合症中的潜在作用[J].东北农业大学学报,2011,42(8):159-164.
[18] 范习康,苏光磊,韩明,等.益生菌与肥胖及相关代谢性疾病关系的研究进展[C]//两岸四地营养改善学术会议.成都:四川大学华西公共卫生学院,2016:142-143.
[19] 朱超霞,陆颖理.肠道菌群与肥胖及相关代谢性疾病关系的研究进展[J].上海交通大学学报:医学报,2014,34(12):1829-1833.
[20] 韩迪.影响益生菌存活率因素的研究[D].西安:陕西科技大学,2007.
[21] 赵敏,刘亮,姚树坤,等.益生菌治疗肠易激综合征的可能机制[J].中国现代普通外科进展,2013,16(12):994-997.
[22] 罗昭琼,朱永苹,蒙晓冰,等.益生菌治疗便秘型肠易激综合征的疗效及对血浆胃肠激素水平的影响[J].现代消化及介入诊疗,2016,21(2):234-236.
[23] 朱丽明,柯美云,周丽雅,等.益生菌治疗腹泻型肠易激综合征[J].基础医学与临床,2008,28

(10)：1070-1074.

[24] 姜彬言，王巧民．益生菌治疗肠易激综合征的相关机制［J］．医学综述，2011，17（15）：2358-2360.

[25] 胡玥，陶丽媛，吕宾．益生菌制剂治疗肠易激综合征的 Meta 分析［J］．中华内科杂志，2015，54（5）：445-451.

[26] 肖琦凡．益生菌治疗肠易激综合征相关机制的研究进展［J］．医学综述，2014，20（17）：3189-3191.

[27] 陈勤安，凌力．益生菌治疗肠易激综合征128例临床观察［J］．内科，2013，8（4）：374.

[28] 陈丽娜，沈丽，王敏莉，等．益生菌对肠易激综合征和炎症性肠病的作用［J］．胃肠病学和肝病学杂志，2014，23（5）：584-587.

[29] 梅晨雪，王恩铭扬，林连捷，等．益生菌治疗炎症性肠病与幽门螺杆菌阳性率的相关性分析［J］．实用药物与临床，2017，20（6）：648-652.

[30] 江文明．益生菌治疗溃疡性结肠炎57例的临床疗效观察［J］．齐齐哈尔医学院学报，2012，33（1）：24-25.

[31] 刘佳，王哲．肠道微生物群与艾滋病疾病进展［J］．中华流行病学，2017，38（8）：1145-1150.

[32] 朱惠琼，万荣，马英红，等．益生菌联合肠内营养对艾滋病并伪膜性肠炎治疗观察［J］．临床内科杂志，2014，31（12）：853.

[33] 赵树峰．双歧杆菌三联活菌肠溶胶囊对小儿肺炎继发腹泻的预防效果分析［J］．中国现代药物应用，2017，11（22）：81-83.

[34] 李轲，郭永忠，卓致远，等．益生菌治疗老年慢性阻塞性肺疾病急性加重期合并胃肠功能障碍患者的疗效［J］．实用临床医药杂志，2017，21（21）：166-167.

[35] WARREN I，LEE E M，MARIN H K，et al．益生菌制剂预防和治疗医源性感染：现有科学证据及推议［J］．Chest. 2017，13（2）：286-294.

[36] 楼晓霞，沈丽丽，胡洁云，等．益生菌防治老年重症肺部感染中抗生素相关性腹泻的临床疗效观察和分析［J］．中国农村卫生事业管理，2016，（12）：1625-1628.

[37] 林广裕，林冬丽，黄王滨．益生菌制剂预防儿科医院感染的临床观察［J］．中华医院感染学杂，2003，(13)（9）：838-840.

[38] 宋明鑫，许丽．乳酸菌降解胆固醇的作用机理及在动物中的研究现状［J］．中国乳业，2011，32（22）：48-51.

[39] 张晓磊，武岩峰，宋秋梅，等．益生菌降血脂作用的研究进展［J］．中国乳品工业，2015，43（5）：29-32.

[40] 苏蓉，于德水．高脂血症的危害及防治田［J］．疾病防控，2009，16（8）：128-129.

[41] 李文华，魏云鸿，叶吉云．益生菌对老年冠心病患者血脂代谢的影响［J］．昆明医科大学学报，2016，37（12）：82-84.

[42] 伍银桥，李军，李英男．益生菌联合四联疗法治疗老年人幽门螺杆菌感染的临床观察［J］．中华老年多器官疾病杂志，2017，16（6）：418-422.

[43] 何晨熙．益生菌联合三联疗法根除幽门螺杆菌疗效研究［J］．河北医科大学学报，2014，29（1）：28-31.

[44] 王文建，郑跃杰．人类肠道菌群与中枢神经系统相互作用及其相关疾病［J］．中国微生态学杂志，2016，28（2）：240-245.

参考文献

[45] 蒋海寅. 人类肠道微生物群落菌群与忧郁症的相关性研究 [M]. 杭州: 浙江大学, 2015.

[46] 张丹, 王允野, 张琦玮. 益生菌联合三联疗法在消化性溃疡 Hp 根除中的疗效 [J]. 中国医药指南, 2014 (25): 252-253.

[47] 张晋雷. 早期预防性应用肠道益生菌在早产儿坏死性小肠结肠炎的疗效观察 [J]. 中国医药指南, 2014, 12 (29): 123-124.

[48] 郝虎, 陈明锴, 丁泠文. 益生菌联合复方谷氨酰胺预防肝硬化失代偿期患者发生自发性细菌性腹膜炎的临床疗效研究 [J]. 医学研究杂志, 2014, 43 (11): 25-28.

[49] 庞晓军, 苏方, 曾红, 等. 强化肠内营养治疗营养不良慢性阻塞性肺疾病 [J]. 中国医院药学杂志, 2012 (19): 1556-1558.

[50] 葛红娟, 王奇, 郭英, 等. 益生菌联合早期肠内营养治疗对重型颅脑损伤患者感染的临床研究 [J]. 中华医院感染学杂志, 2014, 24 (17): 4324-4326.

[51] 王胜朝, 许浩坤. 口腔益生菌防龋作用与应用 [J]. 中国实用口腔科杂志, 2012, 5 (10): 587-590.

[52] 廖莉, 杨晓容, 陈颖. 益生菌预防小儿抗生素相关性腹泻的疗效探讨 [J]. 儿科药学杂志, 2013, 19 (1): 22-25.

[53] 王建军, 陈艳华. 益生菌治疗小儿抗生素相关性腹泻的临床疗效分析 [J]. 兵团医学. 2016, 47 (1): 24-26.

[54] 赵红, 庄亚飞, 鲁珊, 等. 酸奶、益生菌与肿瘤 [J]. 肿瘤代谢与营养电子杂志, 2016, 3 (3): 195-199.

[55] 韩雨轩, 傅枭男, 丁社, 等. 肠道菌群与肿瘤的防治 [J]. 医学与哲学, 2015, 36 (6B): 56-58.

[56] 孙曦, 杨云生. 益生菌与肿瘤化疗相关研究进展 [J]. 中国实用内科杂志, 2016, 36 (9): 739-743.

[57] 曹明丽, 王淼, 宋丰举. 益生菌对恶性肿瘤患者化疗和放疗相关腹泻的影响: 一项基于随机对照试验的 Meta 分析 [J]. 肿瘤, 2017, 37 (6): 650-680.

[58] 李涛, 傅崇德, 付生军, 等. 铜绿假单胞菌制剂辅助治疗恶性肿瘤疗效的系统评价 [J]. 重庆医科大学学报, 2015, 40 (10): 1318-1324.

[59] 王浦华, 沈通一, 葛海燕. 铜绿假单胞菌制剂在恶性肿瘤中的辅助治疗作用 [J]. 世界华人消化杂志, 2010, (30): 3171-3174.

[60] 郝明昭, 庞丽君, 梁锢, 等. 绿脓杆菌制剂辅助治疗肝癌临床观察 (附54例) [J]. 现代肿瘤医学, 2010, 18 (7): 1380-1381.

[61] 刘丽燕, 王兴鹏, 曾悦, 等. 益生菌在急性胰腺炎治疗中的应用 [J]. 中华胰腺病杂志, 2016. 16 (6): 417-421.

[62] 安瑞芳, 曾宪玲. 阴道微生态诊治的最新进展 [J]. 中国实用妇科与产科杂志, 2017, 33 (8): 787-791.

[63] 梁轶珩, 樊尚荣. 益生菌制剂治疗阴道感染和复发 [J]. 中国实用妇科与产科杂志, 2017, 33 (8): 853-856.

[64] 朱宗涛, 韩冰, 万峰, 等. 益生菌对糖尿病干预作用的研究进展 [J]. 食品工业科技, 2017 (22): 321-324.

[65] 韩瑨, 吴正钧, 鄢明辉, 等. 益生菌防治糖尿病的研究进展 [J]. 乳业科学与技术, 2016, 39 (6): 20-24.

［66］ 刘又嘉，贺璐，邓艳玲，等．益生菌预防 2 型糖尿病研究进展［J］．中国微生态学杂志，2016，28（10）：1221 - 1225.

［67］ 吴江，吴正钧．益生菌防治过敏性鼻炎的研究进展［J］．中国微生态学杂志，2016，28（10）：1217 - 1220.

［68］ 崔悦琪．益生菌辅助治疗在儿童支气管哮喘中的价值分析［J］．中国医药指南．2018，16（6）：157 - 158.

［69］ 李庆祥，刘金花，陈俊钊，等．氯雷他定联合益生菌对慢性荨麻疹患者的疗效观察［J］．中国医药科学，2013，3（14）：18 - 19.

［70］ 刘金花，李庆祥，陈俊钊，等．益生菌联合西替利嗪治疗儿童慢性荨麻疹疗效观察［J］．中国热带医学．2013，13（4）：504 - 505.

［71］ 姜丽亚，郭震戴，景斌，等．益生菌治疗成人特应性皮炎疗效评价［J］．中国麻风皮肤病杂志，2014，30（4）：205 - 207.

［72］ 陈剑，孙海飚，韩晓强，等．益生菌干预骨质疏松症相关机制的研究进展［J］．中国骨质疏松杂志，2018，24（1）：107 - 110.

［73］ 李先强，张高兰，李慧芬，等．肠道菌群与老年性痴呆相关性研究进展［J］．河南中医，2014，34（11）：2280 - 2281.

［74］ 李薇，胡旭，王涛，等．帕金森症与肠道微生物［J］．中国微生态学杂志，2017，29（7）：844 - 849.

［75］ 梁轶珩，樊尚荣．益生菌制剂治疗阴道感染和复发．［J］．中国实用妇科与产科杂志，2017（8）：853 - 856.

［76］ 秦环龙，陈红旗．围手术期肠道菌群紊乱及微生态制剂的干预治疗［J］．外科理论与实践，2014，19（1）：13 - 15.

［77］ 方立超，魏泓．益生菌的研究进展［J］．中国生物制品学杂志，2007，20（6）：463 - 465.

［78］ BRUDNAK M A. 益生菌是最好的药［M］．王丽，译．长春：吉林文史出版社，2008.

［79］ LAUKENS D, BRINKMAN B M, RAES J, et al. Heterogeneity of the gut microbiome in mice: guidelines for optimizing experimental design［J］. FEMS Microbiology Reviews, 2016, 40 (1): 117 - 132.

［80］ SOMMER F, BÄCKHED F. The gut microbiota-masters of host development and physiology［J］. Nat Rev Microbiol, 2013, 11 (4): 227 - 238.

［81］ CHUA K J, KWOK W C, AGGARWAL N, et al. Designer probiotics for the prevention and treatment of human diseases［J］. Current Opinion in Chemical Biology, 2017, 40 (1): 8 - 16.

［82］ HILL M. Probiotics: the scientific basis［J］. Gut, 1993, 34 (6): 35 - 38.

［83］ OTTMAN N, SMIDT H, DEVOS W M. The function of our microbiota: who is out there and what do they do?［J］. Cell Infect Microbiol, 2012, 9 (2): 104 - 115.

［84］ ZITVOGEL L, AYYOUB M, ROUTY B. Microbiome and anticancer immunosurveillance［J］. Cell, 2016, 165 (2): 276 - 287.

［85］ GOKTEPE I, JUNEJA V K, AHMEDNA M. Probiotics in food safety and human health［M］. Rev. bras. cienc. farm, 2006, 42 (4): 615.

［86］ BRON P A, KLEEREBEZEM M, BRUMMER R J, et al. Can probiotics modulate human disease by impacting intestinal barrier function?［J］ British Journal of Nutrition, 2017, 117 (1): 93 - 107.

［87］ Yang J, Tamural R N, Uusitalol U M, et al. Vitamin D and probiotics supplement use in young children with genetic risk for type 1 diabetes [J]. European Journal of Clinical Nutrition, 2017, 71 (12): 1449-1454.

[88] YANG G, JIANG Y, YANG W, et al. Effective treatment of hypertension by recombinant Lactobacillus plantarum expressing angiotensin converting enzyme inhibitory peptide [J]. Microb. Cell Fact, 2015, 14 (1): 202.

[89] FORD A C, QUIGLEY E M, LACY B E, et al. Efficacy of prebiotics, probiotics, and synbiotics in rritable bowel syndrome and chronic idiopathic constipation: systematic review and meta-analysis [J]. American Journal of Gastroenterology, 2014, 109 (10): 1547-1561.

[90] JARDE A, LEWIS-MIKHAEL A M, MOAYYEDI P, et al. Pregnancy outcomes in women taking probiotics or prebiotics: a systematic review and meta-analysis [J]. Bmc Pregnancy & Childbirth, 2018, 18 (1): 14.

[91] HARPER A, NAGHIBI M M, PROTEXIN D G. The role of bacteria, probiotics and diet in irritable bowel syndrome [J]. Foods, 2018, 7 (2): 13.

[92] HILL C, GUARNER F, REID G, et al. Expert consensus document: The International Scientific Association for Probiotics and prebiotics consensus statement on the scope and appropriate use of the term probiotic [J]. Nat Rev Gastroenterol Hepatol, 2014, 11 (8): 506-514.

[93] SANCHEZ B, DELGADO S, BLANCO M A, et al. Probiotics, gut microbiota and their influence on host health and disease [J]. Molecular Nutrition & Food Research, 2017, 61 (1): 1-15.

[94] GOLDIN B R, GORBACH S L. Clinical indications for probiotics: an overview [J]. Clinical Infectious Diseases, 2008, 46 (s2): S96.

[95] CHEN Z, GUO L, ZHANG Y, et al. Incorporation of therapeutically modified bacteria into gut microbiota inhibits obesity [J]. Journal of Clinical Investigation, 2012, 124 (8): 3391-3406.

[96] BRAVO J A, FORSYTHE P, CHEW M V, et al. Ingestion of lactobacillus strain regulates emotional behavior and central GABA receptor expression in a mouse via the vagus nerve [J]. Proceedings of the National Academy of Sciences of the United States of America, 2011, 108 (38): 16050-16055.

[97] GILBERT K, ARSENEAULT-BREARD J, FLORES MONACO F, et al. Attenuation of post。 myocardial infarction depression in rats by n-3 fatty acids or probiotics starting after the onset of reperfusion [J]. British Journal of Nutrition, 2013: 109 (1): 50-56.

[98] KOBAYASHI T, KATO I, NANNO M, et al. Oral administration of probiotic bacteria, Lactobacillus casei and Bifidobacterium breve, does not exacerbate neurological symptoms in experimental autoimmune encephalomyelitis [J]. Immunopharmacology & Immunotoxicology, 2010, 32 (1): 116-124.

[99] NACHAMKIN I, ALLOS B M, HO T. Campylobacter species and guillain-barresyndrome [J]. Clinical microbiology reviews, 1998, 11 (3): 55-67.

[100] HOOPER L V, LITTMAN, D R, MACPHERSON A J. Interactions between the microbiota and the immune system [J]. Science, 2012, 336 (6086): 1268-1273.

[101] Cohn M. Meanderings into the regulation of effector class by the immune system: derivation of the trauma model [J]. Scandinavian Journal of Immunology, 2012, 76 (2): 77-88.

[102] ALBENBERG L, ESIPOVA T V, JUDGE C P, et al. Correlation between intraluminal oxygen gradient and radial partitioning of intestinal microbiota [J]. Gastroenterology, 2014, 147 (5): 1055-1063.

[103] HSIAO E Y, MCBRIDE S W, HSIEN S, et al. Microbiota modulate behavioral and physiological abnormalities associated with neurodevelopmental disorders [J]. Cell, 2013, 155 (7): 1451-1463.

[104] VANDEN B T, HULPIAU P, MARTENS L, et al. Passenger mutations confound interpretation of all geneti-

cally modified congenic mice [J]. Immunity, 2015, 43 (1): 200-209.

[105] MOLLOY M J, BOULADOUX N, BELKAID Y. Intestinal microbiota: shaping local and systemic immune responses [J]. Seminars in Immunology, 2012, 24: 58-66.

[106] HENAOMEJIA J, ELINAV E, JIN C, et al. Inflamma some-mediated dysbiosis regulates progression of NAFLD and obesity [J]. Nature, 2012, 482 (7384): 179-185.

[107] HAND T W, SANTOS L M D, BOULADOUX N, et al. Acute gastrointestinal infection induces long-lived microbiota-specific T cell responses [J]. Science, 2012, 337 (6101): 1553.

[108] BAILEY M T. Influence of stressor-induced nervous system activation on the intestinal microbiota and the importance for immunomodulation [J]. Oxygen Transport to Tissue XXXIII, 2014, 817 (817): 255-276.

[109] SANDLER N G, DOUEK D C. Microbial translocation in HIV infection: causes, consequences and treatment opportunities [J]. Nature Reviews Microbiology, 2012, 10 (9): 655-666.

[110] GOLDSZMID R S, TRINCHIERI G. The price of immunity [J]. Nature immunology, 2012, 13 (10): 932-938.

[111] BRINKMAN B M, BECKER A, AYISEH R B, et al. Gut microbiota affects sensitivity to acute DSS-induced colitis independently of host genotype [J]. Inflammatory Bowel Diseases, 2013, 19 (12): 2560-2567.

[112] COX L M, BLASER M J. Antibiotics in early life and obesity [J]. Nature Reviews Endocrinology, 2015, 11 (3): 182-190.

[113] COX L M, YAMANISHI S, SOHN J, et al. Altering the intestinal microbiota during a critical developmental window has lasting metabolic consequences [J]. Cell, 2014, 158 (4): 705-721.

[114] DING T, SCHLOSS P D. Dynamics and associations of microbial community types across the human body [J]. Nature, 2014, 509 (7500): 357-360.

[115] SCHLOISSNIG S, ARUMUGAM M, SUNAGAWA S, et al. Genomic variation landscape of the human gut microbiome [J]. Nature 2013, 493 (7430): 45-50.

[116] MARSLAND B J, GOLLWITZER E S. Host-microorganism interactions in lung diseases [J]. Nature Views Microbiology, 2014, 14 (12): 827-835.

[117] GOLDSZMID R S, TRINCHIERI G. The price of immunity [J]. Nature Immunology, 2012, 13 (10): 932-938.

[118] PALUCKA A K, COUSSENS L M. The basis of oncoimmunology [J]. Cell, 2016, 164 (6): 1233-1247.

[119] ANANTHAKRISHNAN A N. Epidemiology and risk factors for IBD [J]. Nature Reviews Gastroenterology & Hepatology, 2015, 12 (4): 205-217.

[120] RAMAN M, AMBALAM P, KONDEPUDI K K, et al. Potential of probiotics, prebiotics and synbiotics for management of coloreetal cancer [J]. Gut Microbes, 2013, 4 (3): 181-192.

[121] BENGMARK S. Pro-and synbiotics to prevent sepsis in major surgery and severe emergencies [J]. Nutrients, 2012, 4 (2): 91-111.

[122] SHIMIZU K, OGURA H, ASAHARA T, et al. Probiotic/synbiotic therapy for treating critically ill patients from a gut microbiota perspective [J]. Digestive Diseases & Sciences, 2013, 58 (1): 23-32.